Stochastische Vorgänge in linearen und nichtlinearen Regelkreisen

H. Schlitt

Mit 223 Bildern

Springer Fachmedien Wiesbaden GmbH

ISBN 978-3-663-15245-3   ISBN 978-3-663-15809-7 (eBook)
DOI 10.1007/978-3-663-15809-7

Lizenzausgabe des Verlages

Umschlaggestaltung: Peter Kohlhase

Bestell-Nr. 8 / 3 / 4212
ES 20 K 2 DK 62-50

Vorwort

Nachdem die statistischen Verfahren zu einem festen Bestandteil der Regelungstechnik geworden sind, bedarf die Herausgabe dieses Buches keiner besonderen Begründung. Es soll zweierlei Aufgaben erfüllen: einerseits sollen die erforderlichen Grundlagen im Bereich der linearen Theorie an den Stoff bereits vorhandener Lehrbücher anschließen, andererseits soll durch die Einbeziehung nichtlinearer Systeme, die von stochastischen Signalen beeinflußt werden, eine Lücke in der einschlägigen deutschsprachigen Literatur geschlossen werden.

Daß ein erfolgreiches Studium dieses Bandes an die Voraussetzung bestimmter technischer und mathematischer Vorkenntnisse bei dem Leser geknüpft ist, versteht sich von selbst; wesentlicher erscheint mir darüber hinaus die Bereitschaft, die erforderlichen mathematischen Hilfsmittel so eng mit dem physikalisch-technischen Erfahrungsbereich zu verknüpfen, daß sich eine unauflösbare Einheit ergibt, bei der es kein unbefriedigendes Nebeneinander von technisch-physikalischer Realisierung einerseits und rein formaler mathematischer Beschreibung andererseits gibt. In diesem Sinne möchte man sagen, daß die mathematischen Hilfsmittel hier überhaupt nur insoweit interessant sind, als sie einen Beitrag zur Einsicht in die physikalischen Zusammenhänge zu leisten vermögen. Dieser Standpunkt mag mich bei einigen Kritikern dem Vorwurf einer pragmatischen Denkweise aussetzen; ich nehme ihn auf mich, weil er sicherlich aus dem Kreise derer zu erwarten ist, für die dieses Buch nicht geschrieben worden ist.

Das Buch ist in zwanzig Abschnitte aufgegliedert, deren zehn erste der Behandlung linearer, zeitinvarianter Systeme gewidmet sind. Die ersten drei Abschnitte über die Beschreibung stationärer stochastischer Signale im Zeitbereich und im Frequenzbereich bilden die Grundlage für die Überleitung zu den mathematisch etwas anspruchsvolleren Konvergenzproblemen, die bei der spektralen Kennzeichnung von stochastischen Vorgängen auftreten. Hier wird — wohl erstmalig — der Versuch unternommen, die von NORBERT WIENER eingeführte verallgemeinerte harmonische Analyse einem größeren, nicht unbedingt mathematisch orientierten Leserkreis zugänglich zu machen.

Gleichsam als Entschädigung für die relativ schwierige Lektüre dieses Abschnittes IV, in welchem ich wertvolle Hinweise von Herrn Professor Dr. G. DOETSCH verwertet habe, folgen eine heuristische Einführung der spektralen Leistungsdichte sowie eine Zusammenstellung spezieller Korrelationsverfahren (Abschnitte V und VI).

Im VII. Abschnitt werden in knapper Form die wichtigsten Kenngrößen für zeitinvariante lineare Systeme zusammengestellt, so daß sowohl von der Signalbeschreibung als auch von der Systemkennzeichnung her die notwendigen Voraussetzungen für das Verständnis der Systemtheorie für stochastische Vorgänge im folgenden Abschnitt VIII geschaffen sind. Gedanklich im Vordergrund steht hier die Erkenntnis, daß beim Übergang von deterministischen zu regellosen Signalen die praktische Handhabung von Differentialgleichungen und Superpositionsbeziehungen zunächst nicht mehr möglich ist, obgleich diese Beschreibungsformen nach wie vor volle Gültigkeit besitzen. Die praktische Auswertbarkeit ist jedoch erst nach der Durchführung bestimmter Mittelwertbildungen möglich; dabei ergeben sich modifizierte Differentialgleichungen für Korrelationsfunktionen und eine Vielfalt von Übertragungsbeziehungen. Einen wichtigen Bestandteil dieses Abschnittes VIII bilden Überlegungen zur Analyse linearer Systeme mit Hilfe stationärer stochastischer Meßsignale.

Entsprechend der Vielfalt stochastischer Vorgänge und der erarbeiteten Beschreibungsmöglichkeiten eröffnen sich viele Wege zur Klassifizierung von stochastischen Signalen, die im folgenden IX. Abschnitt besprochen werden. Daraus ergibt sich zwangsläufig eine Überleitung zum letzten Abschnitt über lineare Systeme, wo der Entwurf von Formfiltern zur Erzeugung von Rauschsignalen mit vorgegebenen spektralen Eigenschaften besprochen wird. Als besonders weittragendes Konzept für praktische und theoretische Untersuchungen erweist sich hier das sog. „Äquivalenztheorem" für Rauschsignale und deterministische Impulse. Einige auf WIENER und PALEY zurückgehende Gedanken zur Realisierbarkeit von Formfiltern sowie die Beschreibung schmalbandiger Rauschvorgänge beschließen den ersten Hauptteil des Buches.

Im zweiten Hauptteil geht es um die Behandlung nichtlinearer Regelkreise, die von stochastischen Signalen beaufschlagt werden.

Hier eröffnet sich ein außerordentlich weites Feld schwieriger und zugleich reizvoller Probleme, die man bei dem vorgegebenen Umfang des Buches selbstverständlich nicht erschöpfend behandeln kann. Heute stehen zahlreiche Verfahren zur Beschreibung des Verhaltens nichtlinearer Systeme zur Verfügung, unter welchen es diejenigen herauszuheben galt, die für die Einbeziehung stochastischer Signale gegenwärtig am besten geeignet erscheinen. Der Schwerpunkt dieses Hauptteils liegt also in der Kombination zweier Fragenkomplexe: nichtlineare Regelkreise auf der einen Seite, stochastische Signale auf der anderen Seite. Durch diese Zuordnung ergibt sich die in der nichtlinearen Theorie seltene Möglichkeit, recht unterschiedliche Phänomene unter einem gemeinsamen, übergeordneten Gesichtspunkt darzustellen. So werden hier die wichtigsten sog. „quasilinearen Verfahren" behandelt, die auf dem gleichen Fehlerkriterium beruhen: die jeweiligen Ersatzkenngrößen für nichtlineare Systeme werden so gewählt, daß die bei der approximativen Beschreibung entstehenden mittleren Fehlerquadrate ein Minimum werden. Das zugehörige, gerade im Zusammenhang mit stochastischen Signalen wohl am weitesten verbreitete Fehlerkriterium wird in diesem Buch kurz als „QMW-Kriterium" bezeichnet.

Die für die obengenannte Verknüpfung zwischen Signaltheorie und Systemtheorie weniger interessierenden bzw. dafür noch nicht aufbereiteten Methoden zur Behandlung nichtlinearer Regelkreise sind einem weiteren Band der Reihe vorbehalten.

Nach einer kurzen Übersicht über die geschichtliche Entwicklung der nichtlinearen Theorie wird im Abschnitt XI die Beschreibungsfunktion für nichtlineare Systeme mit sinusförmigen Eingangssignalen in einen größeren Zusammenhang gestellt und dem Leser durch zahlreiche Beispiele, auf die nach der Einführung stochastischer Signale wieder zurückgegriffen wird, nahegebracht (Abschnitt XII).

Im Abschnitt XIII wird der Übergang zu stochastischen Signalen vollzogen, aufbauend auf einer Verallgemeinerung des Begriffs der nichtlinearen Verzerrung. Von den behandelten Näherungsansätzen wird der äquivalenten Verstärkung für Rauschsignale als einer Verallgemeinerung der Beschreibungsfunktion für sinusförmige Signale eine besondere Bedeutung beigemessen.

Diese Bevorzugung soll jedoch nicht darüber hinwegtäuschen, daß quasilineare Ersatzkenngrößen wie die Beschreibungsfunktion und die äquivalente Verstärkung durchaus nicht immer zu befriedigenden Ergebnissen führen müssen, und daß man von Fall zu Fall genau prüfen muß, ob die mit Hilfe dieser Kenngrößen fixierbaren Aussagen im Zusammenhang mit den linearen Systemkenngrößen das Verhalten der Regelkreise hinreichend genau beschreiben. Von den Signalen her liegt nicht nur aus praktischen, sondern auch aus mathematischen Gründen eine Bevorzugung auf Vorgängen mit einer GAUSSschen Amplitudenverteilung. Diese Signale haben ganz entscheidende Eigenschaften mit den harmonischen Signalen gemeinsam, von denen bei der Beschreibung nichtlinearer Systeme durch quasilineare Kenngrößen immer wieder Gebrauch gemacht wird. Besonders hervorstechend sind diese Eigenschaften beim Übergang von offenen zu geschlossenen Regelkreisen, womit eine außerordentliche Erschwerung der Verhältnisse verbunden ist. Diesen Überlegungen ist der gesamte Abschnitt XVIII zugedacht, vorbereitet durch die Grundlagen von Abschnitt XIII. Der XIV. Abschnitt erläutert die vorangegangenen Ausführungen durch zahlreiche Beispiele, bei welchen im Hinblick auf einen quantitativen Vergleich dieselben nichtlinearen Systeme betrachtet werden wie bei den Beispielen zur Beschreibungsfunktion für sinusförmige Signale. Den Abschluß bildet Abschnitt XV mit einer Übersicht über andere Approximationsverfahren, wobei insbesondere aufschlußreiche Querverbindungen zur harmonischen Balance und zu den Differentialgleichungen für Korrelationsfunktionen herausgearbeitet werden.

Einen beabsichtigten Schwerpunkt stellt der folgende Abschnitt XVI über optimale lineare Ersatzsysteme für verzögerungsbehaftete nichtlineare Systeme dar, die i. a. durch nichtlineare Differentialgleichungen beschrieben werden. Hier wird ein interessanter Zusammenhang zwischen der linearen WIENERschen Optimalfiltertheorie und den quasilinearen Kennfunktionen aufgezeigt; die Querverbindung entsteht durch eine Verallgemeinerung der WIENERschen Gedankengänge auf den Fall der Approximation vorgegebener nichtlinearer Operationen durch lineare Operationen. Ein besonderes Gewicht wurde in diesem verhältnismäßig schwierigen Abschnitt auf die Unterscheidung zwischen linearen und nichtlinearen Zusammenhängen sowie auf deren technischphysikalische Interpretation gelegt.

Der XVII. Abschnitt stellt die quasilinearen Kennfunktionen in den größeren Rahmen von Reihenentwicklungen zur Charakterisierung nichtlinearer Systeme. Dabei ergeben sich naturgemäß konkrete Ansatzpunkte zu einer Fehlerabschätzung für die quasilinearen Näherungen. Den zweiten, für den Regelungstechniker bedeutsameren Schwerpunkt bilden die folgenden drei Abschnitte XVIII, XIX und XX. Hier stehen geschlossene nichtlineare Regelkreise mit stochastischen Stör- und Führungsgrößen im Vordergrund. Es wird bewußt herausgearbeitet, wie entscheidend der Charakter der Signale das Kreisverhalten und die analytischen Ansätze beeinflußt. Zahlreiche, sehr ausführlich behandelte Beispiele geschlossener Regelkreise sollen den Leser mit der verhältnismäßig schwierigen Materie vertraut machen (Abschnitt XIX).

Hier sei der Hinweis erlaubt, daß sämtliche mit einem Ableseraster ausgestatteten Kurven dieser Abschnitte zahlenmäßig berechnet und maßstabsgerecht wiedergegeben sind.

Den Abschluß des Buches bilden einige Ausführungen zu den sog. Sprungphänomenen, einer speziellen Form von Instabilitäten bei bestimmten nichtlinearen Regelkreisen. Sowohl die Erscheinungen bei harmonischer als auch bei stochastischer Anregung werden diskutiert und mit Hilfe graphisch-analytischer Verfahren behandelt.

Selbstverständlich wird hier mit dem Wort Abschluß nicht der Anspruch auf Vollständigkeit erhoben, es kann sich vielmehr nur um eine Auswahl aus dem reichhaltigen Vorrat an interessanten Problemen handeln. Insgesamt darf man wohl sagen, daß die Beschäftigung mit stochastischen Vorgängen in nichtlinearen Regelkreisen zwar viele Mühen in sich birgt, daß aber andererseits auf diesem Gebiet manche Anstrengung mit einer überraschenden Einsicht oder mit einem Hinweis auf bislang nicht beobachtete Effekte belohnt wird.

Ich möchte dieses Vorwort nicht ohne meinen verbindlichen Dank an alle diejenigen schließen, die zum Gelingen meiner Arbeit beigetragen haben. In der zeitlichen Reihenfolge gilt mein Dank zunächst den Hörern meiner Vorlesungen an der Technischen Hochschule Hannover, wo das Buch im Verlauf von ca. 4 Jahren entstanden ist. Durch zahlreiche Gespräche mit Studenten haben sich wertvolle Impulse ergeben, die besonders die didaktische Seite der Darstellung beeinflußt haben. Für eingehende wissenschaftliche Diskussionen danke ich meinen Mitarbeitern, insbesondere den Herren Prof. Dr.-Ing. Schwarz, Dr.-Ing. Brockmann, Dr.-Ing. Korn, Dr.-Ing. Rake und Herrn Dipl.-Ing. Dittrich. Für die Herstellung des Manuskriptes möchte ich Frau I. Rörentrop danken; sehr verpflichtet fühle ich mich dem Verlag Friedr. Vieweg & Sohn, dessen Mitarbeiter sich mit Rat und Tat für die Verwirklichung meiner Wünsche zur Gestaltung des Satzes und der Abbildungen eingesetzt haben. Nicht zuletzt danke ich meinem sehr verehrten Herrn Kollegen Professor Dr.-Ing. E. Pestel für seine Anregung zu diesem Band.

Erlangen, Herbst 1967

H. Schlitt

Inhaltsverzeichnis

ZEITINVARIANTE LINEARE SYSTEME

I. Einführung in die Behandlung von regellosen Signalen

1. Vorbemerkungen über regellose Vorgänge

Die Abschnitte dieses Teiles I sollen noch einmal die wesentlichen Kenngrößen
stochastischer Signale zusammenfassend darstellen. Dabei wird bewußt auf
spezielle Details und auf Vollständigkeit verzichtet, weil alle weitergehenden
Zusammenhänge aus der einschlägigen Literatur zu entnehmen sind. Im Mittelpunkt der folgenden Einführung stehen lediglich die Begriffe der Stationarität,
der Verteilungsfunktionen und deren Momente. Es sei schon jetzt darauf hingewiesen, daß man bei Beschränkung auf die in der Praxis sehr häufig vorliegenden normalverteilten Prozesse mit den beiden ersten Momenten der Verteilungsdichte auskommt, von welchen besonders das Moment zweiter Ordnung
eine entscheidende Rolle spielt. Auch bei anders verteilten Amplituden muß
man sich oft mit der Kenntnis der Korrelationsfunktionen als Momente zweiter
Ordnung zufrieden geben, so daß gerade dieser Kennfunktion für regellose
Signale mit guten Gründen in dem Schrifttum ein besonders breiter Raum
zugestanden wird.

Fast die gesamte Theorie der Verarbeitung stochastischer Signale in linearen
Systemen fußt auf den Korrelationsfunktionen zweiter Ordnung als Signalkenngrößen, weil man so gut wie ausschließlich normalverteilte Signale annimmt. Diese sind neben den sinusförmigen Vorgängen die einzigen, deren
Verteilungsdichte durch lineare Systeme mit zeitunabhängigen Parametern
im eingeschwungenen Zustand nicht verändert wird. Auf die im Teil I behandelten Verteilungsdichtefunktionen wird erst wieder bei der Behandlung nichtlinearer Systeme Bezug genommen, weil dort eine Amplitudenverzerrung im
Mittelpunkt steht.

1.1 Stationäre Vorgänge

Wir betrachten ein regelloses Signal als Funktion der Zeit nach Bild I.1. Da
eine vollständige analytische Beschreibung eines derartigen Signals praktisch
nicht möglich ist, muß man sich darauf beschränken, wenigstens einige statistische Eigenschaften des Signals zu erfassen. Dabei wird man in den meisten

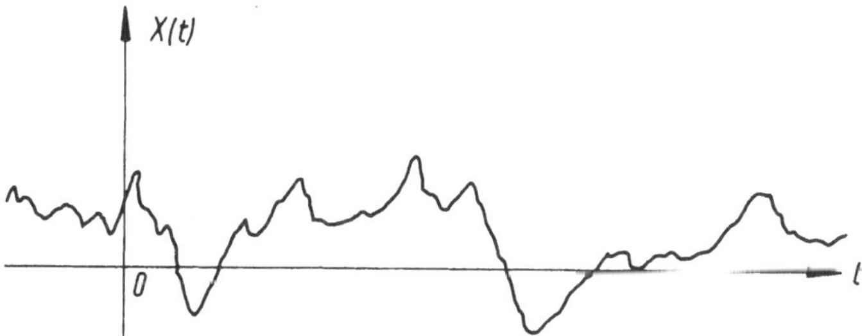

Bild I.1. Typischer Verlauf eines regellosen Signals als Funktion der Zeit.

Fällen anstreben, das Signal so zu kennzeichnen, daß man seine Verformung durch Übertragungssysteme hinreichend gut beurteilen kann. So lassen sich z. B. für die meisten technischen Schwankungsprozesse Grenzwerte der Amplitude angeben, deren Überschreitung entweder sehr unwahrscheinlich oder durch Begrenzungen überhaupt nicht möglich ist. Ferner kann man die aus der Fehlerrechnung bekannten einfachen Kenngrößen wie lineare Mittelwerte und Streuungen angeben. Mit etwas mehr Aufwand lassen sich auf rein zeichnerischer Basis sogar bestimmte Grenzfrequenzen des Signals sowie der erste Nulldurchgang der Autokorrelationsfunktion bestimmen, ohne daß man das Leistungsspektrum oder die Autokorrelationsfunktion selbst zu kennen braucht [1].

Bei all diesen Kennwerten handelt es sich jedoch lediglich um *Zahlen, nicht um Funktionen*. Wenn man die soeben nur sehr pauschal angedeuteten Merkmale eines stochastischen Vorganges präzisieren will, muß man bestimmte Voraussetzungen an seine Eigenschaften stellen und die Verfahren der Wahrscheinlichkeitsrechnung bzw. der mathematischen Statistik zu Rate ziehen. Die Klasse der stochastischen Vorgänge ist schon wegen der Vielgestaltigkeit der physikalischen Ursachen für die Entstehung solcher Signale so umfassend, daß es sinnvoll ist, für die mathematische Behandlung nur Teilklassen zuzulassen, die auf praktikable Methoden führen. In diesem Sinne werden wir uns grundsätzlich auf *stationäre Prozesse* beschränken, deren statistische Kennwerte sich aufgrund bestimmter Voraussetzungen für deren physikalische Herkunft mit der Zeit nicht ändern. Dies bedeutet praktisch, daß die Untersuchung einer Zeitfunktion $X(t)$ in jedem endlichen Teilintervall innerhalb von $-\infty < t < +\infty$ vorgenommen werden darf, und daß der Einfluß von Einschwingvorgängen, die ja immer den Charakter einer Instationarität in sich bergen, keine Rolle spielt. So ist beispielsweise unmittelbar anschaulich, daß sich der zeitliche Mittelwert, die Streuung und einige andere Eigenschaften der Ausgangsgröße eines verzögerungsbehafteten Systems erst nach Ablauf eines Übergangsprozesses stationär einstellen werden. Bei solchen stationären Signalen ist es folglich belanglos, ob eine zeitliche Mittelwertbildung an $X(t)$ oder an $X(t \pm \tau)$, also der um $\pm \tau$ längs der Zeitachse verschobenen Funktion

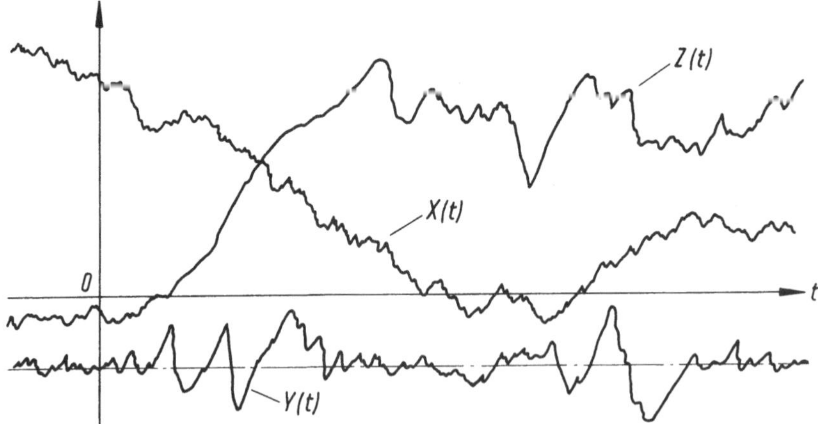

Bild I.2. Zeitlich **nicht** stationäre Signale. Hier sind bereits die einfachsten statistischen Parameter wie linearer Mittelwert und Streuung Funktionen der Zeit.

vorgenommen wird. Bild I.2 zeigt den typischen Verlauf zeitlich nicht stationärer Signale, die in der Praxis auftreten können:

$X(t)$: die Streuung ist praktisch konstant, aber der lineare Mittelwert ändert sich mit der Zeit.

$Y(t)$: der lineare Mittelwert ist konstant, aber die Streuung hat bereichsweise ganz unterschiedliche Werte.

$Z(t)$: weder der lineare Mittelwert noch die Streuung sind unabhängig von der Zeit.

In der Praxis ist es oft recht schwierig zu entscheiden, ob ein Vorgang stationär ist oder nicht. Gelegentlich geben stundenlange und manchmal erst tagelange Untersuchungen eine mit genügender Sicherheit behaftete Auskunft über diese Frage. Bei der Prüfung eines vorliegenden Signals auf Stationarität bleibt einem nichts anderes übrig, als die interessierenden Mittelwerte über viele voneinander verschiedene Teilintervalle genügender Länge miteinander zu vergleichen und daraus Rückschlüsse auf praktische Stationarität — oder gegebenenfalls das Gegenteil — zu ziehen. Jedenfalls kann man im Prinzip mit der Prüfung der Stationarität in den meisten praktischen Anwendungen noch fertig werden. Welche Kenngrößen dann zur Beschreibung stationärer Signale herangezogen werden, wird noch ausführlich erklärt werden.

1.2 Ergodische Vorgänge

In der vorwiegend theoretisch orientierten Literatur wird die Klasse der stationären Prozesse noch weiter eingeengt. Die Gründe hierfür kann man zwar technisch interpretieren, sie sind aber letzten Endes doch mathematischer Natur. Man stelle sich vor, die stationäre stochastische Funktion $X(t)$ gehöre zu einem Ensemble von Funktionen,

$$X_1(t),\ X_2(t),\ \ldots X_\nu(t),\ \ldots = \{X_\nu(t)\},$$

wobei die Zahl der Ensemblefunktionen im Grenzfall unendlich groß sein soll. Nun kann man anstelle einer zeitlichen Mittelwertbildung an der einzelnen Funktion $X(t)$, die ein Repräsentant des Ensembles ist, zu irgendeinem festen Zeitpunkt $t = t_0$ eine entsprechende Mittelwertbildung über das gesamte Ensemble vornehmen; oder man kann eine Kennfunktion $p(x)$, welche die statistischen Eigenschaften des Ensembles durch eine Verteilungsdichte beschreibt, ermitteln und daraus über Integrationsprozesse die interessierenden Mittelwerte als Momente von $p(x)$ berechnen. Wenn es sich herausstellt, daß die verschiedensten zeitlichen Mittelwerte der repräsentativen Funktion $X(t)$ mit den entsprechend definierten Ensemblemittelwerten übereinstimmen, dann liegt ein sogenannter „ergodischer" Prozeß vor. Das Wort „ergodisch" ist griechischen Ursprungs (von ergos = Arbeit und hodos = Weg) und wurde erstmalig im Zusammenhang mit thermodynamischen Prozessen verwendet, bei denen wegunabhängige Energieintegrale in der Phasenraumstatistik auftreten. Man muß sich darüber im klaren sein, daß die Ergodizität eines Vorganges praktisch nicht nachgewiesen werden kann. Wenn man der Bedeutung eines Ensembles von Funktionen eine technische Interpretation unterschieben will, so muß man die Existenz beliebig vieler makroskopisch identischer Systeme zur Erzeugung der Ensemblefunktionen $X_\nu(t)$ fordern. So etwas geht höchstens in einem Gedankenexperiment, ist jedoch technisch nicht mehr realisierbar. Selbst im mathematischen Schrifttum wird die Ergodizität nur als Hypothese formuliert; wenn schon die Prüfung realer Vorgänge als Funktionen der Zeit auf ihre Stationarität sehr aufwendig und u. U. problematisch wird, so ist die Frage, ob eine Funktion $X(t)$ Repräsentant eines ergodischen Prozesses sei, überhaupt nicht mehr vernünftig.

Man muß einmal klar aussprechen, daß der Mathematiker aus guten Gründen Voraussetzungen fordern und von Hypothesen ausgehen kann; in der technisch-physikalischen Praxis dagegen hat man nur — wenn überhaupt — einen gewissen Spielraum für die Realisierung von Voraussetzungen, im übrigen muß man Signal- oder Systemeigenschaften einfach hinnehmen und gelegentlich zur Vereinfachung analytischer Ansätze Vernachlässigungen in Kauf nehmen, deren Einfluß man bestenfalls abschätzen kann.

Diese Verschiedenartigkeit der Ausgangspositionen hat zwangsläufig zur Folge, daß sich der Standpunkt der angewandten Theorie erheblich von dem des Mathematikers nicht nur in den Methoden, sondern auch in der Denkweise wesentlich unterscheidet.

Wir werden in den folgenden Abschnitten darauf angewiesen sein, die interessierenden statistischen Kenngrößen wie Verteilungsdichtefunktionen, Mittelwerte, Korrelationsfunktionen und Leistungsspektren aus dem zeitlichen Verlauf eines gegebenen Signals zu bestimmen. Die einzig verbleibende Frage hinsichtlich der Voraussetzungen gilt dann der Prüfung der Stationarität.

2. Statistische Kenngrößen für stationäre regellose Prozesse

Wir werden im folgenden zeigen, wie man aus dem zeitlichen Verlauf stochastischer Vorgänge die für die analytische Behandlung interessierende Information gewinnen kann. Am entscheidendsten sind dabei die Verteilungsdichte $p(x)$ der Signale $X(t)$, die Autokorrelationsfunktion $\Phi_{xx}(\tau)$ und die spektrale Leistungsdichte $S_{xx}(\omega)$. Mit diesen drei Kennfunktionen werden den ursprünglich analytisch nicht beschreibbaren Vorgängen analytisch praktikable Funktionen zugeordnet, die stetig und in vielen Fällen sogar überall stetig differenzierbar sind. Von diesen Funktionen lassen sich dann einfache statistische Mittelwerte als Kennzahlen ableiten.

2.1 Die erste Verteilungsdichtefunktion

Wenn man einen regellosen Vorgang mit Hilfe eines Schreibers als zeitabhängigen Verlauf $X(t)$ registriert hat, kann man auf rein zeichnerischer Basis, wie bereits vermerkt, eine Reihe von Eigenschaften dieses Vorgangs bestimmen. Man kann beispielsweise für interessierende Zeitpunkte t_1, t_2, t_3, ... die zugehörigen Funktionswerte $X(t_1)$, $X(t_2)$, $X(t_3)$ ... so genau ablesen, wie es die Maßstabseinteilung und die Strichstärke des Schreibers zulassen. Durch diesen Auswertevorgang darf man sich jedoch nicht über die wahre Natur eines regellosen Signals hinwegtäuschen lassen: wenn man anstelle der stochastischen Funktion eine analytische Funktion $f(t)$ betrachtet, so kann man zwar auch die entsprechenden Funktionswerte $f(t_1)$, $f(t_2)$, $f(t_3)$, ... angeben, aber man kann darüber hinaus das vollständige zukünftige Verhalten von $f(t)$ vorhersagen, weil $f(t)$ eine deterministische Funktion ist, deren innere Gesetzmäßigkeit über eine analytische Formulierung alle Funktionswerte der Zukunft genau festlegt, siehe Bild I.3. Wir nehmen an, der Papierschrieb von $X(t)$ und $f(t)$ sei im Zeitpunkt $t = t_n$ abgebrochen worden; bei der analytischen Funktion

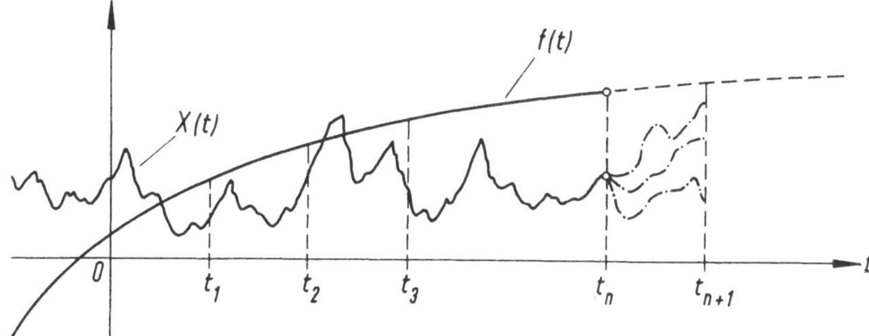

Bild I.3. Zur Vorhersagbarkeit stochastischer und deterministischer Signale.

ist es ohne weiteres möglich, sämtliche folgenden Funktionswerte genau anzugeben, während man den Verlauf von $X(t)$ höchstens noch ein kurzes Stück mit einer gewissen Unsicherheit extrapolieren kann.

Über das weitere Verhalten von $X(t)$ lassen sich also nur noch statistische Aussagen machen, beispielsweise dergestalt, daß man angibt, mit welcher Wahrscheinlichkeit der Funktionswert $X(t_{n+1})$ unterhalb einer vorgegebenen Schranke x liegt, allgemein formuliert

$$W[X(t) \le x] \equiv P(x),$$

oder innerhalb eines gegebenen Intervalles $a < x(t) \le b$ liegt:

$$W[a < X(t) \le b] = \int_a^b p(x) \, \mathrm{d}x.$$

Auch in der mathematischen Statistik führt man gewöhnlich zuerst die Verteilungsfunktion $P(x)$ ein, aus der die Verteilungsdichtefunktion $p(x)$ durch Differentiation nach x hervorgeht:

$$p(x) = \frac{\mathrm{d}}{\mathrm{d}x} P(x)$$
$$= \lim_{\Delta x \to 0} \frac{P(x + \Delta x) - P(x)}{\Delta x}.$$

Meßtechnisch ist die Verteilungsfunktion $P(x)$ im allgemeinen leichter zu ermitteln als die Dichtefunktion $p(x)$; wir werden uns trotzdem im folgenden ausschließlich mit der Dichtefunktion $p(x)$ befassen, weil sie als Kennfunktion für die analytische Behandlung regelloser Prozesse die wichtigere Rolle spielt. Für eingehende Studien der Messung statistischer Kenngrößen sei auf die weit verstreute Literatur verwiesen, die im gegenwärtigen Stadium noch vorwiegend aus Einzelveröffentlichungen besteht, z. B. [2], [3]. Ausführliche

Erläuterungen zu den Verteilungsfunktionen sowie deren verschiedenen Definitionsmöglichkeiten und Eigenschaften lese man in dem umfangreichen Schrifttum nach, welches durch seine Vielgestaltigkeit sowohl den rein mathematischen [4], [5] als auch den technisch-physikalisch orientierten Ansprüchen [6] bis [13] gerecht wird. In der vorliegenden Darstellung werden nur diejenigen Begriffe wiederholt, die unmittelbar zur Anwendung kommen.

GAUSSsche Verteilungsdichtefunktion:

Von größter Bedeutung sowohl für die späteren Untersuchungen an linearen als auch an nichtlinearen Systemen ist die in der Natur weitverbreitete GAUSSsche Verteilungsdichte

$$p(x) = \frac{1}{\sqrt{2\pi}\,\sigma_x} \cdot e^{-\frac{(x-\tilde{x})^2}{2\sigma_x^2}},$$

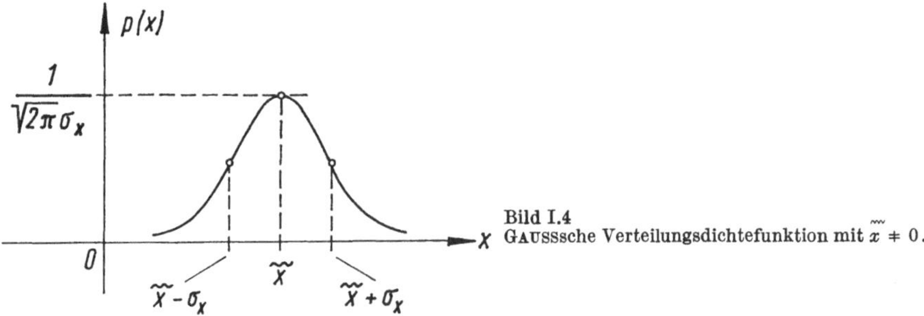

Bild I.4
GAUSSsche Verteilungsdichtefunktion mit $\tilde{x} \neq 0$.

deren Verlauf als Funktion von x in Bild I.4 gezeigt ist. Dabei ist $\tilde{x}$ der lineare Mittelwert und σ_x die Streuung. Die allgemeinere Bedeutung dieser beiden Größen wird bei der Einführung der Momente einer Verteilungsdichte erläutert werden.

Für unsere Überlegungen sind stochastische Prozesse mit einer GAUSSschen Amplitudenverteilung deshalb so wichtig, weil sie später in der Theorie der nichtlinearen Übertragungssysteme eine ähnlich fundamentale Rolle spielen wie die harmonischen Funktionen sin und cos unter den deterministischen Vorgängen.

2.2 Erwartungswerte und Mittelwerte

Mit der Einführung der Verteilungsdichte ist dem stochastischen Vorgang $X(t)$ eine analytisch verwendbare Kennfunktion $p(x)$ zugeordnet; zwar beschreibt diese den Prozeß u. U. noch nicht vollständig, sie enthält jedoch bereits, wie sich später noch herausstellen wird, einen entscheidenden Anteil an Information für die Beurteilung der Signalverformung.

Zur Kennzeichnung von regellosen Signalen zieht man noch einfache *Kennzahlen* heran, die man entweder direkt durch geeignete Meßverfahren dem zeitlichen Verlauf der Signale entnimmt, oder mit Hilfe der Verteilungsdichte berechnet, wenn diese bekannt ist. Man definiert allgemein als den Erwartungswert der Funktion $f(x)$:

$$E[f(x)] = \int_{-\infty}^{+\infty} f(x) \cdot p(x)\ \mathrm{d}x \qquad (\text{I.1})$$

und erhält hieraus für $f(x) = x$ und für $f(x) = x^2$ die beiden wichtigsten Mittelwerte zur Charakterisierung eines regellosen Vorgangs:

$$E[x] \equiv \widetilde{x} = \int_{-\infty}^{+\infty} x \cdot p(x)\ \mathrm{d}x \qquad \text{(linearer Mittelwert)}$$

$$\text{und } E[x^2] \equiv \widetilde{x^2} = \int_{-\infty}^{+\infty} x^2 \cdot p(x)\ \mathrm{d}x \qquad \text{(quadratischer Mittelwert)}.$$

Für die oben eingeführte GAUSS-Verteilung besteht zwischen der Streuung σ_x, dem linearen Mittelwert $\widetilde{x}$ und dem quadratischen Mittelwert $\widetilde{x^2}$ folgender einfacher Zusammenhang:

$$\sigma_x^2 = \widetilde{x^2} - \left(\widetilde{x}\right)^2,$$

und in der Terminologie der Elektrotechnik bedeutet $\widetilde{x^2}$ das Quadrat des Effektivwertes.

Die beiden Kennzahlen $\widetilde{x}$ und $\widetilde{x^2}$ sind offensichtlich durch eine Ensemble-Mittelung gewonnen worden, denn die endlichen Teilabschnitte der Zeitfunktion $X(t)$, die auch zur Bestimmung der Verteilungsdichte $p(x)$ ausgewertet werden, bilden ein Ensemble. Die Zeitfunktion $X(t)$ erstreckt sich im allgemeinen über das gesamte Zeitintervall $-\infty < t < +\infty$, siehe Bild I.5.

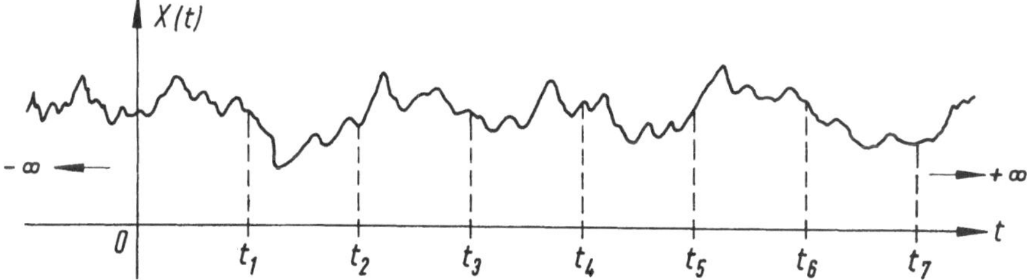

Bild I.5. Unterteilung eines stochastischen Signals in endliche Teilabschnitte zur Bildung eines Ensembles der Zeitdauer $t_\nu - t_{\nu\text{-}1}$.

Hier wird deutlich, daß eine Ignorierung des Ergodentheorems (wegen der oben geschilderten praktischen Schwierigkeiten) für unsere Belange die Verfahren der Ensemble-Statistik keineswegs ausschließt; diese wird vielmehr durch eine wirklichkeitsnähere Definition der Ensemble-Elemente als endlicher Teilabschnitte des gesamten Zeitvorganges beibehalten und leistet gerade bei der Behandlung nichtlinearer Probleme entscheidende Dienste.

2.3 Mehrdimensionale Verteilungsdichtefunktionen

Auch hier sei eine Beschränkung auf eine Auswahl der speziell interessierenden Gesichtspunkte gestattet; zur Vertiefung seien die einschlägigen Lehrbücher [4] bis [13] empfohlen. Die erste Verteilungsdichtefunktion gibt für den Vorgang $X(t)$ an, wie groß die Wahrscheinlichkeit dafür ist, daß die Amplitude des Vorganges zu irgendeiner Zeit zwischen x und $x + \Delta x$ liegt:

$$W[x < X(t) \le x + \Delta x] \approx p(x) \cdot \Delta x.$$

Diese Funktion wird also beispielsweise keine Aussage darüber liefern können, ob sich die Funktionswerte von $X(t)$ mit der Zeit rasch ändern oder nur langsam. Präziser formuliert bedeutet dies, daß man anhand der ersten Verteilungsdichte nicht erkennen kann, ob ein Vorgang hochfrequente oder niederfrequente Komponenten in seinem Frequenzspektrum enthält. Man hat daher höhere Verteilungsdichtefunktionen eingeführt, die dem Ziel dienen, die inneren Gesetzmäßigkeiten des zeitlichen Ablaufs von $X(t)$ zu erfassen. Die einfachste Verteilungsdichte dieser Art beschreibt die Eigengesetzlichkeit der statistischen Zuordnung zweier Wertebereiche $x_1 \ldots (x_1 + \Delta x_1)$ und $x_2 \ldots (x_2 + \Delta x_2)$, die zu zwei verschiedenen Zeitpunkten t_1 und t_2 gemäß Bild I.6 gehören. Diese

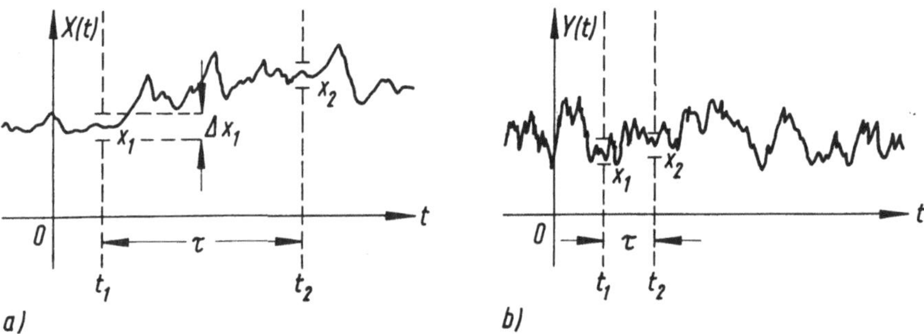

Bild I.6. Zur Interpretation der zweiten Verteilungsdichtefunktion für Vorgänge mit unterschiedlicher Bandbreite im Frequenzbereich. Im Fall a ist die gegenseitige Verwandtschaft der Momentanwerte größer als im Fall b.

sogenannte zweite Verteilungsdichtefunktion führt man wiederum über eine zweite Verteilungsfunktion P ein. Die Wahrscheinlichkeit, daß $X(t)$ zur Zeit $t = t_1$ zwischen x_1 und $x_1 + \Delta x_1$ liegt und τ Zeiteinheiten später, nämlich im Zeitpunkt $t = t_2 = t_1 + \tau$ zwischen x_2 und $x_2 + \Delta x_2$, ist dann näherungsweise gegeben durch

$$W[x_1 < X(t_1) \le x_1 + \Delta x_1, \; x_2 < X(t_1 + \tau) \le x_2 + \Delta x_2] \approx$$
$$\approx p(x_1, x_2) \cdot \Delta x_1 \cdot \Delta x_2,$$

und der Zusammenhang mit der Verteilungsfunktion $P(x_1, x_2; t_1, t_2)$ lautet im Grenzfall $\Delta x_1 \to 0$ und $\Delta x_2 \to 0$:

$$p(x_1, x_2; t_1, t_2) = \frac{\partial^2}{\partial x_1\, \partial x_2}\, P(x_1, x_2; t_1, t_2).$$

Bei *stationären* Prozessen hängen diese Funktionen nicht von t_1 und t_2, sondern nur von der Differenz $t_2 - t_1 = \tau$ der Zeiten ab:

$$p(x_1, x_2; \tau) = \frac{\partial^2}{\partial x_1\, \partial x_2}\, P(x_1, x_2; \tau).$$

Das zusätzliche Argument τ bringt klar zum Ausdruck, daß die Einführung der zweiten Verteilungsdichtefunktion mehr bedeutet als einen formalen Übergang zu zwei Variablen x_1 und x_2. Diese sind zwar im mathematischen Sinn unabhängige Veränderliche; aber über den Parameter τ wird eine *statistische Kopplung* eingeführt, die einen Teil des inneren Zusammenhangs der Funktionswerte $X(t_1)$ und $X(t_1 + \tau)$ aufdeckt, und bei einem stationären Prozeß darf man eben die beiden Beobachtungszeitpunkte bei festem Abstand τ an *beliebige Stellen* in dem gesamten Zeitintervall von $-\infty$ bis $+\infty$ legen, ohne daß sich an der statistischen Zuordnung, gegeben durch $p(x_1, x_2; \tau)$, etwas ändert.

Es ist einleuchtend, daß man durch die Einführung von Verteilungsdichtefunktionen höherer Ordnung, die allgemein n Wertebereiche $x_1 \ldots (x_1 + \Delta x_1)$ bis $x_n \ldots (x_n + \Delta x_n)$ zu n verschiedenen Zeitpunkten berücksichtigen, entsprechend mehr über die innere Kohärenz des Vorgangs $X(t)$ erfährt. Die Gesamtheit dieser Verteilungsdichtefunktionen beschreibt im Grenzfall $n \to \infty$ das stochastische Signal vollständig. Es wird sich jedoch herausstellen, daß für die vorliegenden Probleme der Informationsgehalt der ersten und der zweiten Verteilungsdichtefunktion hinreichend ist.

Erwartungswerte

Aus der Vielfalt der Erwartungswerte der allgemeinen Form

$$E[f(x(t_1), x(t_2))] = \int\limits_{-\infty}^{+\infty} \int\limits_{-\infty}^{+\infty} f[x(t_1), x(t_2)] \cdot p[x(t_1), x(t_2)] \, \mathrm{d}x(t_1) \, \mathrm{d}x(t_2) \qquad (\text{I}.2)$$

interessiert uns nur der Fall für

$$f[x(t_1), x(t_2)] = x(t) \cdot x(t + \tau),$$

also der Produktmittelwert

$$\int\limits_{-\infty}^{+\infty} \int\limits_{-\infty}^{+\infty} x(t) \cdot x(t + \tau) \cdot p[x(t), x(t + \tau)] \, \mathrm{d}x(t) \, \mathrm{d}x(t + \tau) \equiv \Phi_{xx}(\tau). \qquad (\text{I}.3)$$

Dieser ist nur noch eine Funktion der Zeitdifferenz τ und trägt die Bezeichnung „*Autokorrelationsfunktion*". Nach den Erläuterungen zur zweiten Verteilungsdichtefunktion ist zu vermuten, daß auch die Autokorrelationsfunktion als Kenngröße für den Vorgang $X(t)$ eine statistische Aussage über den inneren Zusammenhang von Signalwerten enthalten wird, die im Abstand τ auf der Zeitachse auseinander liegen. Die physikalische Bedeutung dieser Funktion, die eine ganz fundamentale Rolle spielt, wird bei der Einführung von zeitlichen Mittelwerten noch ausführlich diskutiert werden.

2.4 Verbundwahrscheinlichkeit und Kreuzkorrelation

Die Eigenschaft der zweiten Verteilungsdichtefunktion, einen statistischen Zusammenhang zwischen Funktionswerten von $X(t)$ zu zwei verschiedenen Zeitpunkten zu geben, ist noch verallgemeinerungsfähig. Der Begriff der statistischen Abhängigkeit ist nämlich auch dann zutreffend, wenn man zwei verschiedene stochastische Signale $X(t)$ und $Y(t)$ auf ihre gegenseitige Abhängigkeit untersuchen will. Hiervon macht man beispielsweise bei der statistischen Analyse von Übertragungssystemen Gebrauch, denn hier ist von vornherein sichergestellt, daß das stochastische Ausgangssignal mit dem Eingangssignal über die Systemeigenschaften verwandt ist. Das Ergebnis einer Korrelationsanalyse liefert dann gerade die gesuchten Systemeigenschaften. Die Funktion, welche die gegenseitige statistische Abhängigkeit zweier Signale $X(t)$ und $Y(t)$ kennzeichnet, ist die sogenannte *Verbund-Verteilungsdichtefunktion*

$$p(x, y; \tau) = \frac{\partial^2}{\partial x\, \partial y}\, P(x, y; \tau),$$

und die Wahrscheinlichkeit, daß $X(t)$ zur Zeit $t = t_1$ zwischen x und $x + \Delta x$ liegt und $Y(t)$ nach τ Zeiteinheiten zwischen y und $y + \Delta y$, ist näherungsweise gegeben durch

$$W[x < X(t_1) \leq x + \Delta x,\ y < Y(t_1 + \tau) \leq y + \Delta y] \approx p(x, y; \tau) \cdot \Delta x \cdot \Delta y.$$

Wegen der vorausgesetzten Stationarität ist p eine Funktion von τ, nicht von t_1 und t_2, vgl. Bild I.7. Auch mit dieser Dichtefunktion lassen sich Erwartungswerte definieren, und hier interessiert speziell der Produktmittelwert

$$\int\limits_{-\infty}^{+\infty} \int\limits_{-\infty}^{+\infty} x(t) \cdot y(t + \tau) \cdot p[x(t), y(t + \tau)]\, \mathrm{d}x(t)\, \mathrm{d}y(t + \tau) \equiv \Phi_{xy}(\tau). \qquad (\text{I.4})$$

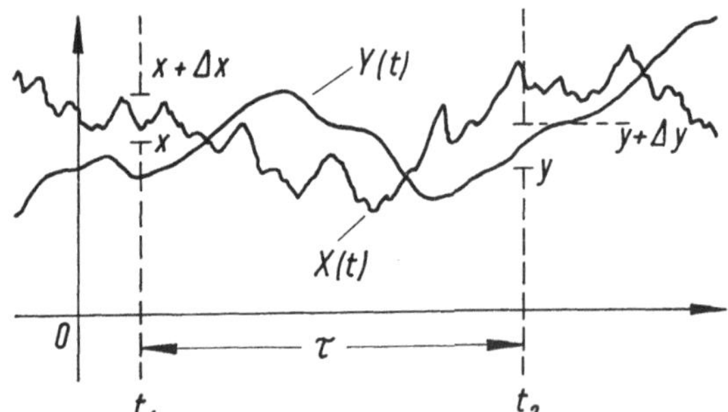

Bild I.7. Zur Deutung der Verbund-Verteilungsdichtefunktion zweier stochastischer Signale.

Diese Funktion von τ ist die sog. *Kreuzkorrelationsfunktion*, eine Kenngröße zur Beschreibung der gegenseitigen statistischen Abhängigkeit zweier stationärer Signale $X(t)$ und $Y(t)$. Die Eigenschaften der Kreuzkorrelationsfunktion werden erst bei ihrer Einführung als Zeitmittelwert ausführlich behandelt werden, weil diese Definition einen besseren Übergang zur meßtechnischen Auswertung ermöglicht.

Damit sind alle Kenngrößen stochastischer Signale definiert, die für die Überlegungen in den folgenden Abschnitten benötigt werden. Die Definitionen fußen auf Verteilungsdichtefunktionen, welche die hier interessierende Information über die Vorgänge enthalten. Dabei wird von dem Ensemble-Begriff Gebrauch gemacht, jedoch, wie anfangs ausführlich dargelegt, nicht im ursprünglichen Sinne des Ergodentheorems, sondern durch die Bildung von Ensembles, die aus endlichen Teilabschnitten der stationären Signale bestehen.

Wir werden anschließend alle erforderlichen Kennfunktionen und Kennzahlen regelloser Vorgänge (bis auf die Verteilungsfunktionen) als reine Zeitmittelwerte einführen, bei denen der Begriff des Ensembles nicht mehr gebraucht wird. Diese Definitionen haben gegenüber den obigen den Vorzug, daß sie unmittelbare Vorschriften für die Messung der entsprechenden Kenngrößen liefern.

Nachdem die Verteilungsdichtefunktionen und deren Momente eingeführt sind, soll der Begriff Stationarität noch einmal präzisiert werden:

Stationär im engeren Sinne ist ein Vorgang $X(t)$, wenn seine statistischen Eigenschaften, dargestellt durch seine Verteilungsdichtefunktionen und Momente, gegen eine Verschiebung des Zeitnullpunktes ($t \rightarrow t + \tau$) invariant sind. Entsprechend sind die statistischen Verbundeigenschaften zweier Prozesse $X(t)$ und $Y(t)$ stationär im engeren Sinne, wenn die Verbundeigenschaften der Funktionen $X(t)$, $Y(t)$ die gleichen sind wie die der Funktionen $X(t + \tau)$, $Y(t + \tau)$, ausgedrückt durch die Verbundverteilungsdichten und deren gemischte Momente.

Stationarität k-ter Ordnung besitzt ein stochastischer Vorgang $X(t)$, wenn seine Verteilungsdichten bis zur Ordnung $n = k$ invariant gegen eine Verschiebung des Zeitnullpunktes sind,

$$p_n(x_1, \ldots, x_n; \ t_1, \ldots, t_n) = p_n(x_1, \ldots, x_n; \ t_1 + \tau, \ldots, t_n + \tau)$$

für alle $n \leq k$.

Stationär im weiteren Sinne nennt man einen stochastischen Vorgang $X(t)$, wenn sein linearer Mittelwert konstant ist und seine Autokorrelationsfunktion nur von der Differenz $t_2 - t_1 = \tau$ der Meßzeitpunkte abhängt, wenn also

$$\widetilde{x(t)} = \text{const.} \quad \text{und} \quad \overline{x(t + t_1) \cdot x(t + t_2)} = \Phi_{xx}(\tau).$$

Entsprechendes gilt für zwei Vorgänge und deren Kreuzkorrelationsfunktion. Die Stationarität im weiteren Sinne beschränkt sich also auf die Momente erster und zweiter Ordnung.

Wenn ein Vorgang durch eine GAUSS-Verteilung beschrieben wird und stationär im weiteren Sinne ist, dann ist er sogar im engeren Sinne stationär, weil GAUSS-verteilte Signale durch die Angabe der Momente erster und zweiter Ordnung vollständig bestimmt sind.

II. Kennzeichnung regelloser Signale durch zeitliche Mittelwerte

1. Vorbemerkung

Bei der bisherigen Behandlung standen die stochastischen Vorgänge und deren Charakterisierung durch geeignete Kenngrößen im Vordergrund. Als entscheidende Kennfunktionen haben sich die Verteilungsdichten der Momentanwerte und die Korrelationsfunktionen als Ensemble-Mittelwerte ergeben; als Kennzahlen sind einfache Momente der Verteilungen wie linearer Mittelwert, quadratischer Mittelwert und Streuung eingeführt worden.

Für die folgenden Überlegungen ist entscheidend, daß die stochastischen Vorgänge nicht isoliert betrachtet, sondern als Eingangs- und Ausgangssignale von Übertragungssystemen behandelt werden. Dies hat zur Folge, daß die Beschreibungshilfsmittel der Systemtheorie mit in die analytischen Verfahren einbezogen werden, und die Einführung von zeitlichen Mittelwerten verfolgt nicht nur das bereits angedeutete Ziel, meßtechnisch leichter interpretierbare Definitionsgleichungen zu gewinnen, sondern auch die analytische Einbeziehung der Signalkenngrößen in die Systemtheorie zu erleichtern.

Es ist bemerkenswert, daß man bei der Behandlung linearer Systeme auf die analytische Einbeziehung der Verteilungsdichtefunktionen vollständig verzichten kann, wenn man sich auf GAUSSsche Signale beschränkt, die in der Natur die weiteste Verbreitung haben. Man kann nämlich allgemein beweisen, daß lineare Übertragungssysteme die Amplitudenverteilung GAUSSscher Signale ihrer mathematischen Struktur nach nicht verändern. In diesen Fällen ist also durch die Angabe des linearen Mittelwertes und des quadratischen Mittelwertes für das Ausgangssignal, die als Grenzfälle für $\tau \to \infty$ und $\tau \to 0$ in der Autokorrelationsfunktion enthalten sind, dieses Ausgangssignal auch hinsichtlich seiner Verteilungsdichte charakterisiert; denn wenn von einem Signal bekannt ist, daß es überhaupt eine GAUSS-Verteilung besitzt, dann ist seine Verteilung durch Angabe dieser beiden Parameter festgelegt:

$$p(y) = \frac{1}{\sqrt{2\pi}\,\sigma_y} \cdot e^{-\frac{(y-\widetilde{y})^2}{2\sigma_y{}^2}}$$

mit

$$\sigma_y{}^2 = \Phi_{yy}(0) - \Phi_{yy}{}^2(\infty).$$

Entsprechendes gilt für die GAUSS-Verteilungen höherer Ordnung.

Wenn das Eingangssignal jedoch keine GAUSS-Verteilung besitzt, dann hat das zugehörige Ausgangssignal eines linearen Systems im allgemeinen eine veränderte Amplitudenverteilung, und diese ist allgemein nicht durch die Angabe der Funktionswerte $\Phi_{yy}(0)$ und $\Phi_{yy}(\infty)$ festgelegt. Man kann aber in sehr vielen Fällen auf die Kenntnis der ersten Verteilungsdichte verzichten. Die zweite Verteilungsdichte ist oft auch nicht von Interesse, weil man die für die analytische Beschreibung erforderliche Autokorrelationsfunktion und das noch zu definierende Leistungsspektrum unmittelbar aus dem Signal ableiten kann, und zwar über zeitliche Mittelwertbildungen, ohne daß man die zweite Verteilungsdichte zu kennen braucht. Das gleiche gilt für die Bestimmung von Kreuzkorrelationsfunktionen, wo man keine Verbundverteilungen mehr benötigt.

Auf die Frage, wie ein lineares System eine nicht-GAUSSsche Verteilung des Eingangssignals verändert, gibt es noch keine allgemeine Antwort; es sind bisher nur Teillösungen bekannt geworden, und in konkreten Fällen muß man die Verteilungen der Ausgangssignale u. U. meßtechnisch ermitteln.

2. Einfache Zeitmittelwerte

Wir müssen uns bei den folgenden Überlegungen auf den Standpunkt stellen, daß die Vorstellung, eine gegebene stochastische Funktion sei repräsentativ für ein ganzes Ensemble, bei der praktischen Behandlung nicht einen Schritt weiterführt. Dann stehen wir vor der Aufgabe, die statistische Information aus einer regellos verlaufenden Funktion der Zeit herauszuholen. Bei theoretischen Überlegungen geht man vorzugsweise von stochastischen Vorgängen aus, die sich über die gesamte Zeitachse von $-\infty$ bis $+\infty$ erstrecken. Für die Bestimmung geeigneter Kenngrößen tritt folglich der gesamte Bereich $-\infty < t < +\infty$ als Untersuchungsintervall auf. Dies ist übrigens der Preis, den man zahlen müßte, wenn man bei einem nachweislich stationären und ergodischen Ensemble von der Mittelwertbildung mit Verteilungsdichtefunktionen zur zeitlichen Mittelwertbildung an einer repräsentativen Ensemble-Funktion übergehen würde. Bereits an dieser Stelle zeigt sich, daß auch bei der meßtechnischen Realisierung zeitlicher Mittelwerte Einschränkungen zu erwarten sind, denn man ist immer an endliche Integrationszeiten gebunden. So lautet die strenge Vorschrift zur Bestimmung des linearen Mittelwertes $\overline{x(t)}$:

$$\overline{x(t)} = \lim_{T \to \infty} \frac{1}{2T} \cdot \int\limits_{-T}^{+T} x_T(t)\,\mathrm{d}t. \tag{II.1}$$

Man geht also von einem Teilabschnitt $x_T(t)$ des gesamten Vorganges aus, der sich über das zum Zeitnullpunkt symmetrisch liegende Intervall $-T \leq t \leq +T$ erstreckt (Bild II.1) und vollzieht dann den Grenzübergang $T \to \infty$. Als

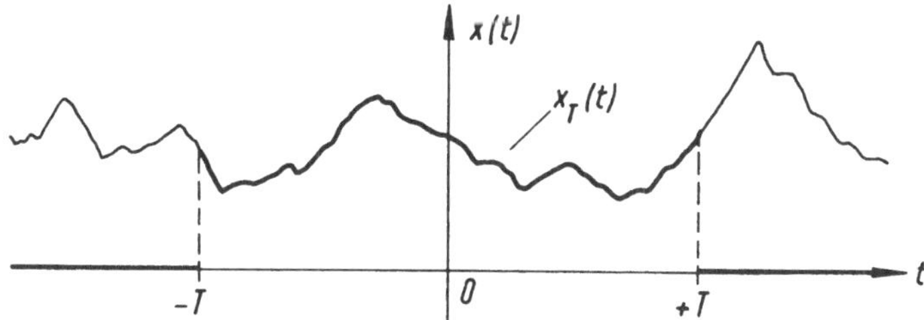

Bild II.1. Teilvorgang $x_T(t)$ der Dauer $2T$ als Ausschnitt aus dem gesamten Signal $x(t)$.

weitere wichtige Kennzahl für den Vorgang führen wir den quadratischen Mittelwert mit der Definitionsgleichung

$$\overline{x^2(t)} = \lim_{T \to \infty} \frac{1}{2T} \cdot \int\limits_{-T}^{+T} x_T{}^2(t)\,\mathrm{d}t \tag{II.2}$$

ein.

Die Stationarität von $x(t)$ bedeutet für diese beiden Mittelwerte die Unabhängigkeit von Zeitverschiebungen:

$$\overline{x(t)} = \overline{x(t + t_1)} \quad \text{und} \quad \overline{x^2(t)} = \overline{x^2(t + t_1)}.$$

Die gleiche Eigenschaft müssen auch alle anderen zeitlichen Mittelwerte haben. Für die uns interessierenden Überlegungen werden diese beiden Kennzahlen ausreichend sein; eine besondere Bedeutung kommt dem quadratischen Mittelwert zu, da er als Fehlerkriterium in der Theorie und in der Praxis außerordentlich weit verbreitet ist. Die gesamte Theorie der FOURIER-Approximation, die WIENERsche Theorie sowie viele Näherungsverfahren für nichtlineare Systeme basieren auf dieser Kenngröße.

3. Die Autokorrelationsfunktion

Der lineare und der quadratische Mittelwert sind nur *Zahlen* zur Kennzeichnung von stationären Vorgängen. Wie bereits bei der Einführung der zweiten Verteilungsdichte ausgeführt wurde, benötigt man für eine tiefere Einsicht in die inneren Zusammenhänge eines stochastischen Prozesses noch eine Zuordnung der Signalverläufe zu verschiedenen Zeiten. Als ein Maß hierfür haben wir außer der zweiten Verteilungsdichte bereits die Autokorrelationsfunktion als Ensemble-Mittelwert eingeführt. Diese Kenngröße hat quadratischen Charakter und sagt als eine Funktion des Zeitparameters τ grundsätzlich mehr über das Signal aus als die beiden Mittelwerte $\overline{x(t)}$ und $\overline{x^2(t)}$. Für die analytische Behandlung bevorzugen wir allerdings die Definition der Autokorrelationsfunktion als zeitlichen Mittelwert aller Produkte von Funktionswerten, die um τ Zeiteinheiten auseinander liegen:

$$\Phi_{xx}(\tau) = \lim_{T \to \infty} \frac{1}{2T} \cdot \int_{-T}^{+T} x(t) \cdot x(t \pm \tau)\, \mathrm{d}t. \qquad \text{(II.3)}$$

Damit verfügen wir über eine *Kennfunktion*, deren unabhängige Variable τ schon in der zweiten Verteilungsdichte vorgekommen ist. Die Autokorrelationsfunktion ist zum erstenmal im Jahre 1922 in einem Aufsatz von G. I. TAYLOR verwendet worden[1]). Bevor wir auf ihre speziellen Eigenschaften eingehen, wollen wir uns noch einem anderen Gesichtspunkt zuwenden. Die bisher eingeführten Größen $\overline{x(t)}$, $\overline{x^2(t)}$ und $\Phi_{xx}(\tau)$ dienen zwar dem Ziel, stochastische Vorgänge in ihren wesentlichen Eigenschaften zu charakterisieren; aber die zugehörigen Definitionsgleichungen gelten nicht nur für stochastische, sondern in leicht abgewandelten Formen auch für andere Typen von Signalfunktionen.

So wird für *aperiodische Funktionen* $f(t)$

$$\Phi_{ff}(\tau) = \int_{-\infty}^{+\infty} f(t) \cdot f(t + \tau)\, \mathrm{d}t \qquad \text{(II.3a)}$$

und für *periodische Funktionen* $s(t)$ der Periodendauer T_0:

$$\Phi_{ss}(\tau) = \frac{1}{2T_0} \cdot \int_{-T_0}^{+T_0} s(t) \cdot s(t + \tau)\, \mathrm{d}t. \qquad \text{(II.3b)}$$

Diese Tatsache machen wir uns für die physikalische Deutung des Korrelationsprozesses zunutze.

---

[1]) Diffusion by continuous movements, Proc. London Mathem. Soc. Vol. 20, S. 196

Zunächst einmal kann man mit Hilfe der Dreiecksungleichung

$$\pm \, 2 \cdot \overline{x(t) \cdot x(t + \tau)} \leq \overline{x^2(t)} + \overline{x^2(t + \tau)}$$

sofort beweisen, daß unabhängig von der speziellen Form von $x(t)$ immer

$$|\Phi_{xx}(\tau)| \leq \Phi_{xx}(0) \tag{II.4}$$

ist. Die Werte der Autokorrelationsfunktion für $\tau \neq 0$ können also nicht größer sein als der Nullwert. Wir wählen nun als Beispiel eine sinusförmige Zeitfunktion

$$s(t) = s_0 \cdot \sin(\omega_0 t - \varphi),$$

deren Verlauf in Bild II.2 zusammen mit dem von $s(t - \tau)$ dargestellt ist. Im

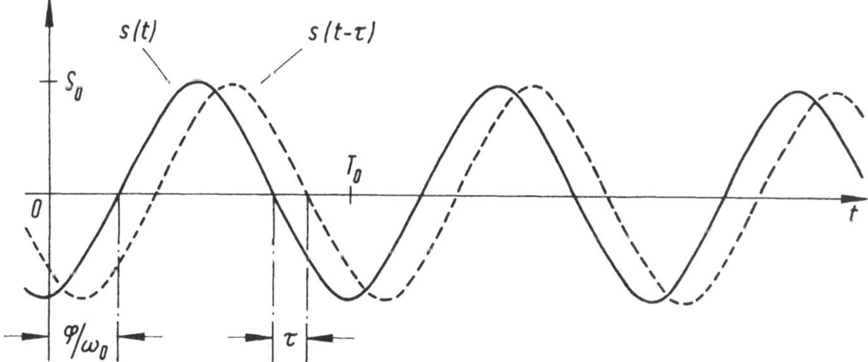

Bild II.2. Die sinusförmigen Signale $s(t) = s_0 \cdot \sin(\omega_0 t - \varphi)$ und $s(t - \tau) = s_0 \cdot \sin[\omega_0(t - \tau) - \varphi]$.

Falle $\tau = 0$ überdecken sich beide Kurven vollständig, und es ist auch ohne Korrelationstheorie anschaulich klar, daß sich hier ein Maximum an innerem Zusammenhang oder an Kohärenz der Kurvenzüge ergeben muß. Verschiebt man eine der beiden Kurven in Richtung der Zeitachse um τ Zeiteinheiten, so wird dieser innere Zusammenhang geringer werden, jedoch nach einer Periode T_0 oder allgemein nach $\tau = n \cdot T_0$ $(n = 1, 2, \ldots)$ Zeiteinheiten tritt die maximale Kohärenz genau wie bei $\tau = 0$ immer wieder auf, weil sich die Kurven infolge der Periodizität für ganzzahlige Vielfache der Periodendauer wieder vollständig überdecken, Bild II.3. Ohne die noch fehlenden Zwischenwerte, also den vollständigen Verlauf von $\Phi_{ss}(\tau)$ zu kennen, kann man schon

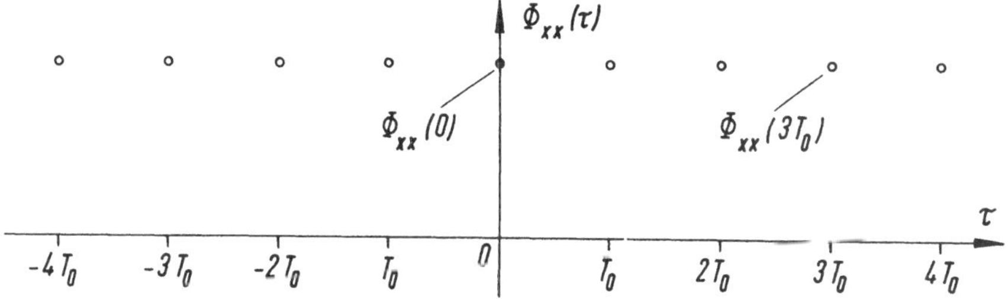

Bild II.3. Zur Bestimmung der Autokorrelationsfunktion des sinusförmigen Signals $s(t)$.

feststellen, daß bei der Autokorrelation eines sinusförmigen Vorganges die „Frequenzinformation" erhalten bleibt und daß sich wieder ein periodischer Vorgang ergibt. Man kann die gleichen Überlegungen für verschiedene Anfangsphasenwinkel φ anstellen und wird finden, daß diese keine Rolle spielen, denn die vollständige Überdeckung der Kurvenzüge tritt unabhängig von dem Phasenwinkel immer bei $\tau = n \cdot T_0$ auf. Dieses Ergebnis werden wir später auch analytisch bestätigen. Eine solche Zuordnung ist auch aus der allgemeinen Wellentheorie bekannt: beim Studium der Interferenzerscheinungen zwischen einem Signal $s(t)$ und dem durch ein Übertragungsmedium verzögerten Signal $s(t - \tau)$ berechnet man den Mittelwert des resultierenden Amplitudenquadrates zu

$$\overline{r^2(t)} = \overline{[s(t) + s(t - \tau)]^2}$$

$$= \overline{s^2(t)} + \overline{s^2(t - \tau)} + 2 \cdot \overline{s(t) \cdot s(t - \tau)}$$

$$= 2 \cdot \{s^2_{\text{eff}} + \Phi(\tau)\}.$$

Dabei ist $\Phi(\tau)$ ein Anteil, der von der Laufzeitdifferenz τ der beiden Komponenten abhängt. Bei vollständiger Inkohärenz ist $\Phi = 0$. Je nach Vorzeichen und Betrag von $\Phi(\tau)$ ergibt sich für die Resultierende eine Verstärkung, Schwächung oder Auslöschung. Bei *harmonischen* Signalen erhält man ein *periodisches* Bild, bei rein *stochastischen* ein *aperiodisches*. Wenn man versucht, die gleichen Überlegungen mit einem rein stochastischen Signal vorzunehmen, das keine statistisch verdeckten Periodizitäten enthält, dann kommt man zu ganz anderen Ergebnissen, s. Bild II.4. Zwar ergibt sich auch hier bei vollstän-

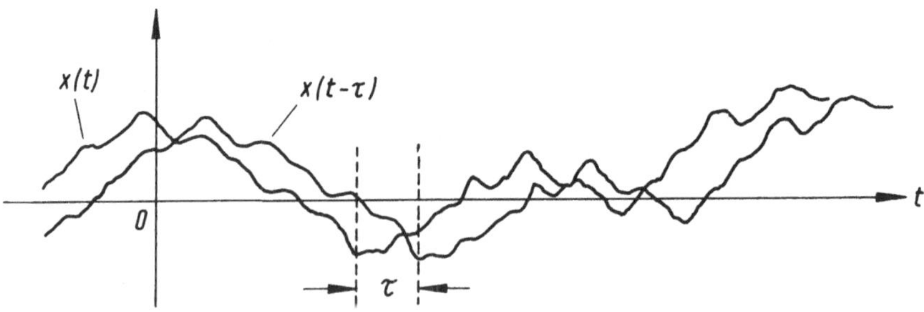

Bild II.4. Die stochastischen Signale $x(t)$ und $x(t - \tau)$ zur Bildung der Autokorrelationsfunktion $\Phi_{xx}(\tau)$.

diger Überdeckung der beiden Signale für $\tau = 0$ der Maximalwert der Autokorrelationsfunktion, aber dieser tritt für keinen anderen Wert von τ mehr auf, so daß hier sogar die schärfere Abschätzung

$$|\Phi_{xx}(\tau)| < \Phi_{xx}(0)$$

gültig ist. In diesem Verhalten der Autokorrelationsfunktion spiegelt sich ein Wesenszug aller stochastischen Signale wider, der sie deutlich von den periodischen Vorgängen unterscheidet: mit zunehmendem zeitlichen Abstand zweier Funktionswerte eines regellosen Vorgangs wird deren gegenseitige Abhängigkeit immer geringer. In Bild II.5 sind zwei charakteristische Beispiele für den Verlauf von Autokorrelationsfunktionen zweier stochastischer Signale gezeigt.

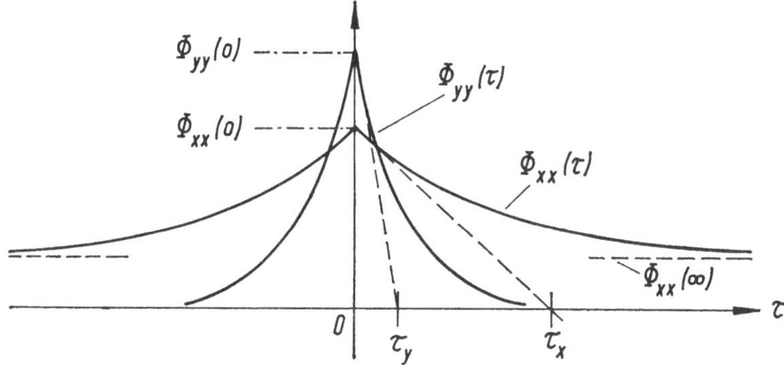

Bild II.5. Die Autokorrelationsfunktionen zweier stochastischer Vorgänge, die sich in ihrer Bandbreite, ihren linearen Mittelwerten und Effektivwerten sowie in ihrer Vorhersagbarkeit voneinander unterscheiden.

Es handelt sich um Funktionen mit exponentiellem Charakter, die für die Ausgangssignale von Tiefpaß-Filtern typisch sind. Die beiden Korrelationsfunktionen unterscheiden sich durch ihre Nullwerte, ihre Steigungen bei $\tau = 0$ und durch ihre Grenzwerte für $\tau \to \infty$. Die Vorgänge $x(t)$ und $y(t)$ selbst besitzen verschiedene quadratische Mittelwerte, denn der Nullwert einer Autokorrelationsfunktion wird

$$\Phi_{xx}(0) = \lim_{T \to \infty} \frac{1}{2T} \cdot \int_{-T}^{+T} x^2(t)\,\mathrm{d}t = \overline{x^2(t)}. \tag{II.5}$$

Daß die beiden Funktionen von Bild II.5 unterschiedliche Abklingeigenschaften haben, läßt darauf schließen, daß die innere Kohärenz oder „Erhaltungstendenz" des Vorganges $y(t)$ geringer ist als die von $x(t)$. Bei einem vorgegebenen Wert von τ wird es also schwieriger sein, den Funktionswert $y(t + \tau)$ aus dem Verlauf von $y(t)$ vorauszusagen als bei dem Signal $x(t)$ mit der größeren Kohärenz. Wie Bild II.6 anzudeuten versucht, hängt die Kohärenz eines Signals sicherlich

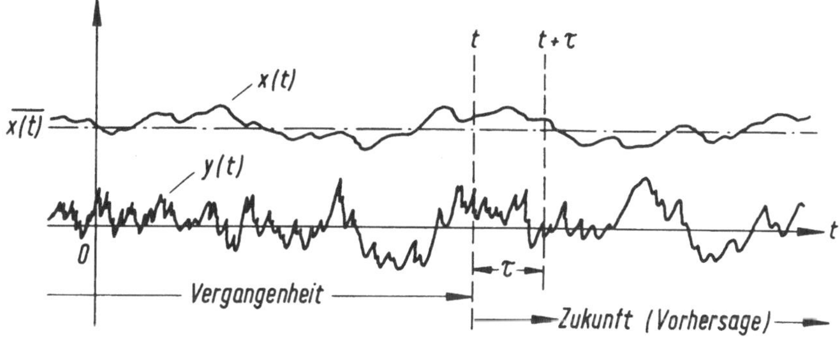

Bild II.6. Repräsentanten zweier stochastischer Prozesse, deren Eigenschaften durch die Autokorrelationsfunktionen von Bild II.5. gegeben sind. Der Vorgang $x(t)$ mit der größeren Kohärenzzeit τ_x verläuft „glatter" als $y(t)$.

stark davon ab, ob dieses nur relativ niederfrequente Komponenten enthält oder ob sehr rasche zeitliche Änderungen durch höherfrequente Anteile in dem Signal enthalten sind. Dabei ist nicht an diskrete harmonische Komponenten gedacht, sondern an kontinuierliche Leistungsspektren, in denen keine isolierten sinusförmigen Vorgänge enthalten sind (siehe Teil IV). Die durch die Schnittpunkte der Anfangstangenten mit der τ-Achse festgelegten Werte τ_x und τ_y nennt man auch „Kohärenzzeit" der betreffenden Vorgänge. Bei Autokorrelationsfunktionen, die an der Stelle $\tau = 0$ eine horizontale Tangente besitzen, muß man die Kohärenzzeit anders festlegen. Man kann z. B. die Wendepunktabszisse oder bei oszillierenden Korrelationsfunktionen den ersten Nulldurchgang wählen. In dieser Formulierung soll zum Ausdruck kommen, daß der Begriff „Kohärenzzeit" keine scharfe Aussage enthält, etwa in dem Sinne, daß das zugehörige Signal innerhalb von τ_0 Zeiteinheiten vorhersagbar wäre und für alle $t > \tau_0$ nicht mehr. In diesem Sinne bedeutet die Kohärenzangabe τ_0 nur die Angabe eines mittleren Kohärenzbereiches für die Signalvoraussage. Bei einem stationären Prozeß ist dieser mittlere Kohärenzbereich τ_0 für den gesamten Signalverlauf $x(t)$ für $-\infty < t < +\infty$ charakteristisch, während er sich bei nichtstationären Vorgängen als veränderlich erweist. Ein drittes Unterscheidungsmerkmal kann man an den Korrelationsfunktionen von Bild II.5 ablesen: für den Vorgang $y(t)$ wird

$$\lim_{\tau \to \infty} \Phi_{yy}(\tau) = 0,$$

während offenbar für das Signal $x(t)$ dieser Grenzwert von Null verschieden ist. Der unterschiedliche Verlauf der zugehörigen Zeitvorgänge nach Bild II.6 läßt vermuten, daß der Grenzwert der Autokorrelationsfunktion für $\tau \to \infty$ mit dem linearen Mittelwert der Zeitfunktionen zusammenhängt. Man kann nachweisen, daß

$$\lim_{\tau \to \infty} \Phi_{xx}(\tau) = \left[\overline{x(t)}\right]^2 \tag{II.6}$$

ist, falls dieser Grenzwert existiert. Wir werden noch sehen, daß er bei dem oben behandelten sinusförmigen Signal nicht existiert, obwohl man die rechte Seite der Gl. (II.6) angeben kann.

Eine weitere Eigenschaft aller Autokorrelationsfunktionen ist in Bild II.5 zu erkennen: sie sind gerade Funktionen ihres Argumentes, weil es für die Mittelwertbildung belanglos ist, in welcher Richtung man ausgehend von $\tau = 0$ die Funktionen längs der Zeitachse gegeneinander verschiebt:

$$\Phi_{xx}(\tau) = \overline{x(t) \cdot x(t + \tau)}$$
$$= \overline{x(t - \tau) \cdot x(t)} = \Phi_{xx}(-\tau). \tag{II.7}$$

Wir berechnen noch die Autokorrelationsfunktion eines Vorganges $x(t)$, dessen linearer Mittelwert $\overline{x(t)} \neq 0$ vorgegeben ist (Bild II.7). Durch die einfache Transformation

$$x_1(t) = x(t) - \bar{x}$$

führen wir ein neues Signal $x_1(t)$ ein, dessen linearer Mittelwert gleich Null ist und dessen Autokorrelationsfunktion wir berechnen:

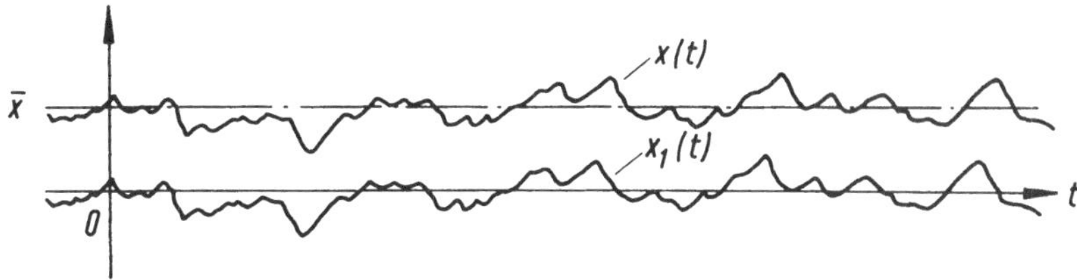

Bild II.7. Einführung eines stochastischen Signals mit verschwindendem linearen Mittelwert zur Berechnung der Autokorrelationsfunktion.

$$\Phi_{x_1 x_1}(\tau) = \lim_{T \to \infty} \frac{1}{2T} \cdot \int\limits_{-T}^{+T} x_1(t) \cdot x_1(t + \tau)\,\mathrm{d}t$$

$$= \lim_{T \to \infty} \frac{1}{2T} \cdot \int\limits_{-T}^{+T} \big[x(t) - \bar{x}\big] \cdot \big[x(t + \tau) - \bar{x}\big]\,\mathrm{d}t$$

$$= \Phi_{xx}(\tau) - \big(\bar{x}\big)^2.$$

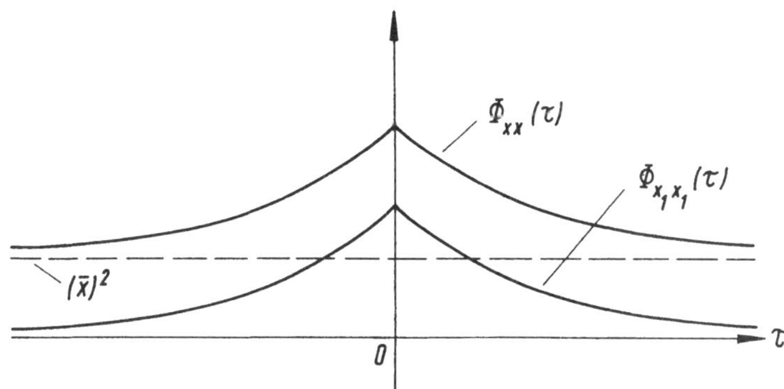

Bild II.8. Autokorrelationsfunktionen der Signale von Bild II.7.

Die Autokorrelationsfunktion von $x(t)$ läßt sich also auf diejenige des Signals $x_1(t)$ zurückführen, wodurch der lineare Mittelwert von $x(t)$ explizit auftritt, siehe Bild II.8:

$$\Phi_{xx}(\tau) = \Phi_{x_1 x_1}(\tau) + \big(\bar{x}\big)^2$$

mit

$$\Phi_{x_1 x_1}(\infty) = 0.$$

Zusammenfassend sei noch einmal festgestellt, daß durch den Prozeß der Korrelation einem regellos verlaufenden Signal eine im allgemeinen stetige und stetig differenzierbare Kennfunktion zugeordnet wird, an der man analytische Operationen durchführen kann. Damit ist bereits eine Kenngröße gefunden, die einen *Anschluß an die Systemtheorie* ermöglichen wird. Man muß sich darüber im klaren sein, daß die Definitionsgleichung der Autokorrelationsfunktion nur für deterministische Vorgänge eine direkte Rechenvorschrift bedeutet. Für regellose Signale hat $x(t)$ nur symbolischen Sinn, und demzufolge hat die Gl. (II.3) für die Praxis die in Bild II.9 interpretierte Bedeutung einer Meßanordnung.

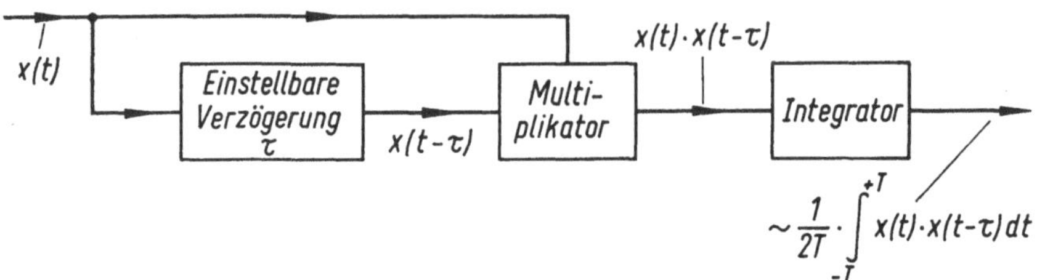

Bild II.9. Grundsätzliche Anordnung zur experimentellen Bestimmung einer Autokorrelationsfunktion.

Eine entscheidende Eigenschaft der Autokorrelationsfunktion besteht darin, daß sie nicht nach $x(t)$ auflösbar ist. Man kann also grundsätzlich nicht von $\Phi_{xx}(\tau)$ auf den zeitlichen Ablauf von $x(t)$ zurückschließen. Dieser Sachverhalt ist informationstheoretisch bedeutungsvoll, denn er besagt, daß bei dem Übergang von dem Zeitvorgang $x(t)$ zu seiner Korrelationsfunktion Information verlorengegangen sein muß. In der Tat gehören zu einer vorgegebenen Korrelationsfunktion beliebig viele Realisierungsmöglichkeiten von Signalen; dies ist nicht verwunderlich, wenn man bedenkt, daß Korrelation eine Mittelwertbildung einschließt. Bei der folgenden Berechnung der Autokorrelationsfunktion für einen sinusförmigen Vorgang wird klar werden, daß der entstehende Informationsverlust dadurch bedingt ist, daß die Autokorrelation keine Phasenbeziehungen bewertet. Demnach muß die Autokorrelationsfunktion (bis auf unwichtige Konstanten) die physikalische Dimension einer Wirkleistung haben, worauf schon die beiden Grenzfälle für $\tau \to 0$ und $\tau \to \infty$ hindeuteten.

Periodische Vorgänge und Autokorrelation

In Bild II.3 sind aufgrund anschaulicher Überlegungen nur diskrete Werte der Korrelationsfunktion für das periodische Signal

$$s(t) = s_0 \cdot \sin(\omega_0 t - \varphi)$$

eingetragen. Zur Bestimmung des gesamten Funktionsverlaufes von $\Phi_{ss}(\tau)$ kann man die Definitionsgleichung (II.3 b) unmittelbar auswerten. Da es sich um einen periodischen Vorgang handelt, braucht der Limes für $T \to \infty$ nicht vollzogen zu werden, und man erhält:

$$\Phi_{ss}(\tau) = \frac{s_0^2}{2T_0} \cdot \int\limits_{-T_0}^{+T_0} \sin(\omega_0 t - \varphi) \cdot \sin[\omega_0(t - \tau) - \varphi]\, dt$$

$$= \frac{s_0^2}{2\pi} \cdot \omega_0 \cdot \int\limits_{0}^{2\pi/\omega_0} \sin(\omega_0 t - \varphi) \cdot \sin[\omega_0(t - \tau) - \varphi]\, dt$$

$$= \frac{s_0^2}{2\pi} \cdot \int\limits_{-\varphi}^{2\pi-\varphi} \sin u \cdot \sin(u - \omega_0 \tau)\, du,$$

und mit einem geläufigen Additionstheorem folgt:

$$\Phi_{ss}(\tau) = \frac{s_0{}^2}{2} \cdot \cos \omega_0 \tau. \qquad (\text{II.8})$$

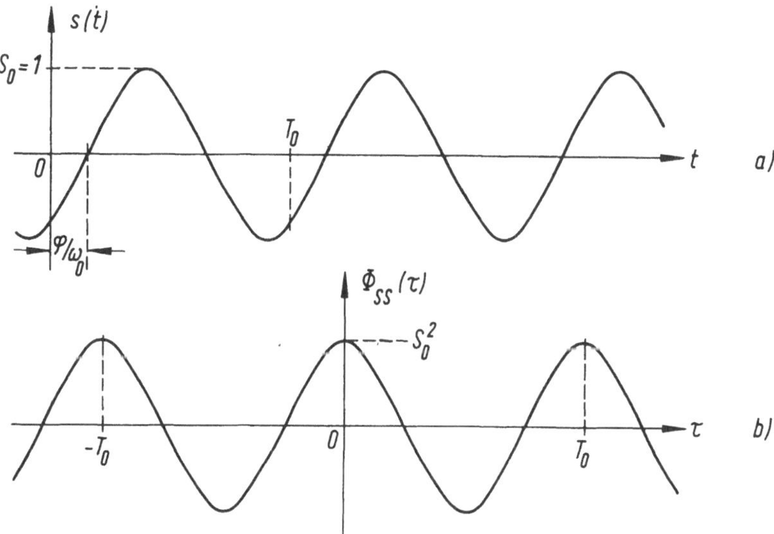

Bild II.10. Sinusförmiges Signal (a) mit zugehöriger Autokorrelationsfunktion (b). Durch die Normierung $s_0 = 1$ unterscheiden sich die beiden Funktionen nur in der Anfangsphase.

Diese Funktion ist in Bild II.10b dargestellt. Die ursprüngliche Signalfunktion $s(t)$ ist durch die drei Parameter s_0, ω_0 und φ gekennzeichnet (Bild II.10a), von denen offenbar die Amplitude und die Frequenz zur Festlegung des Verlaufes von $\Phi_{ss}(\tau)$ bei der Korrelation erhalten bleiben. Aber auch die mathematische Struktur und damit die geometrische Form des Signals bleiben unverfälscht; das einzige, was durch den Prozeß der Korrelation verlorengegangen ist, ist die Anfangsphase φ, und dies läßt sich sofort verallgemeinern. Denkt man sich einen Vorgang $s(t)$ aus mindestens zwei harmonischen Komponenten zusammengesetzt,

$$s(t) = s_1 \cdot \sin (\omega_1 t + \varphi_1) + s_2 \cdot \sin (\omega_2 t + \varphi_2) + \ldots,$$

so ist schon eine Verschiedenheit der Anfangsphasen φ_1 und φ_2 hinreichend dafür, daß der zeitliche Verlauf des Signals $s(t)$ durch den Prozeß der Korrelation verformt wird, während bei der einfachen harmonischen Funktion nur eine Verschiebung längs der Zeitachse unter Beibehaltung des Funktionsverlaufs auftritt. Von dieser Eigenschaft der harmonischen Funktionen macht man u. a. bei Korrelationsfiltern der Nachrichtentechnik [14] und bei der Korrelationsanalyse von Übertragungssystemen im Frequenzbereich [15] Gebrauch, siehe Teil VIII.4.3.

4. Kreuzkorrelationsfunktionen

Für die Bewertung gegenseitiger statistischer Abhängigkeiten haben wir in Teil I.2.4 bereits die Kreuzkorrelationsfunktion (I.4) als Ensemble-Mittelwert eingeführt. Natürlich kann man auch diese Funktion als zeitlichen Mittelwert ohne Kenntnis der Verbundverteilungsdichte unmittelbar aus den Signalen $x(t)$ und $y(t)$ ableiten, indem man den Grenzwert

$$\Phi_{xy}(\tau) = \lim_{T \to \infty} \frac{1}{2T} \cdot \int_{-T}^{+T} x(t) \cdot y(t + \tau)\, \mathrm{d}t \qquad \text{(II.9)}$$

als Funktion von τ berechnet. Es gibt ein sehr anschauliches Beispiel für die Frage nach der statistischen Verwandtschaft zweier stochastischer Vorgänge. Wenn man ein stationäres Rauschsignal $x(t)$ über ein lineares System (Bild II.11 a) schickt, so ist dessen Ausgangssignal $y(t)$ mit Sicherheit mit dem Ein-

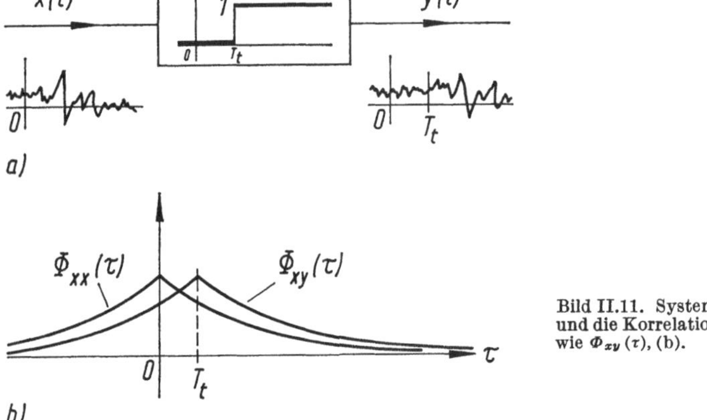

Bild II.11. System mit reiner Totzeit (a) und die Korrelationsfunktionen $\Phi_{xx}(\tau)$ sowie $\Phi_{xy}(\tau)$, (b).

gangssignal $x(t)$ statistisch verwandt. Nimmt man der Übersichtlichkeit halber zunächst ein System mit reiner Totzeit an, so wird

$$y(t) = x(t - T_t),$$

und das Ausgangssignal erfährt gar keine Formänderung, sondern kommt lediglich um die Totzeit verspätet gegenüber $x(t)$ an. Diese auffallend enge Verwandtschaft zwischen $x(t)$ und $y(t)$ äußert sich in einer entsprechend einfachen Beziehung zwischen der Autokorrelationsfunktion des Eingangssignals und der Kreuzkorrelationsfunktion:

$$\Phi_{xy}(\tau) = \lim_{T \to \infty} \frac{1}{2T} \cdot \int_{-T}^{+T} x(t) \cdot x(t - T_t + \tau)\, \mathrm{d}t$$

$$\Phi_{xy}(\tau) = \Phi_{xx}(\tau - T_t),$$

siehe Bild II.11 b. Wenn zusätzlich signalverzerrende Verzögerungen im System auftreten, dann geht $y(t)$ nicht mehr durch eine einfache Verschiebung aus $x(t)$ hervor; gerade bei stochastischen Signalen gibt es dann Veränderungen, die man nicht mehr anschaulich beurteilen kann. Genau an dieser Stelle setzt die Bedeutung der Kreuzkorrelationsfunktion als einer Kenngröße ein, die Änderungen gegenüber dem Eingangssignal aufgrund eines statistischen Vergleichs erfaßt, die unserem „Formempfinden" für den zeitlichen Ablauf von Signalen mit komplizierter Struktur nicht mehr zugänglich sind.

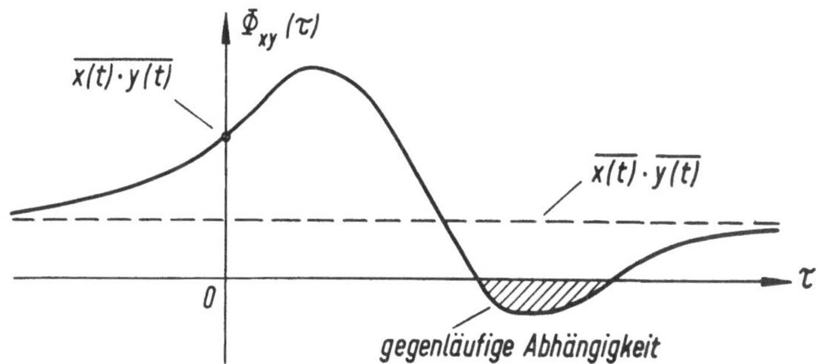

Bild II.12. Typischer Verlauf einer Kreuzkorrelationsfunktion.

In Bild II.12 ist der typische Verlauf einer Kreuzkorrelationsfunktion gezeigt, und man erkennt, daß diese andere Eigenschaften hat als eine Autokorrelationsfunktion. Es handelt sich im allgemeinen um Funktionen, die weder gerade noch ungerade sind, denn es gibt für $\tau = 0$ keine Konfiguration, die irgendwelche Symmetrieeigenschaften zur Folge hat wie die vollständige Überdeckung der beteiligten Signale bei der Autokorrelation. Vielmehr hat die Vertauschung des Vorzeichens von τ die Vertauschung der Reihenfolge der Indices zur Folge, wodurch sich die Relativierung bei dem Korrelationsprozeß umkehrt:

$$\Phi_{yx}(\tau) = \lim_{T \to \infty} \frac{1}{2T} \cdot \int_{-T}^{+T} y(t) \cdot x(t + \tau)\, \mathrm{d}t$$

$$t + \tau \equiv u \quad \curvearrowright$$

$$\Phi_{yx}(\tau) = \lim_{T \to \infty} \frac{1}{2T} \cdot \int_{-T}^{+T} y(u - \tau) \cdot x(u)\, \mathrm{d}u$$

$$\Phi_{yx}(\tau) = \Phi_{xy}(-\tau). \tag{II.10}$$

Der Einfluß dieser Transformation auf die Integrationsgrenzen kann bei stationären Vorgängen außer Betracht bleiben. Für $\tau = 0$ folgt aus der Definitionsgleichung (II.9) der Produktmittelwert

$$\Phi_{xy}(0) = \lim_{T \to \infty} \frac{1}{2T} \cdot \int_{-T}^{+T} x(t) \cdot y(t)\, \mathrm{d}t = \overline{x(t) \cdot y(t)}, \tag{II.11}$$

und für $\tau \to \infty$ folgt das Produkt der linearen Mittelwerte beider Vorgänge, wie man mit Hilfe der Ensemble-Definition (I.4) beweisen kann:

$$\lim_{\tau \to \infty} \Phi_{xy}(\tau) = \overline{x(t)} \cdot \overline{y(t)}. \tag{II.12}$$

Hierin spiegelt sich die gegenseitige statistische Unabhängigkeit der beiden Signale für beliebig große Verschiebungen wider. Auf den ersten Blick könnte der Eindruck entstehen, daß bei der Kreuzkorrelation überhaupt kein Zeitpunkt ausgezeichnet wäre; dies trifft jedoch nicht zu, denn wenn zwei Signale überhaupt in irgendeinem Zusammenhang zueinander stehen, dann ist dieser durch ein physikalisches System bedingt. Bei der Anwendung der Kreuzkorrelation auf die Analyse von Übertragungssystemen wird dieser Gesichtspunkt ganz deutlich hervortreten, weil dann Eingangs- und Ausgangssignal des Systems miteinander verglichen werden, die über die Systemeigenschaften eng miteinander verkoppelt sind. Hier wird der Zeitpunkt $\tau = 0$ eine besondere Rolle spielen.

In der Tatsache, daß sowohl die Auto- als auch die Kreuzkorrelationsfunktion negative Werte annehmen können, kommt die Möglichkeit einer *gegenläufigen* statistischen Abhängigkeit zum Ausdruck.

Auch von einer gegebenen Kreuzkorrelationsfunktion kann man nicht auf den zeitlichen Verlauf der Signale $x(t)$ und $y(t)$ zurückschließen; man kann jedoch nachweisen, daß die Kreuzkorrelationsfunktion noch eine bestimmte *relative Phaseninformation* der beiden Vorgänge enthält, und dies wird bei der Systemanalyse bewußt ausgenutzt.

An dieser Stelle soll darauf hingewiesen werden, daß *stochastische* Vorgänge von ihrer Entstehung her *nicht reproduzierbar* sind. In den Einzelheiten seines zeitlichen Verlaufes ist ein regelloser Vorgang nur dann reproduzierbar, wenn er gespeichert wird. Jedes stationäre stochastische Signal besitzt jedoch gewisse *reproduzierbare Eigenschaften*, nämlich z. B. die oben eingeführten Mittelwerte $\overline{x(t)}$, $\overline{x^2(t)}$ und seine Autokorrelationsfunktion.

Wenn man also beispielsweise einen Rauschgenerator zu verschiedenen Zeiten in Betrieb nimmt, dann reproduziert er nicht einen zeitlichen Vorgang, sondern die genannten statistischen Eigenschaften dieses Vorganges. Wenn man so will, bilden die dem Generator zu verschiedenen Zeiten entnommenen Signalabschnitte im Grenzfall ein Ensemble, dessen Elemente unterschiedliche zeitliche Verläufe „im Kleinen", jedoch die gleichen statistischen Eigenschaften „im Großen" (zeitlich zu verstehen) besitzen. Wir werden im folgenden sehen, daß zu diesen reproduzierbaren Signaleigenschaften auch gewisse Kenngrößen im Frequenzbereich gehören, nämlich die Leistungsspektren der Signale.

III. Spektrale Darstellung von Funktionen verschiedener Konvergenzeigenschaften

1. Periodische Funktionen, die betragsintegrierbar sind

Seit der Nutzbarmachung der Gedankengänge von FOURIER hat die Beschreibung von Vorgängen durch harmonische Komponenten eine sehr weite Verbreitung gefunden. Die klassische Theorie der FOURIER-Analyse erstreckt sich sowohl auf periodische als auch auf aperiodische Vorgänge. Für diese beiden Funktionstypen unterscheiden sich die Transformationen, die vom Zeitbereich in den Frequenzbereich führen, im wesentlichen durch die Integrationsgrenzen.

So besitzt eine periodische Funktion $x(t)$ ein *diskretes* Amplitudenspektrum, und aus der Transformation

$$c_n(n \cdot \omega) = \frac{1}{2T} \cdot \int\limits_{-T}^{+T} x(t) \cdot e^{-in\omega t}\, dt$$

kann man Amplitude und Phase der n-ten Teilschwingung gewinnen. Mit Hilfe dieses komplexen Amplitudenspektrums läßt sich die periodische Zeitfunktion durch die Summe

$$x(t) = \sum_{n=-\infty}^{+\infty} c_n(n \cdot \omega) \cdot e^{in\omega t}$$

darstellen. Die Übertragung dieses Verfahrens auf aperiodische Vorgänge $x(t)$, für welche

$$\int\limits_{-\infty}^{+\infty} |x(t)|\, dt < \infty$$

ist, führt auf ein *kontinuierliches* Amplitudenspektrum, für das wir aus Symmetriegründen die Form

$$a(\omega) = \frac{1}{\sqrt{2\pi}} \cdot \int\limits_{-\infty}^{+\infty} x(t) \cdot e^{-i\omega t}\, dt \tag{III.1a}$$

bevorzugen. Über die inverse Transformation erhält man daraus den aperiodischen Vorgang selbst in der Integraldarstellung

$$x(t) = \frac{1}{\sqrt{2\pi}} \cdot \int\limits_{-\infty}^{+\infty} a(\omega) \cdot e^{i\omega t}\, d\omega. \tag{III.1b}$$

Bei der physikalisch-technischen Interpretation dieser Zusammenhänge bevorzugt man die Kennzeichnung periodischer Vorgänge durch ein diskretes Linienspektrum, aperiodischer Vorgänge dagegen durch ein kontinuierliches Energiespektrum. Für die in der Praxis vorkommenden Signale, die integrierbare beschränkte Funktionen sind (z. B. periodische Vorgänge), existiert das Leistungsintegral

$$J_L = \frac{1}{2T} \cdot \int\limits_{-T}^{+T} x^2(t)\, dt \tag{III.2}$$

immer.

2. Quadratisch integrierbare Funktionen (PLANCHERELsche Theorie)

Es gibt eine große Gruppe aperiodischer Signale, bei denen man für die mathematische Behandlung die Existenz des Energieintegrals

$$J_E = \int\limits_{-\infty}^{+\infty} |x(t)|^2 \, \mathrm{d}t < \infty, \qquad\qquad (\text{III.3})$$

d. h. die *quadratische Integrierbarkeit*, fordern muß; ein Beispiel für eine solche Funktion ist

$$x(t) = \frac{t}{1 + t^2}.$$

Dies führt auf die PLANCHERELsche Theorie, die parallel zur Theorie der FOURIER-Reihen läuft. Bevor wir eine besondere Form der FOURIER-Transformation für diese Signalfunktionen der Klasse $L^2 \, (-\infty, +\infty)$ entwickeln, müssen wir den Begriff der „*quadratischen Mittelkonvergenz*" einführen. Es zeigt sich nämlich, daß das komplexe Amplitudenspektrum $a(\omega)$ dieser Signale nur als „Limes im Mittel" existiert. Dazu gehen wir von folgenden Definitionen aus:

Strebt eine Funktionenschar $a_T(\omega)$ aus der Klasse $L^2 \, (-\infty, +\infty)$ der quadratisch integrierbaren Funktionen für $T \to \infty$ in dem Intervall $-\infty < \omega < +\infty$ im quadratischen Mittel gegen eine Funktion $a(\omega)$, die dann auch zur Klasse $L^2(-\infty, +\infty)$ gehört, d. h.

$$\int\limits_{-\infty}^{+\infty} |a(\omega) - a_T(\omega)|^2 \, \mathrm{d}\omega \to 0 \quad \text{für } T \to \infty,$$

dann spricht man von einer „Konvergenz im Mittel zweiter Ordnung" oder von einer „quadratischen Mittelkonvergenz" und schreibt

$$a(\omega) = \underset{T \to \infty}{\text{l.i.m.}} \, a_T(\omega),$$

wobei man die Abkürzung „l.i.m." als „Limes im Mittel" lesen kann [17].

Darauf aufbauend können wir das Theorem von PLANCHEREL folgendermaßen formulieren:

Wenn eine Funktion $x(t)$ zur Klasse $L^2 \, (-\infty, +\infty)$ gehört, dann besitzt sie eine PLANCHERELsche $\mathscr{F}^2$-Transformierte

$$a(\omega) = \underset{T \to \infty}{\text{l.i.m.}} \, \frac{1}{\sqrt{2\pi}} \cdot \int\limits_{-T}^{+T} x(t) \cdot \mathrm{e}^{-i\omega t} \, \mathrm{d}t \qquad\qquad (\text{III.4a})$$

$$\equiv \mathscr{F}^2\{x(t)\},$$

die wiederum zur Klasse $L^2 \, (-\infty, +\infty)$ gehört. Das Integral für sich entspricht genau der gewöhnlichen $\mathscr{F}$-Transformierten $a_T(\omega)$ der zeitlich begrenzten Funktion

$$x_T(t) = \begin{cases} x(t) \ \text{für} \ -T \le t \le +T \\ 0 \quad \text{für} \ |t| > T, \end{cases}$$

auf die in Teil V in einem anderen Zusammenhang eingegangen werden wird. Die zur Transformation (III.4a) gehörige Umkehrrelation lautet

$$x(t) = \operatorname*{l.i.m.}_{\Omega \to \infty} \frac{1}{\sqrt{2\pi}} \cdot \int\limits_{-\Omega}^{+\Omega} a(\omega) \cdot e^{i\omega t}\, d\omega \qquad \text{(III.4 b)}$$

$$\equiv \mathscr{F}^2\{a(-\omega)\},$$

und für diese Funktionenklasse gilt die PARSEVALsche Gleichung in der Form

$$\int\limits_{-\infty}^{+\infty} |a(\omega)|^2\, d\omega = \int\limits_{-\infty}^{+\infty} |x(t)|^2\, dt. \qquad \text{(III.5)}$$

Die quadratische Mittelkonvergenz der PLANCHERELschen $\mathscr{F}^2$-Transformation für die Signale mit endlichem Energieinhalt,

$$\int\limits_{-\infty}^{+\infty} |x(t)|^2\, dt < \infty,$$

die in der Symbolik „l.i.m." zum Ausdruck kommt, bedeutet, daß

$$\lim_{T \to \infty} \int\limits_{-\infty}^{+\infty} \left| a(\omega) - \underbrace{\frac{1}{\sqrt{2\pi}} \cdot \int\limits_{-T}^{+T} x(t) \cdot e^{-i\omega t} dt}_{a_T(\omega)} \right|^2 d\omega = 0$$

ist, und daraus folgt unmittelbar durch Anwendung der SCHWARZschen Ungleichung [16]:

$$\lim_{T \to \infty} \left| \int\limits_{0}^{\omega} a(u)\, du - \frac{1}{\sqrt{2\pi}} \cdot \int\limits_{0}^{\omega} du \int\limits_{-T}^{+T} x(t) \cdot e^{-iut}\, dt \right| = 0$$

oder auch $$\int\limits_{0}^{\omega} a(u)\, du = \frac{1}{\sqrt{2\pi}} \cdot \int\limits_{-\infty}^{+\infty} x(t) \cdot \int\limits_{0}^{\omega} e^{-iut}\, du\, dt,$$

$$\int\limits_{0}^{\omega} a(u)\, du = \frac{1}{\sqrt{2\pi}} \cdot \int\limits_{-\infty}^{+\infty} x(t) \cdot \frac{1 - e^{-i\omega t}}{it}\, dt. \qquad \text{(III.6)}$$

Auf dieses Zwischenergebnis werden wir bei der Untersuchung stationärer stochastischer Signale mit endlichem quadratischem Mittelwert noch zurückkommen. Wenn $a(\omega)$ integrierbar ist, dann ist

$$\int\limits_0^\omega a(u)\,\mathrm{d}u$$

eine stetige Funktion von ω, und es gilt

$$a(\omega) = \frac{\mathrm{d}}{\mathrm{d}\omega} \int\limits_0^\omega a(u)\,\mathrm{d}u,$$

folglich wird

$$a(\omega) = \frac{1}{\sqrt{2\pi}} \cdot \frac{\mathrm{d}}{\mathrm{d}\omega} \int\limits_{-\infty}^{+\infty} x(t) \cdot \frac{1 - \mathrm{e}^{-i\omega t}}{it}\,\mathrm{d}t$$

$$(\mathrm{III.7\,a})$$

mit der Umkehrung

$$x(t) = \frac{1}{\sqrt{2\pi}} \cdot \frac{\mathrm{d}}{\mathrm{d}t} \int\limits_{-\infty}^{+\infty} a(\omega) \cdot \frac{\mathrm{e}^{i\omega t} - 1}{it}\,\mathrm{d}\omega.$$

$$(\mathrm{III.7\,b})$$

Diese Darstellungen gelten „fast überall" im Sinne der quadratischen Mittelkonvergenz. Ähnlich wie bei der gewöhnlichen $\mathscr{F}$-Transformation kann man auch hier Sonderfälle für gerade und ungerade Funktionen $x(t)$ angeben [19], [73]:

a) *Gerade Funktionen $x(t)$:*

$$\left.\begin{aligned}
a(\omega) &= \sqrt{\frac{2}{\pi}} \cdot \frac{\mathrm{d}}{\mathrm{d}\omega} \int\limits_0^\infty x(t) \cdot \frac{\sin \omega t}{t}\,\mathrm{d}t \\[2ex]
x(t) &= \sqrt{\frac{2}{\pi}} \cdot \frac{\mathrm{d}}{\mathrm{d}t} \int\limits_0^\omega a(\omega) \cdot \frac{\sin \omega t}{\omega}\,\mathrm{d}\omega
\end{aligned}\right\} \text{ in } L^2(0,\,+\infty).$$

b) *Ungerade Funktionen $x(t)$:*

$$\left.\begin{aligned}
a(\omega) &= \sqrt{\frac{2}{\pi}} \cdot \frac{\mathrm{d}}{\mathrm{d}\omega} \int\limits_0^\infty x(t) \cdot \frac{1 - \cos \omega t}{it}\,\mathrm{d}t \\[2ex]
x(t) &= \sqrt{\frac{2}{\pi}} \cdot \frac{\mathrm{d}}{\mathrm{d}t} \int\limits_0^\infty a(\omega) \cdot \frac{\cos \omega t - 1}{i\omega}\,\mathrm{d}\omega
\end{aligned}\right\} \text{ in } L^2(0,\,+\infty).$$

3. Vorgänge mit endlichem quadratischen Mittelwert, Konvergenzprobleme

Wenn man versucht, das Konzept der $\mathscr{F}$-Transformation auf regellose Signale zu übertragen, stößt man sofort auf grundsätzliche Schwierigkeiten. Die Durchführung der Transformation (III.1a) hat zunächst einmal zur Voraussetzung, daß man für die Zeitfunktion $x(t)$ einen analytischen Ausdruck angeben kann, aber gerade dies ist bei stochastischen Funktionen nicht möglich. Weiterhin braucht für stationäre regellose Signale, die sich über die gesamte Zeitachse erstrecken, das Integral

$$\int\limits_{-\infty}^{+\infty} |x(t)| \, \mathrm{d}t$$

keinen endlichen Wert zu besitzen. In diesem Fall existiert überhaupt keine $\mathscr{F}$-Transformierte des Signals. Für den gesuchten Zugang zum Frequenzbereich eröffnen sich jedoch drei Wege, die wir hier verfolgen wollen:

a) Man kann die Konvergenzvoraussetzungen der $\mathscr{F}$-Transformation so weit abändern, daß man über eine von WIENER angegebene Verallgemeinerung der harmonischen Analyse [16] die Klasse der stationären Prozesse formal mit in die Transformation nach PLANCHEREL-FOURIER einbeziehen kann.

b) Man kann anstelle des gesamten regellosen Vorganges $x(t)$ zunächst einen endlichen Teilabschnitt des Vorganges ins Auge fassen und damit eine Funktion $x_T(t)$ konstruieren, die eine konvergente $\mathscr{F}$-Transformierte $a_T(\omega)$ besitzt. Vollzieht man dann den Grenzübergang

$$\lim_{T\to\infty} x_T(t) = x(t),$$

so erfaßt man im Zeitbereich den gesamten Vorgang und erhält unter bestimmten Voraussetzungen in Gestalt einer Funktion von $a_T(\omega)$ im Grenzfall $T \to \infty$ eine vernünftige Kennfunktion für den Vorgang $x(t)$ im Spektralbereich. Dieser Grenzübergang führt, wie wir später zeigen werden, auf die spektrale Leistungsdichte als der $\mathscr{F}$-Transformierten der zugehörigen Autokorrelationsfunktion.

Die Frage nach der analytischen Darstellbarkeit ist dabei von untergeordneter Bedeutung, weil es zunächst nur um die Existenz des $\mathscr{F}$-Integrals geht; für den Teilvorgang $x_T(t)$ ist sie gesichert, ganz unabhängig davon, welchen Aufwand man für eine analytische Beschreibung dieses Signalabschnittes treiben müßte.

c) Schließlich kann man sich auf einen ganz formalen Standpunkt zurückziehen: die Autokorrelationsfunktion stellt eine statistische Kennfunktion für den regellosen Prozeß $x(t)$ dar; die unabhängige Variable τ ist zwar nicht die Echtzeit, in welcher der Vorgang abläuft, sie hat aber die physikalische Dimension einer Zeit. Der mathematisch harmlose Charakter der meisten realisierbaren Korrelationsfunktionen läßt die Vermutung zu, daß eine unmittelbare $\mathscr{F}$-Transformation $\mathscr{F}\{\Phi_{xx}(\tau)\}$ auf eine spektrale Kenngröße für den Vorgang $x(t)$ führt. Dieser dritte Weg ist zwar gangbar und bequem, er vermittelt aber

keine unmittelbare Einsicht in das nach wie vor bestehende Konvergenz-
problem von der Signalfunktion her, obwohl man auch bei diesem formalen
Vorgehen die für die Existenz von $\mathscr{F}\{\Phi_{xx}(\tau)\}$ hinreichende Bedingung

$$\int\limits_{-\infty}^{+\infty} |\Phi_{xx}(\tau)|\,\mathrm{d}\tau < \infty \qquad\qquad \text{(III.8)}$$

erfüllen muß, wenn man keine Distributionen zulassen will.

Die Autokorrelationsfunktion des sinusförmigen Signals,

$$\Phi_{ss}(\tau) = \frac{s_0{}^2}{2} \cdot \cos \omega_0 \tau,$$

die wir in Teil II.3 berechnet haben, erfüllt diese Konvergenzbedingung mit
Sicherheit nicht. Es sei hier allerdings schon vorweggenommen, daß es von
dem Charakter der zugelassenen Funktionen abhängt, ob man einem Integral
der Form

$$\int\limits_{0}^{\infty} \cos \omega_0 \tau \cos \omega \tau\,\mathrm{d}\tau$$

noch einen Sinn beilegt und damit Distributionen einführt, oder ob man sich
ganz im Bereich der gewöhnlichen Analysis aufhalten will. Die anschließende
Einführung in die *verallgemeinerte harmonische Analyse* dient nicht zuletzt dem
Ziel, Integrale der obigen Form durch die Verwendung von STIELTJES-Inte-
gralen zu umgehen und damit das Operieren mit Distributionen vom Charakter
der DIRACschen Deltafunktion zu vermeiden. Wenn man dagegen diese entarteten Funktionen in die Analysis einbeziehen will, kann man auf die STIELTJES-
Integration verzichten; man muß dann allerdings in Kauf nehmen, daß man
von Fall zu Fall vor die Aufgabe gestellt wird, Grenzprozesse miteinander zu
vertauschen. Man sieht dann gelegentlich stillschweigend darüber hinweg, daß
die Voraussetzungen für die Vertauschbarkeit zweier Grenzübergänge (die
Deltafunktion kann man als Grenzfall analytisch beschreibbarer Impulse
definieren) nicht erfüllt sind, weil sich trotz der unerlaubten Vertauschung
ein richtiges Ergebnis einstellt. Man verläßt damit natürlich den Boden der
strengen, mathematisch einwandfreien Behandlung. Diese vom rein mathematischen Standpunkt aus anfechtbaren Überlegungen führen jedoch auf
verhältnismäßig einfache Rechenverfahren, die trotz der aufgezeigten Bedenken bei den meisten überschaubaren Problemen der statistischen Signal-
und Systemtheorie kaum Gefahren in sich bergen. Wir werden hier beide Wege
gehen und die Entscheidung für das eine oder andere Verfahren für den Leser
davon abhängig machen, ob es um grundsätzliche Überlegungen geht, die eine
einwandfreie mathematische Fundierung erfordern, oder ob es um routine-
artige Berechnungen oder die theoretische Deutung experimenteller Verfahren
geht; es ist nur realistisch, für die zweite Gruppe von Problemen einen einfacheren Kalkül zuzulassen, der erfahrungsgemäß zu richtigen Schlußfolge-
rungen führt. Wo Bedenken aufkommen, kann man immer noch zu den ganz
einwandfreien Methoden übergehen. Im übrigen sollte man sich nicht der Gefahr
aussetzen, aus der Richtigkeit bestimmter Ergebnisse auf die Unanfechtbarkeit
der verwendeten Methode zu schließen.

IV. Beschreibung regelloser Signale im Frequenzbereich

1. Formale Anwendung der PLANCHERELschen $\mathscr{F}^2$-Transformation

Man geht normalerweise von stationären stochastischen Prozessen aus, die über das gesamte Zeitintervall $-\infty < t < +\infty$ verlaufen und einen endlichen quadratischen Mittelwert besitzen. Man setzt also voraus, daß der Grenzwert

$$\overline{x^2(t)} = \lim_{T \to \infty} \frac{1}{2T} \cdot \int_{-T}^{+T} x^2(t)\,\mathrm{d}t < \infty \tag{IV.1}$$

existiert. Dies bedeutet eine schwächere Voraussetzung als die Forderung (III.8) der absoluten Integrierbarkeit (auf $x(t)$ übertragen) als hinreichender Bedingung für die Existenz des gewöhnlichen $\mathscr{F}$-Integrals. WIENER hat gezeigt, daß man stationäre stochastischeVorgänge formal so behandeln kann, als besäßen sie eine integrierte $\mathscr{F}$-Transformierte. Um diese Prozesse formal in die Überlegungen von FOURIER und PLANCHEREL einzubeziehen, muß man zunächst einmal anstelle der Existenz des quadratischen Mittelwertes

$$\overline{x^2(t)} = \lim_{T \to \infty} \frac{1}{2T} \cdot \int_{-T}^{+T} x^2(t)\,\mathrm{d}t \tag{IV.2}$$

die noch schwächere Voraussetzung an den Anfang stellen, nach welcher lediglich der Ausdruck

$$m(T) = \frac{1}{2T} \cdot \int_{-T}^{+T} |x(t)|^2\,\mathrm{d}t \tag{IV.3}$$

für alle T beschränkt sein muß. Im Hinblick auf die praktischen Erfordernisse der Meßtechnik ist diese Forderung sowieso realistischer als die Existenz des Grenzwertes $\overline{x^2(t)}$ für $T \to \infty$. Daß man im folgenden überhaupt einen Zusammenhang zwischen den quadratisch integrierbaren Funktionen der Klasse $L^2(-\infty, +\infty)$ und den stationären stochastischen Vorgängen herstellen kann, beruht auf dem folgenden Theorem [16]:
Wenn

$$m(T) = \frac{1}{2T} \cdot \int_{-T}^{+T} |x(t)|^2\,\mathrm{d}t$$

in T beschränkt ist, dann gehört die durch $1 + |t|$ dividierte Funktion $x(t)$ zur Klasse L^2 der quadratisch integrierbaren Funktionen:

$$\frac{x(t)}{1 + |t|} \in L^2,$$

das bedeutet, daß

$$\int\limits_{-\infty}^{+\infty} \frac{x^2(t)}{1 + t^2}\, dt < \infty \tag{IV.4}$$

ist. Wie von BOCHNER [73] ausführlich gezeigt wurde, kann man unter Beachtung bestimmter Vorsichtsmaßnahmen hinsichtlich der Stelle $t = 0$ auf die Funktion $f(t)/t$ die PLANCHERELsche Theorie anwenden. Dazu denkt man sich vorerst rein formal die für $x(t) \in L^2$ geltende Formel

$$a(\omega) = \underset{A \to \infty}{\text{l. i. m.}} \frac{1}{\sqrt{2\pi}} \cdot \int\limits_{-A}^{+A} x(t) \cdot e^{-i\omega t}\, dt \tag{IV.5}$$

angeschrieben und integriert sie formal unter dem l.i.m. und unter dem Zeitintegral nach ω. WIENER setzt dafür nur voraus, daß $x(t)$ im Sinne der Existenz von $m(T)$ meßbar sein soll, d. h. L-integrabel in jedem endlichen Zeitintervall der Länge $2T$. Man betrachtet im Hinblick auf den Nenner von (IV.4) die Argumentebereiche $|t| > 1$ und $|t| \leq 1$, oder $-A \ldots -1$, $-1 \ldots +1$ und $+1 \ldots +A$ und findet für den mittleren Bereich

$$g_2(\omega) = \frac{1}{\sqrt{2\pi}} \cdot \int\limits_{-1}^{+1} x(t) \cdot \frac{e^{-i\omega t} - 1}{-it}\, dt. \tag{IV.6}$$

Dieses Integral existiert, wenn man den Bruch für $t = 0$ durch den Grenzwert

$$\lim_{t \to 0} \frac{e^{i\omega t} - 1}{it} = \omega$$

definiert. In den anderen Integrationsbereichen kann man nicht analog vorgehen, denn der Anteil $\frac{1}{i} \cdot \frac{x(t)}{t}$ würde auf den Ausdruck

$$\underset{A \to \infty}{\text{l. i. m.}} \left[\int\limits_{1}^{A} + \int\limits_{-A}^{-1} \right] \frac{x(t)}{it}\, dt$$

führen, der keine Variable enthält, auf die sich der Grenzübergang $A \to \infty$ als Limes im Mittel im PLANCHERELschen Sinne beziehen mußte. Es könnte sich also nur um einen Grenzwert im gewöhnlichen Sinne handeln, aber das Integral

$$\int\limits_{1}^{\infty} \frac{x(t)}{t}\, dt$$

braucht nicht zu existieren, denn nach der Voraussetzung (IV.4) besitzt lediglich das Integral

$$\int\limits_{1}^{\infty} \frac{x^2(t)}{t^2}\, dt$$

einen endlichen Wert. Wählt man einmal das Beispiel

$$\frac{x(t)}{t} = t^{-\frac{2}{3}},$$

so überschaut man sehr schnell die Zusammenhänge. Im Gegensatz dazu erhält man ein sinnvolles Ergebnis, wenn man den Grenzwert

$$g_1(\omega) = \operatorname*{l.\,i.\,m.}_{A \to \infty} \frac{1}{\sqrt{2\pi}} \cdot \left[\int\limits_1^A + \int\limits_{-A}^{-1} \right] x(t) \cdot \frac{\mathrm{e}^{-i\omega t}}{-it}\, \mathrm{d}t \qquad \text{(IV.7)}$$

bildet, denn in dem Intervall $1 < |t| < \infty$ ist

$$\frac{x(t)}{t} \in L^2,$$

folglich existiert $g_1(\omega)$ im Plancherelschen Sinne. Wiener konstruiert aus diesen beiden Teilergebnissen die Funktion

$$G(\omega) = g_1(\omega) + g_2(\omega)$$

$$= \operatorname*{l.i.m.}_{A \to \infty} \frac{1}{\sqrt{2\pi}} \cdot \left[\int\limits_1^A + \int\limits_{-A}^{-1} \right] x(t) \cdot \frac{\mathrm{e}^{-i\omega t}}{-it}\, \mathrm{d}t$$

$$+ \frac{1}{\sqrt{2\pi}} \cdot \int\limits_{-1}^{+1} x(t) \cdot \frac{\mathrm{e}^{-i\omega t} - 1}{-it}\, \mathrm{d}t \qquad \text{(IV.8)}$$

und untersucht anschließend nur die Differenz

$$G_\varepsilon(\omega) = G(\omega + \varepsilon) - G(\omega - \varepsilon), \qquad \text{(IV.9)}$$

wodurch die Integrale über die Anteile $\frac{1}{i} \cdot \frac{x(t)}{t}$ in $g_2(\omega)$ wieder herausfallen, so daß sich bei der Differenzbildung gleiche Integranden ergeben:

$$G_\varepsilon(\omega) = \operatorname*{l.i.m.}_{A \to \infty} \frac{1}{\sqrt{2\pi}} \cdot \int\limits_{-A}^{+A} x(t) \cdot \frac{\mathrm{e}^{it\varepsilon} - \mathrm{e}^{-it\varepsilon}}{it} \cdot \mathrm{e}^{-i\omega t}\, \mathrm{d}t$$

$$= \operatorname*{l.i.m.}_{A \to \infty} \frac{1}{\sqrt{2\pi}} \cdot \int\limits_{-A}^{+A} x(t) \cdot \frac{2\sin\varepsilon t}{t} \cdot \mathrm{e}^{i\omega t}\, \mathrm{d}t. \qquad \text{(IV.10)}$$

An diesem Zwischenergebnis erkennt man formal, daß die Funktion $G(\omega)$ als *integrierte $\mathscr{F}$-Transformierte* der Signalfunktion $x(t)$ angesehen werden kann. Bildet man nun den Ausdruck

$$\frac{G(\omega + \varepsilon) - G(\omega - \varepsilon)}{2\varepsilon} = \operatorname*{l.i.m.}_{A \to \infty} \frac{1}{\sqrt{2\pi}} \cdot \int\limits_{-A}^{+A} x(t) \cdot \frac{\sin\varepsilon t}{\varepsilon t} \cdot \mathrm{e}^{-i\omega t}\, \mathrm{d}t, \qquad \text{(IV.11)}$$

so zeigt sich folgendes: wenn man den Grenzübergang $\varepsilon \to 0$ (im herkömmlichen Sinne) unter dem Zeitintegral vollziehen dürfte, und wenn nicht nur

$$\frac{x(t)}{1 + |t|} \in L^2,$$

sondern auch

$$x(t) \in L^2$$

wäre, dann erhielte man

$$G'(\omega) = \text{l.i.m.}_{A \to \infty} \frac{1}{\sqrt{2\pi}} \cdot \int\limits_{-A}^{+A} x(t) \cdot e^{-i\omega t}\, dt,$$

wobei $G'(\omega)$ in einem verallgemeinerten Sinn aufzufassen ist; denn der Grenzwert

$$\lim_{\varepsilon \to 0} \frac{G(\omega + \varepsilon) - G(\omega - \varepsilon)}{2\varepsilon}$$

kann als einseitiger Limes existieren, ohne daß

$$\lim_{\varepsilon \to \pm 0} \frac{G(\omega + \varepsilon) - G(\omega - \varepsilon)}{2\varepsilon}$$

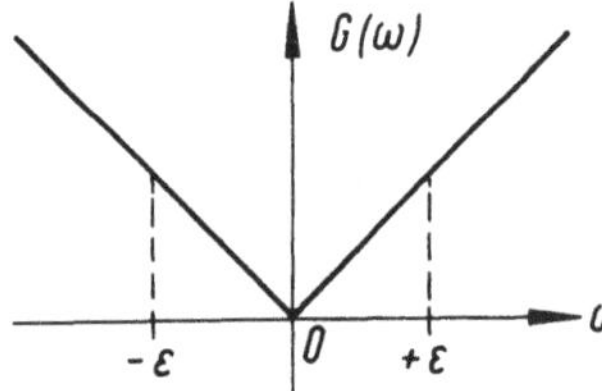

Bild IV.1. Beispiel für eine Funktion, deren linksseitige und rechtsseitige Ableitungen nicht miteinander übereinstimmen.

vorhanden zu sein braucht, wie die Funktion $G(\omega) = |\omega|$ nach Bild IV.1 als Beispiel deutlich macht. Die „einseitige" Ableitung der Funktion $G(\omega)$ ist also die $\mathscr{F}$-Transformierte von $x(t)$, folglich ist $G(\omega)$ die integrierte $\mathscr{F}$-Transformierte. Man beachte jedoch, daß diese Zusammenhänge nur formal gelten und letztlich zeigen, daß $G(\omega)$ bei den analytischen Überlegungen nur die Rolle einer integrierten $\mathscr{F}$-Transformierten spielt.

Aus diesen Vorüberlegungen wird ersichtlich, daß ein stationärer regelloser Prozeß weder eine $\mathscr{F}$-Transformierte noch eine integrierte $\mathscr{F}$-Transformierte besitzt, die man *explizit* angeben könnte, wie das bei periodischen und aperiodischen Funktionen unter Beachtung der formulierten Konvergenz-Voraussetzungen möglich ist. In diesem Sinne ist die Funktion $G(\omega)$ lediglich eine *formale Rechengröße*, mit der man letztlich die tieferen Zusammenhänge zwischen Autokorrelationsfunktionen und Leistungsspektren stochastischer Signale aufdecken kann.

Unter dem Gesichtspunkt dieser Einschränkung sind die anschließenden Ausführungen zu betrachten, die einen direkteren Zugang zu den Gedankengängen ermöglichen.

2. Vereinfachte Herleitung der integrierten $\mathscr{F}$-Transformation

Zu einer heuristischen Herleitung der integrierten $\mathscr{F}$-Transformierten eines stationären stochastischen Signales betrachten wir vorübergehend eine aperiodische Signalfunktion $x(t)$, die absolut integrierbar ist und somit ein komplexes Amplitudenspektrum

$$a(\omega) = \frac{1}{\sqrt{2\pi}} \cdot \int_{-\infty}^{+\infty} x(t) \cdot e^{-i\omega t}\, dt$$

besitzt. Die integrierte $\mathscr{F}$-Transformierte von $x(t)$ lautet dann:

$$G(\omega) = \int_0^\omega a(u)\, du, \qquad (IV.12)$$

und mit der Darstellung für $a(\omega)$ ergibt sich:

$$G(\omega) = \frac{1}{\sqrt{2\pi}} \cdot \int_0^\omega \int_{-\infty}^{+\infty} e^{-iut} \cdot x(t)\, dt\, du,$$

$$G(\omega) = \frac{i}{\sqrt{2\pi}} \cdot \int_{-\infty}^{+\infty} \frac{e^{-i\omega t} - 1}{t} \cdot x(t)\, dt. \qquad (IV.13)$$

Offensichtlich werden durch diese integrierten Transformationen pseudoanalytische Impulsfunktionen wie die DIRACsche Deltafunktion in Sprungfunktionen umgewandelt; wir werden dies an zwei Beispielen demonstrieren.
a) Wir berechnen die integrierte $\mathscr{F}$-Transformierte der periodischen Autokorrelationsfunktion

$$\Phi_{ss}(\tau) = \frac{s_0^2}{2} \cdot \cos \omega_0 \tau$$

und finden:

$$G(\omega) = \frac{s_0^2}{2 \cdot \sqrt{2\pi}} \cdot \int_{-\infty}^{+\infty} \frac{1 - e^{-i\omega\tau}}{i\tau} \cdot \cos \omega_0 \tau\, d\tau$$

$$= \frac{s_0^2}{\sqrt{2\pi}} \cdot \int_0^\infty \frac{\sin \omega\tau \cos \omega_0 \tau}{\tau}\, d\tau$$

$$= \left\{ \begin{array}{ll} \dfrac{1}{\sqrt{2\pi}} \cdot \dfrac{s_0^2}{2} & \text{für} \quad \omega \geq \omega_0 \\[2ex] 0 & \text{für} \quad \omega < \omega_0 \end{array} \right\} = \frac{1}{\sqrt{2\pi}} \cdot \frac{s_0^2}{2} \cdot 1(\omega - \omega_0).$$

Diese Funktion ist in Bild IV.2 dargestellt. Bildet man die erste Ableitung nach der Kreisfrequenz ω, so erhält man zunächst

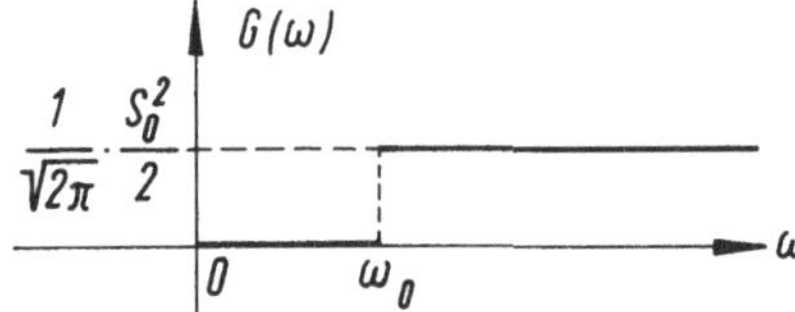

Bild IV.2. Integrierte $\mathscr{F}$-Transformierte eines sinusförmigen Signals.

$$\sqrt{2\pi} \cdot \frac{\mathrm{d}}{\mathrm{d}\omega}\, G(\omega) = \frac{s_0^2}{2} \cdot \delta(\omega - \omega_0);$$

hier tritt also, wie zu erwarten war, eine Distribution auf. Wir werden in Teil V.2 zeigen, daß dieses Ergebnis nach Hinzufügung eines bezüglich $\omega = 0$ symmetrischen Anteils $\delta(\omega + \omega_0)$ mit der spektralen Leistungsdichte des Vorgangs übereinstimmt.

b) Bei unseren Untersuchungen taucht immer wieder die Einheitssprungfunktion $1(t)$ auf, die offensichtlich nicht betragsintegrierbar ist. Bei der Bildung der $\mathscr{F}$-Transformation steht man also vor der Alternative, entweder die gewöhnliche Transformation zu berechnen und Distributionen zuzulassen, oder gleich die integrierte $\mathscr{F}$-Transformation anzusetzen. Für die gewöhnliche $\mathscr{F}$-Transformation erhält man unter Benutzung der bekannten Integraldarstellung

$$1(t) = \frac{1}{2} + \frac{1}{\pi} \cdot \int\limits_0^\infty \frac{\sin \omega t}{\omega}\, \mathrm{d}\omega$$

zwei Anteile. Die Konstante $\frac{1}{2}$ führt unmittelbar auf ein Integral, dessen Interpretation den Rahmen der herkömmlichen Analysis sprengt. Man kann es jedoch im Sinne der Distributionstheorie als eine Integraldarstellung für die Deltafunktion auffassen und erhält

$$\int\limits_{-\infty}^{+\infty} \tfrac{1}{2} \cdot e^{i\omega t}\, \mathrm{d}t = \pi \cdot \delta(\omega).$$

Der zweite Summand ist gleich $\frac{1}{2} \cdot \operatorname{sgn} t$, also eine ungerade Funktion von t, und führt auf die Transformierte $\dfrac{1}{i\omega}$, wie man sehr leicht nachweisen kann:

$$\frac{1}{2\pi} \cdot \int\limits_{-\infty}^{+\infty} \frac{1}{i\omega} \cdot e^{i\omega t}\, \mathrm{d}\omega = \frac{1}{2\pi} \cdot \int\limits_{-\infty}^{+\infty} \frac{1}{i\omega} \cdot (\cos \omega t + i \cdot \sin \omega t)\, \mathrm{d}\omega$$

$$= \frac{1}{\pi} \cdot \int\limits_0^\infty \frac{\sin \omega t}{\omega}\, \mathrm{d}\omega.$$

Daraus folgt für die $\mathscr{F}$-Transformierte der Einheitssprungfunktion

$$a(\omega) = \pi \cdot \delta(\omega) + \frac{1}{i\omega}.$$

In vielen Abhandlungen wird der Summand mit der Deltafunktion wegge-lassen; streng genommen ist das nur richtig, wenn man den *Nullpunkt aus-schließt*, also mit der Funktion

$$a(\omega) = \frac{1}{i\omega}, \qquad \omega \neq 0,$$

arbeitet.

Daß $a(\omega)$ einen Realteil und einen Imaginärteil haben muß, folgt schon allein daraus, daß $1(t)$ weder eine gerade noch eine ungerade Funktion ist. Berechnet man aus dem gegebenen $a(\omega)$ die integrierte $\mathscr{F}$-Transformierte, so stößt man wegen der unteren Integrationsgrenze in (IV.12) bei dem Anteil $1/i\omega$ auf Schwierigkeiten. Wir lösen daher vorerst nur das unbestimmte Integral

$$\int a(u)\,\mathrm{d}u = \pi \cdot 1(u) + \frac{1}{i} \cdot \ln u$$

und berechnen die integrierte $\mathscr{F}$-Transformierte nach einer Änderung der Integrationsgrenzen, die im Abschnitt 4 vorgenommen werden wird.

3. Die quadratische Variation

3.1 Herleitung der allgemeinen Form

Da die beiden Funktionen

$$G_\varepsilon(\omega) = G(\omega + \varepsilon) - G(\omega - \varepsilon) \quad \text{und} \quad f(t) = \sqrt{\frac{2}{\pi}} \cdot \frac{\sin \varepsilon t}{t} \cdot x(t)$$

in Gl. (IV.11) gegenseitige $\mathscr{F}^2$-Transformierte sind, folgt nach dem Parseval-schen Theorem für L^2-Funktionen

$$\int_{-\infty}^{+\infty} |G_\varepsilon(\omega)|^2\,\mathrm{d}\omega = \frac{2}{\pi} \cdot \int_{-\infty}^{+\infty} |x(t)|^2 \cdot \frac{\sin^2 \varepsilon t}{t^2}\,\mathrm{d}t.$$

Die rechte Seite dieser Gleichung kann man als einen „gewogenen Mittelwert" der Funktion $|x(t)|^2$ ansehen, denn es ist

$$\frac{1}{\pi\varepsilon} \cdot \int_{-\infty}^{+\infty} \frac{\sin^2 \varepsilon t}{t^2}\,\mathrm{d}t = \frac{1}{\pi} \cdot \int_{-\infty}^{+\infty} \frac{\sin^2 u}{u^2}\,\mathrm{d}u = 1.$$

Wegen der Eigenschaften der Funktion $\dfrac{\sin \varepsilon t}{\varepsilon t}$ ergibt sich in dem gesamten Intervall $-\infty < t < +\infty$ im Grenzfall eine einheitliche Bewertungsfunktion, und nach einem Theorem von TAUBER existiert der Grenzwert

$$\lim_{\varepsilon \to 0} \frac{1}{\pi \varepsilon} \cdot \int_{-\infty}^{+\infty} |x(t)|^2 \cdot \frac{\sin^2 \varepsilon t}{t^2} \, dt,$$

wenn

$$\lim_{T \to \infty} \frac{1}{2T} \cdot \int_{-T}^{+T} |x(t)|^2 \, dt$$

existiert (und umgekehrt), und beide haben den gleichen Wert. Der zweite Grenzwert ist gerade der quadratische Mittelwert des stationären stochastischen Signals $x(t)$, und nach dem TAUBERschen Theorem

$$\lim_{\varepsilon \to 0} \frac{1}{\pi \varepsilon} \cdot \int_{-\infty}^{+\infty} |x(t)|^2 \cdot \frac{\sin^2 \varepsilon t}{t^2} \, dt = \lim_{T \to \infty} \frac{1}{2T} \cdot \int_{-T}^{+T} |x(t)|^2 \, dt$$

ergibt sich aus dem obigen Ausdruck durch Multiplikation mit $\dfrac{1}{2\varepsilon}$ und anschließenden Grenzübergang:

$$\lim_{\varepsilon \to 0} \frac{1}{2\varepsilon} \cdot \int_{-\infty}^{+\infty} |G_\varepsilon(\omega)|^2 \, d\omega = \lim_{\varepsilon \to 0} \frac{1}{\pi \varepsilon} \cdot \int_{-\infty}^{+\infty} |x(t)|^2 \cdot \frac{\sin^2 \varepsilon t}{t^2} \, dt$$

oder auch

$$\lim_{\varepsilon \to 0} \frac{1}{2\varepsilon} \cdot \int_{-\infty}^{+\infty} |G(\omega + \varepsilon) - G(\omega - \varepsilon)|^2 \, d\omega = \lim_{T \to \infty} \frac{1}{2T} \cdot \int_{-T}^{+T} |x(t)|^2 \, dt. \tag{IV.14}$$

Mit den in Abschnitt 1 genannten Vorbehalten vermittelt die Gleichung (IV.14) einen Zusammenhang mit der $\mathscr{F}^2$-Transformation PLANCHERELs, für welche die Beschränktheit von

$$m(T) = \frac{1}{2T} \cdot \int_{-T}^{+T} x^2(t) \, dt$$

in T vorausgesetzt wird, und den stochastischen Signalen mit endlichem quadratischen Mittelwert. Wenn man hier den Limes unter dem Integral ausführen dürfte, so hätte der Integrand die Form

$$|G'(\omega)|^2 = |a(\omega)|^2,$$

und man bekäme eine PARSEVALsche Beziehung

$$\int\limits_{-\infty}^{+\infty} |a(\omega)|^2 \, \mathrm{d}\omega = \lim_{T\to\infty} \frac{1}{2T} \cdot \int\limits_{-T}^{+T} x^2(t) \, \mathrm{d}t.$$

In dem genannten Sinn ist mit (IV.14) eine Relation zwischen der integrierten $\mathscr{F}$-Transformierten $G(\omega)$ und dem quadratischen Mittelwert regelloser Signale hergestellt. WIENER hat für die linke Seite dieser Gleichung die Bezeichnung *„quadratische Variation der integrierten $\mathscr{F}$-Transformierten"* eingeführt. Damit ist eine Kenngröße gefunden, die sich für alle hier interessierenden Signaltypen definieren läßt, weil sie *nur an die Existenz des quadratischen Mittelwertes* gebunden ist; dieser aber existiert für periodische, aperiodische und stochastische Signale.

Der Zusammenhang mit den stationären stochastischen Prozessen ist unmittelbar über deren Autokorrelationsfunktion gegeben:

$$\lim_{\varepsilon\to 0} \frac{1}{2\varepsilon} \cdot \int\limits_{-\infty}^{+\infty} |G(\omega + \varepsilon) - G(\omega - \varepsilon)|^2 \, \mathrm{d}\omega = \Phi_{xx}(0). \qquad \text{(IV.15)}$$

3.2 Periodische Vorgänge

Für periodische Vorgänge der allgemeinen Form

$$x(t) = \frac{a_0}{2} + \sum_{n=1}^{\infty} (a_n \cdot \cos n\omega t + b_n \cdot \sin n\omega t)$$

hat LEE [18] die Beziehung zwischen der quadratischen Variation und den Koeffizienten a_n und b_n hergeleitet:

$$\lim_{\varepsilon\to 0} \frac{1}{2\varepsilon} \cdot \int\limits_{-\infty}^{+\infty} |G_\varepsilon(\omega)|^2 \, \mathrm{d}\omega = \frac{a_0{}^2}{2} + \frac{1}{2} \cdot \sum_{n=1}^{\infty} (a_n{}^2 + b_n{}^2), \qquad \text{(IV.16)}$$

die im Zusammenhang mit der rechten Seite von Gl. (IV.14) allgemein geläufig ist.

3.3 Aperiodische Vorgänge

Für aperiodische Signale kann man die quadratische Variation auch ohne Kenntnis der rechten Seite von Gl. (IV.14) berechnen. Wenn diese Funktionen absolut integrierbar sind, wenn also

$$\int\limits_{-\infty}^{+\infty} |x(t)| \, \mathrm{d}t < \infty$$

ist, dann besitzen sie ein komplexes Amplitudenspektrum $a(\omega)$, und die integrierte $\mathscr{F}$-Transformierte $G(\omega)$ ist für alle Werte von ω differenzierbar:

$$\frac{\mathrm{d}}{\mathrm{d}\omega}\,G(\omega) = a(\omega).$$

Dann kann man den Integranden der quadratischen Variation als Differenzenquotient schreiben, der für $\varepsilon \to 0$ gleich $a(\omega)$ wird:

$$\lim_{\varepsilon \to 0}\frac{1}{2\varepsilon} \cdot [G(\omega + \varepsilon) - G(\omega - \varepsilon)] = a(\omega)$$

oder

$$\lim_{\varepsilon \to 0}\frac{1}{4\varepsilon^2} \cdot |G(\omega + \varepsilon) - G(\omega - \varepsilon)|^2 = |a(\omega)|^2.$$

Daraus ergibt sich

$$\lim_{\varepsilon \to 0} 2\varepsilon \cdot \int_{-\infty}^{+\infty} \frac{1}{(2\varepsilon)^2} \cdot |G(\omega + \varepsilon) - G(\omega - \varepsilon)|^2\,\mathrm{d}\omega = \lim_{\varepsilon \to 0} 2\varepsilon \cdot \int_{-\infty}^{+\infty} |a(\omega)|^2\,\mathrm{d}\omega.$$

Nach dem PARSEVALschen Theorem für aperiodische Signale ist

$$\int_{-\infty}^{+\infty} |a(\omega)|^2\,\mathrm{d}\omega = \int_{-\infty}^{+\infty} x^2(t)\,\mathrm{d}t,$$

und die rechte Seite dieser Gleichung repräsentiert bis auf hier nicht interessierende Konstante die gesamte endliche Energie des aperiodischen Signals. Folglich wird

$$\lim_{\varepsilon \to 0} 2\varepsilon \cdot \int_{-\infty}^{+\infty} |a(\omega)|^2\,\mathrm{d}\omega = 0,$$

und die quadratische Variation für aperiodische Vorgänge, die absolut integrierbar sind, verschwindet.

3.4 Stochastische Vorgänge

Das Verhalten der quadratischen Variation für rein stochastische Vorgänge mit endlichem quadratischen Mittelwert untersuchen wir ebenfalls anhand der Darstellung

$$\lim_{\varepsilon \to 0} 2\varepsilon \cdot \int_{-\infty}^{+\infty} \frac{1}{(2\varepsilon)^2} \cdot |G(\omega + \varepsilon) - G(\omega - \varepsilon)|^2\,\mathrm{d}\omega = \overline{x^2(t)} \neq 0,$$

die als Integrand den Differenzenquotienten von $G(\omega)$ enthält. Es ist zu prüfen, ob die erste Ableitung der integrierten $\mathscr{F}$-Transformierten, das komplexe Amplitudenspektrum von $x(t)$, existiert, ob also die Beziehung

$$\frac{\mathrm{d}}{\mathrm{d}\omega}\,G(\omega) = a(\omega)$$

hingeschrieben werden darf. Wir untersuchen dies anhand einer Plausibilitätsbetrachtung und verweisen auf den mathematisch strengen Beweis in der
Originalarbeit [16]. Wenn das Amplitudenspektrum auch nur für endlich viele
diskrete Werte von ω in Gestalt einzelner Spektrallinien existieren würde,
dann wäre der zugehörige Zeitvorgang $x(t)$ eine Überlagerung sinusförmiger
Signale der betreffenden Frequenzen. Diese Möglichkeit verstößt gegen die
Voraussetzung, daß $x(t)$ ein rein stochastischer Prozeß ist, der definitionsgemäß
keine periodischen Anteile enthält.

Wenn andererseits die Ableitung $\dfrac{\mathrm{d}}{\mathrm{d}\omega}\,G(\omega)$ für alle Werte von ω existieren
würde, dann wäre $x(t)$ eine aperiodische Funktion, deren quadratischer Mittel-
wert gleich Null ist, woraus sich gleichfalls ein Widerspruch zu den Voraussetzungen ergibt, denn es wurde $\overline{x^2(t)} \neq 0$ angenommen. Wir ziehen daraus den
Schluß, daß ein rein stochastisches Signal mit einem von Null verschiedenen
endlichen quadratischen Mittelwert kein komplexes Amplitudenspektrum
besitzt, sondern nur formal eine integrierte $\mathscr{F}$-Transformierte. Demnach
kommt einer analytischen Darstellung

$$x(t) = \frac{1}{\sqrt{2\pi}} \cdot \int\limits_{-\infty}^{+\infty} \mathrm{e}^{i\omega t} \cdot a(\omega)\,\mathrm{d}\omega$$

für den Vorgang $x(t)$ kein Sinn zu. Nach Einführung der integrierten $\mathscr{F}$-Trans-
formierten kann man freilich das Signal durch ein STIELTJES-Integral

$$x(t) = \frac{1}{\sqrt{2\pi}} \cdot \int\limits_{-\infty}^{+\infty} \mathrm{e}^{i\omega t}\,\mathrm{d}G(\omega) \tag{IV.17}$$

darstellen, welches als Umkehrrelation zur Gleichung (IV.13),

$$G(\omega) = \frac{i}{\sqrt{2\pi}} \cdot \int\limits_{-\infty}^{+\infty} \frac{\mathrm{e}^{-i\omega t} - 1}{t} \cdot x(t)\,\mathrm{d}t,$$

auftritt. Für andere Signaltypen, für welche die erste Ableitung von $G(\omega)$
existiert, ergibt sich die gewohnte Form der RIEMANNschen Integration. (Für
die Durchführung von Berechnungen ist es manchmal angenehm, die Relation

$$\frac{\mathrm{e}^{-i\omega t} - 1}{-it} = \frac{1}{t} \cdot [\sin \omega t + i \cdot (\cos \omega t - 1)]$$

einzuführen.)

Den Anstoß zur Einführung der $\mathscr{F}^2$-Transformation in die Theorie der stochastischen Signale gab der Umstand, daß man diese Vorgänge aufgrund von
Konvergenzschwierigkeiten nicht unmittelbar im Spektralbereich untersuchen
kann. Der von der Mathematik geprägte Begriff der quadratischen Mittelkonvergenz findet sein Äquivalent in dem quadratischen Charakter der Kenngrößen $\Phi_{xx}(\tau)$ und $\overline{x^2(t)}$ sowie in der großen Bedeutung, die dem mittleren
Fehlerquadrat in der statistischen Systemtheorie und in vielen Anwendungen

zukommt. Wir werden in den Abschnitten IV.5 und V eine weitere Kennfunktion quadratischen Charakters, das Leistungsspektrum, als Äquivalent zur Autokorrelationsfunktion kennenlernen. Die Frage, ob diese beiden Funktionen durch die $\mathscr{F}$-Transformation, die $\mathscr{F}^2$- oder die integrierte $\mathscr{F}$-Transformation miteinander in Beziehung stehen, wird wieder durch die Konvergenzeigenschaften dieser Funktionen bestimmt.

4. Andere Definition der integrierten $\mathscr{F}$-Transformierten

In dem Ausdruck (IV.14) für die quadratische Variation kommt die Funktion G für die Argumente $\omega + \varepsilon$ und $\omega - \varepsilon$ vor; im Hinblick darauf führen manche Autoren die integrierte $\mathscr{F}$-Transformierte durch das bestimmte Integral

$$G_\varepsilon(\omega) = \int\limits_{\omega-\varepsilon}^{\omega+\varepsilon} a(u)\, du \tag{IV.18}$$

ein. Mit den Integrationsgrenzen von (IV.18) läßt sich das Beispiel für die Sprungfunktion aus Abschnitt 2 ohne weiteres zu Ende führen:

$$a(\omega) = \pi \cdot \delta(\omega) + \frac{1}{i\omega}\,,$$

$$G_\varepsilon(\omega) = \pi \cdot \int\limits_{\omega-\varepsilon}^{\omega+\varepsilon} \delta(u)\, du + \frac{1}{i} \cdot \int\limits_{\omega-\varepsilon}^{\omega+\varepsilon} \frac{du}{u}$$

$$= \left[\pi \cdot 1(u) + \frac{1}{i} \cdot \ln u \right]_{\omega-\varepsilon}^{\omega+\varepsilon}$$

$$= \pi \cdot I_\varepsilon(\omega) + i \cdot \ln \left| \frac{\omega - \varepsilon}{\omega + \varepsilon} \right|,$$

wobei der rechteckförmige Impuls

$$1(\omega + \varepsilon) - 1(\omega - \varepsilon) \equiv I_\varepsilon(\omega)$$

eingeführt wurde.

Mit Hilfe der Darstellung (IV.18) kann man sehr schnell zeigen, wie die Beziehung (IV.14) zwischen der quadratischen Variation und dem quadratischen Mittelwert zustande kommt. Dabei geht man von der Tatsache aus, daß man bestimmte Integrale als Faltungsprodukte für den Integranden und die Einheitssprungfunktion darstellen kann:

$$\int\limits_{-\infty}^{\omega} f(u)\, du = f(\omega) * 1(\omega).$$

Wendet man diese Schreibung auf das Integral (IV.18) an, so ergibt sich die integrierte $\mathscr{F}$-Transformierte als Faltungsprodukt aus dem Amplitudenspektrum $a(\omega)$ und dem oben definierten Rechteckimpuls $I_\varepsilon(\omega)$:

$$\int\limits_{\omega-\varepsilon}^{\omega+\varepsilon} a(u)\,\mathrm{d}u \;=\; a(\omega) \,*\, I_\varepsilon(\omega). \tag{IV.19}$$

Nach dem zweiten Faltungssatz der FOURIER-Theorie läßt sich die rechte Seite der Gleichung (IV.19) auf das Produkt der zugehörigen Zeitfunktionen $x(t)$ und

$$h(t) \;=\; \mathscr{F}^{-1}\{I_\varepsilon(\omega)\}$$

zurückführen,

$$\int\limits_{-\infty}^{+\infty} a(u)\cdot I_\varepsilon(\omega-u)\,\mathrm{d}u \;=\; \int\limits_{-\infty}^{+\infty} x(t)\cdot h(t)\cdot \mathrm{e}^{-i\omega t}\,\mathrm{d}t,$$

und mit

$$\mathscr{F}^{-1}\{I_\varepsilon(\omega)\} \;=\; \frac{1}{\sqrt{2\pi}}\cdot \int\limits_{-\varepsilon}^{+\varepsilon} \mathrm{e}^{i\omega t}\,\mathrm{d}\omega,$$

$$h(t) \;=\; \sqrt{\frac{2}{\pi}}\cdot \frac{\sin\varepsilon t}{t}\,,$$

erhält man schließlich

$$G_\varepsilon(\omega) \;=\; \sqrt{\frac{2}{\pi}}\cdot \int\limits_{-\infty}^{+\infty} x(t)\cdot \frac{\sin\varepsilon t}{t}\cdot \mathrm{e}^{-i\omega t}\,\mathrm{d}t \tag{IV.20}$$

als äquivalente Form zu Gleichung (IV.18) mit

$$G_\varepsilon(\omega) \;=\; G(\omega+\varepsilon) \,-\, G(\omega-\varepsilon).$$

Die Beziehung (IV.20) stellt die spektrale Kennfunktion $G_\varepsilon(\omega)$ als $\mathscr{F}^2$-Transformierte der Zeitfunktion

$$f(t) \;=\; \sqrt{\frac{2}{\pi}}\cdot \frac{\sin\varepsilon t}{t}\cdot x(t)$$

dar, so daß für diese beiden Funktionen das PARSEVALsche Theorem gilt:

$$\int\limits_{-\infty}^{+\infty} |G_\varepsilon(\omega)|^2\,\mathrm{d}\omega \;=\; \int\limits_{-\infty}^{+\infty} f^2(t)\,\mathrm{d}t$$

$$=\; \frac{2}{\pi}\cdot \int\limits_{-\infty}^{\infty} \frac{\sin^2\varepsilon t}{t^2}\cdot x^2(t)\,\mathrm{d}t.$$

Nach dem in der Originalarbeit von WIENER [16] benutzten TAUBERschen Theorem geht im Grenzfall $\varepsilon \to 0$ die rechte Seite der letzten Gleichung in den quadratischen Mittelwert des Signals über:

$$\lim_{\varepsilon \to 0} \frac{1}{\pi \varepsilon} \cdot \int\limits_{-\infty}^{+\infty} \frac{\sin^2 \varepsilon t}{t^2} \cdot x^2(t)\, \mathrm{d}t = \Phi_{xx}(0), \qquad \text{(IV.21)}$$

und es ergibt sich schließlich

$$\lim_{\varepsilon \to 0} \frac{1}{2\varepsilon} \cdot \int\limits_{-\infty}^{+\infty} |G_\varepsilon(\omega)|^2\, \mathrm{d}\omega = \lim_{\varepsilon \to 0} \frac{1}{\pi \varepsilon} \cdot \int\limits_{-\infty}^{+\infty} \frac{\sin^2 \varepsilon t}{t^2} \cdot x^2(t)\, \mathrm{d}t,$$

mithin die gewünschte Beziehung (IV.15):

$$\lim_{\varepsilon \to 0} \frac{1}{2\varepsilon} \cdot \int\limits_{-\infty}^{+\infty} |G(\omega + \varepsilon) - G(\omega - \varepsilon)|^2\, \mathrm{d}\omega = \Phi_{xx}(0).$$

Damit ist bereits ein Zusammenhang zwischen der integrierten $\mathscr{F}$-Transformation und den stationären stochastischen Vorgängen mit endlichem quadratischen Mittelwert

$$\lim_{T \to \infty} \frac{1}{2T} \cdot \int\limits_{-T}^{+T} x^2(t)\, \mathrm{d}t = \Phi_{xx}(0)$$

hergestellt. Für die statistische Systemtheorie ist allerdings der allgemeinere Zusammenhang zwischen der Autokorrelationsfunktion $\Phi_{xx}(\tau)$ für alle Werte von τ und der integrierten $\mathscr{F}$-Transformierten $G(\omega)$ bzw. der quadratischen Variation von Bedeutung, der im folgenden Abschnitt hergestellt wird.

5. Die Relation von WIENER und KHINTCHINE

Wir werden in diesem Abschnitt zeigen, wie die Transformationsbeziehung

$$\Phi_{xx}(\tau) = \lim_{\varepsilon \to 0} \frac{1}{2\varepsilon} \cdot \int\limits_{-\infty}^{+\infty} |G_\varepsilon(\omega)|^2 \cdot \cos \omega\tau \, \mathrm{d}u$$

mit

$$G_\varepsilon(\omega) = G(\omega + \varepsilon) - G(\omega - \varepsilon)$$

zustande kommt. Der Beweis beruht im wesentlichen auf dem Zusammenhang zwischen der quadratischen Variation und dem quadratischen Mittelwert einer Zeitfunktion $x(t)$, von der nur die Existenz des quadratischen Mittelwertes vorausgesetzt wird:

$$\lim_{\varepsilon \to 0} \frac{1}{2\varepsilon} \cdot \int\limits_{-\infty}^{+\infty} |G_\varepsilon(\omega)|^2\, \mathrm{d}\omega = \lim_{T \to \infty} \frac{1}{2T} \cdot \int\limits_{-T}^{+T} x^2(t)\, \mathrm{d}t. \qquad \text{(IV.22)}$$

Da wir nur reelle Funktionen der Zeit betrachten, dürfen wir in dem Ausdruck für die quadratische Variation $x^2(t)$ anstelle von $|x(t)|^2$ verwenden. Um die Gleichung (IV.22) für die Autokorrelationsfunktion

$$\Phi_{xx}(\tau) = \lim_{T \to \infty} \frac{1}{2T} \cdot \int_{-T}^{+T} x(t) \cdot x(t + \tau)\, \mathrm{d}t$$

hinschreiben zu können, benutzen wir die identische Umformung

$$x(t) \cdot x(t + \tau) \equiv \tfrac{1}{4} \cdot \{[x(t) + x(t + \tau)]^2 - [x(t) - x(t + \tau)]^2\},$$

von der man übrigens auch bei dem Aufbau von Multiplikatoren Gebrauch macht. Dadurch wird die Autokorrelationsfunktion in zwei Summanden aufgeteilt:

$$\Phi_{xx}(\tau) = \tfrac{1}{4} \cdot \{\Phi_{+}(\tau) - \Phi_{-}(\tau)\}, \tag{IV.23}$$

wobei

$$\Phi_{+}(\tau) = \lim_{T \to \infty} \frac{1}{2T} \cdot \int_{-T}^{+T} [x(t) + x(t + \tau)]^2\, \mathrm{d}t$$

und

$$\Phi_{-}(\tau) = \lim_{T \to \infty} \frac{1}{2T} \cdot \int_{-T}^{+T} [x(t) - x(t + \tau)]^2\, \mathrm{d}t$$

gesetzt wurde. Wir beschränken uns zunächst auf den ersten Summanden und bestimmen die integrierten $\mathscr{F}$-Transformierten der Signalfunktionen $x(t)$ und $x(t + \tau)$ als bestimmte Integrale gemäß (IV.18 und 20):

$$G_{\varepsilon}(\omega) = \frac{1}{\sqrt{2\pi}} \cdot \int_{-\infty}^{+\infty} x(t) \cdot \frac{\mathrm{e}^{-i(\omega+\varepsilon)t} - \mathrm{e}^{-i(\omega-\varepsilon)t}}{-it}\, \mathrm{d}t$$

$$= \sqrt{\frac{2}{\pi}} \cdot \int_{-\infty}^{+\infty} x(t) \cdot \frac{\sin \varepsilon t}{t} \cdot \mathrm{e}^{-i\omega t}\, \mathrm{d}t, \tag{IV.24}$$

und entsprechend für $x(t + \tau)$:

$$G_{\varepsilon,\tau}(\omega) = \sqrt{\frac{2}{\pi}} \cdot \int_{-\infty}^{+\infty} x(t + \tau) \cdot \frac{\sin \varepsilon t}{t} \cdot \mathrm{e}^{-i\omega t}\, \mathrm{d}t$$

$$= \sqrt{\frac{2}{\pi}} \cdot \int_{-\infty}^{+\infty} x(t) \cdot \frac{\sin \varepsilon(t - \tau)}{t - \tau} \cdot \mathrm{e}^{-i\omega(t-\tau)}\, \mathrm{d}t. \tag{IV.25}$$

Mit diesen Ausdrücken erhält die Funktion $\Phi_+(\tau)$ die Gestalt

$$\Phi_+(\tau) = \lim_{\varepsilon \to 0} \frac{1}{2\varepsilon} \cdot \int\limits_{-\infty}^{+\infty} |G_\varepsilon(\omega) + G_{\varepsilon,\tau}(\omega)|^2 \, d\omega$$

$$\equiv \lim_{\varepsilon \to 0} \frac{1}{2\varepsilon} \cdot \int\limits_{-\infty}^{+\infty} |G_\varepsilon(\omega) + G_{\varepsilon,\tau}(\omega) + e^{i\omega\tau} \cdot G_\varepsilon(\omega) - e^{i\omega\tau} \cdot G_\varepsilon(\omega)|^2 \, d\omega$$

$$\Phi_+(\tau) = \lim_{\varepsilon \to 0} \frac{1}{2\varepsilon} \cdot \int\limits_{-\infty}^{+\infty} |\underbrace{(1 + e^{i\omega\tau} \cdot G_\varepsilon(\omega)}_{A(\omega)} + \underbrace{G_{\varepsilon,\tau}(\omega) - e^{i\omega t} \cdot G_\varepsilon(\omega)}_{B(\omega)}|^2 \, d\omega.$$

Dieser Ausdruck für $\Phi_+(\tau)$ läßt sich wesentlich vereinfachen, wenn man die Ungleichung von MINKOWSKI anwendet, die speziell für das letzte Integral folgende Aussage macht:

Besitzen die beiden Integrale

$$\int\limits_{-\infty}^{+\infty} |A(\omega)|^2 \, d\omega \quad \text{und} \quad \int\limits_{-\infty}^{+\infty} |B(\omega)|^2 \, d\omega$$

je einen endlichen Wert, so gilt die Abschätzung

$$\left\{ \int\limits_{-\infty}^{+\infty} |A(\omega) + B(\omega)|^2 \, d\omega \right\}^{\frac{1}{2}} \leq \left\{ \int\limits_{-\infty}^{+\infty} |A(\omega)|^2 \, d\omega \right\}^{\frac{1}{2}} + \left\{ \int\limits_{-\infty}^{+\infty} |B(\omega)|^2 \, d\omega. \right\}^{\frac{1}{2}}.$$

Für den Anteil $\Phi_+(\tau)$ der Autokorrelationsfunktion bedeutet dies:

$$\Phi_+(\tau)^{\frac{1}{2}} \leq \left\{ \lim_{\varepsilon \to 0} \frac{1}{2\varepsilon} \cdot \int\limits_{-\infty}^{+\infty} |(1 + e^{i\omega\tau}) \cdot G_\varepsilon(\omega)|^2 \, d\omega \right\}^{\frac{1}{2}}$$

$$+ \left\{ \lim_{\varepsilon \to 0} \frac{1}{2\varepsilon} \cdot \int\limits_{-\infty}^{+\infty} |G_{\varepsilon,\tau}(\omega) - e^{i\omega\tau} \cdot G_\varepsilon(\omega)|^2 \, d\omega. \right\}^{\frac{1}{2}}.$$

Mit Hilfe der Transformierten (IV.24) und (IV.25) läßt sich der zweite Integrand noch weiter umformen; verwendet man dabei die PLANCHERELsche Schreibung im Sinne der quadratischen Mittelkonvergenz, so gilt:

$$G_{\varepsilon,\tau}(\omega) - e^{i\omega\tau} \cdot G_\varepsilon(\omega) = \sqrt{\frac{2}{\pi}} \cdot \operatorname*{l.i.m.}_{T \to \infty} \int\limits_{-T}^{+T} x(t) \cdot \frac{\sin \varepsilon(t - \tau)}{t - \tau} \cdot e^{-i\omega(t-\tau)} \, dt$$

$$- \sqrt{\frac{2}{\pi}} \cdot e^{i\omega\tau} \cdot \operatorname*{l.i.m.}_{T \to \infty} \int\limits_{-T}^{+T} x(t) \cdot \frac{\sin \varepsilon t}{\varepsilon t} \cdot e^{-i\omega t} \, dt$$

$$= \sqrt{\frac{2}{\pi}} \cdot \underset{T \to \infty}{\text{l.i.m.}} \int\limits_{-T}^{+T} x(t) \cdot \left\{ \frac{\sin \varepsilon (t - \tau)}{t - \tau} - \frac{\sin \varepsilon t}{t} \right\} \cdot e^{-i\omega(t-\tau)} \, dt.$$

Nach dem PLANCHERELschen Theorem der L^2-Funktionen wird

$$\int\limits_{-\infty}^{+\infty} |G_{\varepsilon,\tau}(\omega) - e^{i\omega\tau} \cdot G_{\varepsilon}(\omega)|^2 \, d\omega =$$

$$= \frac{2}{\pi} \cdot \int\limits_{-\infty}^{+\infty} x^2(t) \cdot \left\{ \frac{\sin \varepsilon (t - \tau)}{t - \tau} - \frac{\sin \varepsilon t}{t} \right\}^2 dt,$$

und WIENER hat bewiesen, daß diese Integrale von der Größenordnung ε^2 sind:

$$\int\limits_{-\infty}^{+\infty} |G_{\varepsilon,\tau}(\omega) - e^{i\omega\tau} \cdot G_{\varepsilon}(\omega)|^2 \, d\omega = 0(\varepsilon^2).$$

Aus diesem Grund strebt der zweite Summand in der obigen Ungleichung von MINKOWSKI für $\varepsilon \to 0$ wie $\sqrt{\varepsilon}$ gegen Null, und es wird

$$\Phi_+(\tau) = \lim_{\varepsilon \to 0} \frac{1}{2\varepsilon} \cdot \int\limits_{-\infty}^{+\infty} |(1 + e^{i\omega\tau}) \cdot G_{\varepsilon}(\omega)|^2 \, d\omega.$$

Damit ist der erste Summand der Gleichung (IV.23) ausgewertet. Eine völlig analog verlaufende Umformung für die Funktion $\Phi_-(\tau)$ führt auf das Zwischenergebnis

$$\Phi_-(\tau) = \lim_{\varepsilon \to 0} \frac{1}{2\varepsilon} \cdot \int\limits_{-\infty}^{+\infty} |(1 - e^{i\omega\tau}) \cdot G_{\varepsilon}(\omega)|^2 \, d\omega.$$

Daraus folgt für die Autokorrelationsfunktion nach Gl. (IV.23):

$$\Phi_{xx}(\tau) = \frac{1}{4} \cdot \lim_{\varepsilon \to 0} \frac{1}{2\varepsilon} \cdot \int\limits_{-\infty}^{+\infty} |G_{\varepsilon}(\omega)|^2 \cdot \{|1 + e^{i\omega\tau}|^2 - |1 - e^{i\omega\tau}|^2\} \, d\omega.$$

Mit Hilfe der einfachen Umrechnung

$$|1 + e^{i\omega\tau}|^2 - |1 - e^{i\omega\tau}|^2 = 4 \cdot \cos \omega\tau$$

erhält man das gesuchte Endergebnis in Gestalt der reellen Zuordnung:

$$\Psi_{xx}(\tau) = \lim_{\varepsilon \to 0} \frac{1}{2\varepsilon} \cdot \int\limits_{-\infty}^{+\infty} |G_{\varepsilon}(\omega)|^2 \cdot \cos \omega\tau \, d\omega. \tag{IV.26}$$

Da WIENER den Beweis allgemeiner für komplexe Funktionen führt, kommt
er zu dem Ergebnis

$$\Phi_{xx}(\tau) = \lim_{\varepsilon \to 0} \frac{1}{4\varepsilon} \cdot \int\limits_{-\infty}^{+\infty} |G_\varepsilon(\omega)|^2 \cdot e^{i\omega\tau}\, d\omega. \qquad (IV.27)$$

Man kann schließlich auch von einer Verallgemeinerung des PARSEVALschen
Theorems ausgehen und findet sehr schnell das gleiche Ergebnis (IV.27),
welches die strenge Form der Transformation von WIENER und KHINTCHINE
darstellt. Diese gestattet die Berechnung der vollständigen Autokorrelationsfunktion aus der gegebenen integrierten FOURIER-Transformierten

$$G_\varepsilon(\omega) = G(\omega + \varepsilon) - G(\omega - \varepsilon). \qquad (IV.28)$$

Für die Behandlung von Übertragungssystemen mit stochastischen Eingangsgrößen benötigen wir noch eine spektrale Kenngröße, die eine unmittelbare
Verwandtschaft mit der Autokorrelationsfunktion besitzt. Die quadratische
Variation nach Gl. (IV.15) stellt offensichtlich die Gesamtleistung des regellosen Vorganges dar, so daß man über die naheliegende Definition

$$\Phi_{xx}(0) = \int\limits_0^\infty S_{xx}(\omega)\, d\omega \qquad (IV.29)$$

die gesamte Leistung durch ein Integral über eine spektrale Leistungsdichte
$S_{xx}(\omega)$ berechnen kann. Daraus folgt eine Beziehung zwischen dieser neuen
Kennfunktion und der quadratischen Variation:

$$\lim_{\varepsilon \to 0} \frac{1}{2\varepsilon} \cdot \int\limits_{-\infty}^{+\infty} |G_\varepsilon(\omega)|^2 d\omega = \int\limits_0^\infty S_{xx}(\omega)\, d\omega, \qquad (IV.30)$$

aus der man voreilig den Schluß ziehen könnte, daß immer

$$S_{xx}(\omega) = \lim_{\varepsilon \to 0} \frac{1}{2\varepsilon} \cdot |G_\varepsilon(\omega)|^2 \qquad (IV.31)$$

gesetzt werden könne. Dies trifft jedoch nur dann zu, wenn

$$\lim_{\varepsilon \to 0} \frac{1}{2\varepsilon} \cdot \int\limits_{-\infty}^{+\infty} |G_\varepsilon(\omega)|^2\, d\omega = \int\limits_{-\infty}^{+\infty} \lim_{\varepsilon \to 0} \frac{|G_\varepsilon(\omega)|^2}{2\varepsilon}\, d\omega$$

ist, d. h. wenn die Reihenfolge der Grenzwertbildung und der Integration ver-
tauschbar ist. Wenn die Voraussetzungen hierfür erfüllt sind, geht die Relation
von WIENER und KHINTCHINE (IV.27) über in

$$\Phi_{xx}(\tau) = \frac{1}{2} \cdot \int\limits_{-\infty}^{+\infty} S_{xx}(\omega) \cdot e^{i\omega\tau}\, d\omega \qquad (IV.32a)$$

mit der Umkehrrelation

$$S_{xx}(\omega) = \frac{1}{\pi} \cdot \int\limits_{-\infty}^{+\infty} \Phi_{xx}(\tau) \cdot \mathrm{e}^{-i\omega\tau} \, \mathrm{d}\tau. \qquad (\text{IV.32b})$$

Die Gleichung (IV.29) stellt dann den Sonderfall für $\tau = 0$ der Relation (IV.32a) dar. Bereits in Teil III.3.3 wurde darauf hingewiesen, daß die Transformation (IV.32b) an die hinreichende Bedingung

$$\int\limits_{-\infty}^{+\infty} |\Phi_{xx}(\tau)| \, \mathrm{d}\tau < \infty$$

geknüpft ist.

Ist diese nicht erfüllt und will man den Gültigkeitsbereich nicht auf Distributionen nach Art der Deltafunktion ausdehnen, so gilt anstelle von (IV.32b) nur der Zusammenhang über die integrierte $\mathscr{F}$-Transformation (IV.13):

$$\int\limits_{0}^{\omega} S_{xx}(u)\,\mathrm{d}u = \frac{1}{\sqrt{2\pi}} \cdot \int\limits_{-\infty}^{+\infty} \frac{1 - \mathrm{e}^{-i\omega\tau}}{i\tau} \cdot \Phi_{xx}(\tau)\,\mathrm{d}\tau, \qquad (\text{IV.33})$$

und man erhält anstelle der spektralen Leistungsdichte das Integral über diese Funktion, nicht zu verwechseln mit der integrierten $\mathscr{F}$-Transformierten $G_\varepsilon(\omega)$ des Signals selbst. Man beachte, daß man aus einer gegebenen Autokorrelationsfunktion nicht die integrierte $\mathscr{F}$-Transformierte des Signals berechnen kann, da die WIENER-KHINTCHINE-Relation (IV.27) wegen der fehlenden Phaseninformation nicht nach $G_\varepsilon(\omega)$ auflösbar ist, was auch an Gl. (IV.31) deutlich wird.

Um dem Leser einen besseren Überblick über die verhältnismäßig komplizierten Zusammenhänge zu verschaffen, werden die wesentlichen Gesichtspunkte im folgenden noch einmal aufgezählt.

6. Zusammenfassung

Im Rahmen unserer Untersuchungen interessiert die Beschreibung von Signalen im Frequenzbereich, d. h. eine spektrale Darstellung der Vorgänge. Die Signalfunktionen lassen sich in drei große Gruppen unterteilen, die folgende Eigenschaften haben:

a) Signale $x(t)$, für welche das Integral

$$\int\limits_{-\infty}^{+\infty} |x(t)| \, \mathrm{d}t$$

einen endlichen Wert besitzt, haben eine gewöhnliche $\mathscr{F}$-Transformierte $a(\omega)$, die man auch komplexes Amplitudenspektrum nennt:

$$a(\omega) = \frac{1}{\sqrt{2\pi}} \cdot \int\limits_{-\infty}^{+\infty} x(t) \cdot \mathrm{e}^{-i\omega t} \, \mathrm{d}t,$$

$$x(t) = \frac{1}{\sqrt{2\pi}} \cdot \int\limits_{-\infty}^{+\infty} a(\omega) \cdot \mathrm{e}^{i\omega t} \, \mathrm{d}\omega.$$

In diese Klasse fällt eine große Gruppe aperiodischer Vorgänge.

b) Signale $x(t)$, für welche das Integral

$$\int\limits_{-\infty}^{+\infty} |x(t)|^2 \, \mathrm{d}t$$

einen endlichen Wert besitzt, gehören zur Klasse $L^2(-\infty, +\infty)$ und werden im Spektralbereich durch die PLANCHERELsche Form der $\mathscr{F}$-Transformation beschrieben, und es gelten im Sinne der quadratischen Mittelkonvergenz die Relationen

$$a(\omega) = \operatorname*{l.i.m.}_{T \to \infty} \frac{1}{\sqrt{2\pi}} \cdot \int\limits_{-T}^{+T} x(t) \cdot \mathrm{e}^{-i\omega t} \, \mathrm{d}t \equiv \mathscr{F}^2\{x(t)\},$$

$$x(t) = \operatorname*{l.i.m.}_{\Omega \to \infty} \frac{1}{\sqrt{2\pi}} \cdot \int\limits_{-\Omega}^{+\Omega} a(\omega) \cdot \mathrm{e}^{i\omega t} \, \mathrm{d}\omega \equiv \mathscr{F}^2\{a(-\omega)\}.$$

Ferner besitzen diese Zeitfunktionen eine integrierte $\mathscr{F}$-Transformierte

$$\int\limits_{0}^{\omega} a(u) \, \mathrm{d}u = \frac{1}{\sqrt{2\pi}} \cdot \int\limits_{-\infty}^{+\infty} x(t) \cdot \frac{\mathrm{e}^{-i\omega t} - 1}{-it} \, \mathrm{d}t,$$

und es gibt entsprechende Ausdrücke für gerade bzw. ungerade Zeitfunktionen wie bei der gewöhnlichen $\mathscr{F}$-Transformation. Auch mit der $\mathscr{F}^2$-Transformation wird eine große Gruppe aperiodischer Vorgänge mit endlicher Gesamtenergie erfaßt.

c) Signale $x(t)$, für welche nur der Grenzwert

$$\lim_{T \to \infty} \frac{1}{2T} \cdot \int\limits_{-T}^{+T} |x(t)|^2 \, \mathrm{d}t = \overline{x^2(t)}$$

existiert, haben einen endlichen Leistungsinhalt. Hierzu gehören die periodischen Signale (ohne Limesbildung) sowie die stationären stochastischen Prozesse. Die letztgenannte Gruppe besitzt im Sinne der analytischen Darstellbarkeit weder eine $\mathscr{F}$-Transformierte noch eine integrierte $\mathscr{F}$-Transformierte wie die L^2-Funktionen. Für den Versuch einer spektralen Darstellung kann man jedoch eine Brücke zur Klasse der L^2-Funktionen schlagen, indem man bei stochastischen Signalen von der ohnehin realistischeren Annahme ausgeht, daß der Ausdruck

$$m(T) = \frac{1}{2T} \cdot \int\limits_{-T}^{+T} |x(t)|^2 \, \mathrm{d}t$$

in T beschränkt sei. Im Voranstehenden wurde gezeigt, wie man formal auch hier eine integrierte FOURIER-Transformierte

$$G(\omega) = \int\limits_{0}^{\omega} a(u)\,\mathrm{d}u \qquad\qquad\text{(IV.12)}$$

$$= \frac{i}{\sqrt{2\pi}} \cdot \int\limits_{-\infty}^{+\infty} \frac{\mathrm{e}^{-i\omega t} - 1}{t} \cdot x(t)\,\mathrm{d}t \qquad\qquad\text{(IV.13)}$$

einführen kann. Die Ableitung von G nach ω existiert bei aperiodischen Signalen für alle Werte von ω, während sie unter Ausschluß von Delta-funktionen weder für periodische noch für stochastische Vorgänge existiert. Zwischen $G(\omega)$ und dem quadratischen Mittelwert besteht die Beziehung

$$\lim_{\varepsilon \to 0} \frac{1}{2\varepsilon} \cdot \int\limits_{-\infty}^{+\infty} |G_\varepsilon(\omega)|^2 \,\mathrm{d}\omega = \Phi_{xx}(0). \qquad\qquad\text{(IV.15)}$$

Die linke Seite dieser Gleichung ist die *quadratische Variation* von $G(\omega)$, die rechte der Nullwert der Autokorrelationsfunktion. Die quadratische Variation existiert für aperiodische, periodische und rein formal in dem in Abschnitt 1 erläuterten Sinne auch für stationäre stochastische Signale, wenn nur die Existenz von $\overline{x^2(t)}$ sichergestellt ist. Speziell für aperiodische Signale existiert die erste Ableitung von G nach ω, und es besteht der Zusammenhang

$$a(\omega) = \lim_{\varepsilon \to 0} \frac{1}{2\varepsilon} \cdot G_\varepsilon(\omega).$$

Die Umkehrrelation zu (IV.13) führt auf das STIELTJES-Integral

$$x(t) = \frac{1}{\sqrt{2\pi}} \cdot \int\limits_{-\infty}^{+\infty} \mathrm{e}^{i\omega t}\,\mathrm{d}G(\omega), \qquad\qquad\text{(IV.17)}$$

welches für überall differenzierbare $G(\omega)$ in ein RIEMANNsches Integral übergeht. Die Verallgemeinerung von (IV.15) für Werte von $\tau \neq 0$ führt auf die WIENER-KHINTCHINE-Relation

$$\lim_{\varepsilon \to 0} \frac{1}{4\varepsilon} \cdot \int\limits_{-\infty}^{+\infty} |G_\varepsilon(\omega)|^2 \cdot \mathrm{e}^{i\omega\tau}\,\mathrm{d}\omega = \Phi_{xx}(\tau), \qquad\qquad\text{(IV.27)}$$

die man wegen der verlorengegangenen Phaseninformation nicht nach der integrierten $\mathscr{F}$-Transformierten $G_\varepsilon(\omega)$ des Signals (siehe Gl. IV.20) auflösen kann.

d) Die Gesamtleistung eines Vorganges $x(t)$ kann man durch eine Integration über die spektrale Leistungsdichte $S_{xx}(\omega)$ gewinnen:

$$\Phi_{xx}(0) = \int\limits_{0}^{\infty} S_{xx}(\omega)\,\mathrm{d}\omega. \qquad\qquad\text{(IV.29)}$$

4*

Damit ist eine neue Kenngröße für die Signale eingeführt, die sich nach Verallgemeinerung von (IV.29) als $\mathscr{F}$-Transformierte der Autokorrelationsfunktion erweist:

$$\Phi_{xx}(\tau) = \frac{1}{2} \cdot \int\limits_{-\infty}^{+\infty} S_{xx}(\omega) \cdot e^{i\omega\tau}\, d\omega. \qquad\qquad (IV.32\,a)$$

Der aufgrund der Gleichungen (IV.15), (IV.32a) und (IV.30) naheliegende Schluß

$$S_{xx}(\omega) = \lim_{\varepsilon \to \infty} \frac{1}{2\varepsilon} \cdot \left| G_\varepsilon(\omega) \right|^2 \qquad\qquad (IV.31)$$

ist nur dann mathematisch einwandfrei, wenn die Vertauschung der Reihenfolge von Grenzwertbildung und Integration in (IV.27), von der Gl. (IV.15) den Sonderfall für $\tau = 0$ darstellt, zulässig ist. Beim Auftreten von Deltafunktionen ist diese Vertauschung nicht erlaubt, obgleich sie in sehr vielen Fällen auf einwandfreie Ergebnisse führt. Richtige Ergebnisse mögen für den Praktiker eine nachträgliche Rechtfertigung eines formalen Calculs bedeuten, nicht aber eine mathematisch begründete Rechtfertigung für illegitime Rechenschritte.

e) Die eigentliche Schwierigkeit bei der Behandlung stochastischer Vorgänge besteht nicht nur in der fraglichen Vertauschbarkeit der Reihenfolge von Integration und Grenzwertbildung $\varepsilon \to 0$ in Gl. (IV.15), sondern schon im Übergang von der PLANCHERELschen $\mathscr{F}^2$-Transformation zu einer angemessenen Beschreibung der spektralen Eigenschaften regelloser Signale; denn die $\mathscr{F}^2$-Transformation hat nur die Existenz von

$$m(T) = \frac{1}{2T} \cdot \int\limits_{-T}^{+T} x^2(t)\, dt$$

für *beliebige, aber endliche* T zur Voraussetzung. In dem Augenblick, in dem man hier den Grenzübergang $T \to \infty$ vollzieht, kommt man zwar zu dem quadratischen Mittelwert stationärer Rauschsignale, man verläßt aber auch gleichzeitig den Bereich der $\mathscr{F}^2$-Transformation.

Alle Zusammenhänge, die dann mit Hilfe der TAUBERschen Sätze noch gewonnen werden, gelten nur *rein formal* und liefern die mathematische Rechtfertigung für das Operieren mit Autokorrelationsfunktionen und Leistungsspektren.

In diesem Sinne spielt $G(\omega)$ bei stochastischen Signalen nur die Rolle einer integrierten $\mathscr{F}$-Transformierten, ohne daß man sie für einen stochastischen Vorgang wirklich hinschreiben könnte.

f) Die Ergebnisse der verallgemeinerten harmonischen Analyse von WIENER lassen sich folgendermaßen zusammenfassen:

Wenn für eine Funktion $x(t)$ der Ausdruck

$$\frac{1}{2T} \cdot \int\limits_{-T}^{+T} |x(t)|^2\, dt$$

in T beschränkt ist, dann ist

$$\int_{-\infty}^{+\infty} \frac{|x(t)|^2}{1+t^2}\,\mathrm{d}t < \infty,$$

und die integrierte $\mathscr{F}$-Transformierte wird für fast alle ω:

$$G(\omega) = \operatorname*{l.i.m.}_{A\to\infty} \frac{1}{\sqrt{2\pi}} \cdot \left[\int_1^A + \int_{-A}^1\right] x(t) \cdot \frac{\mathrm{e}^{-i\omega t}}{-it}\,\mathrm{d}t$$

$$+ \frac{1}{\sqrt{2\pi}} \cdot \int_{-1}^{+1} x(t) \cdot \frac{\mathrm{e}^{-i\omega t}-1}{-it}\,\mathrm{d}t. \qquad (\mathrm{IV.8})$$

Daraus bildet man die Funktion

$$G_\varepsilon(\omega) = G(\omega+\varepsilon) - G(\omega-\varepsilon)$$

und findet unmittelbar über das Parsevalsche Theorem und den zitierten Tauberschen Satz den Zusammenhang zwischen quadratischer Variation und quadratischem Mittelwert:

$$\lim_{\varepsilon\to 0} \frac{1}{2\varepsilon} \cdot \int_{-\infty}^{\infty} |G_\varepsilon(\omega)|^2\,\mathrm{d}\omega = \lim_{T\to\infty} \frac{1}{2T} \cdot \int_{-T}^{+T} |x(t)|^2\,\mathrm{d}t.$$

Zwischen der Autokorrelationsfunktion und dem Leistungsspektrum besteht der Zusammenhang

$$\int_0^\omega S_{xx}(u)\,\mathrm{d}u = \frac{1}{\sqrt{2\pi}} \cdot \int_{-\infty}^{+\infty} \Phi_{xx}(\tau) \cdot \frac{\mathrm{e}^{-i\omega\tau}-1}{-i\tau}\,\mathrm{d}\tau \qquad (\mathrm{IV.33})$$

mit der Umkehrung in Gestalt eines Stieltjes-Integrals der Form (IV.17).
g) In unserer heuristischen Herleitung haben wir die Funktion $G(\omega)$ auf einem begrifflich einfacheren Weg gewonnen, der nicht von der quadratischen Mittelkonvergenz Gebrauch macht. Diese Überlegungen führten auf die Form

$$G(\omega) = \frac{1}{\sqrt{2\pi}} \cdot \int_{-\infty}^{+\infty} x(t) \cdot \frac{\mathrm{e}^{-i\omega t}-1}{-it}\,\mathrm{d}t. \qquad (\mathrm{IV.13})$$

Entscheidend ist nun, daß sowohl die kompliziertere Form von $G(\omega)$ nach Gl. (IV.8) als auch die einfachere Form (IV.13) über das Plancherelsche Theorem und den Tauberschen Satz zu der Relation zwischen der quadratischen Variation und dem quadratischen Mittelwert nach Gl. (IV.14) führen. Daß der Limes im Mittel aus der Plancherelschen Beziehung (IV.11) nicht in das Endergebnis eingeht, liegt an der Parsevalschen Gleichung für die L^2-Funktionen, welche nur die Integranden als Zeit- und Frequenzfunktionen miteinander verbindet. Daß sich bei dem WIENERschen Vorgehen für $G(\omega)$ der kompliziertere Ausdruck (IV.8) ergibt, und nicht die einfachere Form (IV.13), liegt an der erforderlichen Aufteilung des Argumentebereiches für die Funktion

$$\frac{x(t)}{1 + |t|} \in L^2,$$

auf welcher die gesamte Überlegung fußt.

V. Heuristische Einführung der spektralen Leistungsdichte

Da das komplexe Amplitudenspektrum eines zeitlich nicht begrenzten stochastischen Signals *nicht existiert*, gehen wir von dem Teilvorgang $x_T(t)$ nach Bild V.1 aus, der außerhalb des Intervalles $- T \leq t \leq + T$ identisch Null ist und für $T \to \infty$ in den ursprünglichen Vorgang übergeht:

$$\lim_{T \to \infty} x_T(t) = x(t).$$

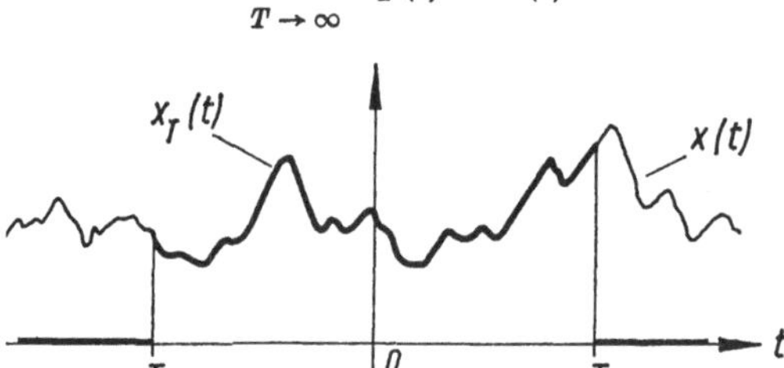

Bild V.1. Zur Einführung eines stochastischen Teilsignals $x_T(t)$ endlicher Dauer $2T$.

Der Teilvorgang besitzt mit Sicherheit eine $\mathscr{F}$-Transformierte

$$a_T(\omega) = \frac{1}{\sqrt{2\pi}} \cdot \int_{-T}^{+T} x_T(t) \cdot e^{-i\omega t}\, dt,$$

und nach dem PARSEVALschen Theorem [7], [10], [20] wird

$$\int_{-T}^{+T} x_T^2(t)\, dt = \int_{-\infty}^{+\infty} |a_T(\omega)|^2\, d\omega.$$

Multipliziert man beide Seiten dieser Gleichung mit $\frac{1}{2T}$, und geht man anschließend zum Grenzfall $T \to \infty$ über, so ergibt sich für Vorgänge, die einen endlichen quadratischen Mittelwert besitzen:

$$\lim_{T \to \infty} \frac{1}{2T} \cdot \int_{-T}^{+T} x_T^2(t)\, dt = \lim_{T \to \infty} \frac{1}{2T} \cdot \int_{-\infty}^{+\infty} |a_T(\omega)|^2\, d\omega.$$

Andererseits läßt sich die gesamte Leistung auch durch das Integral (IV.29) über die spektrale Leistungsdichte berechnen, und es gilt

$$\int\limits_{0}^{\infty} S_{xx}(\omega)\,\mathrm{d}\omega \;=\; \lim_{T \to \infty} \frac{1}{T} \cdot \int\limits_{0}^{\infty} |a_T(\omega)|^2\,\mathrm{d}\omega, \tag{V.1}$$

weil $|a_T(\omega)|^2$ eine gerade Funktion von ω ist. Bei der Interpretation dieser Beziehung tritt die gleiche Schwierigkeit auf wie bei Gl. (IV.30). Während Gl. (V.1) noch exakt gilt [21], kann man die Schlußfolgerung

$$S_{xx}(\omega) = \lim_{T \to \infty} \frac{1}{T} \cdot |a_T(\omega)|^2 \tag{V.2}$$

nur dann ziehen, wenn

$$\lim_{T \to \infty} \frac{1}{T} \cdot \int\limits_{0}^{\infty} |a_T(\omega)|^2\,\mathrm{d}\omega \;=\; \int\limits_{0}^{\infty} \lim_{T \to \infty} \frac{|a_T(\omega)|^2}{T}\,\mathrm{d}\omega$$

gesetzt werden kann, was wiederum zur Voraussetzung hat, daß man das Auftreten von deltafunktionsartigen Singularitäten ausschließt.

Es sei noch einmal ausdrücklich darauf hingewiesen, daß man für einen praktischen Calcul die Schlußfolgerung (V.2) auch dann zieht, wenn Distributionen zu erwarten sind, also die Vertauschung der Reihenfolge von Integration und Grenzübergang $T \to \infty$ zwar zu richtigen Ergebnissen führt, streng mathematisch jedoch nicht erlaubt ist. Mit diesem Sachverhalt muß man sich in der Theorie der stochastischen Signale abfinden, denn die konsequente Behandlung der Probleme mit der PLANCHERELschen $\mathscr{F}^2$-Transformation errichtet immer wieder eine Schranke vor der Interpretation der Gleichungen (IV.30) und (V.1), die einen entscheidenden Schritt zu einem praktikablen Rechenverfahren und zur meßtechnischen Deutung in sich schließt. Wenn man sich über die Bedeutung der verallgemeinerten harmonischen Analyse im klaren ist und die möglichen Gefahren bei dem Umgang mit DIRACschen Deltafunktionen überblickt — oder wenigstens auf sie eingestellt ist — dann wird man in sehr umfangreichen Gebieten der statistischen System- und Signaltheorie insgesamt widerspruchsfrei operieren. Vielleicht ist hier auch die immer wieder in Vergessenheit geratene Tatsache erwähnenswert, daß man mit den mathematischen Hilfsmitteln physikalische Vorgänge und Gesetze nicht erklären, sondern lediglich in mehr oder weniger geeigneter Weise beschreiben kann. Mit dieser Rechtfertigung werden wir künftig Ausdrücke wie

$$S_{xx}(\omega) \;=\; \lim_{\varepsilon \to 0} \frac{1}{2\varepsilon} \cdot |G_\varepsilon(\omega)|^2$$

und $\qquad$
$$S_{xx}(\omega) \;=\; \lim_{T \to \infty} \frac{1}{T} \cdot |a_T(\omega)|^2$$

mit der gegebenenfalls gebotenen Vorsicht in die Überlegungen einbeziehen. Wir halten noch einmal fest, daß sich die behandelten Transformationen auf zwei Hauptgruppen von Funktionen bezogen haben: einmal auf Signale $x(t)$ und außerdem auf Korrelationsfunktionen

$$\Phi_{xx}(\tau) = \lim_{T \to \infty} \frac{1}{2T} \cdot \int_{-T}^{+T} x_T(t) \cdot x_T(t + \tau)\, \mathrm{d}t,$$

deren $\mathscr{F}$-Transformierte existieren, wenn die hinreichenden Bedingungen

$$\int_{-\infty}^{+\infty} |x(t)|\, \mathrm{d}t < \infty \qquad \text{bzw.} \qquad \int_{-\infty}^{+\infty} |\Phi_{xx}(\tau)|\, \mathrm{d}\tau < \infty$$

erfüllt sind. Wir werden jetzt analytisch untersuchen, was passiert, wenn diese Bedingungen nicht mehr erfüllt sind.

1. $\mathscr{F}$-Transformierte eines harmonischen Vorgangs

Wir gehen aus von dem Signal

$$s(t) = s_0 \cdot \sin \omega_0 t$$

und erhalten

$$a(\omega) = \frac{s_0}{\sqrt{2\pi}} \cdot \int_{-\infty}^{+\infty} \sin \omega_0 t \cdot \sin \omega t\, \mathrm{d}t$$

$$= \frac{s_0}{2 \cdot \sqrt{2\pi}} \cdot \int_{-\infty}^{+\infty} \cos (\omega - \omega_0) t\, \mathrm{d}t - \frac{s_0}{2 \cdot \sqrt{2\pi}} \cdot \int_{-\infty}^{+\infty} \cos (\omega + \omega_0) t\, \mathrm{d}t$$

$$= s_0 \cdot \sqrt{\frac{\pi}{2}} \cdot [\delta (\omega - \omega_0) - \delta (\omega + \omega_0)],$$

wobei wir für die uneigentlichen Integrale Deltafunktionen eingeführt haben:

$$\int_{-\infty}^{+\infty} \cos (\omega \pm \omega_0) t\, \mathrm{d}t = 2\pi \cdot \delta (\omega \pm \omega_0). \qquad \text{(V.3)}$$

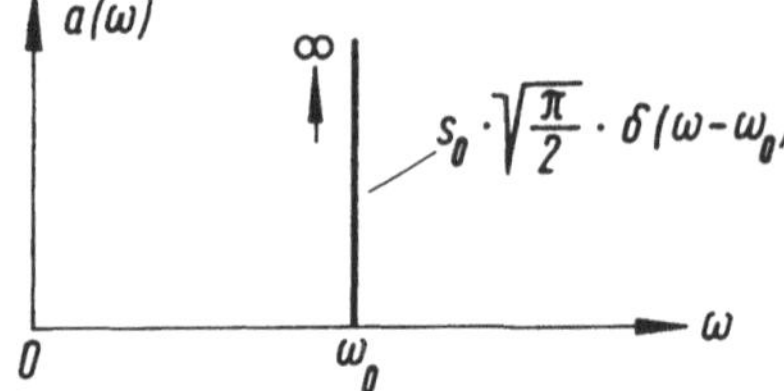

Bild V.2. DIRACsche Deltafunktion als Repräsentant einer Spektrallinie, die einen harmonischen Vorgang für $\omega > 0$ im Frequenzbereich kennzeichnet.

Beschränkt man sich auf positive Kreisfrequenzen, so erhält man als Darstellung des harmonischen Vorgangs im Frequenzbereich eine „Spektrallinie" nach Bild V.2:

$$a(\omega) = s_0 \cdot \sqrt{\frac{\pi}{2}} \cdot \delta(\omega - \omega_0), \quad \omega > 0.$$

2. $\mathscr{F}$-Transformierte einer periodischen Autokorrelationsfunktion

Für die Berechnung der spektralen Leistungsdichte eines sinusförmigen Signals gehen wir von der Funktion

$$\Phi_{ss}(\tau) = \frac{s_0^2}{2} \cdot \cos \omega_0 \tau$$

aus und wenden die Transformation von WIENER und KHINTCHINE gemäß (IV.32b) an, die für gerade Funktionen auf die reelle Form

$$S_{ss}(\omega) = \frac{2}{\pi} \cdot \int\limits_0^\infty \Phi_{ss}(\tau) \cdot \cos \omega \tau \, d\tau \tag{V.4}$$

gebracht werden kann:

$$S_{ss}(\omega) = \frac{s_0^2}{\pi} \cdot \int\limits_0^\infty \cos \omega_0 \tau \cdot \cos \omega \tau \, d\tau$$

$$= \frac{s_0^2}{2} \cdot \delta(|\omega| - \omega_0).$$

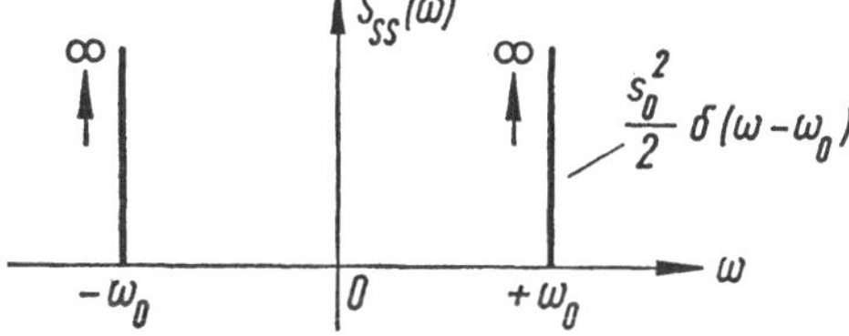

Bild V.3. Zwei symmetrisch zu $\omega = 0$ gelegene Deltafunktionen für die Darstellung des Leistungsspektrums eines sinusförmigen Signals.

Es ergeben sich also zwei symmetrisch zu $\omega = 0$ gelegene Spektrallinien (Bild V.3), weil Wirkleistungsspektren gerade Funktionen der Frequenz sind.

3. $\mathscr{F}$-Transformierte eines stationären regellosen Signals

Wenn man Distributionen in die Rechnung mit einbezieht, dann existiert auch für stationäre stochastische Signale mit endlichem quadratischen Mittelwert das $\mathscr{F}$-Integral

$$a(\omega) = \frac{1}{\sqrt{2\pi}} \cdot \int\limits_{-\infty}^{+\infty} x(t) \cdot e^{-i\omega t} \, dt$$

mit der exakten Umkehrrelation in Gestalt des FOURIER-STIELTJES-Integrals

$$x(t) = \frac{1}{\sqrt{2\pi}} \cdot \int\limits_{-\infty}^{+\infty} e^{i\omega t}\, dG(\omega), \qquad \text{vgl. (IV. 12) und (IV. 17).}$$

Wir werden zeigen, daß man auf dieser Basis eine korrekte Definition [22]

$$S_{xx}(\omega) = \lim_{T \to \infty} \frac{1}{T} \cdot \overline{|a_T(\omega)|^2} \tag{V.5}$$

der spektralen Leistungsdichte als eines Ensemble-Mittelwertes einführen kann. Dazu schreiben wir das komplexe Amplitudenspektrum des Teilvorganges $x_T(t)$ in der Form

$$a_T(\omega) = \frac{1}{2\pi} \cdot \int\limits_{-T}^{+T} e^{-i\omega t} \cdot \int\limits_{-\infty}^{+\infty} a(u) \cdot e^{iut}\, du\, dt,$$

$$= \frac{1}{2\pi} \cdot \int\limits_{-\infty}^{+\infty} a(u) \cdot \int\limits_{-T}^{+T} e^{-i(\omega-u)t}\, dt\, du,$$

$$= \frac{1}{\sqrt{2\pi}} \cdot \int\limits_{-\infty}^{+\infty} a(u) \cdot \sqrt{\frac{2}{\pi}} \cdot \frac{\sin(\omega-u)T}{\omega-u}\, du. \tag{V.6}$$

Zur Belebung des Rechenformalismus sei vermerkt, daß die letzte Gleichung, die schon DIRICHLET im Jahre 1829 angegeben hat, eine Faltung im Frequenzbereich bedeutet, welcher im Zeitbereich die Multiplikation der Signalfunktion $x(t)$ mit dem rechteckförmigen Impuls der Höhe 1 und der Dauer $2\,T$,

$$g_T(t) = \mathscr{F}^{-1}\left\{ \sqrt{\frac{2}{\pi}} \cdot \frac{\sin \omega T}{\omega} \right\}, \tag{V.7}$$

$$= 1(t + T) - 1(t - T),$$

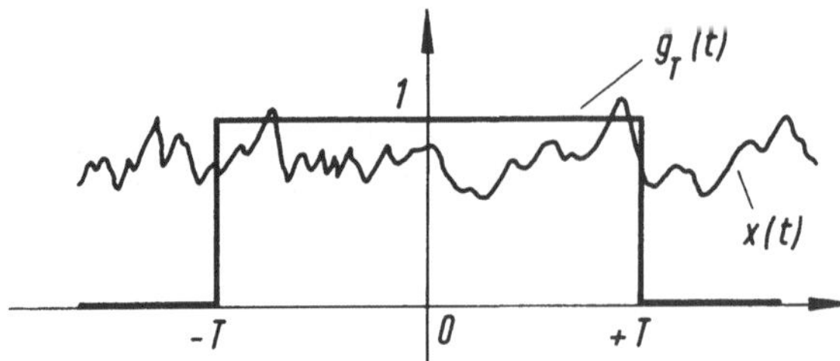

Bild V.4. Zur Multiplikation der Signalfunktion $x(t)$ mit einer Schaltfunktion $g_T(t)$.

nach Bild V.4 entspricht. Dieser Impuls der Höhe 1 blendet aus dem Signal $x(t)$ gerade das gewünschte Teilsignal $x_T(t)$ aus, so daß man auch schreiben kann:

$$a_T(\omega) = \frac{1}{\sqrt{2\pi}} \cdot \left\{ a(\omega) * \sqrt{\frac{2}{\pi}} \cdot \frac{\sin \omega T}{\omega} \right\},$$

$$x(t) \cdot g_T(t) \quad \circ\!\!-\!\!\bullet \quad a(\omega) * \frac{\sin \omega T}{\pi \omega}. \tag{V.8}$$

Bei den hier vorkommenden komplexen Funktionen ist immer der Realteil eine gerade, der Imaginärteil eine ungerade Funktion der Frequenz, so daß

$$a_T{}^*(\omega) \;=\; a_T(-\omega)$$

und

$$|a_T(\omega)|^2 \;=\; a_T(\omega) \cdot a_T(-\omega)$$

ist; setzt man die DIRICHLETsche Form (V.6) ein, so folgt:

$$\frac{1}{T} \cdot |a_T(\omega)|^2 \;=\; \frac{1}{\pi^2 T} \cdot \int\limits_{-\infty}^{+\infty} \int\limits_{-\infty}^{+\infty} a(u) \cdot a(v) \cdot \frac{\sin(\omega - u)\,T \cdot \sin(\omega + v)\,T}{(\omega - u) \cdot (\omega + v)} \, dv \, du. \tag{V.9}$$

Die jetzt noch ausstehende Ensemble-Mittelung bezieht sich nur auf das Produkt $a(u) \cdot a(v)$, dessen Faktoren zu entsprechenden Elementen $x(t)$ und $x(t + \tau)$ des Ensembles $\{x(t)\}$ gehören.

Auf diese läßt sich die Mittelwertbildung sofort zurückführen, denn es gilt allgemein für stationäre Signale:

$$\overline{a(u) \cdot a(v)} \;=\; \frac{1}{2\pi} \cdot \int\limits_{-\infty}^{+\infty} \int\limits_{-\infty}^{+\infty} \overline{x(t) \cdot x(t + \tau)} \cdot \mathrm{e}^{-iut} \cdot \mathrm{e}^{-iv(t+\tau)} \, dt \, d(t + \tau).$$

Da es sich hier um eine rein theoretische Überlegung handelt, kann man die Gültigkeit des Ergoden-Theorems fordern und den Ensemble-Mittelwert unter dem letzten Integral gleich der Autokorrelationsfunktion gemäß Gleichung (II.3) als Zeitmittelwert setzen,

$$\overline{x(t) \cdot x(t + \tau)} \;=\; \Phi_{xx}(\tau),$$

so daß man wie folgt weiterrechnen kann:

$$\overline{a(u) \cdot a(v)} \;=\; \frac{1}{2\pi} \cdot \int\limits_{-\infty}^{+\infty} \int\limits_{-\infty}^{+\infty} \Phi_{xx}(\tau) \cdot \mathrm{e}^{-iut} \cdot \mathrm{e}^{-iv(t+\tau)} \, dt \, d\tau$$

$$=\; \int\limits_{-\infty}^{+\infty} \Phi_{xx}(\tau) \cdot \mathrm{e}^{-iv\tau} \, d\tau \cdot \frac{1}{2\pi} \cdot \int\limits_{-\infty}^{+\infty} \mathrm{e}^{-i(v+u)t} \, dt.$$

Das zweite Integral führt wieder auf eine DIRACsche Funktion,

$$\frac{1}{2\pi} \cdot \int\limits_{-\infty}^{+\infty} \mathrm{e}^{-i(v+u)t} \, dt \;=\; \delta(v + u),$$

und man erhält schließlich mit Hilfe der WIENER-KHINTCHINE-Relation (IV.32 b):

$$\widetilde{a(u) \cdot a(v)} = \pi \cdot S_{xx}(v) \cdot \delta(v + u).$$

Mit diesem Zwischenergebnis folgt für den Ensemble-Mittelwert der Gl. (V.9) sofort:

$$\frac{1}{T} \cdot \widetilde{|a_T(\omega)|^2} = \frac{1}{\pi T} \cdot \int\limits_{-\infty}^{+\infty} \int\limits_{-\infty}^{+\infty} S_{xx}(v) \cdot \delta(v + u) \cdot \frac{\sin(\omega - u)T \cdot \sin(\omega + v)T}{(\omega - u) \cdot (\omega + v)} \, dv \, du$$

$$= \frac{1}{2} \cdot \int\limits_{-\infty}^{+\infty} S_{xx}(u) \cdot \frac{2 \sin^2(\omega - u)T}{\pi \cdot (\omega - u)^2 \cdot T} \, du. \qquad (V.10)$$

Auch dieses Zwischenergebnis ist besonders interessant, denn es läßt sich ähnlich deuten wie Gl. (V.6). Es liegt offensichtlich wieder ein Faltungsintegral vor, diesmal für die Funktionen $S_{xx}(\omega)$ und $\dfrac{2 \sin^2 \omega T}{\pi \omega^2 \, T}$.

Im Hinblick auf die anschließende Deutung wählen wir die WIENER-KHINTCHINEsche Form der Rücktransformation

$$h_T(\tau) = \mathscr{F}_{\mathrm{WK}}^{-1} \left\{ \frac{2 \sin^2 \omega T}{\pi \omega^2 T} \right\}, \qquad (V.11)$$

$$= \int\limits_{0}^{\infty} \frac{2 \sin^2 \omega T}{\pi \omega^2 T} \cdot \cos \omega \tau \, d\tau$$

$$= 1 - \frac{|\tau|}{2 \, T} \quad \text{für } -2T \leq \tau \leq +2T, \text{ sonst Null.}$$

Dieser dreieckförmige Impuls der Dauer $2T$ ist zusammen mit der Autokorrelationsfunktion des Signals in Bild V.5 dargestellt. Dem Faltungsintegral (V.10) entspricht somit im τ-Bereich das Produkt

$$\Phi_{xx}(\tau) \cdot h_T(\tau),$$

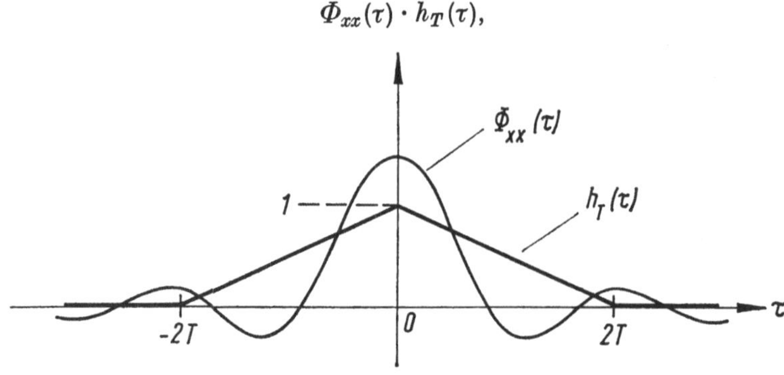

Bild V.5. Zur Deutung der Faltungsbeziehung (V.13.) im τ-Bereich.

als Korrespondenz geschrieben:

$$\Phi_{xx}(\tau) \cdot h_T(\tau) \ \circ\!\!-\!\!\bullet \ \frac{1}{2} \cdot \left\{ S_{xx}(\omega) * \frac{2 \sin^2 \omega T}{\pi \omega^2 T} \right\}. \qquad (V.12)$$

Die $\mathscr{F}$-Transformierte des Dreieckimpulses $h_T(\tau)$ ist der aus der $\mathscr{F}$-Theorie bekannte ,,Fejer-Kern''. Er ergibt bei dem Darstellungsproblem eine bessere Approximation für die zugehörige Zeitfunktion an den Intervallendpunkten bei $\pm T$ als der Kern

$$\sqrt{\frac{2}{\pi}} \cdot \frac{\sin \omega T}{\omega}$$

der Transformation (V.6). Dies bedeutet, daß bei der rechteckförmigen Ausblendfunktion $g_T(t)$ für $x(t)$ an den Intervallendpunkten das Gibbssche Phänomen auftritt, was bei der dreieckförmigen Ausblendfunktion $h_T(\tau)$ für $\Phi_{xx}(\tau)$ nach Bild V.5 nicht der Fall ist, weil sie keine Sprungstellen erzeugt.

Nach dieser Zwischenbetrachtung, auf deren Deutung im Zusammenhang mit der Korrelation wir gleich noch zu sprechen kommen werden, soll zunächst Gl. (V.10) weiter behandelt werden. Aus der Theorie der $\mathscr{F}$-Integrale ist bekannt, daß sich aus der rechten Seite von (V.10) im Grenzfall $T \to \infty$ die Funktion $S_{xx}(\omega)$ ergibt:

$$\lim_{T \to \infty} \int_{-\infty}^{+\infty} S_{xx}(u) \cdot \frac{\sin^2 (\omega - u) T}{\pi \cdot (\omega - u)^2 T} \, du = S_{xx}(\omega). \qquad (V.13)$$

Vollzieht man den gleichen Grenzübergang auf der linken Seite von Gl. (V.10), so folgt gerade die Behauptung (V.5):

$$\lim_{T \to \infty} \frac{1}{T} \cdot \overline{|a_T(\omega)|^2} = S_{xx}(\omega).$$

Aus der Distributionstheorie ist andererseits bekannt, daß

$$\lim_{T \to \infty} \frac{\sin^2 (\omega - u) T}{\pi \cdot (\omega - u)^2 T} = \delta(\omega - u)$$

ist, und damit ergibt sich die geläufige Integralbeziehung

$$\int_{-\infty}^{+\infty} S_{xx}(u) \cdot \delta(\omega - u) \, du = S_{xx}(\omega).$$

Die Gl. (V.6) kann man übrigens auch auf diese Form bringen, denn die Deltafunktion ist auch durch den Grenzprozeß

$$\delta(\omega - u) = \lim_{T \to \infty} \frac{\sin (\omega - u) T}{\pi \cdot (\omega - u)}$$

darstellbar.

4. Zusammenhang mit der Korrelation

Bei der Herleitung der Gl. (V.5) sind zwei interessante Faltungsintegrale aufgetreten, die man in eine wichtige Beziehung zueinander bringen kann. Die Faltung (V.8) des komplexen Amplitudenspektrums $a(\omega)$ mit dem Kern $\sqrt{\dfrac{2}{\pi}} \cdot \dfrac{\sin \omega T}{\omega}$ bedeutet im Zeitbereich eine Multiplikation der Signalfunktion $x(t)$ mit dem Rechteckimpuls $g_T(t)$; nach der statistischen Mittelwertbildung ergab sich eine Faltung des Leistungsspektrums $S_{xx}(\omega)$ mit dem FEJER-Kern, Gl. (V.12), also eine Multiplikation der Autokorrelationsfunktion $\Phi_{xx}(\tau)$ mit der Dreieckfunktion $h_T(\tau)$, und diese ist gerade die Autokorrelationsfunktion des Rechteckimpulses $g_T(t)$. Zum Beweis betrachten wir den zu $t = 0$ unsymmetrisch liegenden Impuls

$$g(t) = g_0 \cdot [1(t + t_0) - 1(t - 2T + t_0)]$$

nach Bild V.6a und finden über eine einfache Rechnung

$$\Phi_{gg}(\tau) = \frac{1}{2T} \cdot \int\limits_{-t_0}^{2T-t_0-\tau} g(t) \cdot g(t + \tau)\, \mathrm{d}t$$

$$= \frac{1}{2T} \cdot \int\limits_{-t_0}^{2T-t_0-\tau} g_0{}^2\, \mathrm{d}t = \frac{g_0{}^2}{2T} \cdot (2T - |\tau|)$$

oder

$$\Phi_{gg}(\tau) = g_0{}^2 \cdot \left(1 - \frac{|\tau|}{2T}\right), \quad |\tau| \le 2T.$$

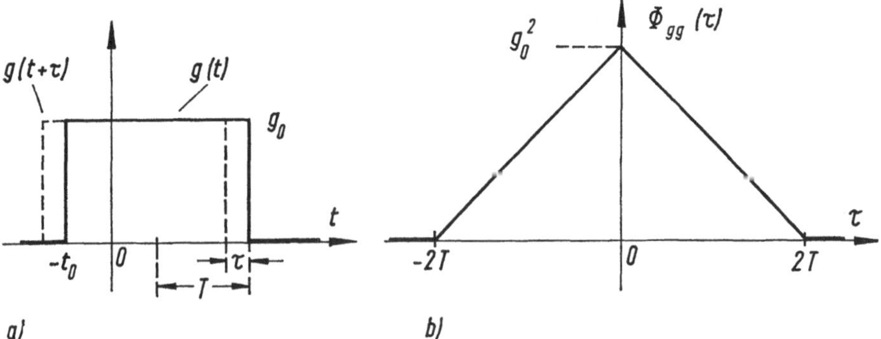

Bild V.6. Unsymmetrisch zu $t = 0$ gelegener Rechteckimpuls (a) und zugehörige Autokorrelationsfunktion (b).

Der Verlauf dieser Funktion ist in Bild V.6b gezeigt; man erkennt, daß die Verschiebung t_0, ähnlich wie die Anfangsphase bei periodischen Signalen, nicht in das Ergebnis eingeht, und daß

$$\Phi_{g_T g_T}(\tau) = 1 - \frac{|\tau|}{2T} = h_T(\tau)$$

wird. Stellt man die vier Zeitfunktionen $x(t)$, $g_T(t)$ sowie $\Phi_{xx}(\tau)$ und $\Phi_{g_T g_T}(\tau)$ in Bild V.7 noch einmal zusammen, so erkennt man, daß der Übergang von

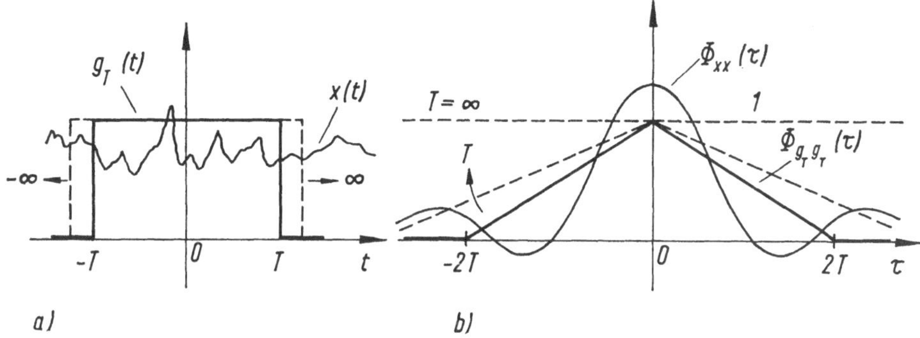

Bild V.7. Stochastisches Signal $x(t)$ mit Schaltfunktion $g_T(t)$ und zugehöriger Autokorrelationsfunktionen (b).

Teilbild a zu Teilbild b durch eine *statistische Mittelwertbildung* zustande-kommt. Gleichung (V.8) bedeutet die Multiplikation zweier Zeitfunktionen, Gleichung (V.12) die Multiplikation der zugehörigen Autokorrelationsfunktionen:

$$\Phi_{xx}(\tau) \cdot \Phi_{g_T g_T}(\tau) = \overline{x(t) \cdot g_T(t)}$$

oder

$$S_{xx}(\omega) * \frac{\sin^2 \omega T}{\pi \omega^2 \, T} = a(\omega) * \overline{\frac{\sin \omega T}{\pi \omega}} \, .$$

Wenn jetzt der Grenzübergang $T \to \infty$ vollzogen wird, dann ergibt sich einer-seits im Zeitbereich das vollständige Signal

$$x(t) = \lim_{T \to \infty} [x(t) \cdot g_T(t)]$$

und andererseits im τ-Bereich die vollständige Autokorrelationsfunktion, wie in Bild V.7b gut zu erkennen ist:

$$\Phi_{xx}(\tau) = \lim_{T \to \infty} [\Phi_{xx}(\tau) \cdot \Phi_{g_T g_T}(\tau)],$$

denn offensichtlich entartet der Dreieckimpuls im Grenzfall zu der Kon-stanten 1 mit der Autokorrelationsfunktion

$$\lim_{T \to \infty} \Phi_{g_T g_T}(\tau) = \lim_{T \to \infty} \left(1 - \frac{|\tau|}{2\,T}\right) = 1.$$

Entsprechende Beziehungen erhält man für die transformierten Größen.

5. Unmittelbare Berechnung der Leistungsdichte aus der Autokorrelations-funktion

Wenn man die Autokorrelationsfunktion als Ersatzfunktion für einen regel-losen Vorgang kennt, kann man sich auf den formalen Standpunkt zurückziehen, daß sich wegen der eindeutigen Umkehrbarkeit der $\mathscr{F}$-Transformation eine gleichwertige Kennfunktion im Spektralbereich definieren lassen muß. Nach einer leicht überschaubaren Verallgemeinerung des PARSEVALschen Theorems in der Form

$$\int\limits_{-T}^{+T} x_T(t) \cdot x_T(t+\tau)\,dt = \int\limits_{-\infty}^{+\infty} |a_T(\omega)|^2 \cdot e^{i\omega\tau}\,d\omega$$

ergibt sich nach Division beider Seiten durch $2\,T$ und anschließendem Grenzübergang für $T \to \infty$:

$$\Phi_{xx}(\tau) = \lim_{T\to\infty} \frac{1}{2\,T} \cdot \int\limits_{-\infty}^{+\infty} |a_T(\omega)|^2 \cdot e^{i\omega\tau}\,d\omega.$$

Die Vertauschung der Reihenfolge von Integration und Grenzwertbildung führt sofort auf den gewünschten Zusammenhang

$$\Phi_{xx}(\tau) = \frac{1}{2} \cdot \int\limits_{-\infty}^{+\infty} S_{xx}(\omega) \cdot e^{i\omega\tau}\,d\omega,$$

der für gerade Funktionen $S_{xx}(\omega)$ übergeht in

$$\Phi_{xx}(\tau) = \int\limits_{0}^{\infty} S_{xx}(\omega) \cdot \cos\omega\tau\,d\omega \qquad\qquad \text{(V.14b)}$$

mit der Umkehrung

$$S_{xx}(\omega) = \frac{2}{\pi} \cdot \int\limits_{0}^{\infty} \Phi_{xx}(\tau) \cdot \cos\omega\tau\,d\tau. \qquad\qquad \text{(V.14a)}$$

6. Kreuzleistungsspektren

Als ein Maß für die gegenseitige statistische Abhängigkeit zweier regelloser Signale $x(t)$ und $y(t)$ haben wir die Kreuzkorrelationsfunktionen (II.9) und (II.10) eingeführt. Wenn man diese Funktionen in den Frequenzbereich transformiert, ergeben sich entsprechende Kenngrößen in Gestalt der Kreuzleistungsspektren

$$S_{xy}(\omega) = \lim_{T\to\infty} \frac{1}{T} \cdot a_T{}^*(\omega) \cdot b_T(\omega) \qquad\qquad \text{(V.15)}$$

und

$$S_{yx}(\omega) = \lim_{T\to\infty} \frac{1}{T} \cdot a_T(\omega) \cdot b_T{}^*(\omega). \qquad\qquad \text{(V.16)}$$

Da die Kreuzkorrelationsfunktionen *weder gerade noch ungerade* Funktionen von τ sind, müssen die Kreuzleistungsspektren *komplexe* Größen sein, die ebenso wie die Kreuzkorrelationsfunktionen noch eine *relative Phaseninformation* enthalten. Auch hier gelten die WIENER-KHINTCHINE-Relationen, allerdings in den *komplexen* Formen (IV.32a) und (IV.32b), die man leicht aus dem PARSEVALschen Ansatz

$$\int\limits_{-T}^{+T} x_T(t) \cdot y_T(t + \tau)\, \mathrm{d}t = \int\limits_{-\infty}^{+\infty} a_T{}^*(\omega) \cdot b_T(\omega) \cdot \mathrm{e}^{i\omega\tau}\, \mathrm{d}\omega$$

ineinander überführen kann.

Physikalisch realisierbare Kreuzleistungsspektren haben die Eigenschaft, daß ihr Realteil eine gerade und ihr Imaginärteil eine ungerade Funktion der Frequenz ist; daraus ergeben sich folgende Beziehungen:

$$S_{xy}(-\omega) = S_{xy}{}^*(\omega) = S_{yx}(\omega),$$
$$S_{yx}(-\omega) = S_{yx}{}^*(\omega) = S_{xy}(\omega).$$

Kreuzleistungsspektren treten bereits auf, wenn man die statistischen Eigenschaften der Summe zweier regelloser Signale untersucht:

$$z(t) = x(t) + y(t)$$
$$c_T(\omega) = a_T(\omega) + b_T(\omega)$$
$$|c_T(\omega)|^2 = |a_T(\omega) + b_T(\omega)|^2,$$

und daraus folgt unmittelbar

$$\lim_{T \to \infty} \frac{|c_T(\omega)|^2}{T} = S_{zz}(\omega)$$
$$= S_{xx}(\omega) + S_{yy}(\omega) + S_{xy}(\omega) + S_{yx}(\omega).$$

In den beiden letzten Summanden spiegelt sich die gegenseitige statistische Verwandtschaft der beiden Vorgänge wider. Wenn sie nicht miteinander korreliert sind, ist das Leistungsspektrum der Summe gleich der Summe der beiden Wirkleistungsspektren.

Damit sind die Eigenschaften von Leistungsspektren zusammengestellt, die für die späteren Erörterungen bekannt sein müssen. Weitergehende Zusammenhänge entnehme man der einschlägigen Literatur.

VI. Spezielle Korrelationsverfahren

Die bisher eingeführten Mittelwerte mit quadratischem Charakter beinhalten eine Aussage über die Kohärenz von Signalen bzw. Signalabschnitten und beruhen mathematisch auf dem Informationsgehalt der zweiten Wahrscheinlichkeitsdichtefunktion. Es gibt jedoch noch andere statistische Mittelwerte quadratischen Charakters, und man wird es von dem konkreten Einzelfall abhängig machen, auf welche dieser Kenngrößen man zurückgreifen will.

1. Faltungskorrelation

Wenn man ein Signal $x(t)$ mit seinem Spiegelbild $x(-t)$ korreliert, dann kommt man zu der Funktion

$$\Phi^f{}_{xx}(\tau) = \lim_{T \to \infty} \frac{1}{2T} \cdot \int\limits_{-T}^{+T} x(t) \cdot x(\tau - t)\, \mathrm{d}t, \qquad \text{(VI.1)}$$

die wegen der mathematischen Form des Integrals als „Faltungs-Autokorrelationsfunktion" bezeichnet wird. Diese Funktion enthält im Gegensatz zur gewöhnlichen Autokorrelationsfunktion noch eine Phaseninformation, so daß sich als ihr Äquivalent im Frequenzbereich ein *komplexes* Leistungsspektrum ergibt:

$$S^f{}_{xx}(\omega) = \lim_{T \to \infty} \frac{1}{T}\, a_T{}^2(\omega). \qquad \text{(VI.2)}$$

Die in der Faltungs-Korrelationsfunktion enthaltene Phaseninformation bezieht sich nicht auf die relative Zuordnung von Phasenlagen der Teilvorgänge — man denke an eine $\mathscr{F}$-Entwicklung — des Signals, sonst könnte man ja aus der Funktion $\Phi^f{}_{xx}(\tau)$ den vollständigen Verlauf der Zeitfunktion $x(t)$ zurückgewinnen. Wir zeigen an dem folgenden Beispiel eines zeitlich begrenzten Vorganges, daß die Faltungs-Autokorrelationsfunktion einen Rückschluß auf den Zeitpunkt gestattet, zu dem der Vorgang $x(t)$ beginnt. Wir verwenden dazu noch einmal den in Bild VI.1 gezeigten, zu $t = 0$ unsymmetrisch liegenden Rechteckimpuls, dessen gewöhnliche Autokorrelationsfunktion die Form

$$\Phi_{gg}(\tau) = g_0{}^2 \cdot \left(1 - \frac{|\tau|}{2T}\right)$$

hat und den vom Zeitpunkt t_0 unabhängigen Verlauf nach Bild V.6b zeigt.

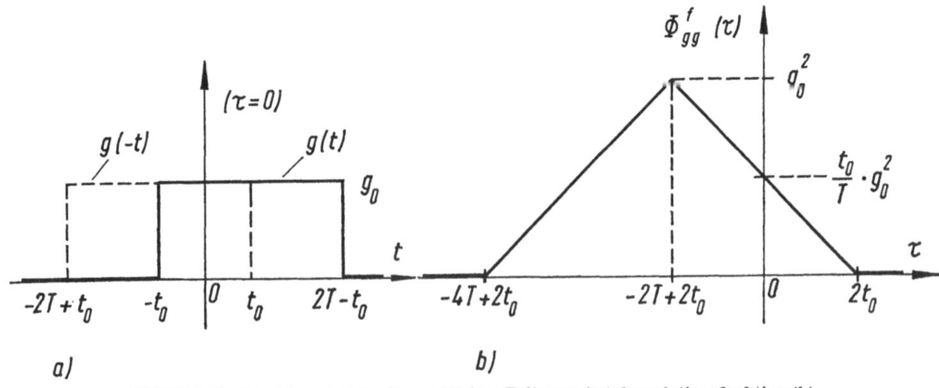

Bild VI.1. Rechteckimpuls (a) mit zugehöriger Faltungs-Autokorrelationsfunktion (b).

Außer dem Impuls $g(t)$ ist noch der an der Ordinatenachse gespiegelte Impuls $g(-t)$ eingezeichnet, so daß die eingeschlossene Fläche dem Wert

$$\Phi^f{}_{xx}(0) = \frac{t_0}{T} \cdot g_0{}^2$$

proportional ist. Davon ausgehend läßt sich die Faltungs-Autokorrelations-funktion

$$\Phi^f{}_{gg}(\tau) = \frac{1}{2T} \cdot \int g(t) \cdot g(\tau - t) \, \mathrm{d}t$$

anschaulich ableiten. Die folgende Überlegung zeigt, wie man die Grenzen dieses Integrals bereichsweise festlegen muß, um zu einem geschlossenen analytischen Ausdruck zu gelangen. Zunächst sieht man, daß $\Phi^f{}_{gg}(\tau)$ keine Symmetrie zur Ordinatenachse aufweisen kann und daß ihr Maximum, welches der vollständigen Überdeckung der Vorgänge $g(t)$ und $g(\tau - t)$ entspricht, nicht bei $\tau = 0$, sondern bei $\tau_{\max} = -2(T - t_0)$ liegt. Für positive τ (Verschiebung von $x(-t)$ nach links) ergibt sich eine lineare Abnahme der Fläche bis zu der Stelle $\tau = 2t_0$; für negative τ (Verschiebung nach rechts) nimmt die Fläche linear mit dem Betrag von τ bis zu dem Wert $\tau_{\max}$ zu. Bei dieser Abszisse liegt die Symmetrieachse der Faltungs-Korrelationsfunktion, und es ergibt sich die analytische Form

$$\Phi^f{}_{gg}(\tau) = g_0{}^2 \cdot \left(1 - \frac{|\tau + 2 \cdot (T - t_0)|}{2T} \right)$$

für $-4T + 2t_0 \leq \tau \leq 2t_0$, sonst Null. Der Verlauf dieser Funktion ergibt sich offensichtlich aus demjenigen der gewöhnlichen Autokorrelationsfunktion durch Verschiebung um $2(T - t_0)$ Zeiteinheiten in Richtung negativer Zeiten, und die doppelte Verschiebungszeit $2t_0$ kann man unmittelbar ablesen. Alle diese Überlegungen lassen sich auf kompliziertere Signale übertragen. Wenn die Signalfunktion eine gerade Funktion ist, geht die Faltungskorrelierte in die gewöhnliche Autokorrelationsfunktion über.

2. Korrelation mit Modellfunktion

Bisher wurden die verschiedenen Korrelationsfunktionen als Kenngrößen zur Beschreibung von Signaleigenschaften angesehen. Solange es sich um Auto-korrelationsfunktionen handelt, ist diese Vorstellung hinreichend; bei der Kreuzkorrelation kommen jedoch neue Gesichtspunkte hinzu, denn man kann den Kreuzkorrelations-Prozeß dazu benutzen, um ein Signal $x(t)$ auf seine Verwandtschaft mit einem Signal $s(t)$ zu untersuchen, das z. B. als determini-stischer Vorgang vollständig bekannt ist. Nicht nur in zahlreichen Filter-problemen der Nachrichtentechnik, sondern auch bei der Messung von Fre-quenzgängen stark gestörter Regelungsanlagen hat man eine sog. ,,a priori-Kenntnis" über die Meßsignale und kann folglich mit Hilfe eines Modellsignals oder Suchsignals durch Kreuzkorrelation feststellen, ob das vermutete Signal in statistisch verdeckter Gestalt in dem Vorgang $x(t)$ enthalten ist.

Von besonderer Bedeutung sind diese Verfahren natürlich für solche Signale, deren mathematische Struktur durch den Korrelationsprozeß nicht verändert wird. Die einzigen Vorgänge mit dieser ausgezeichneten Eigenschaft sind die harmonischen Schwingungen

$$s(t) = s_0 \cdot \sin(\omega_0 t \pm \varphi),$$

die bei der Korrelation bis auf ihre Amplitude und ihre Anfangsphase streng reproduziert werden. Sie sind auch die einzigen, deren Form durch lineare Übertragungssysteme mit konstanten Koeffizienten im eingeschwungenen Zustand nicht verändert wird. Sprungförmige Erregungsfunktionen und die zugehörigen Systemreaktionen muß man hier ausschalten, weil man diesen im stationären Zustand nichts Entscheidendes über das Systemverhalten mehr entnehmen kann. Bei der Kreuzkorrelations-Analyse von Systemen mit sinusförmigen Testsignalen im Frequenzbereich macht man sich die Vorteile der Modellkorrelation zunutze, um eine weitgehende Störpegelunterdrückung zu erreichen.

3. Orthogonale Korrelation

3.1 Das komplexe Amplitudenspektrum des orthogonalen Signals

Sowohl in der Regelungs- als auch in der Nachrichtentechnik sind meßtechnische Anordnungen bekannt, bei denen sämtliche Teilkomponenten eines Signals $x(t)$ eine Phasendrehung von $-90°$ erhalten, so daß am Ausgang eines 90°-Breitbandphasenschiebers das zu $x(t)$ orthogonale Signal $x^0(t)$ entsteht, Bild VI.2. Diese beiden Signale werden dem Eingang eines Korrelators

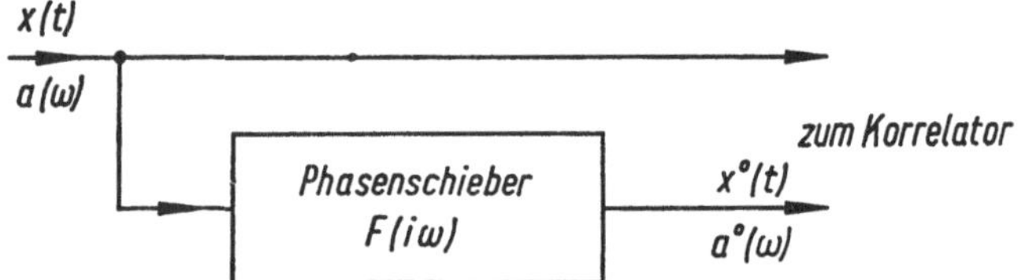

Bild VI.2. Vorstufe mit Breitbandphasenschieber zur Bildung des zu $x(t)$ orthogonalen Signals $x^0(t)$.

zugeführt. Um die entstehende Korrelationsfunktion berechnen zu können, muß man zunächst die Eigenschaften des orthogonalen Signals bestimmen. Diese Aufgabe löst man am einfachsten im Frequenzbereich, wo das komplexe Amplitudenspektrum $a(\omega)$ von $x(t)$ und die Filtereigenschaften gegeben sind. Der 90°-Phasenschieber hat den Frequenzgang

$$F(i\omega) = |F(i\omega)| \cdot e^{i\varphi(\omega)},$$

wobei $|F(i\omega)| = 1$ sein soll und $\varphi(\omega)$ aus funktionentheoretischen Gründen eine ungerade Funktion von ω sein muß, die für positive ω eine Phasennacheilung um 90° ergibt,

$$\varphi(\omega) = -\frac{\pi}{2}, \quad \omega > 0,$$

und für negative ω eine Phasenvoreilung um den gleichen Betrag:

$$\varphi(\omega) = \frac{\pi}{2}, \quad \omega < 0$$

Damit läßt sich der Phasengang nach Bild VI.3 auf die Form

$$\varphi(\omega) = -\frac{\pi}{2} \cdot \operatorname{sgn} \omega$$

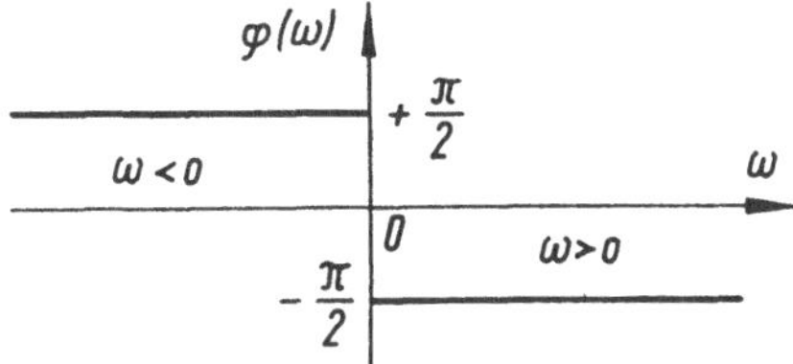

Bild VI. 3. Phasengang eines idealisierten 90°-Breit-
bandphasenschiebers

für den gesamten Bereich $-\infty < \omega < +\infty$ bringen. Daß diese Forderung praktisch höchstens für endliche Frequenzbereiche zu realisieren ist, hat im Augenblick keine Bedeutung. Für den Frequenzgang des Phasenschiebers ergibt sich also

$$F(i\omega) = \mathrm{e}^{-i\frac{\pi}{2} \cdot \operatorname{sgn} \omega} \tag{VI.3}$$

$$= -i \cdot \operatorname{sgn} \omega,$$

und daraus erhält man über die bekannte Relation

$$a^0(\omega) = F(i\omega) \cdot a(\omega)$$

das gesuchte komplexe Amplitudenspektrum

$$a^0(\omega) = -i \cdot \operatorname{sgn} \omega \cdot a(\omega). \tag{VI.4}$$

3.2 Die Zeitdarstellung des orthogonalen Signals

Zur Bestimmung der Zeitfunktion $x^0(t)$ muß man den Ausdruck für $a^0(\omega)$ der inversen $\mathscr{F}$-Transformation unterwerfen, wobei zu beachten ist, daß dem Produkt der beiden Frequenzfunktionen $\operatorname{sgn} \omega$ und $a(\omega)$ die Faltung ihrer Zeitfunktionen $f(t)$ und $x(t)$ entspricht:

$$x^0(t) = f(t) * x(t).$$

In dem Abschnitt X.4.3 wird gezeigt, daß

$$f(t) = \frac{1}{\pi} \cdot \frac{1}{i\,t},$$

also die Gewichtsfunktion

$$G(t) = 1(t) \cdot \frac{-1}{\pi\,t}$$

wird, so daß man für $x^0(t)$ das Faltungsintegral

$$x^0(t) \;=\; -\,\frac{1}{\pi}\,\cdot\,\int\limits_{-\infty}^{+\infty}\frac{x(u)}{t-u}\,\mathrm{d}u \qquad\qquad\text{(VI.5)}$$

erhält.

3.3. Das Kreuzleistungsspektrum für $x(t)$ und $x^0(t)$

Durch eine ähnliche Vorbetrachtung wie im Unterabschnitt 3.1 erhält man das Kreuzleistungsspektrum für die beiden Signale $x(t)$ und $x^0(t)$. Hier muß man die Relation (VIII.14a) in der Form

$$S_{xx^0}(\omega) \;=\; F(i\omega)\cdot S_{xx}(\omega)$$

anwenden. Offensichtlich wird das Leistungsspektrum $S_{xx^0}(\omega)$ wegen der 90°-Relation zwischen $x(t)$ und $x^0(t)$ eine rein imaginäre Funktion:

$$S_{xx^0}(\omega) \;=\; \mathrm{e}^{-i\frac{\pi}{2}\cdot\,\mathrm{sgn}\,\omega}\cdot S_{xx}(\omega)$$

$$=\; -\,i\cdot\mathrm{sgn}\,\omega\cdot S_{xx}(\omega). \qquad\qquad\text{(VI.4a)}$$

Diese Größe hat den Charakter eines Blindleistungsspektrums.

3.4 Die orthogonale Korrelationsfunktion

An dieser Stelle läßt sich wieder die gleiche Querverbindung wie in Unterabschnitt 3.2 herstellen, die man auch an anderen entscheidenden Stellen der Netzwerktheorie findet. Die Gl. (VI.4a) führt das orthogonale Spektrum $S_{xx}(\omega)$ auf das Produkt der Funktionen $\mathrm{sgn}\,\omega$ und $S_{xx}(\omega)$ zurück, und diesem muß im τ-Bereich wieder eine Faltung der zugehörigen Transformierten

$$\mathscr{F}^{-1}\{\mathrm{sgn}\,\omega\} \quad\text{und}\quad \mathscr{F}^{-1}\{S_{xx}(\omega)\} \;=\; \Phi_{xx}(\tau)$$

entsprechen. Die inverse Transformierte der Signumfunktion findet man leicht aus der bekannten Integraldarstellung

$$\mathrm{sgn}\,\omega \;=\; \frac{2}{\pi}\,\cdot\,\int\limits_{0}^{\infty}\frac{\sin\omega\tau}{\tau}\,\mathrm{d}\tau$$

$$=\; \frac{1}{\pi}\,\cdot\,\int\limits_{-\infty}^{+\infty}\frac{\mathrm{e}^{-i\omega\tau}}{i\tau}\,\mathrm{d}\tau \;=\; \frac{1}{\pi}\,\cdot\,\mathscr{F}\left\{\frac{1}{i\tau}\right\}.$$

Daraus folgt über

$$S_{xx^0}(\omega) \;=\; -\,\frac{1}{\pi}\,\cdot\,\mathscr{F}\left\{\frac{1}{\tau}\right\}\cdot\mathscr{F}\left\{\Phi_{xx}(\tau)\right\}$$

die Faltungsrelation

$$\Phi_{xx^0}(\tau) = -\frac{1}{\pi} \cdot \Phi_{xx}(\tau) * \frac{1}{\tau}$$

$$\Phi_{xx^0}(\tau) = -\frac{1}{\pi} \cdot \int\limits_{-\infty}^{+\infty} \frac{\Phi_{xx}(u)}{\tau - u}\, du. \qquad\qquad \text{(VI.5a)}$$

3.5 Die WIENER-KHINTCHINE-Relationen für die Funktionen Φ_{xx^0} und S_{xx}

Zwischen den beiden Funktionen

$$\Phi_{xx^0}(\tau) = \lim_{T \to \infty} \frac{1}{2T} \cdot \int\limits_{-T}^{+T} x(t) \cdot x^0(t + \tau)\, dt$$

und

$$S_{xx^0}(\omega) = \lim_{T \to \infty} \frac{1}{T} \cdot a_T^*(\omega) \cdot a_T^0(\omega)$$

besteht wiederum eine eindeutig umkehrbare Zuordnung. Aus der Gl. (V.5a) ist unmittelbar zu entnehmen, daß die orthogonale Korrelationsfunktion eine ungerade Funktion ist,

$$\Phi_{xx^0}(-\tau) = -\Phi_{xx^0}(\tau),$$

so daß aus dem Maximum von $\Phi_{xx}(\tau)$ bei $\tau = 0$ ein Nulldurchgang wird, was für die technischen Anwendungen einen großen Vorteil bedeuten kann. Aus dieser Eigenschaft kann man andererseits direkt auf die Form der Relationen von WIENER und KHINTCHINE schließen, welche die orthogonale Korrelationsfunktion mit dem Wirkleistungsspektrum verknüpft [10]:

$$\Phi_{xx^0}(\tau) = \int\limits_{0}^{\infty} S_{xx}(\omega) \cdot \sin \omega\tau\, d\omega$$

mit der Umkehrung

$$S_{xx}(\omega) = \frac{2}{\pi} \cdot \int\limits_{0}^{\infty} \Phi_{xx^0}(\tau) \cdot \sin \omega\tau\, d\tau.$$

4. Zusammenhang mit der HILBERT-Transformation

4.1. Allgemeine Eigenschaften

Gleichung (VI.5a) stellt die bekannte HILBERT-Transformation dar, die zusammen mit der inversen Beziehung

$$\Phi_{xx}(\tau) = \frac{1}{\pi} \cdot \int\limits_{-\infty}^{+\infty} \frac{\Phi_{xx^0}(u)}{\tau - u}\, du \qquad\qquad \text{(VI.5b)}$$

trigonometrisch konjugierte Funktionen einander zuordnet. Die Integrale der $\mathscr{H}$-Transformation sind als CAUCHYSCHE Hauptwerte zu verstehen: wenn eine Funktion $f(u)$ für ein genügend kleines $\varepsilon > 0$ in den Intervallen $(a, c - \varepsilon)$ und $(c + \varepsilon, b)$ integrierbar ist und die Summe

$$\int_a^{c-\varepsilon} f(u)\,\mathrm{d}u \;+\; \int_{c+\varepsilon}^b f(u)\,\mathrm{d}u$$

für $\varepsilon \to 0$ einem endlichen Grenzwert zustrebt, so nennt man

$$\int_a^b f(u)\,\mathrm{d}u$$

den CAUCHYSCHEN Hauptwert des Integrals. Wenn $f(u)$ auch in der Umgebung des Punktes c, also im ganzen Intervall (a, b) integrierbar ist, dann gleicht der CAUCHYSCHE Hauptwert dem normalen Wert des Integrals. Die Integrale in der $\mathscr{H}$-Transformation bedeuten also genau:

$$\int_{-\infty}^{+\infty} \frac{\Phi_{xx}(u)}{\tau - u}\,\mathrm{d}u = \lim_{\varepsilon \to 0}\left[\int_{-\infty}^{\tau-\varepsilon} \frac{\Phi_{xx}(u)}{\tau - u}\,\mathrm{d}u + \int_{\tau+\varepsilon}^{\infty} \frac{\Phi_{xx}(u)}{\tau - u}\,\mathrm{d}u \right],$$

und man schreibt auch abgekürzt

$$\Phi^0{}_{xx}(\tau) = \mathscr{H}\{\Phi_{xx}(\tau)\} \tag{VI.5a}$$

$$\Phi_{xx}(\tau) = \mathscr{H}\{-\Phi^0{}_{xx}(\tau)\} \tag{VI.5b}$$

mit

$$\Phi^0{}_{xx}(\tau) = \Phi_{xx}{}^0(\tau).$$

Innerhalb der allgemeinen Netzwerktheorie beruht die Bedeutung der $\mathscr{H}$-Transformation auf den folgenden Zusammenhängen: wenn die zu einem gegebenen Frequenzgang $F(i\omega)$ gehörige Zeitfunktion $G(t)$ für $t < 0$ überall verschwindet, so ist $F(i\omega)$ durch ein $\mathscr{F}$-Integral darstellbar, dessen Grenzen nicht $-\infty$ und $+\infty$, sondern 0 und ∞ sind:

$$F(i\omega) = \int_0^{\infty} \mathrm{e}^{-i\omega t} \cdot G(t)\,\mathrm{d}t.$$

Wenn dieses Integral konvergiert, dann stellt es gerade die „Randfunktion" des LAPLACE-Integrals

$$F(s) = \int_0^{\infty} \mathrm{e}^{-st} \cdot G(t)\,\mathrm{d}t$$

dar, welches in der rechten komplexen s-Halbebene für Re $s \geq 0$ konvergiert. Das $\mathscr{F}$-Integral liefert dann also den Wert des LAPLACE-Integrals für die imaginäre Achse $s = i\omega$. Bei der Randfunktion

$$F(i\omega) = R(\omega) + i \cdot J(\omega)$$

einer analytischen Funktion $F(s)$ sind Realteil und Imaginärteil nicht unabhängig voneinander, sondern für die Halbebene durch die $\mathscr{H}$-Transformation miteinander verbunden:

$$J(\omega) = -\frac{1}{\pi} \cdot \int\limits_{-\infty}^{+\infty} \frac{R(u)}{\omega - u}\, du = -\frac{2\omega}{\pi} \cdot \int\limits_{0}^{\infty} \frac{R(u)}{\omega^2 - u^2}\, du \qquad \text{(VI.6)}$$

$$R(\omega) = \frac{1}{\pi} \cdot \int\limits_{-\infty}^{+\infty} \frac{J(u)}{\omega - u}\, du = \frac{2}{\pi} \cdot \int\limits_{0}^{\infty} \frac{u \cdot J(u)}{\omega^2 - u^2}\, du, \qquad \text{(VI.7)}$$

wobei $R(\omega)$ eine gerade und $J(\omega)$ eine ungerade Funktion von ω ist,

$$R(\omega) = \int\limits_{0}^{\infty} G(t) \cdot \cos \omega t\, dt,$$

$$J(\omega) = -\int\limits_{0}^{\infty} G(t) \cdot \sin \omega t\, dt,$$

und die CAUCHYschen Hauptwerte für $u = |\omega|$ zu bilden sind. Die Richtigkeit der Darstellung

$$R(\omega) = \frac{2}{\pi} \cdot \int\limits_{0}^{\infty} \frac{u \cdot J(u)}{\omega^2 - u^2}\, du$$

läßt sich sehr leicht nachweisen. Da $R(\omega)$ eine gerade Funktion von ω ist, wird $R(\omega) = R(-\omega)$, folglich

$$\frac{1}{\pi} \cdot \int\limits_{-\infty}^{+\infty} \frac{J(u)}{\omega - u}\, du = \frac{1}{\pi} \cdot \int\limits_{-\infty}^{+\infty} \frac{J(u)}{-\omega - u}\, du$$

$$R(\omega) = \frac{1}{2\pi} \cdot \int\limits_{-\infty}^{+\infty} J(u) \cdot \left(\frac{1}{\omega - u} - \frac{1}{\omega + u} \right) du$$

$$= \frac{1}{\pi} \cdot \int\limits_{-\infty}^{+\infty} \frac{u \cdot J(u)}{\omega^2 - u^2}\, du$$

$$= \frac{2}{\pi} \cdot \int\limits_{0}^{\infty} \frac{u \cdot J(u)}{\omega^2 - u^2}\, du.$$

Eine entsprechende Rechnung ergibt die inverse Transformierte, wenn man beachtet, daß $J(\omega) = -J(-\omega)$ ist. Nach dem oben Gesagten gelten die eindeutig umkehrbaren Zusammenhänge zwischen Realteil und Imaginärteil einer Frequenzgangfunktion nur dann, wenn $F(i\omega)$ in der unteren ω-Halbebene und auf der reellen ω-Achse keine Pole besitzt, so daß die zugehörige Gewichtsfunktion für $t < 0$ verschwindet und für $t \to \infty$ gegen Null abklingt. Bringt man den Frequenzgang $F(i\omega)$ auf die Form

$$F(i\omega) = A(\omega) \cdot e^{i\varphi(\omega)},$$

so ergibt sich durch Logarithmieren:

$$\ln F(i\omega) = \ln A(\omega) + i \cdot \varphi(\omega).$$

Der logarithmische Amplitudengang $\ln A(\omega)$ und der Phasengang $\varphi(\omega)$ dieser komplexen Funktion stehen jedoch nur dann über die $\mathscr{H}$-Transformationen

$$\varphi(\omega) = -\frac{1}{\pi} \cdot \int_{-\infty}^{+\infty} \frac{\ln A(u)}{\omega - u} \, du \qquad \text{(VI.8)}$$

und

$$\ln A(\omega) = \frac{1}{\pi} \cdot \int_{-\infty}^{+\infty} \frac{\varphi(u)}{\omega - u} \, du \qquad \text{(VI.9)}$$

miteinander in Beziehung, wenn die Frequenzgangfunktion $F(i\omega)$ in der unteren ω-Halbebene einschließlich der reellen Achse weder Pole noch Nullstellen besitzt, denn Nullstellen von $F(i\omega)$ würden Pole des logarithmischen Amplitudenganges $\ln F(i\omega)$ zur Folge haben. Daraus folgt, daß der umkehrbar eindeutige Zusammenhang zwischen logarithmischem Amplitudengang und Phasengang *nur für Systeme mit minimaler Phasendrehung* besteht.

Auf eine weitere sehr allgemeine Bedeutung der $\mathscr{H}$-Transformation werden wir im Zusammenhang mit der mathematischen Darstellung von Schmalbandsignalen eingehen, siehe Teil X.4.3.

Beispiele:

a) Ein verzögerungsfreier PI-Regler hat die komplexe Übertragungsfunktion

$$F(\underbrace{\alpha + i\omega}_{s}) = V_R \cdot \left[1 + \frac{1}{(\alpha + i\omega)T_N} \right]$$

$$= \frac{V_R \cdot \{\alpha + (\alpha^2 + \omega^2)T_N\}}{(\alpha^2 + \omega^2)T_N} - i \cdot \frac{V_R \cdot \omega}{(\alpha^2 + \omega^2)T_N}.$$

Hier erfüllen Real- und Imaginärteil der Funktion $F(\alpha + i\omega)$ als Bestandteile einer analytischen Funktion zwar die in der ganzen komplexen Ebene (außerhalb der Pole) geltenden CAUCHY-RIEMANNschen Differentialgleichungen, aber Real- und Imaginärteil der Randfunktion

$$F(i\omega) = V_R \cdot \left(1 + \frac{1}{i\omega T_N} \right)$$

werden nicht durch die $\mathscr{H}$-Transformation miteinander verbunden, weil $F(i\omega)$ einen Pol im Nullpunkt, also auf der reellen Achse der komplexen ω-Ebene hat.

b) Für ein sinusförmiges Signal mit der Autokorrelationsfunktion

$$\Phi_{ss}(\tau) = \frac{s_0^2}{2} \cdot \cos \omega_0 \tau$$

wird die orthogonale Korrelationsfunktion

$$\Phi^0{}_{xx}(\tau) = -\frac{s_0^2}{2\pi} \cdot \int\limits_{-\infty}^{+\infty} \frac{\cos \omega_0 u}{\tau - u}\, du = \frac{s_0^2}{2} \cdot \sin \omega_0 \tau.$$

c) In Teil IV.4 haben wir nachgewiesen, daß die integrierte $\mathscr{F}$-Transformierte der Einheitssprungfunktion folgende Form hat:

$$G_\varepsilon(\omega) = \pi \cdot I_\varepsilon(\omega) + i \cdot \ln \left| \frac{\omega - \varepsilon}{\omega + \varepsilon} \right|$$

$$= R(\omega) + i \cdot J(\omega).$$

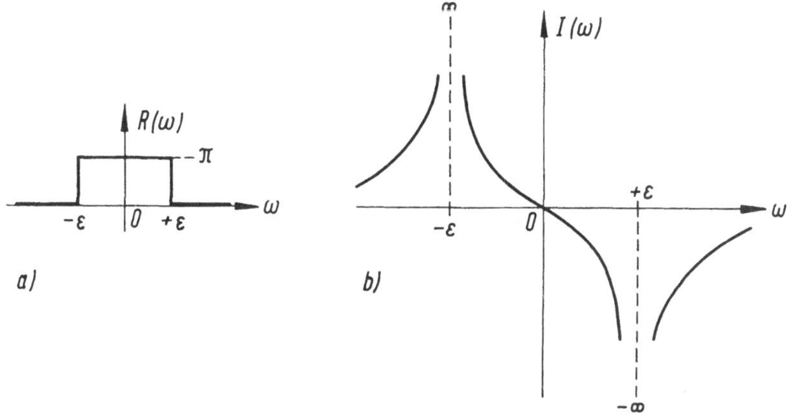

Bild VI.4. Real- und Imaginärteil der integrierten $\mathscr{F}$-Transformierten der Einheitssprungfunktion $1(t)$.

Realteil und Imaginärteil dieser Funktionen, die in Bild VI.4 dargestellt sind, bilden ebenfalls ein Paar trigonometrisch konjugierter Funktionen, wie die folgende einfache Integration zeigt:

$$J(\omega) = -\frac{1}{\pi} \cdot \int\limits_{-\infty}^{+\infty} \frac{\pi \cdot I_\varepsilon(u)}{\omega - u}\, du$$

$$= -\int\limits_{-\varepsilon}^{+\varepsilon} \frac{du}{\omega - u} = \ln \left| \frac{\omega - \varepsilon}{\omega + \varepsilon} \right|.$$

4.2 Berechnung der Kreuzkorrelationsfunktion $\Phi_{x^0 y}(\tau)$

Wenn man ein lineares System mit einem stochastischen Signal $x(t)$ erregt und das zugehörige Ausgangssignal $y(t)$ mit dem orthogonalen Signal $x^0(t)$ zur Korrelation bringt, dann ergeben sich die in Bild VI.5 gezeigten Verhält-

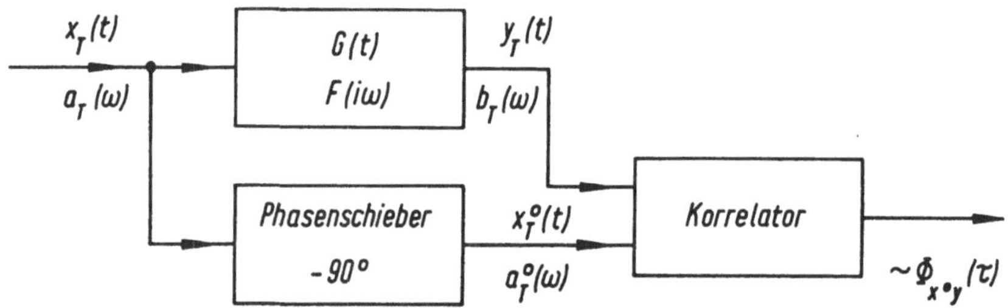

Bild VI.5. Grundsätzliche Anordnung zur Bestimmung der orthogonalen Kreuzkorrelationsfunktion.

nisse. Zur Berechnung der Kreuzkorrelationsfunktion $\Phi_{x^0 y}(\tau)$ geht man von dem Kreuzleistungsspektrum der beiden Signale $x^0(t)$ und $y(t)$ aus und findet

$$S_{x^0 y}(\omega) = \lim_{T \to \infty} \frac{1}{T} \cdot a_T^{0*}(\omega) \cdot b_T(\omega)$$

mit

$$a_T^0(\omega) = -i \cdot \operatorname{sgn} \omega \cdot a_T(\omega)$$
$$a_T^{0*}(\omega) = i \cdot \operatorname{sgn} \omega \cdot a_T^*(\omega)$$

und

$$b_T(\omega) = F(i\omega) \cdot a_T(\omega).$$

Durch Einsetzen erhält man sofort

$$S_{x^0 y}(\omega) = i \cdot \operatorname{sgn} \omega \cdot F(i\omega) \cdot S_{xx}(\omega). \tag{VI.10}$$

Faßt man jeweils zwei dieser drei Frequenzfunktionen zusammen, so erhält man insgesamt drei Faltungsrelationen im Zeitbereich, von denen jede für sich äquivalent zur Beziehung (VI.10) ist:

a) Mit
$$F(i\omega) \cdot S_{xx}(\omega) = S_{xy}(\omega) \tag{VI.11a}$$

ergibt sich

$$S_{x^0 y}(\omega) = i \cdot \operatorname{sgn} \omega \cdot S_{xy}(\omega),$$

und dazu gehört die Faltung der Funktionen $1/\pi\tau$ und $\Phi_{xy}(\tau)$:

$$\Phi_{x^0 y}(\tau) = \frac{1}{\pi} \cdot \int_{-\infty}^{+\infty} \frac{\Phi_{xy}(t)}{\tau - t}\, dt \tag{VI.11b}$$

$$= -\mathscr{H}\{\Phi_{xy}(\tau)\}.$$

Damit erweist sich diese spezielle Kreuzkorrelationsfunktion als eine ungerade Funktion von τ.

b) Berücksichtigt man, daß

$$i \cdot \operatorname{sgn} \omega \cdot S_{xx}(\omega) \; = \; S_{x^0 x}(\omega)$$

ist, so wird

$$S_{x^0 y}(\omega) \; = \; F(i\omega) \cdot S_{x^0 x}(\omega), \tag{VI.12a}$$

und hieraus folgt im Zeitbereich der Zusammenhang

$$\Phi_{x^0 y}(\tau) \; = \; \int\limits_{-\infty}^{+\infty} G(t) \cdot \Phi_{x^0 x}(\tau - t)\,\mathrm{d}t, \tag{VI.12b}$$

also eine besondere Form des bekannten Superpositionsintegrals (VIII.14) für stochastische Signale.

c) Wenn $F(i\omega)$ die $\mathscr{F}$-Transformierte der Gewichtsfunktion $G(t)$ ist, dann ist

$$i \cdot \operatorname{sgn} \omega \cdot F(i\omega) \; = \; \mathscr{F}\{\hat{G}(t)\}$$

die $\mathscr{F}$-Transformierte der $\mathscr{H}$-Transformierten $\hat{G}$ von G. Folglich erhält man aus

$$S_{x^0 y}(\omega) \; = \; \mathscr{F}\{\hat{G}(t)\} \cdot S_{xx}(\omega) \tag{VI.13a}$$

die Faltungsrelation

$$\Phi_{x^0 y}(\tau) \; = \; \int\limits_{-\infty}^{+\infty} \hat{G}(t) \cdot \Phi_{xx}(\tau - t)\,\mathrm{d}t. \tag{VI.13b}$$

Diese Ergebnisse sind eine weitere Bestätigung der Erfahrung, daß man durch die Verschmelzung der Systemtheorie mit der statistischen Signaltheorie eine außerordentlich große Vielfalt von Übertragungsbeziehungen im Zeitbereich und im Frequenzbereich erhält.

VII. Kenngrößen für lineare Übertragungssysteme

1. Definition linearer Systeme

Wir beziehen uns im folgenden ausschließlich auf Übertragungssysteme, deren Eigenschaften durch gewöhnliche lineare Differentialgleichungen mit konstanten Koeffizienten beschrieben werden:

$$c_n \cdot y^{(n)}(t) + c_{n-1} \cdot y^{(n-1)}(t) + \cdots + c_1 \cdot \dot{y}(t) + c_0 \cdot y(t) = 0. \tag{VII.1}$$

Diese sehr allgemein gültige Basis hat im Hinblick auf technische Anwendungen zur Voraussetzung, daß man die einzelnen Systemelemente kennt und deren Eigenschaften isoliert beschreiben kann. Löst man die Differentialgleichung für eine bestimmte Störfunktion $x(t)$, die das Eingangssignal charakterisiert, so erhält man die Ausgangssignalfunktion $y(t)$, welche die zugehörige Reaktion des Systems beschreibt.

Wenn man ein Übertragungssystem der Reihe nach mit verschiedenen Eingangssignalen $x_1(t)$, $x_2(t)$, $\ldots$, $x_n(t)$ beschickt, ergeben sich die zugehörigen

Ausgangsgrößen $y_1(t)$, $y_2(t)$, $\ldots$, $y_n(t)$, und für lineare Systeme gilt dann das Superpositionsgesetz für die Teilvorgänge in der Form, daß zu dem Eingangssignal

$$x(t) = \sum_{\nu=1}^{n} a_\nu \cdot x_\nu(t)$$

das Ausgangssignal

$$y(t) = \sum_{\nu=1}^{n} a_\nu \cdot y_\nu(t)$$

gehört. Von dieser Eigenschaft, daß sich die vollständige Ausgangsgröße $y(t)$ durch einen linearen Prozeß aus Teillösungen der Differentialgleichung darstellen läßt, macht man in der gesamten Systemtheorie Gebrauch, indem man die linearen Systeme nicht mehr durch ihre Differentialgleichungen, sondern durch bestimmte partikuläre Integrale dieser Differentialgleichungen kennzeichnet. Von der Systemtheorie her gesehen besteht in der Wahl dieser partikulären Lösungen kein Zwang zu einer besonderen Festlegung der zugehörigen Eingangssignale. Hier tritt vielmehr eine charakteristische Verknüpfung der Systemtheorie mit der Signaltheorie auf. Im Prinzip gibt es beliebig viele Möglichkeiten, ein vorgegebenes Eingangssignal durch lineare Kombination von Teilsignalen darzustellen und daraus $y(t)$ zu bestimmen. Von der Signaltheorie her wird man jedoch solche Teilsignale bevorzugen, die als einfache Elemente für die Synthese komplizierterer Signale geeignet sind und somit eine einfache Form eines linearen Überlagerungsgesetzes ergeben.

2. Elementare Signale

Bei der Berechnung der Reaktion eines linearen Systems auf ein gegebenes Eingangssignal $x(t)$ geht man gedanklich so vor, daß man $x(t)$ in gleichartige Elemente $x_e(t)$ zerlegt, die partikulären Lösungen $y_e(t)$ der Differentialgleichung bestimmt und anschließend das vollständige Ausgangssignal $y(t)$ durch lineare Superposition dieser Teillösungen zusammensetzt. Als Elementarsignale benutzt man Einheitsimpulse $\delta(t)$, Einheitssprungfunktionen $1(t)$ und die harmonischen Funktionen sinus und cosinus. Der Vollständigkeit halber sei erwähnt, daß man natürlich auch andere Elementarfunktionen verwenden kann, wobei eine Bevorzugung auf der Entwicklung von Signalen nach orthonormalen Funktionen liegt, zu denen ja bereits die Funktionen sinus und cosinus gehören.

2.1 Deterministische Signale

Diese Elementarsignale spielen eine zweifache Rolle: einmal als Aufbauelemente für allgemeinere Signale, zum andern aber auch als Störfunktionen der inhomogenen Differentialgleichungen der Systeme, und in diesem Zusammenhang spielen sie die Rolle von Testsignalen zur Ermittlung von Systemeigenschaften. Unter diesem zusätzlichen Gesichtspunkt besteht zwischen dem Einheitsimpuls und dem Einheitssprung einerseits sowie den harmonischen Funktionen andererseits ein entscheidender Unterschied. Die Reaktion auf einen Einheitsimpuls bzw. auf einen Einheitssprung kennzeichnet die Übertragungseigenschaften eines linearen Systems *vollständig*, während dies für eine harmonische Schwingung als Eingangssignal nicht zutrifft. Für die Erklärung dieses Unterschiedes ziehen wir Bild VII.1 heran, welches die drei Eingangs-

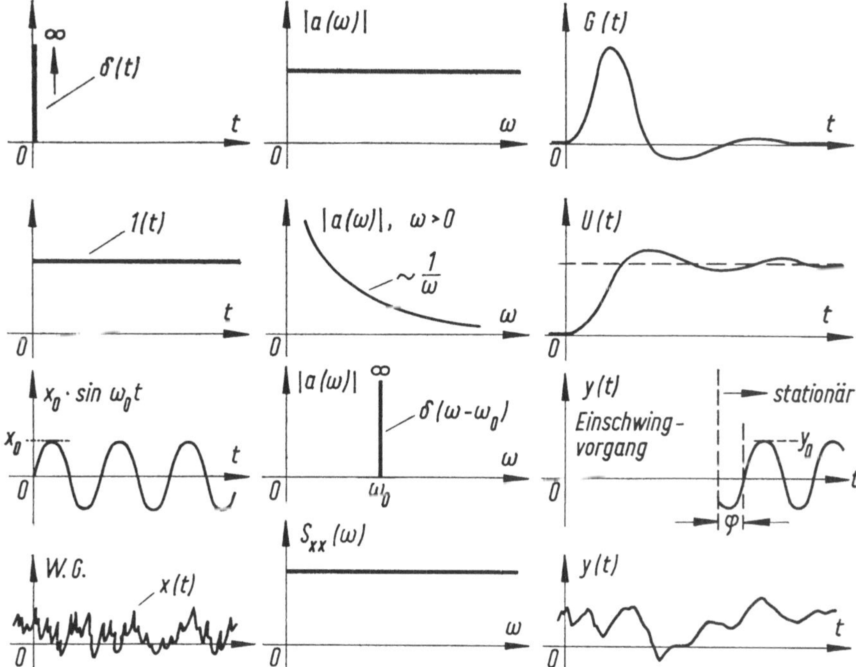

Bild VII.1. Vier Elementar- bzw. Testsignale mit den zugehörigen Amplitudenspektren und Systemantworten.

signale, den Betrag ihrer komplexen Amplitudenspektren und die zugehörigen Systemreaktionen einander gegenüberstellt. Das impulsförmige Signal $\delta(t)$ besitzt das Amplitudenspektrum

$$a(\omega) = \int\limits_{-\infty}^{+\infty} \delta(t) \cdot e^{-i\omega t}\, dt = 1.$$

Demnach ist der gesamte Informationsgehalt des Einheitsimpulses gleichmäßig über sämtliche Frequenzen aus dem Intervall $0 \leq \omega \leq \infty$ verteilt. Sowohl in der entarteten Signalform $\delta(t)$ als auch in dem Verlauf des Spektrums $|a(\omega)|$ äußert sich, daß ein solches Signal nur ein idealisierter Grenzfall sein kann, der technisch nicht zu realisieren ist. Für die theoretische Behandlung ist dieses Signal allerdings von großer Bedeutung; die Antwort eines linearen Übertragungssystems auf das impulsförmige Eingangssignal ist die Gewichtsfunktion $G(t)$, die das Systemverhalten eindeutig kennzeichnet. Man kann das anschaulich so erklären, daß dem System mit dem idealisierten Impuls eine gleichmäßig verteilte „verformbare Information" im Frequenzbereich angeboten wird, in deren Verformung sich alle Systemeigenschaften widerspiegeln.

Die Einheitssprungfunktion $1(t)$ läßt sich technisch in sehr vielen Fällen sehr gut annähern; ihr Amplitudenspektrum fällt mit $1/\omega$ gegen Null ab, zeigt aber dennoch eine kontinuierliche Verteilung der Signalenergie bzw. Information über der Frequenz. Auch die zu diesem Signal gehörige Systemantwort, die Übergangsfunktion, kennzeichnet das Systemverhalten im Zeitbereich vollständig. Bei vielen praktischen Untersuchungen kann man den Realteil des Amplitudenspektrums

$$a(\omega) = \pi \cdot \delta(\omega) + \frac{1}{i\omega}$$

und sogar das Verhalten von $1/\omega$ für sehr kleine ω unberücksichtigt lassen, was in dem Teilbild VII.1b durch die Angabe des Verlaufes von $1/\omega$ für $\omega > 0$ zum Ausdruck gebracht ist.

Das dritte Elementarsignal (oder auch Testsignal)

$$x(t) = x_0 \cdot \sin \omega_0 t$$

nimmt offenbar eine Sonderstellung ein. Bei der Synthese von Signalen leistet es zwar ähnliches wie die Funktionen $\delta(t)$ und $1(t)$, bei der Kennzeichnung von Systemeigenschaften jedoch nicht. Den Grund hierfür erkennt man ohne weiteres, wenn man die Spektren der drei Signale miteinander vergleicht: während $\delta(t)$ und $1(t)$ kontinuierlich verteilte Energien als Funktionen der Frequenz aufweisen, ist bei dem harmonischen Vorgang die gesamte Energie auf eine einzige Spektrallinie bei $\omega = \omega_0$ konzentriert. Hier zeigt sich aber sogleich die *Doppelnatur dieses Signals:* es beinhaltet einerseits ein *extrem geringes Informationsangebot*, andererseits aber hat gerade diese Eigenschaft zur Folge, daß das sinusförmige Testsignal im eingeschwungenen Zustand von linearen Übertragungssystemen in seiner mathematischen Struktur *nicht verändert* wird. Die Systeme beeinflussen lediglich die Amplitude und die Anfangsphase, so daß ein einziger sinusförmiger Testvorgang genau einen Punkt der Ortskurve des Systems in der komplexen Zahlenebene liefert.

2.2 Das weiße Geräusch

In der letzten Zeile von Bild VII.1 ist ein Repräsentant der sehr großen Gruppe von stochastischen Signalen angedeutet, dessen Eigenschaften sich im Frequenzbereich durch eine konstante spektrale Leistungsdichte beschreiben lassen. Es handelt sich offensichtlich wieder um einen entarteten Fall eines Signals, denn der gesamte Leistungsinhalt dieses regellosen Vorganges ist unbeschränkt, wie man sofort an dem Ausdruck

$$\overline{x^2(t)} = \int\limits_0^\infty S_{xx}(\omega)\, \mathrm{d}\omega$$

für $S_{xx}(\omega) = S_0$ erkennt. Wenn auch ein derartig entartetes Signal technisch nicht realisierbar ist, so kommt ihm doch namentlich bei theoretischen Überlegungen eine grundlegende Bedeutung zu. Die spektrale Leistungsdichtefunktion

$$S_{xx}(\omega) = S_0$$

besagt, daß bei diesem Signal eine vollkommen gleichmäßige Verteilung der Leistung über den gesamten Frequenzbereich $-\infty < \omega < +\infty$ vorliegt. In Analogie zu der Bezeichnung „weißes Licht" in der Optik für einen elektromagnetischen Vorgang, der alle Spektrallinien (Farben) in gleichmäßiger Energieverteilung über der Frequenz enthält, nennt man das stochastische Signal mit konstanter Leistungsverteilung „weißes Geräusch".

Es erhebt sich die berechtigte Frage, was ein so kompliziertes Signal mit den deterministischen Elementarsignalen gemeinsam hat. Diese Frage ist wiederum vom zeitlichen Verlauf her nicht zu beantworten, sehr wohl aber aufgrund des Leistungsspektrums. Das frequenzunabhängige Spektrum bietet die Möglichkeit, durch einen *Auswahlprozeß* im Frequenzbereich, d. h. letzten Endes durch Filterung andere Rauschvorgänge zu erzeugen, die ein vorgegebenes Leistungsspektrum als Funktion der Frequenz besitzen. Hierbei werden also in gewissem Sinne aus einem unbegrenzten „spektralen Angebot" andere, im Prinzip *einfachere* Signale durch Filterung ausgelesen, während bei den drei vorangehenden deterministischen Signaltypen der umgekehrte Weg beschritten wird, nämlich der *Aufbau komplizierter Signale* aus sehr einfachen Grundelementen. Das weiße Geräusch als nicht realisierbarer Grenzprozeß bietet für die mathematische Behandlung der Übertragungssysteme und deren signalverformenden Eigenschaften viele formale Erleichterungen, wenn man nicht davor zurückschreckt, mit Distributionen zu arbeiten, die ggf. bei der Vertauschung der Reihenfolge von Grenzübergängen Schwierigkeiten bereiten können. Warum die analytische Behandlung Deltafunktionen einschließt, erkennt man sofort, wenn man mit Hilfe der WIENER-KHINTCHINE-Relation die Autokorrelationsfunktion des weißes Geräusches berechnet:

$$\Phi_{xx}(\tau) = \frac{1}{2} \cdot \int_{-\infty}^{+\infty} S_{xx}(\omega) \cdot e^{i\omega\tau} \, d\omega$$

$$= \frac{S_0}{2} \cdot \int_{-\infty}^{+\infty} e^{i\omega\tau} \, d\omega,$$

und mit der Integraldarstellung

$$\int_{-\infty}^{+\infty} e^{i\omega\tau} \, d\omega = 2\pi \cdot \delta(\tau)$$

ergibt sich (siehe Bild VII.2) die Autokorrelationsfunktion

$$\Phi_{xx}(\tau) = \pi S_0 \cdot \delta(\tau).$$

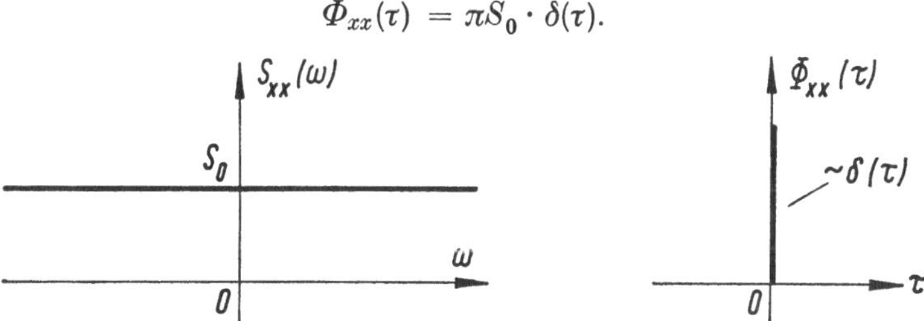

Bild VII.2. Spektrale Leistungsdichte und Autokorrelationsfunktion des weißen Geräuschs.

Nach dem Reziprozitätstheorem der $\mathscr{F}$-Transformation ist dieser Zusammenhang nicht verwunderlich. Wenn es auch hoffnungslos ist, den zeitlichen Verlauf eines weißen Geräusches anschaulich zu interpretieren, so kann man doch wenigstens aus der entarteten Autokorrelationsfunktion den Schluß ziehen, daß die innere Kohärenz des weißen Geräusches gleich Null ist; es besteht also kein statistischer Zusammenhang zwischen beliebig eng benachbarten Funktionswerten. Ein derartiger Prozeß enthält das Maximum an verformbaren Strukturmerkmalen, besitzt keine vorhersagbaren Bestandteile und entzieht sich somit dem Vorstellungsvermögen vollständig. Dennoch kann man den angedeuteten vereinfachenden Calcul in der Systemtheorie auch noch beibehalten, wenn das stochastische Signal eine endliche obere Grenzfrequenz ω_g besitzt, wobei sichergestellt sein muß, daß ω_g sehr groß ist gegen die obere Grenzfrequenz der beteiligten Übertragungssysteme. Wir werden bei der Einführung der Grundtypen von stochastischen Signalen noch ausführlich auf die Eigenschaften des weißen Geräusches zu sprechen kommen, und insbesondere das Breitbandrauschen als technisch realisierbare Annäherung an das weiße Geräusch kennenlernen.

Es ist interessant, daß bei dem Übergang von der gewöhnlichen Autokorrelationsfunktion zu der orthogonalen der singuläre Charakter von $\Phi_{xx}(\tau)$ stark abgewandelt wird. Die $\mathscr{H}$-Transformierte (VI.5a) liefert nämlich sofort

$$\Phi^0_{xx}(\tau) = -\frac{1}{\pi} \cdot \int\limits_{-\infty}^{+\infty} \frac{\Phi_{xx}(u)}{\tau - u}\, du$$

$$= -S_0 \cdot \int\limits_{-\infty}^{+\infty} \frac{\delta(u)}{\tau - u}\, du$$

$$\Phi^0_{xx}(\tau) = -S_0 \cdot \frac{1}{\tau}\,.$$

Beide Korrelationsfunktionen sind in Bild VII.3 einander gegenübergestellt.

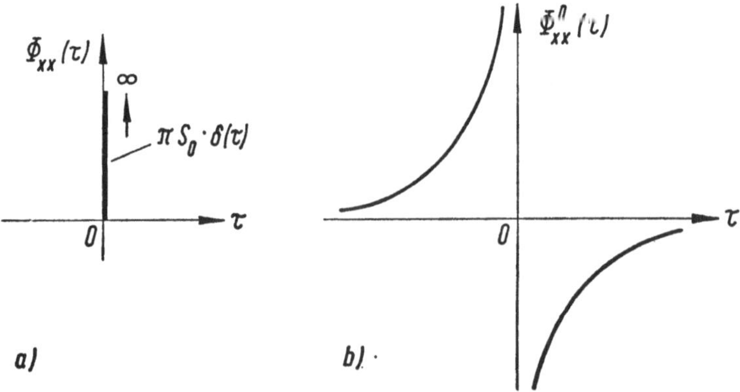

Bild VII.3. Gewöhnliche (a) und orthogonale (b) Autokorrelationsfunktion des weißen Geräuschs.

3. Verknüpfung von Signal- und Systemkenngrößen

3.1 Das Superpositionsintegral

Wenn man die Reaktionen $G(t)$ oder $U(t)$ eines linearen Systems auf ein impuls-
bzw. sprungförmiges Eingangssignal kennt, so kann man daraus die Systemantwort für andere Signale $x(t)$ berechnen. Man geht dabei von der Vorstellung
aus, daß das Eingangssignal $x(t)$ aus Elementarimpulsen oder Elementar-
sprüngen zusammengesetzt ist und erhält durch Superposition der Teilreak-
tionen das vollständige Ausgangssignal y. Im Prinzip ist es gleichgültig, ob
man das System durch seine Gewichtsfunktion $G(t)$ oder durch seine Übergangsfunktion $U(t)$ charakterisiert, aber in der Praxis bevorzugt man die
Übergangsfunktion, während man bei theoretischen Untersuchungen lieber mit
der Gewichtsfunktion operiert. Es gibt sehr viele Formen des linearen Superpositionsintegrals, mit deren Hilfe man bei vorgegebenem $x(t)$ die Systemantwort berechnen kann. Wir bevorzugen hier die für verschwindende An-
fangsbedingungen geltende Form

$$y(t) = \int\limits_{0}^{\infty} G(u) \cdot x(t - u)\,\mathrm{d}u, \qquad (\text{VII.2})$$

in welcher die Gewichtsfunktion als Kenngröße des linearen Systems vor-
kommt. Damit haben wir eine zweite Möglichkeit im Zeitbereich gefunden,
Signal- und Systemkenngrößen miteinander in Beziehung zu bringen. Bei der
Behandlung durch eine Differentialgleichung spiegeln sich die Systemeigen-
schaften in den Koeffizienten wider, bei dem Superpositionsintegral in der
Gewichtsfunktion als einer partikulären Lösung der Differentialgleichung.

3.2 Der Frequenzgang

Wie bereits bemerkt, findet man meßtechnisch über die sinusförmigen Ein-
gangssignale einen Zugang zu einer Systemkennfunktion im Frequenzbereich.
Sie steht mathematisch in einem sehr einfachen Zusammenhang mit der
Gewichtsfunktion:

$$F(i\omega) = \int\limits_{0}^{\infty} \mathrm{e}^{-i\omega t} \cdot G(t)\,\mathrm{d}t. \qquad (\text{VII.3})$$

Den allgemeineren Zusammenhang zwischen Gewichtsfunktion und komplexer
Übertragungsfunktion $F(s)$ benötigen wir bei den statistischen Verfahren nur
selten, so daß die Zuordnung (VII.3) über die FOURIER-Transformation durchweg genügt. Dem Superpositionsintegral (VII.2) entspricht im Frequenzbereich
der einfache Zusammenhang

$$b(\omega) = F(i\omega) \cdot a(\omega), \qquad (\text{VII.4})$$

in dem $a(\omega)$ und $b(\omega)$ die komplexen Amplitudenspektren von $x(t)$ und $y(t)$
bedeuten.

Die Gleichung (VII.4) besagt unmittelbar anschaulich, daß das Ausgangssignal
durch eine Verformung der spektralen Komponenten des Eingangssignals
zustande kommt. Die Verformungseigenschaften des Systems werden durch
den Frequenzgang $F(i\omega)$ nach Betrag und Phase in Abhängigkeit von der
Frequenz angegeben.

6*

VIII. Systemtheorie für stochastische Signale

Zur Beschreibung linearer Systeme haben wir drei Wege angegeben, die zum gleichen Ziel führen. Ausgangspunkt war letzten Endes immer die Tatsache, daß lineare Systeme mit zeitunabhängigen Parametern durch gewöhnliche lineare Differentialgleichungen der allgemeinen Form

$$a_n \cdot \frac{\mathrm{d}^n}{\mathrm{d}t^n} y(t) + a_{n-1} \cdot \frac{\mathrm{d}^{n-1}}{\mathrm{d}t^{n-1}} y(t) + \ldots + a_1 \cdot \frac{\mathrm{d}}{\mathrm{d}t} y(t) + a_0 \cdot y(t)$$

$$= b_0 \cdot x(t) + b_1 \cdot \frac{\mathrm{d}}{\mathrm{d}t} x(t) + \ldots + b_{m-1} \cdot \frac{\mathrm{d}^{m-1}}{\mathrm{d}t^{m-1}} x(t) + b_m \cdot \frac{\mathrm{d}^m}{\mathrm{d}t^m} x(t)$$

$$\text{(VIII.1a)}$$

mit konstanten Koeffizienten a_ν und b_ν beschrieben werden. An dieser Darstellung ist zu erkennen, daß die Systemtheorie und die Signaltheorie so eng miteinander verflochten sind, daß sie praktisch *nicht isoliert* voneinander betrachtet werden sollten. Mit Hilfe der Differentialgleichung lassen sich die Funktionen $G(t)$ und $U(t)$ im Zeitbereich sowie $F(i\omega)$ über eine $\mathscr{F}$-Transformation im Frequenzbereich definieren. Für die folgenden Überlegungen bevorzugen wir die Beziehungen

$$y(t) = \int\limits_0^\infty G(u) \cdot x(t - u)\, \mathrm{d}u$$

und

$$b(\omega) = F(i\omega) \cdot a(\omega).$$

Wir werden zeigen, wie die Differentialgleichung des Systems, die Superpositionsintegrale und die frequenzabhängigen Beziehungen für stochastische Signale aussehen.

1. Die Differentialgleichung für Korrelationsfunktionen

Die praktische Lösbarkeit der inhomogenen Differentialgleichung

$$a_n \cdot y^{(n)}(t) + a_{n-1} \cdot y^{(n-1)}(t) + \ldots + a_1 \cdot \dot{y}(t) + a_0 \cdot y(t) = x(t) \quad \text{(VIII.1b)}$$

hat zur Voraussetzung, daß man für $x(t)$ einen analytischen Ausdruck angeben kann. Bei stochastischen Signalen ist dies offensichtlich nicht möglich, woraus man nicht den Schluß ziehen darf, daß die Differentialgleichung keine Gültigkeit mehr besäße. Die Differentialgleichungen (VIII.1a und 1b) sowie das Superpositionsintegral sind vielmehr *auch für stochastische Vorgänge gültig*, aber nicht mehr für die Signale selbst *analytisch auswertbar*. Es erhebt sich somit die Frage, ob man die Differentialgleichungen auf eine Form bringen kann, in welcher an Stelle der Zeitfunktionen und deren Ableitungen geeignete statistische Kenngrößen auftreten, ohne daß die Aussagekraft der Differentialgleichungen beeinträchtigt wird. Dabei kann jetzt schon vorausgesagt werden, daß die Beschreibung der Ausgangsgröße $y(t)$ durch ihre Autokorrelationsfunktion sicher nicht genügen wird, weil diese keine Phaseninformation mehr enthält.

Wir erläutern das allgemeine Verfahren zunächst am Beispiel eines Systems mit Verzögerung erster Ordnung, das durch die Differentialgleichung

$$a_1 \cdot \dot{y}(t) + y(t) = x(t) \tag{VIII.2}$$

beschrieben wird. Wir kennzeichnen das stochastische Eingangssignal $x(t)$ durch seine Autokorrelationsfunktion; dazu schreiben wir die Differentialgleichung noch einmal für das Argument $t + \tau$ hin, multiplizieren beide Seiten mit $x(t)$ und bilden den zeitlichen Mittelwert

$$\overline{x(t) \cdot [a_1 \cdot \dot{y}(t + \tau) + y(t + \tau)]} = \Phi_{xx}(\tau)$$

$$a_1 \cdot \Phi_{x\dot{y}}(\tau) + \Phi_{xy}(\tau) = \Phi_{xx}(\tau). \tag{VIII.3}$$

Mit diesen beiden Rechenschritten ist vorerst der Übergang vom Zeitbereich in den Korrelationsbereich mit der unabhängigen Variablen τ vollzogen, aber die gewonnene Beziehung hat noch nicht unmittelbar die Form einer Differentialgleichung, außerdem ist eine Interpretation der Kreuzkorrelationsfunktion zwischen dem Eingangssignal $x(t)$ und der zeitlichen Ableitung $\dot{y}(t)$ des Ausgangssignals nicht einfach. Hier hilft jedoch die folgende Umformung weiter, durch welche $\Phi_{x\dot{y}}(\tau)$ auf die Kreuzkorrelationsfunktion $\Phi_{xy}(\tau)$ zurückgeführt wird:

$$\Phi_{x\dot{y}}(\tau) = \lim_{T \to \infty} \frac{1}{2T} \cdot \int_{-T}^{+T} x_T(t) \cdot \dot{y}_T(t + \tau)\, \mathrm{d}t.$$

Wir ersetzen die Funktion $\dot{y}(t + \tau)$ durch ihre FOURIER-Darstellung

$$\dot{y}_T(t + \tau) = \frac{1}{\sqrt{2\pi}} \cdot \frac{\mathrm{d}}{\mathrm{d}t} \int_{-\infty}^{+\infty} b_T(\omega) \cdot \mathrm{e}^{i\omega(t+\tau)}\, \mathrm{d}\omega$$

$$= \frac{1}{\sqrt{2\pi}} \cdot \int_{-\infty}^{+\infty} (i\omega) \cdot b_T(\omega) \cdot \mathrm{e}^{i\omega(t+\tau)}\, \mathrm{d}\omega$$

und erhalten

$$\Phi_{x\dot{y}}(\tau) = \frac{1}{\sqrt{2\pi}} \cdot \lim_{T \to \infty} \frac{1}{2T} \cdot \int_{-T}^{+T} x_T(t) \cdot \int_{-\infty}^{+\infty} (i\omega) \cdot b_T(\omega) \cdot \mathrm{e}^{i\omega(t+\tau)}\, \mathrm{d}\omega\, \mathrm{d}t$$

$$= \frac{1}{\sqrt{2\pi}} \cdot \lim_{T \to \infty} \frac{1}{2T} \cdot \int_{-\infty}^{+\infty} (i\omega) \cdot b_T(\omega) \cdot \int_{-T}^{+T} x_T(t) \cdot \mathrm{e}^{i\omega(t+\tau)}\, \mathrm{d}t\, \mathrm{d}\omega.$$

An dieser Stelle benutzen wir die Relation

$$\int_{-T}^{+T} x_T(t) \cdot \mathrm{e}^{i\omega(t+\tau)}\, \mathrm{d}t = \sqrt{2\pi} \cdot \mathrm{e}^{i\omega\tau} \cdot a_T{}^*(\omega)$$

und finden nach Vertauschung der Reihenfolge des Grenzüberganges $T \to \infty$ und der Integration über ω:

$$\Phi_{x\dot{y}}(\tau) = \frac{1}{2} \cdot \int_{-\infty}^{+\infty} (i\omega) \cdot \mathrm{e}^{i\omega\tau} \cdot \lim_{T \to \infty} \frac{a_T^*(\omega) \cdot b_T(\omega)}{T}\, \mathrm{d}\omega$$

$$= \frac{1}{2} \cdot \int_{-\infty}^{+\infty} (i\omega) \cdot \mathrm{e}^{i\omega\tau} \cdot S_{xy}(\omega)\, \mathrm{d}\omega.$$

Ein Vergleich mit der WIENER-KHINTCHINE-Transformation

$$\Phi_{xy}(\tau) = \frac{1}{2} \cdot \int_{-\infty}^{+\infty} \mathrm{e}^{i\omega\tau} \cdot S_{xy}(\omega)\, \mathrm{d}\omega$$

lehrt, daß $\Phi_{x\dot{y}}(\tau)$ gerade gleich der Ableitung der Kreuzkorrelationsfunktion nach τ ist:

$$\Phi_{x\dot{y}}(\tau) = \frac{\mathrm{d}}{\mathrm{d}\tau}\, \Phi_{xy}(\tau). \tag{VIII.4}$$

Mit diesem Ergebnis geht die Beziehung (VIII.3) in die Differentialgleichung

$$a_1 \cdot \frac{\mathrm{d}}{\mathrm{d}\tau}\, \Phi_{xy}(\tau) + \Phi_{xy}(\tau) = \Phi_{xx}(\tau) \tag{VIII.5}$$

über. Sie ist vom gleichen Typus wie die ursprüngliche Differentialgleichung (VIII.2), enthält jedoch andere Funktionen. An Stelle des Eingangssignals $x(t)$ tritt dessen Autokorrelationsfunktion auf, und die Ausgangsgröße $y(t)$ ist durch die Kreuzkorrelationsfunktion ersetzt, die als Kennfunktion mit Phaseninformation die Systemeigenschaften vollständig beschreiben muß.

Die allgemeine Lösung lautet

$$\Phi_{xy}(\tau) = \Phi_{xy}(+0) \cdot \mathrm{e}^{-\tau/a_1} + \frac{1}{a_1} \cdot \int_0^{\tau} \mathrm{e}^{-\frac{\tau-u}{a_1}} \cdot \Phi_{xx}(u)\,\mathrm{d}u,$$

und man beachte, daß die Differentialgleichung für die Korrelationsfunktionen nicht die Echtzeit, sondern die Korrelationszeit τ als unabhängige Variable besitzt. Die Ergebnisse für das System mit Verzögerung erster Ordnung lassen sich leicht verallgemeinern. Die Differentialgleichung (VIII.1b) geht nach der gleichen Mittelwertbildung wie oben über in

$$a_n \cdot \Phi_{xy^{(n)}}(\tau) + a_{n-1} \cdot \Phi_{xy^{(n-1)}}(\tau) + \ldots + a_1 \cdot \Phi_{x\dot{y}}(\tau) + a_0 \cdot \Phi_{xy}(\tau) = \Phi_{xx}(\tau). \tag{VIII.6}$$

Um diese Beziehung in eine gewöhnliche Differentialgleichung für $\Phi_{xy}(\tau)$ zu verwandeln, muß man die Funktionen $\Phi_{xy^{(\nu)}}(\tau)$ durch Ableitungen von $\Phi_{xy}(\tau)$ nach τ ersetzen:

$$\Phi_{xy}^{(\nu)}(\tau) = \lim_{T \to \infty} \frac{1}{2T} \cdot \int_{-T}^{+T} x_T(t) \cdot y_T^{(\nu)}(t+\tau)\,\mathrm{d}t$$

mit der $\mathscr{F}$-Darstellung

$$y_T^{(\nu)}(t) = \frac{1}{\sqrt{2\pi}} \cdot \frac{\mathrm{d}^\nu}{\mathrm{d}t^\nu} \int_{-\infty}^{+\infty} b_T(\omega) \cdot e^{i\omega(t+\tau)}\,\mathrm{d}\omega$$

$$= \frac{1}{\sqrt{2\pi}} \cdot \int_{-\infty}^{+\infty} (i\omega)^\nu \cdot b_T(\omega) \cdot e^{i\omega(t+\tau)}\,\mathrm{d}\omega.$$

Durch eine Rechnung, die ganz analog zu der für das System erster Ordnung verläuft, findet man:

$$\Phi_{xy}^{(\nu)}(\tau) = \frac{1}{2} \cdot \int_{-\infty}^{+\infty} (i\omega)^\nu \cdot e^{i\omega\tau} \cdot S_{xy}(\omega)\,\mathrm{d}\omega$$

$$\Phi_{xy}^{(\nu)}(\tau) = \frac{\mathrm{d}^\nu}{\mathrm{d}\tau^\nu}\,\Phi_{xy}(\tau). \tag{VIII.7a}$$

Damit geht die Gleichung (VII.6) über in die Differentialgleichung

$$a_n \cdot \frac{\mathrm{d}^n}{\mathrm{d}\tau^n}\,\Phi_{xy}(\tau) + \cdots + a_1 \cdot \frac{\mathrm{d}}{\mathrm{d}\tau}\,\Phi_{xy}(\tau) + a_0 \cdot \Phi_{xy}(\tau) = \Phi_{xx}(\tau) \tag{VIII.8}$$

für die Kreuzkorrelationsfunktion zwischen Eingangs- und Ausgangssignal mit der unabhängigen Variablen τ.

Die Differentialgleichungen für die Korrelationsfunktionen zeigen einen entscheidenden Gesichtspunkt der Systemtheorie wesentlich deutlicher als die Differentialgleichungen für die Zeitfunktionen selbst: beim Aufstellen und Lösen von Differentialgleichungen werden die Ausgangssignale immer auf die Eingangssignale bezogen, wie es bei den Überlegungen im Spektralbereich ohnehin selbstverständlich ist. Bevor wir auf die physikalische Bedeutung der Differentialgleichung (VIII.8) eingehen, berechnen wir noch die Kreuzkorrelationsfunktion für die Ableitungen $x^{(n)}(t)$ und $y^{(m)}(t)$:

$$\Phi_{x^{(n)}y^{(m)}}(\tau) = \lim_{T \to \infty} \frac{1}{2T} \cdot \int_{-T}^{+T} x_T^{(n)}(t) \cdot y_T^{(m)}(t+\tau)\,\mathrm{d}t.$$

Mit der $\mathscr{F}$-Darstellung für die n-te Ableitung von $x_T(t)$ nach der Zeit ergibt sich

$$\frac{\mathrm{d}^n}{\mathrm{d}t^n}\, x_T(t) \;=\; \frac{1}{\sqrt{2\pi}} \cdot \frac{\mathrm{d}^n}{\mathrm{d}t^n} \int\limits_{-\infty}^{+\infty} a_T(\omega)\cdot e^{i\omega t}\,\mathrm{d}\omega$$

$$=\; \frac{1}{\sqrt{2\pi}} \cdot \int\limits_{-\infty}^{+\infty} (i\omega)^n \cdot a_T(\omega)\cdot e^{i\omega t}\,\mathrm{d}\omega,$$

$$(i\omega)^n \cdot a_T(\omega) \;=\; \frac{1}{\sqrt{2\pi}} \cdot \int\limits_{-\infty}^{+\infty} x_T^{(n)}(t)\cdot e^{-i\omega t}\,\mathrm{d}t,$$

und entsprechend gilt für die m-te Ableitung von $y_T(t+\tau)$:

$$y_T^{(m)}(t) \;=\; \frac{1}{\sqrt{2\pi}} \cdot \int\limits_{-\infty}^{+\infty} (i\omega)^m \cdot b_T(\omega)\cdot e^{i\omega(t+\tau)}\,\mathrm{d}\omega.$$

Damit wird die Kreuzkorrelationsfunktion

$$\Phi_{x^{(n)}y^{(m)}}(\tau)$$

$$=\; \lim_{T\to\infty} \frac{1}{2T} \cdot \int\limits_{-T}^{+T} x_T^{[n]}(t)\cdot \frac{1}{\sqrt{2\pi}} \cdot \int\limits_{-\infty}^{+\infty} (i\omega)^m \cdot b_T(\omega)\cdot e^{i\omega(t+\tau)}\,\mathrm{d}\omega\,\mathrm{d}t$$

$$=\; \lim_{T\to\infty} \frac{1}{2T} \cdot \int\limits_{-\infty}^{+\infty} (i\omega)^m \cdot b_T(\omega)\cdot \frac{1}{\sqrt{2\pi}} \cdot \int\limits_{-T}^{+T} x_T^{(n)}(t)\cdot e^{i\omega t}\,\mathrm{d}t \cdot e^{i\omega\tau}\,\mathrm{d}\omega.$$

Das Integral über die Zeit ist gleich der konjugiert Komplexen von $(i\omega)^n \cdot a_T(\omega)$,

$$(-1)^n \cdot (i\omega)^n \cdot a_T^*(\omega) \;=\; \frac{1}{\sqrt{2\pi}} \cdot \int\limits_{-T}^{+T} x_T^{(n)}(t)\cdot e^{i\omega t}\,\mathrm{d}t,$$

so daß man schließlich erhält:

$$\Phi_{x^{(n)}y^{(m)}}(\tau) \;=\; (-1)^n \cdot \frac{1}{2} \cdot \int\limits_{-\infty}^{+\infty} (i\omega)^n \cdot (i\omega)^m \cdot \lim_{T\to\infty} \frac{a_T^*(\omega)\cdot b_T(\omega)}{T} \cdot e^{i\omega\tau}\,\mathrm{d}\omega$$

$$=\; (-1)^n \cdot \frac{1}{2} \cdot \int\limits_{-\infty}^{+\infty} (i\omega)^{n+m} \cdot S_{xy}(\omega)\cdot e^{i\omega\tau}\,\mathrm{d}\omega.$$

Nach der WIENER-KHINTCHINE-Relation wird also

$$\Phi_{xy}^{(n+m)}(\tau) \;=\; \frac{1}{2} \cdot \frac{\mathrm{d}^{n+m}}{\mathrm{d}\tau^{n+m}} \int\limits_{-\infty}^{+\infty} S_{xy}(\omega)\cdot e^{i\omega\tau}\,\mathrm{d}\omega$$

$$= \frac{1}{2} \cdot \int\limits_{-\infty}^{+\infty} (i\omega)^{n+m} \cdot S_{xy}(\omega) \, d\omega.$$

Damit erhält man als Endergebnis:

$$\Phi_{x^{(n)}y^{(m)}}(\tau) = (-1)^n \cdot \frac{d^{n+m}}{d\tau^{n+m}} \Phi_{xy}(\tau). \qquad \text{(VIII.7 b)}$$

Deutung der Differentialgleichung:

Betrachtet man noch einmal die Differentialgleichung (VIII.1 b) für die Zeitfunktionen, so ergibt sich für die impulsförmige Anregung $x(t) = \delta(t)$ die Gewichtsfunktion $y(t) = G(t)$ des Systems. Überträgt man diesen Gedankengang zunächst rein formal auf die Differentialgleichung (VIII.8) für stochastische Kenngrößen, so muß sich für die Störfunktion

$$\Phi_{xx}(\tau) = \delta(\tau)$$

als Lösung die Kreuzkorrelationsfunktion

$$\Phi_{xy}(\tau) = G(\tau)$$

ergeben. Mit diesem formalen Vorgehen sind die physikalischen Zusammenhänge jedoch noch nicht geklärt. Im Zeitbereich entspricht die Wahl $x(t) = \delta(t)$ einer Anregung des Systems durch den Diracschen Einheitsimpuls, die Systemantwort ist die Gewichtsfunktion mit der Echtzeit als unabhängiger Variabler. Die Wahl

$$\Phi_{xx}(\tau) = \delta(\tau)$$

bedeutet für die Differentialgleichung (VIII.8) nicht unmittelbar eine „Anregung", denn $\Phi_{xx}(\tau)$ ist kein Signal, sondern nur eine Kenngröße für einen stochastischen Vorgang. Somit entsteht die Frage, wie die stochastischen Signale selbst beschaffen sein müssen, wenn sie durch eine Autokorrelationsfunktion in Gestalt einer Deltafunktion charakterisiert sind und das System gerade so anregen sollen, daß sich durch den Korrelationsprozeß die Gewichtsfunktion

$$\Phi_{xy}(\tau) = G(\tau) \qquad \text{(VIII.9)}$$

des Systems mit der unabhängigen Variablen τ ergibt. Diese Frage werden wir im Abschnitt 4 dieses Teiles eingehend behandeln.

Unterwirft man die Differentialgleichung (VIII.8) der Wiener-Khintchine-Transformation, so erhält man

$$[a_n \cdot (i\omega)^n + a_{n-1} \cdot (i\omega)^{n-1} + \cdots + a_1 \cdot i\omega + a_0] \cdot S_{xy}(\omega) = S_{xx}(\omega), \quad \text{(VIII.10)}$$

wobei der Ausdruck in der eckigen Klammer der Kehrwert des Frequenzganges $F(i\omega)$ ist,

$$F(i\omega) = \frac{1}{a_n \cdot (i\omega)^n + a_{n-1} \cdot (i\omega)^{n-1} + \cdots + a_1 \cdot i\omega + a_0},$$

so daß wir aus Gl. (VIII.10) eine Beziehung zwischen dem Frequenzgang und den Leistungsspektren herleiten können:

$$F(i\omega) = \frac{1}{S_{xx}(\omega)} \cdot S_{xy}(\omega). \qquad\qquad (VIII.11)$$

Da das Wirkleistungsspektrum des Eingangssignals keine Phaseninformation enthält, besagt diese Gleichung, daß der Phasengang des Systems in den Eigenschaften des Kreuzleistungsspektrums enthalten sein muß. Wählt man wieder ein weißes Geräusch als Eingangssignal, so wird die Gleichung (VIII.11) besonders einfach, weil das Wirkleistungsspektrum eine frequenzunabhängige Konstante wird.

Diese Überlegungen machen bereits deutlich, daß die statistischen Kenngrößen $\Phi_{xy}(\tau)$ und $S_{xy}(\omega)$ für die vollständige Beschreibung eines linearen Übertragungssystems nach Betrag und Phase hinreichend sind, obwohl sie über den zeitlichen Verlauf der stochastischen Signale $x(t)$ und $y(t)$ nichts aussagen. Man muß nur voraussetzen, daß das System durch ein Signal mit genügend großer Bandbreite erregt wird.

Beispiele

a) *PID-Regler mit stochastischer Regelabweichung:*

Wir behandeln einen PID-Regler mit Verzögerung erster Ordnung, dessen Verhalten durch die Differentialgleichung

$$T \cdot \dot{y}(t) + y(t) = V_R \cdot \left\{ x(t) + \frac{1}{T_n} \cdot \int x(t)\mathrm{d}t + T_V \cdot \dot{x}(t) \right\}$$

beschrieben wird. Wenn die Autokorrelationsfunktion der stochastischen Regelabweichung $x(t)$ gegeben ist, kann man zu der Differentialgleichung für die Korrelationsfunktionen übergehen. Allerdings ordnet sich der integrierende Anteil des Reglers noch nicht unmittelbar in die bisherigen Ergebnisse ein. Hier führt die folgende Zwischenrechnung weiter: nach dem oben geschilderten allgemeinen Verfahren muß der zeitliche Mittelwert

$$\overline{x(t) \cdot \int x(t + \tau)\mathrm{d}t} = \Psi_{x\int x}(\tau)$$

berechnet werden. Dazu geht man von der $\mathscr{F}$-Darstellung

$$x_T(t + \tau) = \frac{1}{\sqrt{2\pi}} \cdot \int\limits_{-\infty}^{+\infty} a_T(\omega) \cdot \mathrm{e}^{i\omega(t+\tau)} \, \mathrm{d}\omega$$

aus und integriert einmal über die Zeit:

$$\int x_T(t + \tau)\mathrm{d}t = \frac{1}{\sqrt{2\pi}} \cdot \int\limits_{-\infty}^{+\infty} a_T(\omega) \cdot \frac{\mathrm{e}^{i\omega(t+\tau)}}{i\omega} \, \mathrm{d}\omega.$$

Mit Hilfe der Definitionsgleichunn für die Korrelationsfunktion $\Phi_{x\int x}(\tau)$ findet man das Zwischenergebnis

$$\Phi_{x\int x}(\tau) = \lim_{T \to \infty} \frac{1}{2T} \cdot \int\limits_{-\infty}^{+\infty} \frac{a_T(\omega)}{i\omega} \cdot \frac{1}{\sqrt{2\pi}} \cdot \int\limits_{-T}^{+T} x_T(t) \cdot e^{i\omega(t+\tau)} \, dt \, d\omega.$$

Da das Zeitintegral gleich $a_T^*(\omega) \cdot e^{i\omega\tau}$ wird, ergibt sich

$$\Phi_{x\int x}(\tau) = \lim_{T \to \infty} \frac{1}{2T} \cdot \int\limits_{-\infty}^{+\infty} \frac{1}{i\omega} \cdot |a_T(\omega)|^2 \, d\omega$$

$$= \frac{1}{2} \cdot \int\limits_{-\infty}^{+\infty} \frac{S_{xx}(\omega)}{i\omega} \cdot e^{i\omega\tau} \, d\omega.$$

Ein Vergleich mit der zugehörigen WIENER-KHINTCHINE-Relation zeigt sofort, daß

$$\int \Phi_{xx}(\tau) \, d\tau = \frac{1}{2} \cdot \int\limits_{-\infty}^{+\infty} \frac{S_{xx}(\omega)}{i\omega} \cdot e^{i\omega\tau} \, d\omega$$

ist, und für die gesuchte Korrelationsfunktion findet man

$$\Phi_{x\int x}(\tau) = \int \Phi_{xx}(\tau) \, d\tau.$$

Damit ergibt sich für den PID-Regler mit Verzögerung erster Ordnung die folgende Differentialgleichung für die statistischen Kenngrößen:

$$T \cdot \frac{d}{d\tau} \Phi_{xy}(\tau) + \Phi_{xy}(\tau) = V_R \cdot \left\{ \Phi_{xx}(\tau) + \frac{1}{T_n} \cdot \int \Phi_{xx}(\tau) \, d\tau \right.$$

$$\left. + T_V \cdot \frac{d}{d\tau} \Phi_{xx}(\tau) \right\}.$$

Mit diesen Ergebnissen lassen sich die verschiedensten Regelkreise für stochastische Signale durch Differentialgleichungen beschreiben, die an Stelle der Signale selbst Korrelationsfunktionen und deren Ableitungen nach τ enthalten. Die für die Systemeigenschaften charakteristischen Koeffizienten bleiben bei dem gesamten Verfahren unverändert.

b) *Rückwirkungsfreie Kaskadenschaltung zweier einfacher Filter*

Wir behandeln abschließend ein System mit Verzögerung zweiter Ordnung, das durch Hintereinanderschaltung eines Hochpasses und eines Tiefpasses nach Bild VIII.1 entsteht. Um die Verhältnisse übersichtlicher zu gestalten, seien

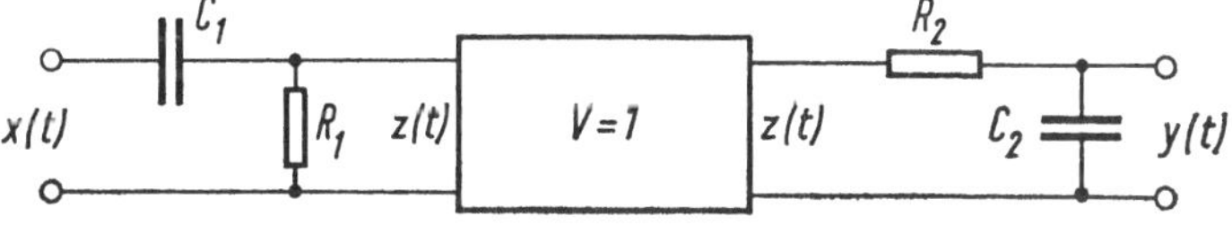

Bild VIII.1. Zwei rückwirkungsfrei aneinander gekoppelte Systeme mit Verzögerung 1. Ordnung.

die beiden Filter durch einen Trennverstärker entkoppelt. Zur Vereinfachung der Rechnung greifen wir den Sonderfall gleicher Zeitkonstanten $R_1 C_1 = R_2 C_2 = T$ heraus, so daß das System durch die beiden Differentialgleichungen erster Ordnung

$$T \cdot \dot{z}(t) + z(t) = T \cdot \dot{x}(t),$$

$$T \cdot \dot{y}(t) + y(t) = z(t),$$

oder durch die Differentialgleichung zweiter Ordnung

$$T^2 \cdot \ddot{y}(t) + 2T \cdot \dot{y}(t) + y(t) = T \cdot \dot{x}(t)$$

beschrieben wird. Der zugehörige Frequenzgang lautet

$$F(i\omega) = \frac{i\omega T}{(1 + i\omega T)^2} \cdot$$

Damit ist das Systemverhalten im Zeitbereich und im Frequenzbereich gekennzeichnet, und für analytisch beschreibbare Eingangssignale läßt sich die Lösung der Differentialgleichung angeben.

Zur Übung bestimmen wir zuerst die Differentialgleichung des Systems für stochastische Signale,

$$T^2 \cdot \frac{\mathrm{d}^2}{\mathrm{d}\tau^2} \Phi_{xy}(\tau) + 2T \cdot \frac{\mathrm{d}}{\mathrm{d}\tau} \Phi_{xy}(\tau) + \Phi_{xy}(\tau) = T \cdot \frac{\mathrm{d}}{\mathrm{d}\tau} \Phi_{xx}(\tau).$$

Durch Anwendung der WIENER-KHINTCHINE-Transformation folgt daraus für die Leistungsspektren:

$$[T^2 \cdot (i\omega)^2 + 2T \cdot (i\omega) + 1] \cdot S_{xy}(\omega) = T \cdot (i\omega) \cdot S_{xx}(\omega),$$

$$\frac{S_{xy}(\omega)}{S_{xx}(\omega)} = \frac{i\omega T}{(1 + i\omega T)^2} \cdot$$

Die rechte Seite dieser Gleichung stellt gerade den Frequenzgang des Systems dar, und für ein weißes Geräusch als Eingangssignal erhält man

$$S_{xy}(\omega) = S_0 \cdot \frac{i\omega T}{(1 + i\omega T)^2},$$

woraus sich über die Umkehrrelation in der komplexen Form die Kreuzkorrelationsfunktion als Lösung der Differentialgleichung berechnen läßt. Wir führen zur Übung die einzelnen Rechenschritte durch:

$$\Phi_{xy}(\tau) = \frac{S_0}{2} \cdot \int_{-\infty}^{+\infty} \frac{i\omega T}{(1 + i\omega T)^2} \cdot \mathrm{e}^{i\omega\tau} \, \mathrm{d}\omega.$$

Mit der Substitution $i\omega = p$ wird

$$\Phi_{xy}(\tau) = \frac{S_0}{2iT} \cdot \int_{-i\infty}^{+i\infty} \frac{p}{\left(p + \dfrac{1}{T}\right)^2} \cdot \mathrm{e}^{p\tau} \, \mathrm{d}p.$$

Die zu transformierende Funktion besitzt einen zweifachen Pol bei $p = -1/T$, und man findet aus einer allgemein gültigen Beziehung [10]:

$$\int\limits_{-i\infty}^{+i\infty} Q(p)\,\mathrm{d}p = 2\pi i \cdot \sum_{k=1} \lim_{p \to p_k} \frac{1}{(n-1)!} \cdot \frac{\mathrm{d}^{n-1}}{\mathrm{d}p^{n-1}} \{(p - p_k)^n \cdot Q(p)\}$$

$$= 2\pi i \cdot \sum_{k=1} \operatorname{Res} Q(p)$$

für das vorliegende Integral:

$$\int\limits_{-i\infty}^{+i\infty} \frac{p}{\left(p + \dfrac{1}{T}\right)^2} \cdot \mathrm{e}^{p\tau}\,\mathrm{d}p = 2\pi i \cdot \operatorname{Res} \left\{ \frac{p}{\left(p + \dfrac{1}{T}\right)^2} \cdot \mathrm{e}^{p\tau} \right\}$$

$$= 2\pi i \cdot \lim_{p \to -\frac{1}{T}} \frac{\mathrm{d}}{\mathrm{d}p} \{p \cdot \mathrm{e}^{p\tau}\}$$

$$= 2\pi i \cdot \mathrm{e}^{p\tau} \cdot (1 + p\tau)\,\Bigg|_{p \to -\frac{1}{T}}$$

$$= 2\pi i \cdot \mathrm{e}^{-\tau/T} \cdot \left(1 - \frac{\tau}{T}\right).$$

Daraus folgt für die gesuchte Kreuzkorrelationsfunktion:

$$\Phi_{xy}(\tau) = 1(\tau) \cdot \frac{\pi S_0}{T} \cdot \mathrm{e}^{-\tau/T} \cdot \left(1 - \frac{\tau}{T}\right)$$

$$= \pi S_0 \cdot G(\tau).$$

Wie in ähnlich gelagerten Beispielen kommt man auch hier über das Faltungsintegral

$$\Phi_{xy}(\tau) = \int\limits_0^{\infty} G(t) \cdot \Phi_{xx}(\tau - t)\,\mathrm{d}t$$

schneller zum Ziel, weil im allgemeinen die Gewichtsfunktion des Systems bekannt ist:

$$G(t) = 1(t) \cdot \frac{\mathrm{e}^{-t/T}}{T} \cdot \left(1 - \frac{t}{T}\right)$$

$$\Phi_{xy}(\tau) = \frac{\pi S_0}{T} \cdot \int\limits_0^{\infty} \mathrm{e}^{-t/T} \cdot \left(1 - \frac{t}{T}\right) \cdot \delta(\tau - t)\,\mathrm{d}t$$

$$= 1(\tau) \cdot \frac{\pi S_0}{T} \cdot \mathrm{e}^{-\tau/T} \cdot \left(1 - \frac{\tau}{T}\right).$$

Bild VIII.2 zeigt den Verlauf dieser Kreuzkorrelationsfunktion. Der Null-durchgang liegt bei $\tau = T$, die Abszisse des Maximums bei $\tau = 2T$.

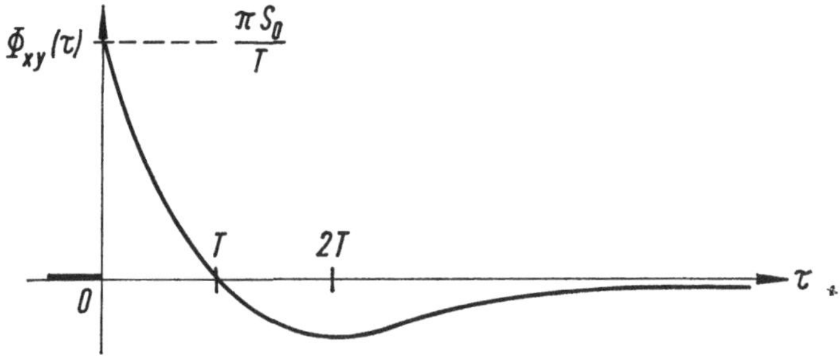

Bild VIII.2. Kreuzkorrelationsfunktion für das zweistufige Filter von Bild VIII.1.

Wenn die Gewichtsfunktion des Gesamtsystems nicht gegeben ist, kann man sie aus den Gewichtsfunktionen

$$G_1(t) = \delta(t) - \frac{1(t)}{T} \cdot \mathrm{e}^{-t/T},$$

$$G_2(t) = \frac{1(t)}{T} \cdot \mathrm{e}^{-t/T}$$

der beiden Teilfilter berechnen. Wegen der rückwirkungsfreien Ankopplung ergibt sich $G(t)$ aus dem Faltungsintegral

$$G(t) = \int_0^\infty G_1(u) \cdot G_2(t - u)\,\mathrm{d}u$$

$$= \int_0^\infty \left\{ \delta(u) - \frac{1(u)}{T} \cdot \mathrm{e}^{-u/T} \right\} \cdot \frac{1(t - u)}{T} \cdot \mathrm{e}^{-\frac{t-u}{T}}\,\mathrm{d}u$$

$$= \frac{1}{T} \cdot \int_0^\infty \delta(u) \cdot 1(t - u) \cdot \mathrm{e}^{-\frac{t-u}{T}}\,\mathrm{d}u - \frac{\mathrm{e}^{-t/T}}{T^2} \cdot \int_0^t 1(u) \cdot 1(t - u)\,\mathrm{d}u$$

$$G(t) = 1(t) \cdot \frac{\mathrm{e}^{-t/T}}{T^2} \cdot (T - t).$$

Die Autokorrelationsfunktion des Ausgangssignals

Der Übertragungskennwert des Systems für Wirkleistungen läßt sich sofort hinschreiben:

$$|F(i\omega)|^2 = \frac{i\omega T}{(1 + i\omega T)^2} \cdot \frac{-i\omega T}{(1 - i\omega T)^2}$$

$$= \frac{\omega^2 T^2}{(1 + \omega^2 T^2)^2},$$

und die WIENER-KHINTCHINE-Transformation führt auf

$$\Phi_{yy}(\tau) = \frac{S_0}{2} \cdot \int\limits_{-\infty}^{+\infty} \frac{\omega^2 T^2}{(1 + \omega^2 T^2)^2} \cdot e^{i\omega\tau}\, d\omega$$

$$= \frac{S_0}{2T^2} \cdot \int\limits_{-\infty}^{+\infty} \frac{\omega^2}{\left(\omega^2 + \dfrac{1}{T^2}\right)^2} \cdot e^{i\omega\tau}\, d\omega.$$

Bringt man die zu transformierende Funktion auf die Form

$$S_{yy}(\omega) = \frac{S_0}{T^2} \cdot \frac{\omega^2}{\left(\omega + \dfrac{i}{T}\right)^2 \cdot \left(\omega - \dfrac{i}{T}\right)^2},$$

so wird mit Hilfe der Residuenrechnung

$$\Phi_{xy}(\tau) = 2\pi i \cdot \Sigma \operatorname{Res}\left\{ e^{i\omega\tau} \cdot S_{ry}(\omega) \right\}.$$

Da die Autokorrelationsfunktion mit Sicherheit eine gerade Funktion ist, genügt die Berechnung für den Bereich $\tau \geq 0$; dies bedeutet, daß man bei der Anwendung des Residuensatzes lediglich den Doppelpol bei $\tau = i/T$ in der oberen ω-Halbebene zu berücksichtigen braucht [10]:

$$\Phi_{yy}(\tau) = \frac{i\pi S_0}{T^2} \cdot \lim_{\omega \to \frac{i}{T}} \frac{d}{d\omega}\left\{ \frac{\omega^2}{\left(\omega + \dfrac{i}{T}\right)^2} \cdot e^{i\omega\tau} \right\},$$

$$= \frac{\pi S_0}{4T^2} \cdot e^{-\tau/T} \cdot (T - \tau), \quad \tau \geq 0,$$

und die Kombination mit dem entsprechenden Ergebnis für den Doppelpol bei $\omega = -i/T$ in der unteren ω-Halbebene (Verlauf für $\tau \leq 0$) führt auf

$$\Phi_{yy}(\tau) = \frac{\pi S_0}{4T^2} \cdot e^{-|\tau|/T} \cdot \left(T - |\tau|\right)$$

$$= \frac{\pi S_0}{4} \cdot G(|\tau|) = \frac{1}{4} \cdot \Phi_{xy}(|\tau|).$$

Dieses Ergebnis bestätigt, daß die drei Funktionen $G(\tau)$, $\Phi_{yy}(\tau)$ und $\Phi_{xy}(\tau)$ in sehr engen Beziehungen zueinander stehen. Den Verlauf der Autokorrelationsfunktion zeigt Bild VIII.3, und das zugehörige Wirkleistungsspektrum

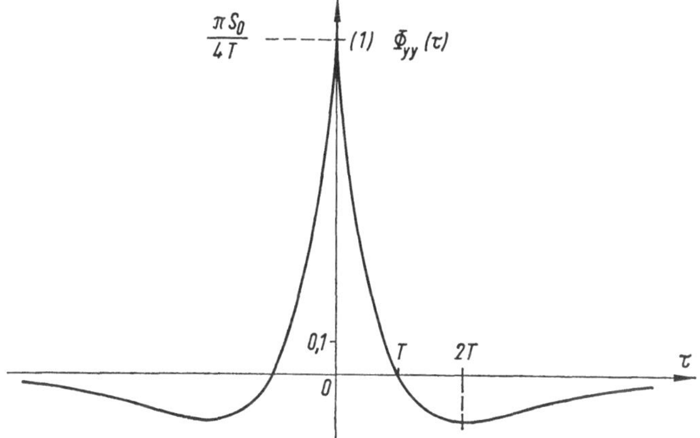

Bild VIII.3. Autokorrelationsfunktion des Ausgangssignals des zweistufigen Filters von Bild VIII.1.

$$S_{yy}(\omega) = S_0 \cdot \frac{\omega^2 T^2}{(1 + \omega^2 T^2)^2}$$

ist in Bild VIII.4 dargestellt; die Maxima dieser Funktion liegen bei $\omega = \pm\, 1/T$.

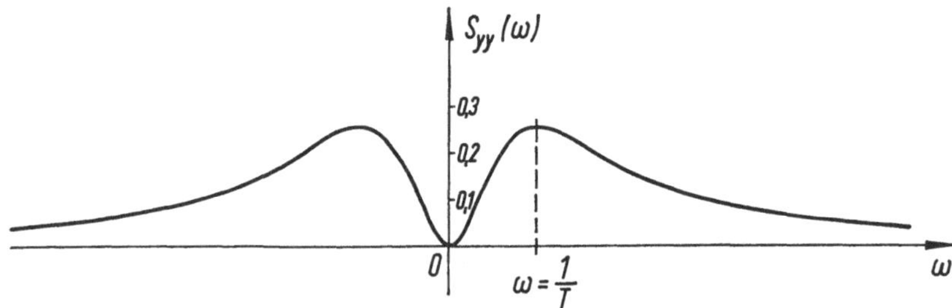

Bild VIII.4. Spektrale Leistungsdichte des Signals $y(t)$ von Bild VIII.1.

Anhand dieses Beispieles kann man in etwa abschätzen, welchen Aufwand man bei der Berechnung anderer Schaltungen treiben muß, um die interessierenden statistischen Kennfunktionen zu erhalten. Es wird im Einzelfall von den gegebenen Systemkenngrößen abhängen, welcher der aufgezeigten Wege am schnellsten zum Ziele führt. Ganz allgemein kann man sagen, daß die beteiligten Funktionen und die erforderlichen Rechenschritte bei rückwirkungsfrei aneinander gekoppelten Filtern einfacher ausfallen als bei Systemen mit energetischer Rückwirkung wie Kaskadenschaltungen passiver Netzwerke ohne Trennverstärker.

2. Superpositionsintegrale für regellose Signale

Das Prinzip der linearen Superposition bedeutet in der Systemtheorie die Berechnung des Ausgangssignals aus dem vorgegebenen Eingangssignal und einer partikulären Lösung der Differentialgleichung des Systems. In diesem Sinne gilt das Superpositionsintegral

$$y(t) = \int\limits_0^\infty G(u) \cdot x(t - u)\,\mathrm{d}u$$

auch für stochastische Signale. Für die analytische Auswertung muß man freilich statistische Kennfunktionen für $x(t)$ und $y(t)$ einführen und diese mit den Systemkenngrößen in Verbindung bringen.

2.1 Autokorrelation

Will man die Autokorrelationsfunktion der Ausgangsgröße $y(t)$ berechnen, so geht man von der Definitionsgleichung

$$\Phi_{yy}(\tau) = \lim_{T \to \infty} \frac{1}{2T} \cdot \int\limits_{-T}^{+T} y(t) \cdot y(t + \tau)\,\mathrm{d}t$$

aus und ersetzt $y(t)$ und $y(t + \tau)$ durch das Superpositionsintegral:

$$\Phi_{yy}(\tau) = \lim_{T \to \infty} \frac{1}{2T} \cdot \int_{-T}^{+T} \left\{ \int_{-\infty}^{+\infty} G(u) \cdot x(t - u)\,\mathrm{d}u \cdot \right.$$

$$\left. \cdot \int_{-\infty}^{+\infty} G(v) \cdot x(t + \tau - v)\,\mathrm{d}v \right\} \mathrm{d}t,$$

und nach Vertauschen der Reihenfolge der verschiedenen Grenzprozesse findet man [10]:

$$\Phi_{yy}(\tau) = \int_{-\infty}^{+\infty} G(u) \cdot \int_{-\infty}^{+\infty} G(v) \cdot \Phi_{xx}(\tau + u - v)\,\mathrm{d}v\,\mathrm{d}u. \qquad \text{(VIII.12)}$$

Dies ist ein Superpositionsintegral für stochastische Vorgänge, deren Eigenschaften durch Autokorrelationsfunktionen festgelegt sind. Es gibt an, wie man bei gegebener Autokorrelationsfunktion des Eingangssignals mit Hilfe der Gewichtsfunktion $G(t)$ die Autokorrelierte des Ausgangssignals berechnen kann. Insbesondere liefert Gl. (VIII.12) für $\tau = 0$ den quadratischen Mittelwert von $y(t)$:

$$\overline{y^2(t)} = \int_{-\infty}^{+\infty} G(u) \cdot \int_{-\infty}^{+\infty} G(v) \cdot \Phi_{xx}(u - v)\,\mathrm{d}v\,\mathrm{d}u \qquad \text{(VIII.13)}$$

$$\to \pi S_0 \cdot \int_{0}^{\infty} G^2(t)\,\mathrm{d}t$$

für ein weißes Geräusch als Eingangssignal.

Das Superpositionsintegral (VIII.12) kann man mit Hilfe der Substitution $v = t + u$ noch weiter umformen:

$$\Phi_{yy}(\tau) = \int_{-\infty}^{+\infty} G(u) \cdot \int_{-\infty}^{+\infty} G(t + u) \cdot \Phi_{xx}(\tau - t)\,\mathrm{d}t\,\mathrm{d}u$$

$$= \int_{-\infty}^{+\infty} \Phi_{xx}(\tau - t) \cdot \int_{0}^{\infty} G(u) \cdot G(t + u)\,\mathrm{d}u\,\mathrm{d}t.$$

Da das Integral über u nach Gl. (II.3a) gerade die Autokorrelationsfunktion der aperiodischen Funktion $G(t)$,

$$\int_{0}^{\infty} G(u) \cdot G(u + t)\,\mathrm{d}u = \Phi_{GG}(t),$$

darstellt, erhält man als Ergebnis die Faltungsbeziehung

$$\Phi_{yy}(\tau) = \int\limits_{-\infty}^{+\infty} \Phi_{GG}(t) \cdot \Phi_{xx}(\tau - t)\, dt, \qquad \text{(VIII.12a)}$$

die mit der einfachen Substitution $t = -u$ die Gestalt der Kreuzkorrelationsfunktion zwischen Φ_{gg} und Φ_{xx} annimmt:

$$\Phi_{yy}(\tau) = \int\limits_{-\infty}^{+\infty} \Phi_{GG}(u) \cdot \Phi_{xx}(\tau + u)\, du.$$

Die Funktion $\Phi_{GG}(u)$ wird gelegentlich als „Filterkorrelationsfunktion" bezeichnet.

2.2 Kreuzkorrelation

Für ein lineares System bedeutet die Kreuzkorrelationsfunktion zwischen Eingangs- und Ausgangssignal eine Systemkenngröße, die durch einen statistischen Vergleich der beiden Signale zustandekommt. Es muß also möglich sein, die Funktion $\Phi_{xy}(\tau)$ über eine Superpositionsbeziehung zwischen der Gewichtsfunktion und der Korrelationsfunktion des Eingangssignals zu gewinnen. Geht man von der Definitionsgleichung

$$\Phi_{xy}(\tau) = \lim_{T \to \infty} \frac{1}{2T} \cdot \int\limits_{-T}^{+T} x(t) \cdot y(t + \tau)\, dt$$

aus, so findet man unter Verwendung des Superpositionsintegrals leicht den Zusammenhang

$$\Phi_{xy}(\tau) = \int\limits_{0}^{\infty} G(t) \cdot \Phi_{xx}(\tau - t)\, dt. \qquad \text{(VIII.14)}$$

Aus dieser Beziehung kann man übrigens sehr schnell die Kreuzkorrelationsfunktion für ein reines Totzeitglied (vgl. Teil II.4) mit der Gewichtsfunktion $G(t) = \delta(t - T_t)$ berechnen:

$$\Phi_{xy}(\tau) = \int\limits_{0}^{\infty} \delta(t - T_t) \cdot \Phi_{xx}(\tau - t)\, dt$$

$$= \Phi_{xx}(\tau - T_t).$$

Durch sehr ähnliche Ansätze lassen sich noch weitere Relationen vom Typ (VIII.14) angeben, die alle die Gewichtsfunktion des Systems mit Korrelationsfunktionen in Verbindung bringen [10]:

$$\Phi_{yx}(\tau) = \int\limits_{0}^{\infty} G(t) \cdot \Phi_{xx}(\tau + t)\, dt, \qquad \text{(VIII.15)}$$

und zwei Beziehungen zur Berechnung der Autokorrelationsfunktion des Ausgangssignals, bei welchen die in $G(t)$ und in den Kreuzkorrelationsfunktionen $\Phi_{xy}(\tau)$ und $\Phi_{yx}(\tau)$ enthaltene Phaseninformation über das System offenbar wieder verlorengeht:

$$\int\limits_0^\infty G(t) \cdot \Phi_{yx}(\tau - t)\, \mathrm{d}t = \Phi_{yy}(\tau), \qquad\qquad \text{(VIII.16)}$$

$$\int\limits_0^\infty G(t) \cdot \Phi_{xy}(\tau + t)\, \mathrm{d}t = \Phi_{yy}(\tau). \qquad\qquad \text{(VIII.17)}$$

Durch $\mathscr{F}$-Transformation der Gleichungen (VIII.14) bis (VIII.17) werden wir später entsprechende Zuordnungen im Frequenzbereich finden.

3. Verknüpfungen von Signal- und Systemeigenschaften im Frequenzbereich

3.1 Wirkleistungsübertragung

Als $\mathscr{F}$-Transformierte des Superpositionsintegrals hatte sich der einfache Zusammenhang

$$b(\omega) = F(i\omega) \cdot a(\omega)$$

ergeben, in dem unmittelbar der verformende Einfluß von $F(i\omega)$ auf das Spektrum $a(\omega)$ des Eingangssignals abzulesen ist. Den Übergang zu stochastischen Signalen kann man auf verschiedene Arten vornehmen. Ausgehend von der Definitionsgleichung der spektralen Leistungsdichte des Ausgangssignals,

$$S_{yy}(\omega) = \lim_{T \to \infty} \frac{1}{T} \cdot |b_T(\omega)|^2,$$

erhält man unmittelbar die Übertragungsgleichung

$$S_{yy}(\omega) = |F(i\omega)|^2 \cdot \lim_{T \to \infty} \frac{1}{T} \cdot |b_T(\omega)|^2$$

oder

$$S_{yy}(\omega) = |F(i\omega)|^2 \cdot S_{xx}(\omega). \qquad\qquad \text{(VIII.12 b)}$$

In dieser Gleichung werden Wirkleistungsspektren über das Betragsquadrat des Frequenzganges, das keine Phaseninformation mehr enthält, miteinander in Beziehung gesetzt, siehe Bild VIII.5. Die Beziehung (VIII.12 b) entspricht

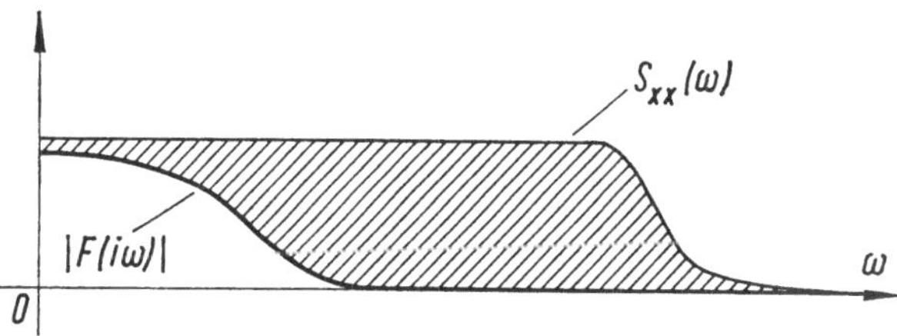

Bild VIII.5. Zur Verformung eines breitbandigen Leistungsspektrums durch ein lineares Filter mit dem Amplitudengang $|F(i\omega)|$.

genau den Relationen (VIII.12) und (VIII.12a), so daß man den Wirkleistungsübertragungsfaktor als die $\mathscr{F}$-Transformierte der Autokorrelationsfunktion der Gewichtsfunktion $G(t)$, auch „Filterkorrelationsfunktion" genannt, erhält:

$$|F(i\omega)|^2 = \mathscr{F}\{\Phi_{GG}(\tau)\}$$

$$= \int\limits_0^\infty \mathrm{e}^{-i\omega\tau} \cdot \Phi_{GG}(\tau)\, \mathrm{d}\tau.$$

3.2 Der Frequenzgang als Leistungsübertragungsfaktor

In dem Augenblick, in dem der Frequenzgang selbst als Übertragungsgröße für Leistungen auftritt, gehen Kreuzleistungsspektren in die Überlegungen ein. Die entsprechenden Beziehungen könnte man alle durch $\mathscr{F}$-Transformation aus den Gleichungen (VIII.14) bis (VIII.17) gewinnen. Man kann allerdings auch von der Verknüpfung

$$b_T(\omega) = F(i\omega) \cdot a_T(\omega)$$

ausgehen und unmittelbar die Leistungsspektren einführen:

$$a_T{}^*(\omega) \cdot b_T(\omega) = F(i\omega) \cdot |a_T(\omega)|^2,$$

$$\lim_{T\to\infty} \frac{1}{T} \cdot a_T{}^*(\omega) \cdot b_T(\omega) = F(i\omega) \cdot \lim_{T\to\infty} \frac{1}{T} \cdot |a_T(\omega)|^2,$$

$$S_{xy}(\omega) = F(i\omega) \cdot S_{xx}(\omega). \qquad (\text{VIII.14a})$$

Das ist genau die Beziehung (VIII.11), die wir bereits unmittelbar aus der Differentialgleichung für stochastische Kenngrößen abgeleitet haben: wenn man dem Leistungsspektrum des Eingangssignals die durch $F(i\omega)$ gegebenen spektralen Eigenschaften eines Systems aufprägt, dann ergibt sich das Kreuzleistungsspektrum für Eingangs- und Ausgangssignal, folglich muß $S_{xy}(\omega)$ auch als Systemkennfunktion auswertbar sein.

Durch sehr einfache Umformungen findet man noch die zu den Gleichungen (VIII.15, 16, 17) gehörigen Beziehungen im Frequenzbereich:

$$S_{yx}(\omega) = F^*(i\omega) \cdot S_{xx}(\omega), \qquad (\text{VIII.15a})$$

$$S_{yy}(\omega) = F(i\omega) \cdot S_{yx}(\omega), \qquad (\text{VIII.16a})$$

$$S_{yy}(\omega) = F^*(i\omega) \cdot S_{xy}(\omega). \qquad (\text{VIII.17a})$$

Es existieren darüber hinaus viele Querverbindungen zwischen den einzelnen Kennfunktionen des Zeit- und des Frequenzbereiches, sie sind jedoch für unsere Überlegungen nicht von Interesse.

4. Theoretische Grundlagen der Systemanalyse

4.1 Analyse durch Kreuzkorrelation

In den vorangegangenen Abschnitten 1 bis 3 dieses Teiles sind eine Reihe von Beziehungen zwischen Signal- und Systemeigenschaften abgeleitet worden, die man auf verschiedene Arten deuten und auswerten kann. So bietet die Gleichung

$$\Phi_{xy}(\tau) = \int\limits_0^\infty G(t) \cdot \Phi_{xx}(\tau - t)\, \mathrm{d}t \qquad \text{(VIII.14)}$$

einmal die Möglichkeit, bei vorgegebener Gewichtsfunktion aus der Autokorrelierten des Eingangssignals die Kreuzkorrelationsfunktion $\Phi_{xy}(\tau)$ zu berechnen. Man kann aber auch davon ausgehen, daß die beiden Korrelationsfunktionen gegeben seien und die Beziehung (VIII.14) als *Integralgleichung* zur Bestimmung der Gewichtsfunktion heranziehen. Für eine praktische Systemanalyse ist ein derartiges Verfahren normalerweise ziemlich langwierig und kostspielig; es gibt jedoch einen Sonderfall, in welchem man die Lösung der Integralgleichung für $G(t)$ ohne Schwierigkeiten erhält. Benutzt man als Eingangssignal für das zu untersuchende System ein weißes Geräusch, so ergibt sich mit der Autokorrelationsfunktion

$$\Phi_{xx}(\tau) = \pi S_0 \cdot \delta(\tau)$$

unmittelbar:

$$G(\tau) = \frac{1}{\pi S_0} \cdot \Phi_{xy}(\tau), \qquad \text{(VIII.18)}$$

wobei die Funktion $\Phi_{xy}(\tau)$ mit Hilfe eines Kreuzkorrelators zu messen ist. Die Beziehung (VIII.18) hat für die gesamte Systemanalyse mit stochastischen Signalen eine fundamentale Bedeutung, denn sie bringt zum Ausdruck, daß man mit einem genügend breitbandigen, stationären Rauschsignal durch Messung der Kreuzkorrelationsfunktion $\Phi_{xy}(\tau)$ die gleiche Information über das System erhält wie mit einem einzigen impulsförmigen Testsignal vom Charakter der Deltafunktion. Für praktische Messungen hat man natürlich nie ein weißes Geräusch zur Verfügung, aber es genügt, wenn man dafür sorgt, daß die „Halbwertsbreite" $\Delta\tau$ der Autokorrelationsfunktion des Meßsignals (Bild VIII.6) sehr klein ist gegen die Abszisse $\tau_{\max}$ des ersten Maximums der

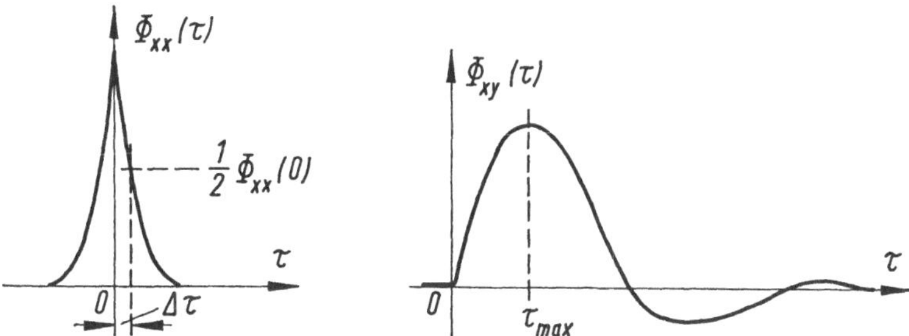

Bild VIII.6. Zur Abschätzung der Meßsignalbandbreite mit Hilfe der Gewichtsfunktion des zu untersuchenden Systems.

Kreuzkorrelationsfunktion. Die Konsequenzen dieser Bedingung für die Bandbreite des Meßsignals werden wir in Abschnitt 4.3 dieses Teiles besprechen. Die Relation (VIII.18) zeigt deutlich, daß die Kreuzkorrelationsfunktion eine statistische Kennfunktion mit Phaseninformation darstellt, und zwar enthält sie genau die relative Phasenzuordnung der entsprechenden Teilkomponenten von Eingangs- und Ausgangssignal. Dies entspricht vollkommen den Verhältnissen bei deterministischen Signalen mit der Zuordnung

$$y(t) = \int\limits_0^\infty G(u) \cdot x(t-u)\, du,$$

wo sich für eine impulsartige Anregung $x(t) = \pi\, x_0 \cdot \delta(t)$ die Gewichtsfunktion

$$G(t) = \frac{1}{\pi x_0} \cdot y(t)$$

ergibt. Auch hier gilt für praktische Anwendungen eine entsprechende Vorschrift für die zu definierende Halbwertsbreite eines realisierbaren Impulses. Daß das stochastische Signal *stationär* sein muß, ist unmittelbar einzusehen, denn es darf während der gesamten Zeit, die zur Aufnahme einer Kreuzkorrelationsfunktion erforderlich ist, seine statistischen Eigenschaften nicht ändern. Ferner sei noch bemerkt, daß man bei der praktischen Durchführung einer Systemanalyse mit Rauschsignalen eine Reihe von prinzipiell auftretenden Fehlern berücksichtigen muß, die in speziellen gerätetechnischen Anordnungen und in Filterprozessen zur Erzeugung der Meßsignale begründet sind. Die in diesem und im nächsten Unterabschnitt gewonnenen Ergebnisse beziehen sich auf grundsätzliche Eigenschaften der statistischen Systemanalyse, nicht auf die angedeuteten Zusatzeffekte.

4.2 Einfluß zusätzlicher regelloser Störgrößen

Bild VIII.7 zeigt eine Anordnung zur Messung der Gewichtsfunktion eines linearen Systems, die gegenüber den Verhältnissen von Abschnitt 4.1 durch

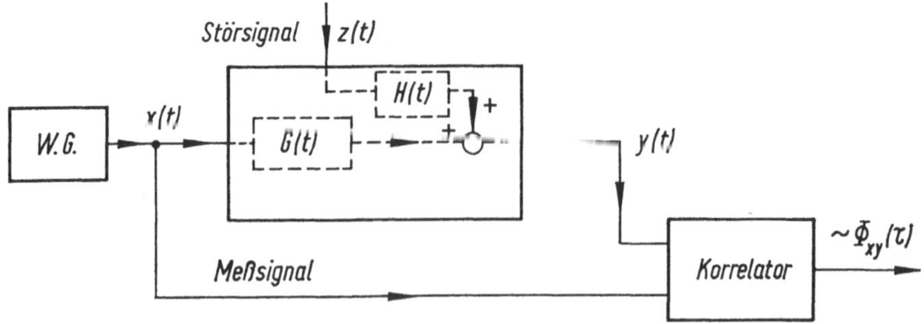

Bild VIII.7. Messung der Gewichtsfunktion mit Hilfe eines Korrelators beim Vorhandensein einer stochastischen Störgröße $z(t)$.

das Vorhandensein einer stochastischen Störgröße $z(t)$ verändert ist. Zur Vereinfachung ist angenommen, daß das Meßsignal und das Störsignal verschiedene Systemabschnitte mit den Gewichtsfunktionen $G(t)$ und $H(t)$ durchlaufen, und daß sich die Einflüsse am Ausgang des Gesamtsystems summieren:

$$y(t) = \int\limits_0^\infty G(u) \cdot x(t - u)\,\mathrm{d}u + \int\limits_0^\infty H(u) \cdot z(t - u)\,\mathrm{d}u.$$

Der Kreuzkorrelator bildet die Funktion

$$\Phi_{xy}(\tau) = \int\limits_0^\infty G(u) \cdot \Phi_{xx}(\tau - u)\,\mathrm{d}u + \int\limits_0^\infty H(u) \cdot \Phi_{xz}(\tau - u)\,\mathrm{d}u, \qquad \text{(VIII.19)}$$

so daß sich gegenüber (VIII.14) ein zusätzlicher Summand ergibt, der von der statistischen Verwandtschaft zwischen Meßsignal und Störsignal abhängt.

Hier muß man die folgenden drei Fälle unterscheiden:

a) $x(t)$ und $z(t)$ sind nicht miteinander korreliert und es ist entweder $\overline{x(t)} = 0$ oder $\overline{z(t)} = 0$. Unter diesen Voraussetzungen wird

$$\Phi_{xz}(\tau) = \overline{x(t)} \cdot \overline{z(t)} = 0,$$

und das Ergebnis der Analyse ist das gleiche wie wenn das Störsignal $z(t)$ nicht vorhanden wäre. Eine entsprechende Konsequenz ist bei den klassischen Analysierverfahren nicht vorhanden.

b) $x(t)$ und $z(t)$ sind nicht miteinander korreliert, und ihre linearen Mittelwerte sind beide ungleich Null. Dann wird

$$\int\limits_0^\infty H(u) \cdot \Phi_{xz}(\tau - u)\,\mathrm{d}u = \overline{x(t)} \cdot \overline{z(t)} \cdot \int\limits_0^\infty H(u)\,\mathrm{d}u,$$

wobei das Integral über die Gewichtsfunktion $H(t)$ eine Konstante ist; damit erhält man:

$$G(\tau) = \frac{1}{\pi S_0} \cdot \Phi_{xy}(\tau) - \text{const.},$$

also gegenüber dem störungsfreien Fall lediglich eine Verschiebung der Gewichtsfunktion längs der Ordinatenachse, die leicht zu eliminieren ist.

c) Den Fall, daß das Meßsignal und das Nutzsignal miteinander korreliert sind, wird man immer dann vermeiden können, wenn man das Testrauschen von außen auf das Meßobjekt einwirken läßt; in diesem Fall hat die allgemeine Relation (VIII.19) keine praktische Bedeutung.

4.3 Analyse im Frequenzbereich

Man kann von allen Übertragungsbeziehungen zwischen Eingangs- und Ausgangssignalen im Zeitbereich eindeutig umkehrbare Relationen zum Frequenzbereich herstellen. Daraus ergeben sich auch für die Systemanalyse bestimmte Konsequenzen:

a) Für eine vollständige Analyse nach Betrag und Phase benötigt man die Messung eines Kreuzleistungsspektrums, und für ein weißes Geräusch mit der konstanten Leistungsdichte S_0 folgt aus der Übertragungsgleichung

$$S_{xy}(\omega) = F(i\omega) \cdot S_{xx}(\omega)$$

unmittelbar der vollständige Frequenzgang:

$$F(i\omega) = \frac{1}{S_0} \cdot S_{xy}(\omega). \tag{VIII.18a}$$

Dieses Ergebnis steht in direkter Analogie zu der Korrelationsbeziehung (VIII.18) und zeigt, daß die Forderung $\Delta\tau \ll \tau_{\max}$ gleichbedeutend ist mit der Vorschrift, ein stationäres Rauschsignal zu verwenden, dessen Bandbreite sehr groß ist gegen die Übertragungsbandbreite des zu untersuchenden Systems. Die Gleichung (VIII.18a) zeigt darüber hinaus, daß die Äquivalenz äußerlich so verschiedener Signale wie des Einheitsimpulses und des weißen Geräuschs auf den gleichartigen Verlauf der Spektren zurückzuführen ist. Eine ausführliche Diskussion dieser Zusammenhänge wird in Teil X.2 durchgeführt werden.

b) Für eine Messung des Amplitudenganges genügt eine Auswertung der Wirkleistungsbeziehung (VIII.12b),

$$S_{yy}(\omega) = \left|F(i\omega)\right|^2 \cdot S_{xx}(\omega),$$

die für ein weißes Geräusch den Betrag des Frequenzganges liefert:

$$|F(i\omega)| = \frac{1}{\sqrt{S_0}} \cdot \sqrt{S_{yy}(\omega)}. \tag{VIII.19}$$

Wie man die Wurzel aus dem Wirkleistungsspektrum zu ziehen hat, wird in Teil X.1 ausführlich gezeigt; es ergibt sich dort

$$|F(i\omega)| = \frac{1}{\sqrt{S_0}} \cdot |\Psi(i\omega)|.$$

c) Zur Messung des Phasenganges könnte man von den beiden Relationen

$$S_{xy}(\omega) = F(i\omega) \cdot S_{xx}(\omega),$$

$$S_{yx}(\omega) = F^*(i\omega) \cdot S_{xx}(\omega)$$

ausgehen und zunächst das Verhältnis

$$\frac{S_{xy}(\omega)}{S_{yx}(\omega)} = \frac{F(i\omega)}{F^*(i\omega)}$$

bilden. Aus der bekannten Frequenzgangdarstellung

$$F(i\omega) = |F(i\omega)| \cdot e^{i \cdot \varphi(\omega)}$$

folgt dann sofort

$$\frac{S_{xy}(\omega)}{S_{yx}(\omega)} = e^{2i \cdot \varphi(\omega)},$$

$$= \cos 2\varphi(\omega) + i \cdot \sin 2\varphi(\omega),$$

oder

$$\mathrm{Re}\left\{\frac{S_{xy}(\omega)}{S_{yx}(\omega)}\right\} = \cos 2\varphi(\omega),$$

$$\varphi(\omega) = \frac{1}{2}\cdot \mathrm{arccos}\ \mathrm{Re}\left\{\frac{S_{xy}(\omega)}{S_{yx}(\omega)}\right\}.\qquad\qquad (\text{VIII.20})$$

Die Mehrdeutigkeit der arccos-Funktion stört bei der praktischen Auswertung nicht, weil man bei der Bestimmung des Winkels nicht in irgendeinem Quadranten beginnt, sondern ähnlich wie bei den herkömmlichen Frequenzgangverfahren mit dem kleinsten Phasenwinkel für die niedrigste Frequenz.

d) Es sei noch bemerkt, daß die Frequenzgangmethoden und die Korrelationsverfahren einander nicht ausschließen. Man kann vielmehr von der Tatsache, daß sich auch periodische Signale dem Prozeß der Korrelation unterwerfen

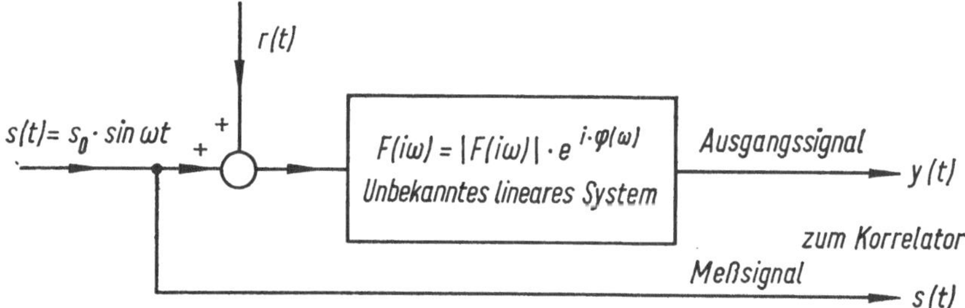

Bild VIII.8. Zur Messung von Real- und Imaginärteil des Frequenzgangs eines linearen Systems mit einem Korrelator und einem sinusförmigen Meßsignal. Der Korrelator dient hier im Gegensatz zu den Verhältnissen von Bild VIII.7. lediglich zur Unterdrückung des Störgeräuschs.

lassen, in den meßtechnischen Anwendungen Gebrauch machen, vornehmlich bei der Systemanalyse. Bild VIII.8 zeigt eine Anordnung zur Messung von Frequenzgängen, bei der neben dem sinusförmigen Meßsignal

$$s(t) = s_0\cdot \sin \omega t$$

noch ein stochastisches Störsignal $r(t)$ auf die zu untersuchende Anlage einwirkt. Dadurch ergibt sich insgesamt das Ausgangssignal

$$y(t) = y_0\cdot \sin (\omega t + \varphi) + r(t)$$
$$\equiv y_s(t) + r(t)$$

mit

$$y_0 = s_0\cdot |F(i\omega)| \quad \text{und} \quad \varphi = \mathrm{arctan}\ \frac{\mathrm{Im}\ F(i\omega)}{\mathrm{Re}\ F(i\omega)}.$$

Durch Kreuzkorrelation ergibt sich dann der Ausdruck

$$\Phi_{sy}(\tau) = \frac{1}{T_0}\cdot \int_0^{T_0} s(t)\cdot y_s(t+\tau)\ \mathrm{d}t + \lim_{T\to\infty}\frac{1}{2T}\cdot \int_{-T}^{T} s(t)\cdot r(t+\tau)\ \mathrm{d}t,$$

wobei der zweite Summand wegen der statistischen Unabhängigkeit des Stör-
anteils $r(t)$ von dem Meßsignal $s(t)$ gleich Null ist. Damit wird

$$\Phi_{sy}(\tau) = \frac{s_0 \cdot y_0}{T_0} \cdot \int_0^{T_0} \sin \omega t \cdot \sin [\omega(t + \tau) + \varphi]\, dt$$

$$= \frac{s_0 \cdot y_0}{2} \cdot \cos (\omega\tau - \varphi) \ . \qquad\qquad \text{(VIII.21)}$$

Dieses Zwischenergebnis ist von besonderer Bedeutung, denn es zeigt, daß beim
Prozeß der Kreuzkorrelation die Phaseninformation (φ) erhalten bleibt. Da
dies für alle Komponenten eines nach FOURIER zerlegt angenommenen Eingangssignals $x(t)$ gilt, liefert die Kreuzkorrelationsfunktion $\Phi_{xy}(\tau)$ die vollständigen Systemeigenschaften in Gestalt der Gewichtsfunktion.

Nach dieser Bemerkung bringen wir das Zwischenergebnis (VIII. 21) auf die
Form

$$\Phi_{sy}(\tau) = \frac{s_0 \cdot y_0}{2} \cdot \{\cos \varphi \cos \omega\tau + \sin \varphi \sin \omega\tau\}.$$

Mit

$$y_0 = s_0 \cdot |F(i\omega)|, \quad \cos \varphi = \frac{\operatorname{Re} F(i\omega)}{|F(i\omega)|}, \quad \sin \varphi = \frac{\operatorname{Im} F(i\omega)}{|F(i\omega)|}$$

ergibt sich:

$$\Phi_{sy}(\tau) = \frac{s_0^2}{2} \cdot \{\operatorname{Re} [F(i\omega)] \cdot \cos \omega\tau + \operatorname{Im} [F(i\omega)] \cdot \sin \omega\tau\},$$

und man erhält zwei einfache Zusammenhänge zwischen Real- und Imaginärteil
des zu messenden Frequenzganges einerseits und der Kreuzkorrelationsfunktion
für die Argumente 0 und $\pi/2\omega$ andererseits:

$$\tau = 0: \qquad \operatorname{Re} F(i\omega) = \frac{2}{s_0^2} \cdot \Phi_{sy}(0)$$

$$\tau = \frac{\pi}{2\omega}: \qquad \operatorname{Im} F(i\omega) = \frac{2}{s_0^2} \cdot \Phi_{sy}\left(\frac{\pi}{2\omega}\right).$$

Hierin zeigen sich wieder die Vorteile der harmonischen Testfunktionen in
Verbindung mit Korrelationsverfahren, wenn stochastische Störgrößen die
Systemantwort verfälschen.

IX. Klassifizierungsmöglichkeiten für stochastische Signale

Bei der außerordentlich großen Vielgestaltigkeit regelloser Prozesse ist es
praktisch nicht möglich, einer bestimmten Art der Klassifizierung einen allgemein gültigen Vorzug zu geben. Im folgenden werden daher einige grundsätzliche Möglichkeiten besprochen, die auf unterschiedlichen Ordnungsprinzipien
beruhen.

1. Klassifizierung nach dem zeitlichen Verlauf der Signale

Bei der Einführung der Korrelationsfunktion wurde darauf hingewiesen, daß wir kein unmittelbares *Formempfinden* für die Identifizierung von stochastisch verlaufenden Signalen besitzen. Diese Aussage bezieht sich vornehmlich auf den gesamten Verlauf regelloser Vorgänge; bei näherer Betrachtung zeigt sich jedoch, daß hinreichend kleine Ausschnitte solcher Vorgänge wieder deterministischen Charakter besitzen. Dies ist schon allein aus der Tatsache zu folgern, daß bei den hier ausschließlich interessierenden technisch realisierbaren Rauschprozessen der Regelungstechnik durch die Art der Aufzeichnung mit trägheitsbehafteten Registriergeräten (oder allgemein durch das begrenzte Auflösungsvermögen entsprechender Geräte) eine Glättung der Signale eintritt.

Es gibt jedoch eine Klasse von Signalen, die zwar insgesamt stochastischen Charakter besitzen, die aber aus ganz charakteristischen Teilvorgängen aufgebaut sind, die eine einfache Klassifikation ermöglichen. In Bild IX.1 sind

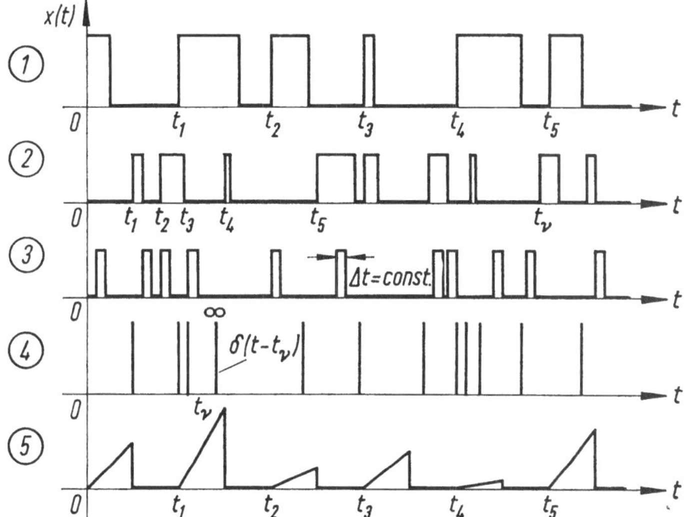

[Bild IX.1. Beispiele für stochastische Signale mit deterministischen Formelementen (gleiches Vorzeichen).

mehrere Signale dieser Art zusammengestellt, die offensichtlich Formcharakteristika aufweisen, die sich wiederholen (nicht im periodischen Sinne), und die für das Auge ein deutliches und reproduzierbares Unterscheidungsmerkmal liefern. Verschlossen bleibt unserem Formempfinden jedoch eine Aussage über die „Unregelmäßigkeit", mit der bestimmte Formelemente, Amplituden oder Nulldurchgänge auftreten.

Die Signale der ersten Gruppe nehmen nur positive Werte an und lassen im einzelnen folgende Eigenschaften erkennen:

Signal 1:

In äquidistanten Zeitpunkten $t_0, t_1, \ldots$ treten rechteckförmige Impulse konstanter Höhe auf. Der statistische Charakter äußert sich in der ungleichmäßigen Dauer der Impulse.

Signal 2:
Hier liegt eine Folge von Rechteckimpulsen konstanter Höhe vor. Nicht nur die Dauer der Impulse, sondern auch die Einschaltzeitpunkte t_ν sind statistisch verteilt.

Signal 3:
In statistisch verteilten Zeitpunkten t_ν treten immer die gleichen Impulse konstanter Höhe und konstanter Dauer auf.

Signal 4:
Wenn man die Dauer von Impulsen mit gleichem, normierten Energieinhalt gegen Null konvergieren läßt, ergeben sich DIRACsche Deltafunktionen. Signal 4 besteht aus einer regellosen Folge solcher entarteten Impulse gleichen Vorzeichens. Signale dieses Typs spielen bei gewissen theoretischen Überlegungen, auf die wir noch eingehen werden, eine Rolle.

Signal 5:
Diese regellose Folge dreieckförmiger Impulse hat mit dem Signal 1 die äquidistanten Einschaltzeiten und mit dem Signal 3 die konstante Impulsdauer gemeinsam. Die statistischen Eigenschaften stecken hier in der Unregelmäßigkeit der Impulshöhen und somit in den Anstiegsflanken.

Die Reihe dieser Signale ließe sich noch beliebig fortsetzen, sowohl durch Einführung anderer Elementarimpulse als auch durch Einbeziehung negativer Impulse, wie dies in Bild IX.2 für einige Beispiele gezeigt wird. Man mag sich

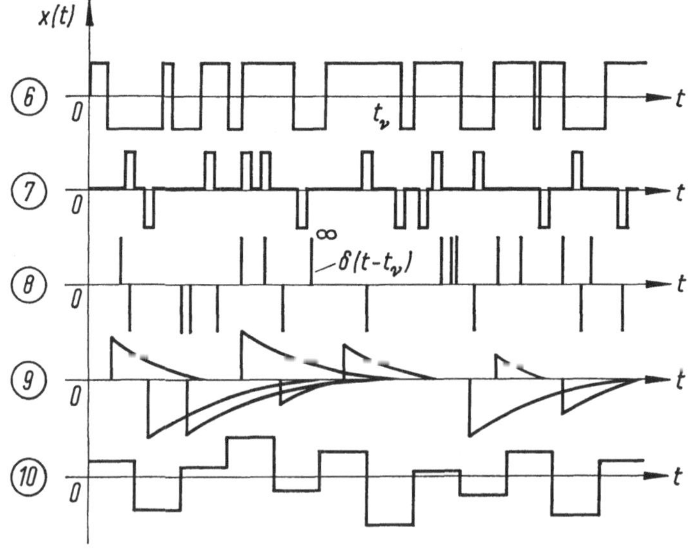

Bild IX.2. Beispiele für stochastische Signale mit deterministischen Formelementen (verschiedene Vorzeichen).

fragen, ob die Behandlung solcher, letzten Endes doch mit einer gewissen Willkür konstruierter regelloser Prozesse überhaupt sinnvoll sei. Diese berechtigte Frage ist aus den verschiedensten Gründen zu bejahen: erstens haben solche konstruierten Signale während der gesamten Entwicklung der Signaltheorie eine entscheidende Rolle gespielt, sie tauchen schon in den ersten Veröffentlichungen auf diesem Gebiet auf [24], [7]. Sie vermitteln nicht nur eine Einsicht in die Zusammenhänge zwischen den Zeitfunktionen und den statistischen Kennfunktionen wie Verteilungen, Korrelationsfunktionen und Leistungsspektren, die in den zitierten Arbeiten in aller Ausführlichkeit behandelt werden, sondern sie dienen auch als *Modellvorstellungen* zur approximativen Beschreibung komplizierterer Signale.

Bei dem heutigen modernen Stand der Signalverarbeitung, wo man immer mehr zur Quantisierung und Digitalisierung analoger Signale übergeht, unterliegt die Rechtfertigung der Behandlung von Vorgängen nach den Bildern IX.1 und IX.2 überhaupt keinem Zweifel mehr. Diese Praxisnähe trifft ganz allgemein für stochastische Signale zu, die ja in technischen Anlagen sehr viel häufiger auftreten als streng periodische oder andere deterministische Vorgänge; nur waren lange Zeit die mathematischen Hilfsmittel zur Beschreibung regelloser Signale nicht hinreichend aufbereitet, und man mußte sich mit der Verbindung der Systemtheorie mit der Theorie der deterministischen Signale zufriedengeben.

2. Modellvorstellung über die Entstehung von Rauschsignalen

Wir werden an zwei Beispielen mit allgemeiner Aussagekraft darlegen, wie nutzbringend die schon erwähnte Modellvorstellung über das Zustandekommen verhältnismäßig komplizierter stochastischer Signalformen für die Berechnung der statistischen Kennfunktionen ist.

Beispiel 1:

Es sei die Aufgabe gestellt, Autokorrelationsfunktion und Leistungsspektrum der regellosen Impulsfolge von Bild IX.3 zu berechnen. Die Eigenschaften dieses Signals werden durch zwei Charakteristika im Zeitbereich festgelegt:

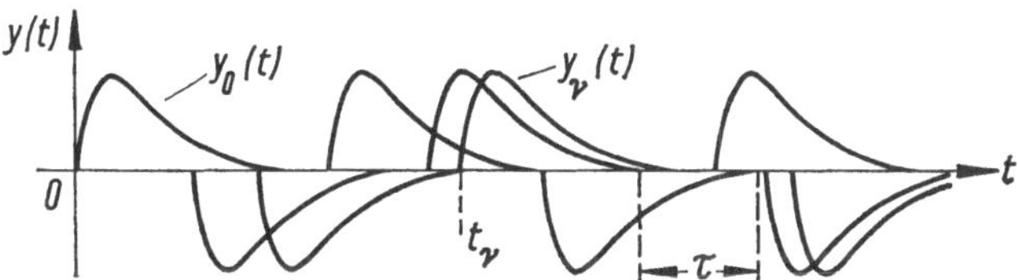

Bild IX.3. Elemente eines stochastischen Signals, bestehend aus deterministischen Impulsen, deren Auftrittswahrscheinlichkeit durch eine POISSON-Verteilung gegeben ist.

a) Die einzelnen Impulse haben die analytische Form

$$y_\nu(t) = 1(t - t_\nu) \cdot h_0 \cdot \mathrm{e}^{-\alpha \cdot (t - t_\nu)} \cdot (t - t_\nu).$$

b) Positive und negative Impulse treten mit der gleichen Wahrscheinlichkeit auf, und die Zeitpunkte t_ν, in welchen die Impulse einsetzen, gehorchen einer POISSON-Verteilung:

$$p(n, \tau) = \frac{(k \cdot \tau)^n}{n!} \cdot \mathrm{e}^{-k\tau} \qquad n = 1, 2, 3, \ldots$$

Diese Funktion gibt die Wahrscheinlichkeit dafür an, daß innerhalb eines Zeitintervalles der Dauer τ gerade n Impulse vorkommen; k ist die mittlere Zahl der Impulse pro Zeiteinheit.

In Bild IX.3 sind nur die Elementarimpulse dargestellt, der endgültige Verlauf des Signals $y(t)$ ergibt sich durch Überlagerung dieser Teilvorgänge. Diesen verhältnismäßig komplizierten Vorgang führen wir durch ein einfaches Gedankenexperiment auf ein Signal zurück, dessen statistische Eigenschaften bekannt sind. Den Übergang von diesem zu dem vorliegenden Signal $y(t)$ erreichen wir durch ein passendes lineares Filter, das eine bestimmte Impulsverformung vornimmt.

Aus der Impulsfolge $y(t)$ kann man ein für die analytische Behandlung einfacheres Signal bilden, indem man zu den regellos verteilten Zeitpunkten t_ν nicht die deterministischen Impulse $y_\nu(t)$, sondern die Einheitsimpulse

$$\delta_\nu(t) = \delta(t - t_\nu)$$

auftreten läßt. Dann ergibt sich eine regellose Folge $x_\nu(t)$ von Deltafunktionen, deren Auftreten durch die gleiche POISSON-Verteilung $p\,(n, \tau)$ bestimmt wird wie das Auftreten der Impulse $y_\nu(t)$, siehe Bild IX.4. Ausgehend von der

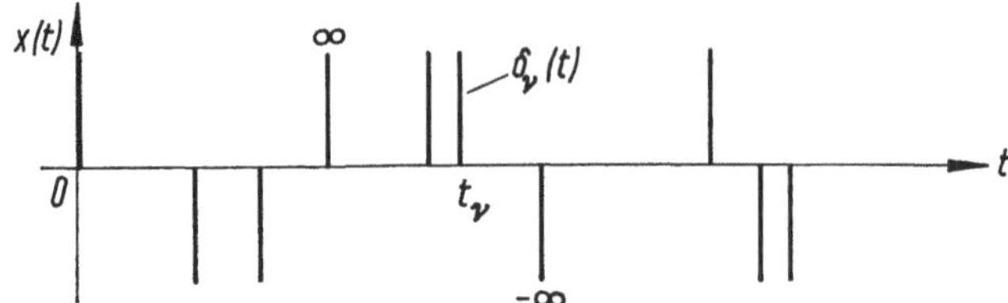

Bild IX.4. Hilfssignal zur Erzeugung des Signals von Bild IX.3 über ein lineares Formfilter.

POISSON-Verteilung der Zeitpunkte t_ν kann man über die Ensemble-Definition die Autokorrelationsfunktion der Impulsfolge $x_\nu(t)$ berechnen [7], und es ergibt sich

$$\Phi_{xx}(\tau) = k \cdot \delta(\tau).$$

Dieses Ergebnis zeigt, daß man eine regellose Folge von Impulsen nach Bild IX.4 als eine der beliebig vielen Realisierungsmöglichkeiten für ein weißes Geräusch ansehen kann, dessen Eigenschaften unabhängig von der Signalform durch eine deltafunktionsartige Autokorrelationsfunktion oder ein frequenzunabhängiges Leistungsspektrum gekennzeichnet werden.

Nachdem wir anstelle von $y(t)$ das einfachere Signal $x(t)$ eingeführt haben, bleibt noch die Frage zu beantworten, durch welches lineare Filter die Impulsfolge $x(t)$ in das ursprüngliche Signal $y(t)$ verformt wird. Hier hilft die folgende einfache Überlegung: das Signal $x(t)$ besteht aus einer regellosen Folge von Deltafunktionen; die Reaktion eines linearen Systems auf einen Einheitsimpuls $\delta(t)$ ist die Gewichtsfunktion $G(t)$ des Systems (Bild IX.5), folglich muß ein Filter mit der Gewichtsfunktion

$$G(t) = y_0(t) = 1(t) \cdot h_0 \cdot t \cdot e^{-\alpha t}$$

die Impulsfolge $x(t)$ zu der Folge $y(t)$ verformen. Jetzt kann man ohne weiteres mit Hilfe der Systemtheorie für regellose Vorgänge die Autokorrelationsfunktion des Ausgangssignals $y(t)$ nach Gleichung (VIII.12) berechnen:

$$\Phi_{yy}(\tau) = k \cdot \int_0^\infty G(u) \cdot G(u + \tau)\, \mathrm{d}u.$$

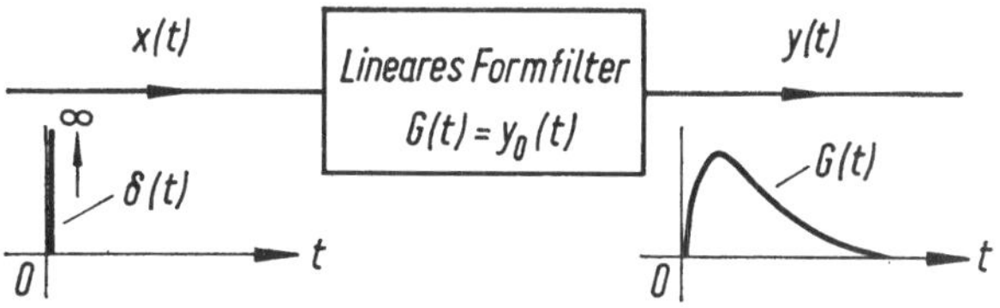

Bild IX.5. Lineares Formfilter zur Erzeugung eines stochastischen Signals mit vorgeschriebenen deterministischen Elementen.

Wenn man beachtet, daß das letzte Integral die Autokorrelationsfunktion des Impulses $y_0(t)$ ist, so lautet das Ergebnis:

$$\Phi_{yy}(\tau) = k \cdot \Phi_{y_0 y_0}(\tau).$$

Die Autokorrelationsfunktion des stochastischen Signals $y(t)$ hat also die Form eines Produktes, der Faktor k enthält die statistischen Eigenschaften der POISSON-Verteilung der Zeitpunkte t_ν, während die Autokorrelationsfunktion $\Phi_{y_0 y_0}(\tau)$ die Eigenschaften des deterministischen Einzelimpulses beschreibt. Eine einfache Rechnung ergibt für diese Autokorrelationsfunktion:

$$\Phi_{yy}(\tau) = k \cdot h_0^2 \cdot \int_0^\infty 1(u) \cdot 1(u + \tau) \cdot \mathrm{e}^{-\alpha \cdot (2u+\tau)} \cdot u \cdot (u + \tau)\, \mathrm{d}u$$

$$= k \cdot h_0^2 \cdot \mathrm{e}^{-\alpha\tau} \cdot \int_0^\infty \mathrm{e}^{-2\alpha u} \cdot (u^2 + \tau u)\, \mathrm{d}u,$$

und mit der Integraldarstellung

$$\int_0^\infty \mathrm{e}^{-\alpha x} \cdot x^{n-1}\, \mathrm{d}x = \frac{1}{a^n} \cdot \Gamma(n)$$

erhält man:

$$\Phi_{yy}(\tau) = k \cdot h_0^2 \cdot \mathrm{e}^{-\alpha\tau} \cdot \left\{ \frac{1}{(2\alpha)^3} \cdot \Gamma(3) + \frac{\tau}{(2\alpha)^2} \cdot \Gamma(2) \right\}$$

$$\Phi_{yy}(\tau) = k \cdot \frac{h_0^2}{4\alpha^3} \cdot \mathrm{e}^{-\alpha|\tau|} \cdot \left(1 + \alpha|\tau|\right).$$

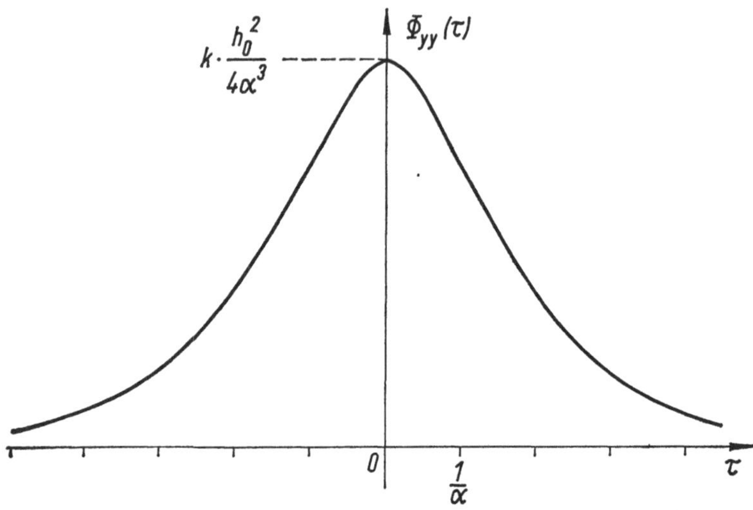

Bild IX.6. Autokorrelationsfunktion des Signals von Bild IX.3 am Ausgang des Formfilters.

Diese Funktion ist in Bild IX.6 dargestellt. Das zugehörige Leistungsspektrum könnte man unmittelbar durch die WIENER-KHINTCHINE-Transformation aus $\Phi_{yy}(\tau)$ gewinnen, wir stellen jedoch zur besseren Einsicht in die Zusammenhänge eine direkte Beziehung zu dem Impuls $y_0(t)$ her:

$$S_{yy}(\omega) = |F(i\omega)|^2 \cdot S_{xx}(\omega)$$

mit

$$S_{xx}(\omega) = \frac{k}{\pi} \cdot \int_{-\infty}^{+\infty} \mathrm{e}^{-i\omega\tau} \cdot \delta(\tau)\,\mathrm{d}\tau$$

$$S_{xx}(\omega) = \frac{k}{\pi}.$$

Der Frequenzgang $F(i\omega)$ ergibt sich aus der Gewichtsfunktion $G(t) = y_0(t)$ des Filters:

$$F(i\omega) = \int_0^{\infty} \mathrm{e}^{-i\omega t} \cdot y_0(t)\,\mathrm{d}t$$

$$= \sqrt{2\pi} \cdot b_0(\omega),$$

wobei

$$b_0(\omega) = \frac{1}{\sqrt{2\pi}} \cdot \int_0^{\infty} \mathrm{e}^{-i\omega t} \cdot y_0(t)\,\mathrm{d}t$$

das komplexe Amplitudenspektrum des deterministischen Impulses ist. Wir erhalten also für das Leistungsspektrum des Signals $y(t)$:

$$S_{yy}(\omega) = 2k \cdot |b_0(\omega)|^2,$$

$$b_0(\omega) = \frac{1}{\sqrt{2\pi}} \cdot \frac{h_0}{(\alpha + i\omega)^2},$$

$$S_{yy}(\omega) = \frac{k}{\pi} \cdot \frac{h_0{}^2}{(\alpha^2 + \omega^2)^2}.$$

Auch bei diesem Leistungsspektrum läßt sich eine Aufspaltung in dem Sinne vornehmen, daß k als mittlere Zahl der Impulse pro Zeiteinheit in Verbindung mit der POISSON-Verteilung der Zeitpunkte t_ν die statistischen Eigenschaften der Impulsfolge beschreibt, während die frequenzabhängige Funktion $\left|b_0(\omega)\right|^2$ die Charakteristika des deterministischen Elementarimpulses enthält.

Beispiel 2:
Gegeben sei eine alternierende Folge von Exponentialimpulsen der Form

$$y_\nu(t) = 1(t - t_\nu) \cdot h_0 \cdot e^{-(t-t_\nu)/T},$$

wobei die Zeitpunkte t_ν wieder durch eine POISSON-Verteilung festgelegt sein mögen, siehe Bild IX.7. Ähnlich wie im vorangegangenen Beispiel denkt man

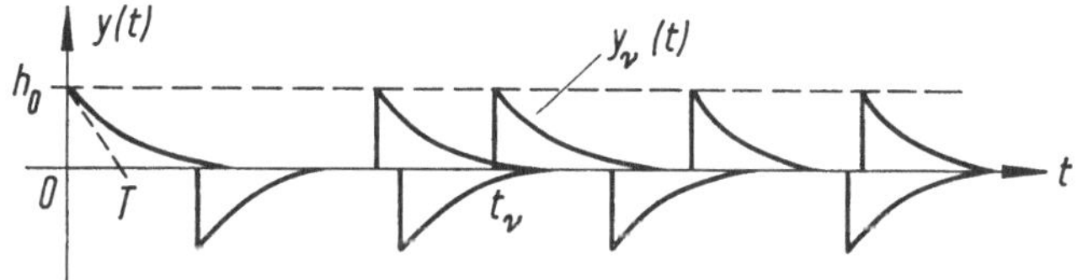

Bild IX.7. Stochastisches Signal, bestehend aus regellos auftretenden Exponentialimpulsen.

sich diese Impulsfolge aus einer alternierenden Folge $x(t)$ von Einheitsimpulsen der Form

$$\delta_\nu(t) = \delta(t - t_\nu)$$

mit den gleichen t_ν wie in Bild IX.7 entstanden, siehe Bild IX.8. Dazu ist offensichtlich ein Filter mit der Gewichtsfunktion

$$G(t) = y_0(t) = 1(t) \cdot h_0 \cdot e^{-t/T}$$

erforderlich, das sich durch die einfache Schaltung nach Bild IX.9 verwirklichen läßt. Wenn man die Autokorrelationsfunktion $\Phi_{xx}(\tau)$ der Einheitsimpulsfolge

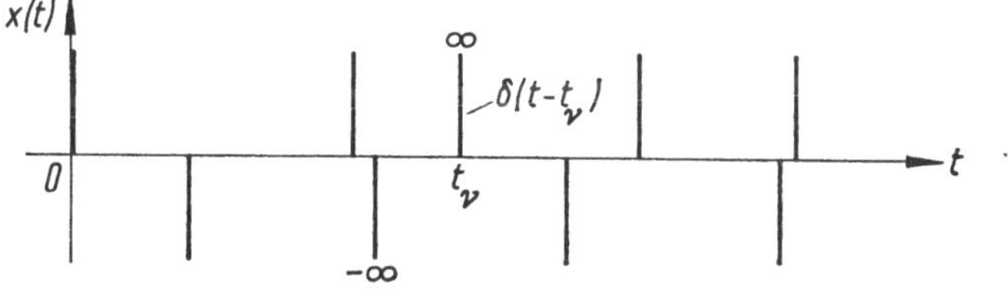

Bild IX.8. Erzeugende Impulse des Signals von Bild IX.7.

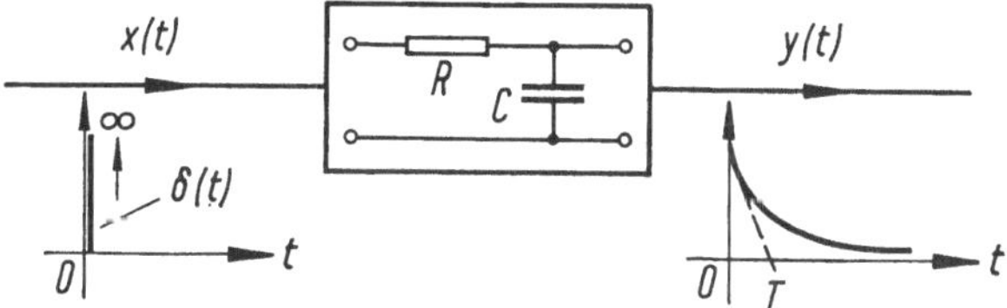

Bild IX.9. Formfilter zur Erzeugung der regellosen Folge von Exponentialimpulsen.

kennt, dann wird die Korrelationsfunktion des Ausgangssignals $y(t)$ nach
Gl. (VIII.12a):

$$\Phi_{yy}(\tau) = \int\limits_{-\infty}^{+\infty} \Phi_{GG}(t) \cdot \Phi_{xx}(\tau - t)\, dt. \qquad (IX.1)$$

Wir berechnen zuerst die Funktion

$$\Phi_{GG}(t) = h_0{}^2 \cdot \int\limits_{0}^{\infty} e^{-u/T} \cdot e^{-(u+|t|)/T}\, du$$

$$= h_0{}^2 \cdot T \cdot e^{-|t|/T}.$$

Die Autokorrelationsfunktion der alternierenden Einheitsimpulsfolge ist bei
[7] ausführlich abgeleitet und lautet

$$\Phi_{xx}(\tau) = k \cdot \{\delta(\tau) - k \cdot e^{-2k \cdot |\tau|}\}.$$

Ein Vergleich mit den Ergebnissen für einfache Filterschaltungen [10] lehrt,
daß die Impulsfolge $x(t)$ den Charakter eines Hochpaßrauschens besitzt (Bild
IX.10), ein immerhin bemerkenswertes Ergebnis, das der regellosen Impuls-

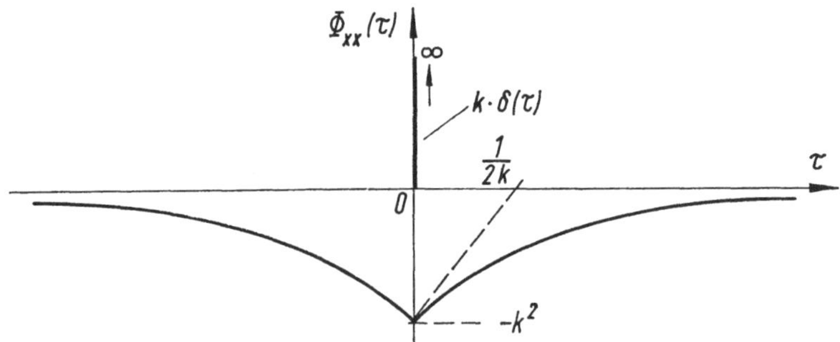

Bild IX.10. Autokorrelationsfunktion der erzeugenden Impulsfolge, die als Realisierung eines Hochpaß-
geräusches angesehen werden kann.

folge keineswegs anzusehen ist. Sie unterscheidet sich von dem Signal $x(t)$ nach
Bild IX.4 des vorigen Beispiels nur durch den alternierenden Charakter, und
jenes Signal ist eine „Realisierung" für ein weißes Geräusch.
Wertet man das Integral (IX.1) aus, so ergibt sich:

$$\Phi_{yy}(\tau) = k \cdot \int\limits_{-\infty}^{+\infty} \Phi_{GG}(t) \cdot \{\delta(\tau - t) - k \cdot e^{-2k \cdot |\tau - t|}\}\, dt$$

$$= k \cdot \Phi_{GG}(\tau) - k^2 \cdot \int\limits_{-\infty}^{+\infty} \Phi_{GG}(t) \cdot e^{-2k \cdot |\tau - t|}\, dt.$$

Dieser Ausdruck gilt noch ganz allgemein für eine stochastische alternierende Impulsfolge mit einer POISSON-Verteilung der Zeitpunkte t_ν für deterministische Elementarimpulse der vorgegebenen Form

$$y_\nu(t) = G_\nu(t).$$

Für das vorliegende Beispiel der Exponentialimpulse wird

$$\int\limits_{-\infty}^{+\infty} \Phi_{GG}(t) \cdot e^{-2k\cdot|\tau-t|}\, dt = h_0^2 \cdot T \cdot \int\limits_{-\infty}^{+\infty} e^{|t|/T} \cdot e^{-2k\cdot|\tau-t|}\, dt$$

$$= \frac{h_0^2 \cdot T}{\dfrac{1}{T^2} - 4k^2} \cdot \left\{ \frac{2}{T} \cdot e^{-2k\cdot|\tau|} - 4k \cdot e^{-|\tau|/T} \right\},$$

und daraus folgt

$$\Phi_{yy}(\tau) = \frac{k}{1 - 4k^2 T^2} \cdot \left\{ \frac{1}{T} \cdot e^{-|\tau|/T} - 2k \cdot e^{-2k\cdot|\tau|} \right\},$$

wobei für das RC-Filter $h_0 = 1/T$ gesetzt wurde.

Zur Berechnung des Leistungsspektrums beschreiten wir wieder den allgemeinen Weg, der von der Beziehung (IX.1) ausgeht und im Frequenzbereich auf die Gleichung

$$S_{yy}(\omega) = S_{GG}(\omega) \cdot S_{xx}(\omega) \tag{IX.2}$$

führt.

Wenn es auch die formale Symbolik nahelegt, so sollte man doch vermeiden, die Funktion $S_{GG}(\omega)$ als Leistungsspektrum einer Gewichtsfunktion $G(t)$ zu bezeichnen; die Gewichtsfunktion ist ursprünglich durch die Vorschrift

$$G(t) = y_0(t),$$

also letzten Endes durch die Forderung bestimmter Signaleigenschaften eingeführt worden. Wie im vorigen Beispiel gilt wieder für den Frequenzgang des impulsformenden Filters

$$F(i\omega) = \sqrt{2\pi} \cdot b_0(\omega),$$

und für das aperiodische Signal $y_0(t)$ geht Gleichung (IX.2) über in

$$S_{yy}(\omega) = |F(i\omega)|^2 \cdot S_{xx}(\omega)$$

$$S_{yy}(\omega) = 2\pi \cdot |b_0(\omega)|^2 \cdot S_{xx}(\omega). \tag{IX.2a}$$

Auch in dieser Darstellung sind deterministische und stochastische Kenngrößen getrennt erkennbar. Der vorgegebene Exponentialimpuls

$$y_0(t) = \frac{1(t)}{T} \cdot e^{-t/T}$$

hat das komplexe Amplitudenspektrum

$$b_0(\omega) = \frac{1}{\sqrt{2\pi}} \cdot \frac{1}{1 + i\omega T},$$

die alternierende Folge von Einheitsimpulsen am Filtereingang wird durch das Leistungsspektrum

$$S_{xx}(\omega) = \frac{k}{\pi} \cdot \left\{ 1 - \frac{4k^2}{4k^2 + \omega^2} \right\},$$

$$= \frac{k}{\pi} \cdot \frac{\omega^2}{4k^2 + \omega^2}$$

beschrieben, so daß wir schließlich das Ergebnis

$$S_{yy}(\omega) = \frac{1}{1 + \omega^2 T^2} \cdot \frac{\dfrac{k}{\pi} \cdot \omega^2}{4k^2 + \omega^2}$$

erhalten.

Für die in diesem Abschnitt behandelten Signaltypen ist charakteristisch, daß sie sich aus *deterministischen Elementarimpulsen* zusammensetzen, deren Auftreten über der Zeit durch *statistische Gesetzmäßigkeiten* gekennzeichnet wird. Eine Zusammenstellung anderer Beschreibungsmöglichkeiten, die von den Verteilungsdichten und von den charakteristischen Funktionen Gebrauch machen, findet man ausführlich in der Literaturstelle [25] behandelt.

3. Klassifizierung durch die Angabe von Verteilungsfunktionen

Sowohl bei theoretischen als auch bei praktischen Überlegungen gibt es Fälle, in welchen die Verteilung oder die Verteilungsdichte der Signalamplituden von Bedeutung sind. Solange man sich auf Vorgänge mit GAUSSschem Charakter beschränkt, genügen zur Signalkennzeichnung die Korrelationsfunktionen. Solche Vorgänge kommen zwar in der Natur und in der Technik weitaus am häufigsten vor, sie stellen jedoch im Rahmen der allgemeinen Theorie nur eine bestimmte Klasse dar, Bild IX 11 a.

Schon im Bereich der linearen Systemtheorie hat man u. U. Veranlassung, sich mit Amplitudenverteilungen zu befassen, denn wenn die Eingangssignale keine GAUSS-Verteilung besitzen, tritt im allgemeinen eine Verformung der Verteilungsdichtefunktionen durch die linearen Systeme auf, so daß eine Art „Nichtlinearität" vorgetäuscht werden kann, Bild IX.11 b, [80].

Wenn man zur Betrachtung nichtlinearer Systeme mit stochastischen Eingangssignalen übergeht (Bild IX.11 c), tritt die Bedeutung der Verteilungsdichtefunktionen wegen der amplitudenverfälschenden Eigenschaften der Systeme naturgemäß wieder in den Vordergrund, und zwar auch bei GAUSSschen Prozessen. In solchen Fällen ist es durchaus naheliegend, Signale durch ihre Verteilungen zu klassifizieren. Bei der Behandlung nichtlinearer Systeme werden diese Gesichtspunkte wieder aufgegriffen werden.

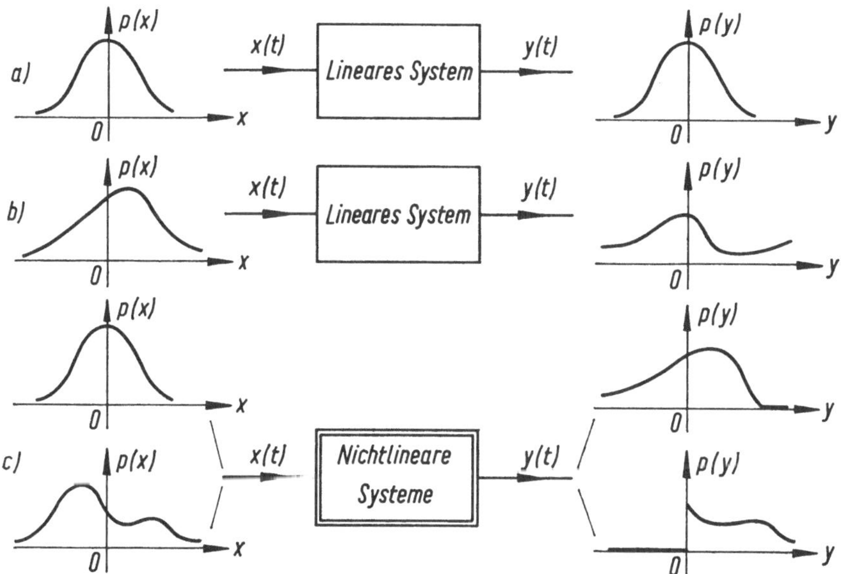

Bild IX.11. Möglichkeiten der Verformung von Verteilungsdichtefunktionen durch lineare und nichtlineare Systeme.

4. Klassifikation durch Leistungsspektren

Aus den bisherigen Ausführungen geht deutlich hervor, daß man Signale und Systeme nur selten isoliert betrachtet. In diesem Sinne sind Signale praktisch immer *Träger von Informationen über Systemeigenschaften*, und es ist naheliegend, zur Klassifizierung von Signalen die Charakteristika von Systemen heranzuziehen, die solche Signale erzeugen.

4.1 Das weiße Geräusch

Den Ausgangspunkt für derartige Überlegungen bildet ein entarteter stochastischer Prozeß, den wir bereits in Abschnitt 2.2 von Teil VII eingeführt haben. Er ist durch ein frequenzunabhängiges Leistungsspektrum gekennzeichnet und bietet somit eine vollkommen gleichmäßige und „unverfälschte" Information an, mit der man nicht nur sehr anschaulich, sondern darüber hinaus analytisch bequem operieren kann (Bild IX.12). Die einfache Form

$$S_{xx}(\omega) = S_0$$

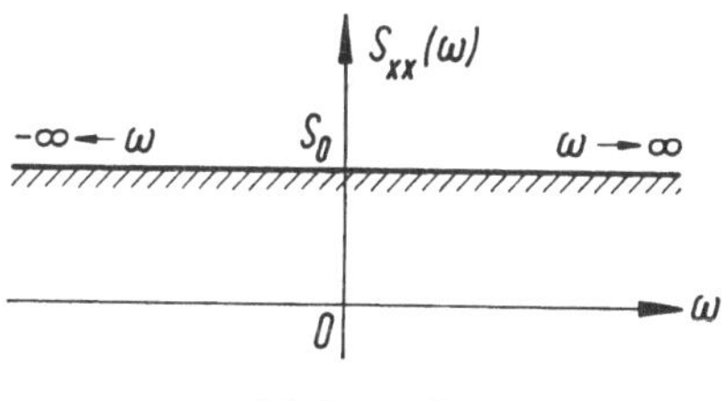

Bild IX.12. Frequenzunabhängige spektrale Leistungsdichte des weißen Geräuschs.

des Leistungsspektrums geht sofort verloren, wenn man kleinere Schwankungen der Leistungsverteilung über der Frequenz zuläßt, wie dies bei praktisch verfügbaren Rauschquellen immer der Fall ist. Betrachtet man anstelle der konstanten Leistungsdichte einen Verlauf nach Bild IX.13 mit

$$S_{xx}(\omega) = S_0 + f(\omega),$$

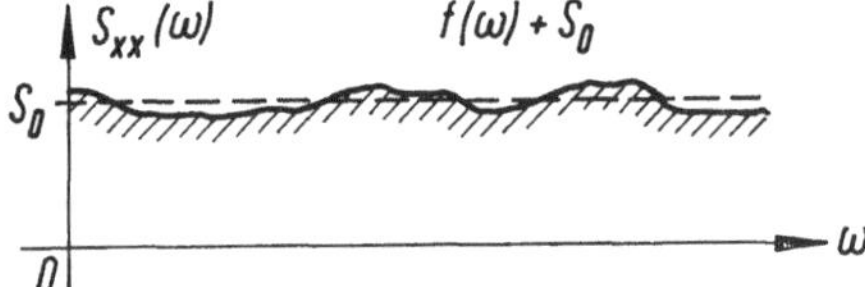

Bild IX.13. Modifiziertes Leistungsspektrum eines weißen Geräuschs mit Schwankungen um einen Mittelwert S_0.

wobei $f(\omega)$ die Schwankungen um den konstanten Mittelwert S_0 angibt, so lautet die zugehörige Autokorrelationsfunktion:

$$\Phi_{xx}(\tau) = \pi S_0 \cdot \delta(\tau) + \int\limits_0^\infty f(\omega) \cdot \cos \omega\tau \, d\omega.$$

Der singuläre Anteil $\delta(\tau)$ in $\Phi_{xx}(\tau)$ bleibt erhalten, weil der Mittelwert S_0 für alle ω der gleiche bleibt; nur wenn die Schwankungen um S_0 hinreichend klein sind, kann man den Vorgang noch als weißes Geräusch auffassen und ihn als einfache Ausgangsbasis für die Definition weiterer Rauschsignale benutzen. In Teil VII.2.2 wurde bereits darauf hingewiesen, daß das weiße Geräusch nicht den Charakter eines Elementarvorganges hat, aus dem man kompliziertere Rauschsignale aufbauen kann; es ist vielmehr gerade umgekehrt: dem harmlosen konstanten Verlauf des Leistungsspektrums entspricht ein außerordentlich komplizierter Zeitvorgang, der sich unserer Anschauung je nach der gedachten Realisierung u. U. vollständig entzieht. Da die Kohärenz des weißen Geräusches gleich Null ist, kann man es grundsätzlich nicht durch eine regellos verlaufende und im Kleinen stetige Funktion realisieren, weil bei einer solchen die völlige statistische Unabhängigkeit beliebig eng benachbarter Funktionswerte gar nicht bestehen kann. Vorstellungsmäßig hilft hier schon eher das Signal weiter, das aus einer regellosen Folge von Einheitsimpulsen besteht, deren Auftreten einer POISSON-Verteilung gehorcht (Bild IX.14), und das durch die Kenngrößen

$$S_{xx}(\omega) = \frac{k}{\pi} \quad \text{und} \quad \Phi_{xx}(\tau) = k \cdot \delta(\tau)$$

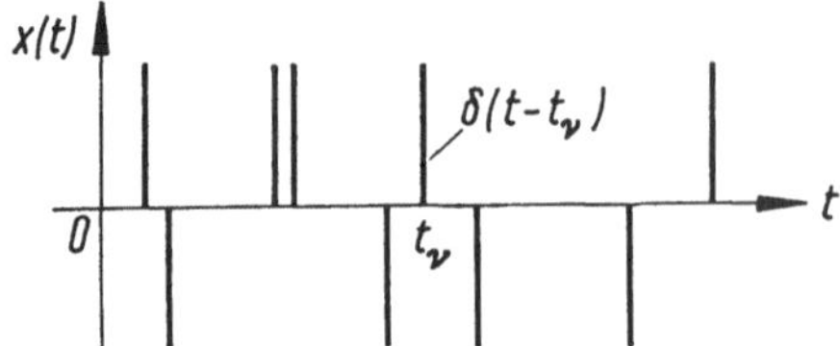

Bild IX.14. Modellsignal mit den Eigenschaften eines weißen Geräusches.

beschrieben wird, vgl. Beispiel 1 von Abschnitt 2 dieses Teiles. Wegen seiner fundamentalen Bedeutung als ein Signal mit völlig gleichmäßiger Leistungsverteilung über ω sehen wir das weiße Geräusch als einen der *Grundtypen stochastischer Signale* an. Bei jeder Art von Verformung des Leistungsspektrums durch Filter mit endlichen Durchlaßbereichen entstehen aus dem weißen Geräusch grundsätzlich einfachere Signale mit endlicher Kohärenz, d. h. mit vorhersagbaren Bestandteilen.

4.2 Breitbandrauschen

Bei allen Annehmlichkeiten des weißen Geräusches für theoretische Untersuchungen bleibt doch der Nachteil bestehen, daß es sich um einen technisch nicht realisierbaren Vorgang handelt. Für praktische Untersuchungen genügt es, wenn ein stochastisches Signal mit einer oberen Grenzfrequenz ω_g zur Verfügung steht, die genügend groß ist gegen die obere Grenzfrequenz ω_0 der beteiligten Übertragungssysteme. Dadurch hat man einen Rauschprozeß zur Hand, der technisch zu verwirklichen ist, ohne daß man auf die Vorteile der Eigenschaften des weißen Geräusches bei der analytischen Behandlung zu verzichten braucht; denn wenn die zur Diskussion stehenden beiden oberen Grenzfrequenzen ω_0 und ω_g genügend weit auseinander liegen, dann reagiert das System auf das Breitbandsignal nicht anders als auf ein weißes Geräusch. Bild IX.15 zeigt das Leistungsspektrum eines Breitbandsignals, zur Kenn-

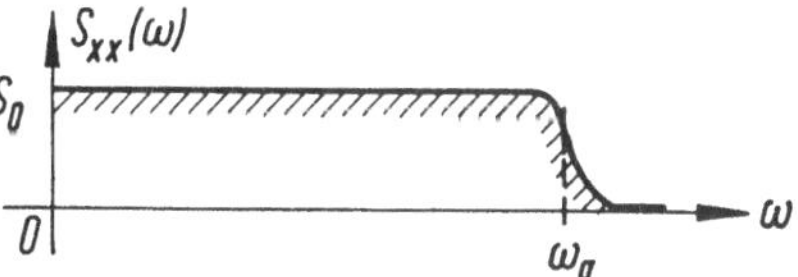

Bild IX.15. Spektrale Leistungsdichte eines breitbandigen Rauschsignals mit frequenz-
unabhängigem Verlauf bis zu einer
oberen Grenzfrequenz.

zeichnung genügen die Größen S_0 und ω_g. Die Art der Signalbandbegrenzung spielt im Frequenzbereich unter den formulierten Voraussetzungen keine entscheidende Rolle, sie wirkt sich viel deutlicher auf den Verlauf der Autokorrelationsfunktion aus, die mit zunehmender Flankensteilheit des Abfalles bei der Grenzfrequenz oszillatorischen Charakter annimmt [10]. Eine weitaus größere Gruppe von Rauschsignalen behandeln wir in dem folgenden Teil X, wobei das Filterproblem gegenüber dem Gesichtspunkt der Klassifizierung in den Vordergrund rückt.

X. Gefiltertes Rauschen

1. Formfilter für Rauschsignale

Unter der folgenden Gruppe von stochastischen Vorgängen wollen wir Signale verstehen, die als Ausgangsgrößen linearer Filter definiert sind, wenn ein weißes Geräusch als Eingangssignal vorliegt, Bild X.1. In diesem Sinne ist

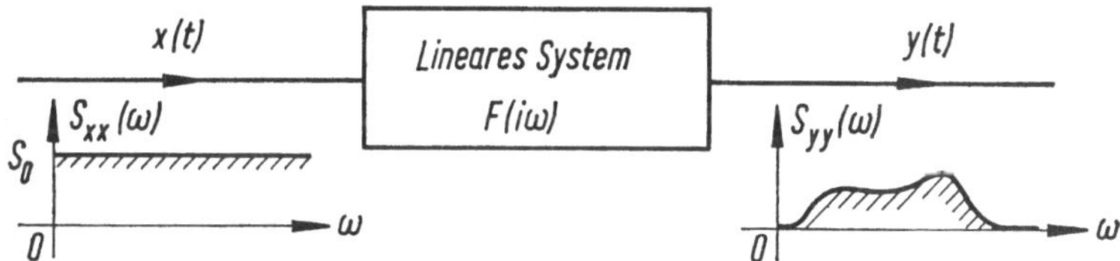

Bild X.1. Zur Wirkungsweise eines linearen Formfilters.

auch das bereits behandelte Breitbandrauschen ein gefiltertes weißes Geräusch, wir haben es lediglich als Bindeglied zwischen dem nicht realisierbaren weißen Geräusch und den technisch zu verwirklichenden Vorgängen mit ähnlichen Eigenschaften herausgestellt. Mit den gefilterten Geräuschen werden im Prinzip alle technischen Signale erfaßt, und zwar auf eine recht anschauliche Weise: jedes stochastische Signal mit gegebenen Kennfunktionen $S_{yy}(\omega)$ oder $\Phi_{yy}(\tau)$ kann man sich durch einen passenden Filterprozeß aus einem weißen Geräusch entstanden denken. Die Beziehung (VIII.12b),

$$S_{yy}(\omega) = |F(i\omega)|^2 \cdot S_{xx}(\omega)$$

läßt erkennen, wie man ein gewünschtes Leistungsspektrum $S_{yy}(\omega)$ bei vorgegebenen Eigenschaften eines Signals $x(t)$ durch ein lineares „Formfilter" erzeugen kann. Man erhält den Betrag des Formfilterfrequenzganges aus

$$|F(i\omega)| = \sqrt{\frac{S_{yy}(\omega)}{S_{xx}(\omega)}},$$

oder für ein weißes Geräusch als Eingangssignal:

$$|F(i\omega)| = \frac{1}{\sqrt{S_0}} \cdot \sqrt{S_{yy}(\omega)}.$$

Die Wurzel aus dem gesuchten Leistungsspektrum erhält man durch folgende Überlegungen: die Lösung des vorliegenden Filterproblems ist nur sinnvoll, wenn der Frequenzgang durch ein stabiles System realisiert werden kann. Dies schließt zwei Forderungen ein, die wir zuerst allgemein, dann an einem Beispiel diskutieren.

Ein lineares Formfilter kann man durch seine Gewichtsfunktion $G(t)$, seinen Frequenzgang $F(i\omega)$ oder durch seine komplexe Übertragungsfunktion $F(s)$ charakterisieren. Die Gewichtsfunktionen stabiler realisierbarer Systeme sind für negative Zeiten identisch Null und streben für $t \to \infty$ gegen Null, vgl. Bild X.2. Um eine saubere Trennung der Begriffe Realisierbarkeit und Stabili-

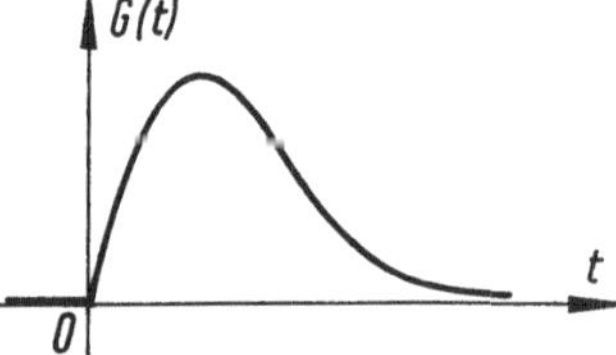

Bild X.2. Gewichtsfunktion eines realisierbaren, stabilen Systems:
$G(t) \equiv 0$ für $t < 0$
$G(t) \to 0$ für $t \to \infty$

tät zu erhalten, betrachten wir die Eigenschaften der Funktionen $F(i\omega)$ und $F(s)$. Zunächst einmal hat die Eigenschaft von $G(t)$, für negative Zeiten zu verschwinden, die Konsequenz, daß ihre FOURIER-Transformierte $F(i\omega)$ in der unteren Halbebene des komplexen Argumentes $\omega = u + iv$ keine Pole hat. Analog dazu gehört zu einer Zeitfunktion, die für positive Zeiten identisch Null ist, eine $\mathscr{F}$-Transformierte, die in der oberen ω-Halbebene keine Pole hat. Die Zeitfunktion $g_2(t)$ in Bild X.3b ist als Gewichtsfunktion eines Übertragungssystems nicht zu realisieren, weil sich ein Widerspruch gegen die Kausalitätsforderung ergeben würde, nach der ein System keine Reaktion auf ein Signal (bei Gewichtsfunktionen auf den Einheitsimpuls) zeigen kann, bevor dieses zur Einwirkung gekommen ist. Im Hinblick auf die Realisierbarkeit der Formfilter müssen wir also fordern, daß die Pole der Funktion $F(i\omega)$ ausschließlich in der oberen ω-Halbebene liegen.

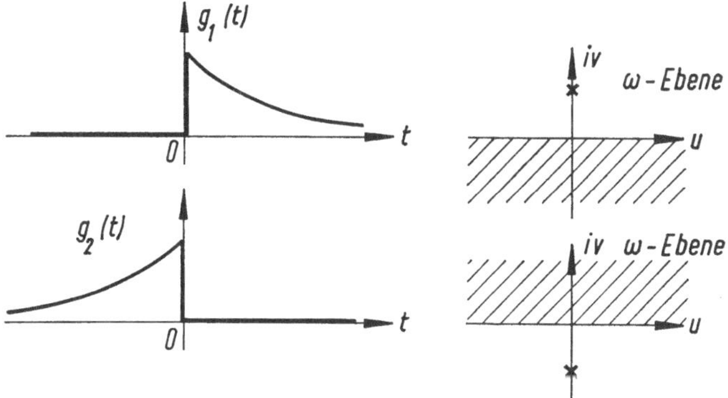

Bild X.3. Zur Frage der Realisierbarkeit im Zeitbereich und im Frequenzbereich: $g_1(t)$ realisierbar, $g_2(t)$ nicht realisierbar. Die Teilbilder rechts zeigen die Lage der zugehörigen Pole in der komplexen ω-Ebene.

Über die Frage nach der Stabilität entscheidet das Verhalten der Gewichtsfunktion für $t \to \infty$. Wenn sich $G(t)$ für $t \to \infty$ so verhält, daß das Integral

$$\int\limits_{0}^{\infty} |G(t)|\, \mathrm{d}t = \alpha$$

einen endlichen Wert α besitzt, dann konvergiert das $\mathscr{F}$-Integral von $G(t)$ im herkömmlichen Sinne, d. h. in der Transformierten $F(i\omega)$ treten keine Distributionen vom Charakter der Deltafunktion auf. In diesem Fall ist das System realisierbar und stabil.

Man kann jedoch zur Prüfung des Stabilitätsverhaltens auch die Funktion $F(s)$ heranziehen: die komplexen Übertragungsfunktionen stabiler Systeme besitzen in der rechten komplexen s-Halbebene einschließlich des Nullpunktes keine Pole (Bild X.4). Da man normalerweise mit der einseitigen LAPLACE-

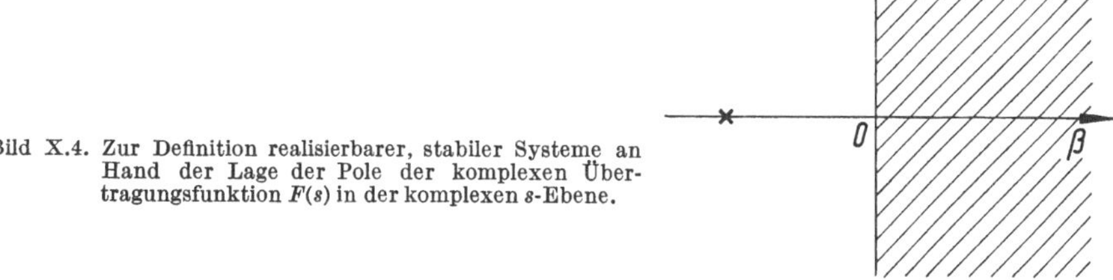

Bild X.4. Zur Definition realisierbarer, stabiler Systeme an Hand der Lage der Pole der komplexen Übertragungsfunktion $F(s)$ in der komplexen s-Ebene.

Transformierten operiert, die bereits der Realisierbarkeitsforderung Rechnung trägt, kann man feststellen, daß realisierbare stabile Übertragungssysteme durch komplexe Übertragungsfunktionen gekennzeichnet sind, die in der rechten s-Halbebene einschließlich des Nullpunktes keine Pole besitzen. Diese Aussage ist gleichbedeutend mit der Forderung, daß realisierbare stabile Systeme eine gewöhnliche FOURIER-Transformierte ihrer Gewichtsfunktion besitzen, die in der unteren ω-Halbebene keine Pole hat.

Beispiel 1:
Die Funktion

$$F(i\omega) = \frac{1}{1 + i\omega T}$$

besitzt einen Pol bei $\omega = i/T$ in der oberen ω-Halbebene und beschreibt ein realisierbares System, das außerdem stabil ist, weil $F(i\omega)$ keine Deltafunktionen enthält, bzw. weil $F(s)$ keine Pole in der rechten s-Halbebene hat. Andererseits gibt es kein realisierbares System, das die Funktion

$$F^*(i\omega) = \frac{1}{1 - i\omega T}$$

als Frequenzgang und damit $g_2(t)$ nach Bild X.5 als Gewichtsfunktion haben kann. Eine Fortsetzung der Exponentialfunktion $g_2(t)$ in den Bereich positiver t

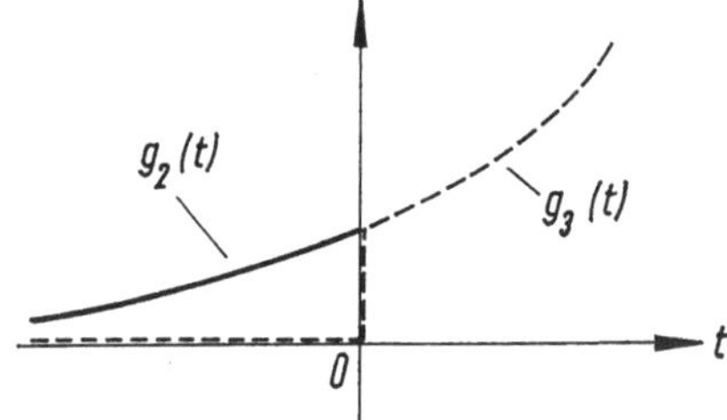

Bild X.5. Zeitfunktionen zur Erläuterung nicht realisierbarer und instabiler Systeme.

würde zu einem monoton instabilen System führen, dessen gewöhnliche $\mathscr{F}$-Transformierte nicht konvergiert, und dessen komplexe Übertragungsfunktion

$$F^*(s) = \frac{1}{1 - sT}$$

jedoch nur den Verlauf $g_3(t)$ für $t \geq 0$ erfaßt und einen Pol bei $s = 1/T$ in der rechten s-Halbebene hat. Die Übertragungsfunktion der Funktion $g_2(t)$ ist bei der einseitigen LAPLACE-Transformation identisch Null. Man erhält also in diesem Fall aus $F^*(s)$ für $s = i\omega$ keineswegs die $\mathscr{F}$-Transformierte der Zeitfunktion $g_3(t)$.

Nach dieser Zwischenbetrachtung kehren wir zu der Aufgabe zurück, die Wurzel aus dem Leistungsspektrum $S(\omega)$ zu ziehen. Wir gehen davon aus, daß realisierbare Leistungsspektren immer in die Produktform

$$S(\omega) = \Psi(i\omega) \cdot \Psi^*(i\omega) \tag{X.1}$$

gebracht werden können, wobei $\Psi(i\omega)$ und $\Psi^*(i\omega)$ zueinander konjugiert komplex sind. Die Funktion $\Psi(i\omega)$ hat keine Pole in der unteren ω-Halbebene, und $\Psi^*(i\omega)$ besitzt keine Pole in der oberen ω-Halbebene. Damit erhalten wir die Darstellung

$$|F(i\omega)| = \frac{1}{\sqrt{S_0}} \cdot \sqrt{|\Psi(i\omega)|^2}$$

$$= \frac{1}{\sqrt{S_0}} \cdot |\Psi(i\omega)|.$$

Offensichtlich kann man ein realisierbares Netzwerk finden, das die Funktion $|\Psi(i\omega)|$ als Amplitudengang besitzt, aber durch die Angabe des Betrages von Ψ oder F ist das System noch nicht eindeutig bestimmt. Vielmehr wird

$$F(i\omega) = \frac{1}{\sqrt{S_0}} \cdot |\Psi(i\omega)| \cdot e^{i\varphi(\omega)}, \qquad (\text{X.2a})$$

wobei der Phasengang $\varphi(\omega)$ noch nicht festgelegt ist. Man hat jetzt die Möglichkeit, durch die HILBERT-Transformation für $\ln|\Psi(i\omega)|$ den Phasengang $\varphi(\omega)$ so zu bestimmen, daß sich ein System mit minimaler Phasendrehung ergibt. Sollten Phasenkorrekturen erforderlich sein, so kann man durch das Zuschalten von Allpässen den Phasengang des Filters ändern, ohne den durch $|\Psi(i\omega)|$ gegebenen Amplitudengang zu beeinflussen. Damit ergibt sich für den Frequenzgang eines Formfilters die allgemeine Darstellung

$$F(i\omega) = \frac{1}{\sqrt{S_0}} \cdot \Psi(i\omega) \cdot A(i\omega), \qquad (\text{X.2b})$$

wobei $A(i\omega)$ den Frequenzgang eines Allpasses mit

$$|A(i\omega)| = 1$$

bedeutet. Für ein Formfilter mit minimaler Phasendrehung wird

$$F(i\omega) = \frac{1}{\sqrt{S_0}} \cdot \Psi(i\omega). \qquad (\text{X.2c})$$

Beispiel 2:
Der schon mehrfach herangezogene einstufige Tiefpaß (Filter 1 in Bild X.6) ist ein System mit minimaler Phasendrehung und hat die komplexe Übertragungsfunktion

$$\Psi(s) = \frac{1}{1 + sT_1}$$

sowie die exponentiell abfallende Gewichtsfunktion

$$G_1(t) = \frac{1(t)}{T_1} \cdot e^{-t/T_1}.$$

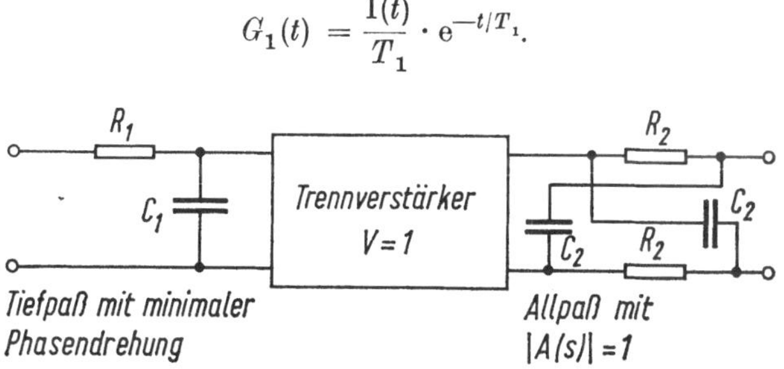

Bild X.6. Zweistufiges Formfilter mit Trennverstärker: Filter 1 ist ein Tiefpaß, Filter 2 ein Allpaß, der keine Amplitudenverformung ergibt.

Schaltet man über einen Trennverstärker das Allpaßfilter 2 (symmetrisches RC-Kreuzglied) mit der Übertragungsfunktion

$$A(s) = \frac{1 - sT_2}{1 + sT_2}$$

zu dem Tiefpaß in Reihe, so entsteht insgesamt ein Filter, das durch

$$F_3(s) = \frac{1}{1 + sT_1} \cdot \frac{1 - sT_2}{1 + sT_2}$$

beschrieben wird und den gleichen Amplitudengang besitzt wie der Tiefpaß, $|\Psi(s)| = |F_3(s)|$, aber einen anderen Phasengang. Die zusätzliche Phasendrehung hat zur Folge, daß die Gewichtsfunktion $G_3(t)$ einen ganz anderen Verlauf zeigt als $G_1(t)$, siehe Bild X.7. Die Gewichtsfunktion des Gesamtsystems hat die analytische Form

$$G_3(t) = \frac{1(t)}{T_2 - T_1} \cdot \left\{ \left(1 + \frac{T_2}{T_1}\right) \cdot e^{-t/T_1} - 2 \cdot e^{-t/T_2} \right\}.$$

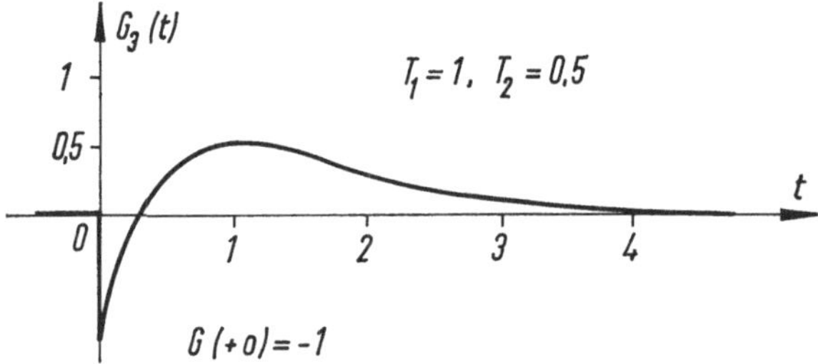

Bild X.7. Gewichtsfunktion des zweistufigen Formfilters mit Allpaßanteil, vgl. Bild X.6.

Diese Gewichtsfunktion ist charakteristisch für Systeme mit Allpaßeigenschaften. Dieses Beispiel wurde bewußt gewählt, um deutlich zu machen, daß bei aller Verschiedenheit der Gewichtsfunktionen $G_1(t)$ und $G_3(t)$ die Formfiltereigenschaften unverändert geblieben sind, weil der Allpaß nur den Phasengang beeinflußt, der für die Erzeugung eines gewünschten Wirkleistungsspektrums nicht entscheidend ist. Hierin unterscheiden sich Formfilter für stochastische Signale grundsätzlich von Filtern zur Verformung deterministischer Impulse. In Bild X.8 ist ein allgemeiner Fall der Erzeugung eines

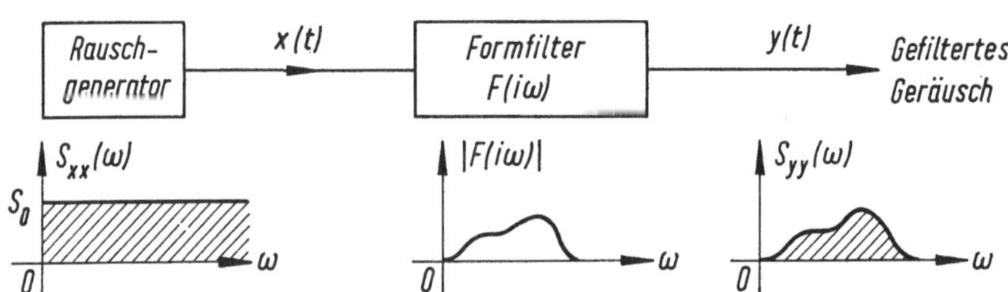

Bild X.8. Allgemeine Anordnung zur Erzeugung eines gefilterten Geräusches.

stochastischen Signals mit vorgegebenem Leistungsspektrum mittels eines Formfilters aus einem weißen Geräusch dargestellt. In der Klassifizierung der regellosen Vorgänge nehmen diese Signale naturgemäß einen besonders breiten Raum ein. Neben der Bezeichnung „gefiltertes Rauschen" benutzt man im angelsächsischen Schrifttum auch den Terminus „farbiges Rauschen". Diese Bezeichnung ist ebenso wie der Begriff „weißes Geräusch" in Analogie zu

optischen Erscheinungen geprägt worden, hat aber leider einige Autoren von
Aufsätzen und Firmenschriften dazu verleitet, ein „rosa Rauschen" und ähnliches einzuführen, was hoffentlich nicht zu weiteren Prägungen dieser Ge-
schmacksrichtung innerhalb der Regenbogenfarben führt.

Beispiel 3:

Gegeben sei ein Rauschgenerator, der ein sehr breitbandiges stochastisches
Signal $x(t)$ erzeugt. Dieses Breitbandsignal soll in ein Rauschen mit der Autokorrelationsfunktion

$$\Phi_{yy}(\tau) = \Phi(0) \cdot e^{-|\tau|/T} \cdot \left(1 + \frac{|\tau|}{T}\right)$$

verformt werden, wobei

$$\Phi(0) = \frac{\pi S_0}{4T}$$

ist. Man berechnet zunächst über die WIENER-KHINTCHINE-Transformation
das zugehörige Leistungsspektrum

$$S_{yy}(\omega) = \frac{S_0}{(1 + \omega^2 T^2)^2},$$

und bildet daraus die Produktform

$$S_{yy}(\omega) = \Psi(i\omega) \cdot \Psi^*(i\omega)$$

$$= \frac{\sqrt{S_0}}{(1 + i\omega T)^2} \cdot \frac{\sqrt{S_0}}{(1 - i\omega T)^2}.$$

Die Funktion $\Psi(i\omega)$ besitzt einen Doppelpol auf der imaginären Achse bei
$\omega = i/T$, während $\Psi^*(i\omega)$ einen Doppelpol an der Stelle $\omega = -i/T$ hat. Für
die Realisierung kommt also nur die Funktion $\Psi(i\omega)$ in Frage. Da das Formfilter nur für die Erzeugung eines stochastischen Signals mit vorgegebenem
Wirkleistungsspektrum dienen soll, bestehen keine zusätzlichen Forderungen
bezüglich des Phasenganges, und aus Gleichung (X.2c) folgt für ein System
mit minimaler Phasendrehung:

$$F(i\omega) = \frac{1}{(1 + i\omega T)^2}.$$

Ein Filter mit diesem Frequenzgang läßt sich, wenn man auf einen Trennverstärker verzichten will, näherungsweise durch eine Schaltung nach Bild X.9
verwirklichen, wobei die Zeitkonstante der beiden Teilfilter jeweils zu $T = 0{,}1$ s
gewählt ist.

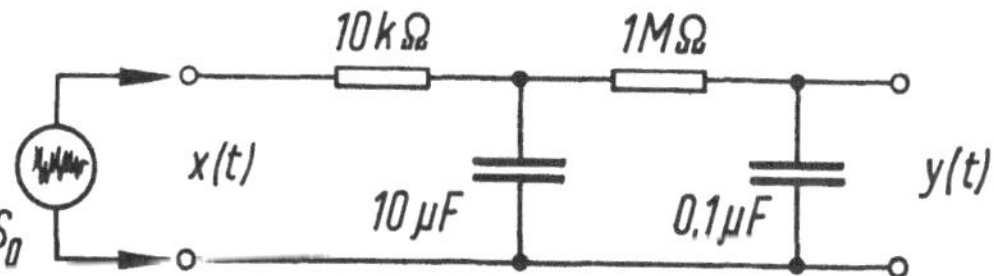

Bild X.9. Zweistufiger Tiefpaß (mit schwacher Rückwirkung) zur Erzeugung eines gefilterten Geräusches nach
Beispiel 3.

2. Das Äquivalenztheorem für Rauschsignale und deterministische Impulse

2.1 Weißes Geräusch und Nadelimpuls

Wir haben an den verschiedensten Stellen stochastische Signale mit deterministischen in Zusammenhang gebracht. Da man stochastische Vorgänge nicht unmittelbar als Funktionen der Zeit charakterisieren kann, ist man bei vergleichenden Untersuchungen auf Korrelationsfunktionen bzw. Leistungsspektren der Signale angewiesen.

Die Tatsache, daß bezüglich ihres zeitlichen Verlaufes so wesentlich voneinander verschiedene Signale wie der Nadelimpuls $x(t) = x_0 \cdot \delta(t)$ und ein extrem breitbandiges Geräusch für die Systemtheorie und insbesondere für die Systemanalyse gleichwertige Eigenschaften besitzen, kann man unmittelbar aus dem Verlauf ihrer Spektren nach Bild X.10 entnehmen. Daß es sich bei dem Impuls

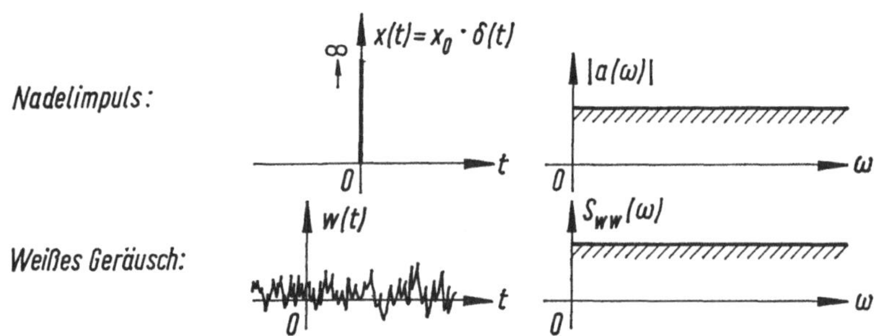

Bild X.10. Nadelimpuls und weißes Geräusch als äquivalente Signale.

um ein Amplitudenspektrum und bei dem Geräusch um ein Leistungsspektrum, also um Größen verschiedener physikalischer Dimensionen handelt, spielt hierbei keine entscheidende Rolle, weil es in erster Linie auf die *Frequenzabhängigkeit* dieser Funktionen ankommt, d. h. auf das sog. „spektrale Angebot" im Hinblick auf die Verwendung von $x(t)$ und $w(t)$ als Eingangssignale für Übertragungssysteme.

2.2 Gefiltertes Geräusch und geformte Impulse

Die im Unterabschnitt 2.1 formulierte Äquivalenz muß im Prinzip erhalten bleiben, wenn man die beiden Spektren von Bild X.10 durch gleiche Filter verformt, so daß beispielsweise die in Bild X.11 gezeigten Verläufe zustande-

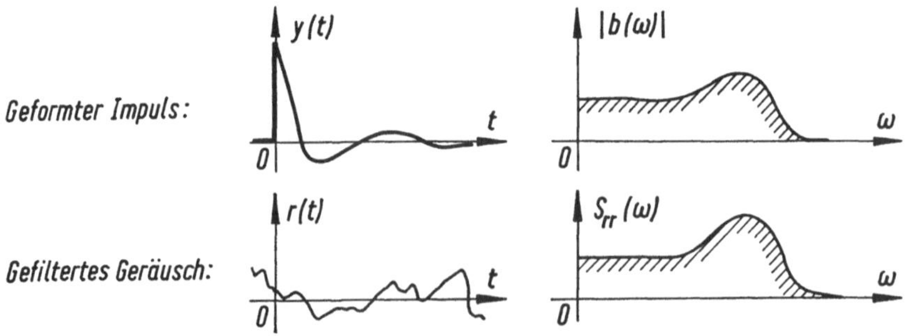

Bild X.11. Zur Äquivalenz von Impulsen und Geräuschen auf der Basis gleichwertiger Spektren $|b(\omega)|$ und $S_{rr}(\omega)$.

kommen. Bei der analytischen Formulierung dieser Äquivalenz muß man allerdings beachten, daß Amplituden- und Leistungsspektren verschiedene physikalische Dimensionen haben. Man findet den Anschluß zwischen beiden Signaltypen, indem man zunächst wie bei der Berechnung von Formfiltern für stochastische Signale von der Produktform (X.1) des Leistungsspektrums ausgeht:

$$S_{rr}(\omega) = \Psi(i\omega) \cdot \Psi^*(i\omega),$$

und daraus folgt für den Frequenzgang:

$$F(i\omega) = \frac{1}{\sqrt{S_0}} \cdot \Psi(i\omega) \cdot A(i\omega).$$

Da der Frequenzgang $A(i\omega)$ des Allpasses wegen seiner Eigenschaft $|A(i\omega)| = 1$ weder einen Amplitudengang noch ein Wirkleistungsspektrum verfälschen kann, darf man nun das gleiche Formfilter, mit dessen Hilfe das Geräusch $r(t)$ aus dem weißen Geräusch $w(t)$ erzeugt wurde, dazu benutzen, um aus einem DIRACschen Deltaimpuls $x(t) = x_0 \cdot \delta(t)$ ein zu $r(t)$ äquivalentes deterministisches Signal $y(t)$ mit dem Amplitudengang $|b(\omega)|$ zu bilden. Zugeschaltete Allpässe beeinflussen zwar nicht den für die Äquivalenz entscheidenden Amplitudengang, wohl aber die Form der deterministischen Impulse, so daß es zu einem vorgegebenen Rauschsignal $r(t)$ nicht nur *ein* äquivalentes deterministisches Signal $y(t)$ gibt, sondern theoretisch beliebig viele. Von dieser Mehrdeutigkeit der Zuordnung kann man bei praktischen Anwendungen vielfältigen Gebrauch machen.

2.3 Bestimmung der deterministischen Impulse

Zur Bestimmung des komplexen Amplitudenspektrums $b(\omega)$ und des zugehörigen Zeitverlaufs $y(t)$ beziehen wir uns auf die Verhältnisse von Bild X.12,

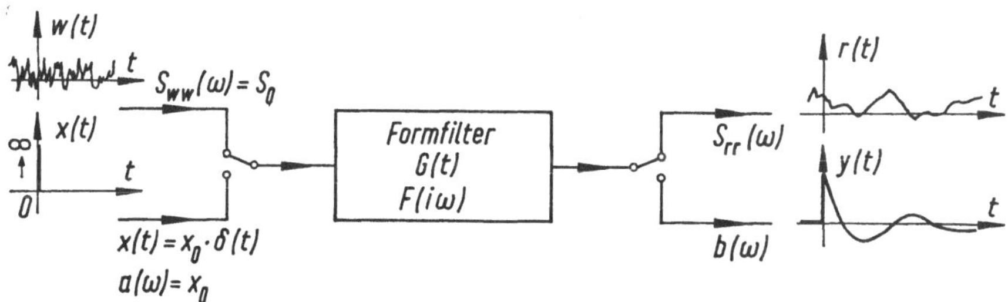

Bild X.12. Zweifache Einsatzmöglichkeit eines linearen Formfilters zur Erzeugung äquivalenter Signale.

wo ein lineares Formfilter mit den verschiedenen System- und Signalkenngrößen gezeigt ist. Für das lineare System gilt offensichtlich

$$b(\omega) = F(i\omega) \cdot a(\omega)$$

$$= \frac{x_0}{\sqrt{S_0}} \cdot \Psi(i\omega) \cdot A(i\omega), \tag{X.3}$$

und daraus folgt für den Zeitverlauf des Impulses:

$$y(t) \;=\; \frac{x_0}{\sqrt{S_0}} \cdot \mathscr{F}^{-1}\{\Psi(i\omega) \cdot A(i\omega)\}. \tag{X.4}$$

Dieser Impuls ist das Ausgangssignal des Formfilters mit der Gewichtsfunktion

$$G(t) \;=\; \frac{1}{\sqrt{S_0}} \cdot \mathscr{F}^{-1}\{\Psi(i\omega) \cdot A(i\omega)\},$$

und es besteht der einfache Zusammenhang

$$G(t) \;=\; \frac{1}{x_0} \cdot y(t). \tag{X.5}$$

Multipliziert man beide Seiten der Gleichung (X.3) mit den entsprechenden konjugiert komplexen Funktionen, so ergibt sich

$$b(\omega) \cdot b^*(\omega) \;=\; \frac{x_0{}^2}{S_0} \cdot \underbrace{\Psi(i\omega) \cdot \Psi^*(i\omega)}_{S_{rr}(\omega)} \cdot \underbrace{A(i\omega) \cdot A^*(i\omega)}_{1}\ ,$$

$$|b(\omega)|^2 \;=\; \frac{x_0{}^2}{S_0} \cdot S_{rr}(\omega), \tag{X.6}$$

und durch Anwendung der WIENER-KHINTCHINE-Transformation findet man:

$$\frac{S_0}{2x_0{}^2} \cdot \int\limits_{-\infty}^{+\infty} |b(\omega)|^2 \cdot e^{i\omega\tau}\, d\omega \;=\; \Phi_{rr}(\tau).$$

Mit Hilfe des PARSEVALschen Satzes wird daraus

$$\frac{\pi S_0}{x_0{}^2} \cdot \int\limits_{0}^{\infty} y(t) \cdot y(t+\tau)\, dt \;=\; \Phi_{rr}(\tau),$$

womit ein einfacher dimensionsrichtiger Zusammenhang zwischen der Autokorrelationsfunktion $\Phi_{yy}(\tau)$ des deterministischen Signals $y(t)$ und derjenigen des Rauschsignals $r(t)$ hergestellt ist:

$$\Phi_{yy}(\tau) \;=\; \frac{x_0{}^2}{\pi S_0} \cdot \Phi_{rr}(\tau). \tag{X.7}$$

Diese Beziehung ist für die optimale Einstellung von Reglerkennwerten in geschlossenen Regelkreisen von Interesse, wenn es darum geht, eine Optimierung für stochastische Störgrößen durch Zuhilfenahme von gleichwertigen deterministischen Impulsen vorzunehmen, oder umgekehrt. Dadurch ist es möglich, die bei der statistischen Optimierung erforderliche lange Meßzeit erheblich zu verkürzen. Die Optimierung für die deterministischen Impulse erfolgt dann nach dem bekannten Kriterium für das Minimum der quadratischen Regelfläche:

$$\int\limits_{0}^{\infty} y^2(t)\, dt \;\rightarrow\; \text{Minimum}.$$

Den Zusammenhang zwischen der quadratischen Regelfläche für deterministische Signale und dem quadratischen Mittelwert für die gleichwertigen stochastischen Signale liefert unmittelbar die Gleichung (X.7) in der Form

$$\int_0^\infty y(t) \cdot y(t + \tau)\, \mathrm{d}t = \frac{x_0{}^2}{\pi S_0} \cdot \Phi_{rr}(\tau),$$

deren linke Seite für $\tau = 0$ gerade die quadratische Regelfläche ergibt:

$$\int_0^\infty y^2(t)\, \mathrm{d}t = \frac{x_0{}^2}{\pi S_0} \cdot \overline{r^2(t)}.$$

Untersuchungen an einem Analogrechner haben gezeigt, daß sich eine sehr gute Übereinstimmung zwischen der statistischen und der deterministischen Optimierung ergibt [61].

Beispiel:
Man bestimme den deterministischen Impuls $y(t)$, der äquivalent ist zu einem Geräusch mit der spektralen Leistungsdichte

$$S_{rr}(\omega) = \frac{S_0}{1 + \omega^2 T^2}.$$

Es ergibt sich die in der unteren ω-Halbebene analytische Funktion

$$\Psi(i\omega) = \frac{\sqrt{S_0}}{1 + i\omega T},$$

und diese führt auf den Formfilter-Frequenzgang

$$F(i\omega) = \frac{1}{1 + i\omega T} \cdot A(i\omega).$$

Wählt man zur Realisierung das Phasenminimumsystem für $A(i\omega) = 1$, so wird die Gewichtsfunktion des Filters

$$G(t) = \frac{1(t)}{T} \cdot \mathrm{e}^{-t/T},$$

und für das deterministische Signal erhält man den in Bild X.13 gezeigten Exponentialimpuls

$$y(t) = x_0 \cdot \frac{1(t)}{T} \cdot \mathrm{e}^{-t/T}.$$

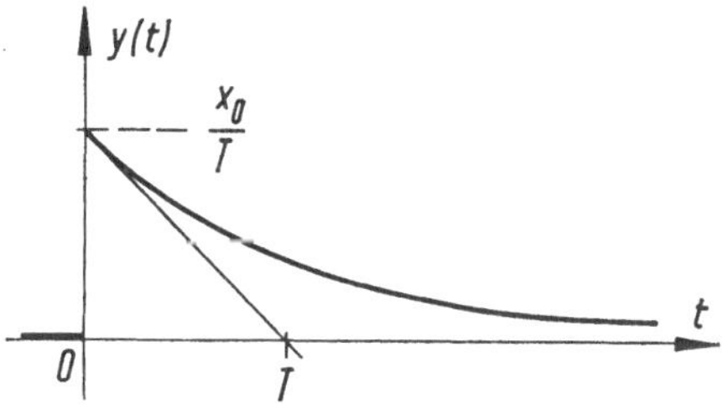

Bild X.13. Deterministischer Impuls als Äquivalent zu einem stationären Tiefpaßgeräusch.

Mit der Autokorrelationsfunktion

$$\Phi_{rr}(\tau) = \frac{\pi S_0}{2\,T} \cdot e^{-|\tau|/T}$$

ergibt sich für die Autokorrelierte des Impulses $y(t)$:

$$\Phi_{yy}(\tau) = \frac{x_0{}^2}{2\,T} \cdot e^{-|\tau|/T}.$$

3. Das Realisierbarkeitskriterium von WIENER und PALEY

3.1 Allgemeine Form

In den vorangegangenen Ausführungen sind gelegentlich Fälle aufgetreten, die entweder von dem zeitlichen Verlauf der Gewichtsfunktion her oder aufgrund der funktionentheoretischen Eigenschaften von Frequenzgangfunktionen Anlaß zur Frage nach der physikalisch-technischen Realisierbarkeit gegeben haben. Da die Funktionen $G(t)$ und $F(i\omega)$ in einer eindeutig umkehrbaren Zuordnung zueinander stehen, gibt es auch gleichwertige Formulierungen für Realisierbarkeitsbedingungen im Zeitbereich und im Frequenzbereich. Im folgenden behandeln wir ein notwendiges und hinreichendes Realisierbarkeitskriterium von WIENER und PALEY sowie dessen Anwendung auf einige Frequenzgangfunktionen [74]. Das vollständige Kriterium lautet:

„$A(\omega)$ sei eine reelle, nicht negative Funktion, fast überall ungleich Null im Bereich $-\infty < \omega < \infty$, und quadratisch integrierbar, d. h.

$$\int\limits_{-\infty}^{+\infty} A^2(\omega)\,d\omega < \infty.$$

Dann ist die Existenz des Integrals

$$\int\limits_{-\infty}^{+\infty} \frac{|\ln A(\omega)|}{1 + \omega^2}\,d\omega < \infty$$

notwendig und hinreichend dafür, daß zu $A(\omega)$ ein Phasengang $\varphi(\omega)$ existiert, der zusammen mit $A(\omega)$ ein realisierbares System beschreibt.''

Das heißt: man kann einen zu $A(\omega)$ gehörigen Phasenwinkel $\varphi(\omega)$ finden, so daß die inverse $\mathscr{F}$-Transformierte

$$G(t) = \mathscr{F}^{-1} \underbrace{\left\{ A(\omega) \cdot e^{i\varphi(\omega)} \right\}}_{F(i\omega)}$$

für negative t identisch verschwindet. Den Phasengang erhält man aus der HILBERT-Relation

$$\varphi(\omega) = -\frac{1}{\pi} \cdot V.\,P. \int\limits_{-\infty}^{+\infty} \frac{\ln A(u)}{\omega - u}\,du,$$

wenn $\ln A(\omega)$ in der unteren ω-Halbebene und auf der reellen ω-Achse analytisch ist.

Das Kriterium gilt also offenbar für Phasenminimum-Systeme, die keinen Hochpaß-Charakter haben dürfen, denn Hochpaßfilter haben eine Gewichtsfunktion mit einer deltafunktionsartigen Singularität bei $t = 0$, so daß die zugehörigen Amplitudenfunktionen $A(\omega)$ nicht quadratisch integrierbar sind.

Formulierung im Zeitbereich

Die Gewichtsfunktion $G(t)$ eines realisierbaren Systems hat die Eigenschaft

$$G(t) \equiv 0 \text{ für } t < 0.$$

Wenn das System außerdem stabil ist, dann gilt zusätzlich

$$\lim_{t \to \infty} G(t) = 0$$

und

$$\int\limits_{-\infty}^{+\infty} |G(t)|\, \mathrm{d}t < \infty,$$

d. h. die Gewichtsfunktion klingt für $t \to \infty$ so ab, daß sie eine konvergente $\mathscr{F}$-Transformierte $\mathscr{F}\{G(t)\} = F(i\omega)$ besitzt.

Im Frequenzbereich

sind diese Eigenschaften gleichwertig mit der Forderung, daß $F(i\omega)$ in der unteren ω-Halbebene und auf der reellen Achse keine Pole hat, vgl. Bild X.14.

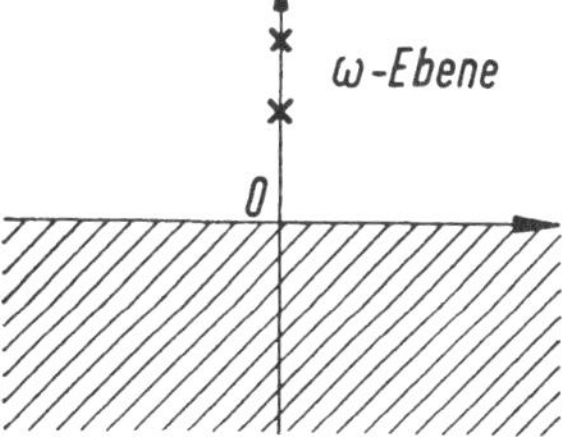

Bild X.14. Zur Formulierung der Realisierbarkeitsbedingung in der komplexen ω-Ebene.

3.2 Interpretation und Beispiele

Wenn

$$\int\limits_{-\infty}^{+\infty} \frac{|\ln A(\omega)|}{1 + \omega^2}\, \mathrm{d}\omega \to \infty$$

strebt, dann kann man einen gewünschten Amplitudengang $A(\omega)$ unter Umständen durch ein System mit konzentrierten Schaltelementen wenigstens näherungsweise realisieren. Wie sich der Phasenwinkel $\varphi(\omega)$ bei einer derartigen Approximation verhält, soll an Hand eines GAUSSschen Amplitudenganges erläutert werden.

Zunächst einmal steht fest, daß die Funktion

$$A(\omega) \sim \mathrm{e}^{-\omega^2}$$

das WIENER-PALEY-Integralkriterium nicht erfüllt, denn es wird

$$\ln A(\omega) \sim -\omega^2$$

und damit strebt

$$\int\limits_{-\infty}^{+\infty} \frac{\omega^2}{1 + \omega^2}\, d\omega \to \infty.$$

Verwendet man zur Approximation das n-stufige Tiefpaßfilter nach Bild X.15, so ergibt sich der Frequenzgang

$$F_n(i\omega) = \frac{1}{(1 + i\omega T)^n}$$

mit dem Amplitudengang

$$A_n(\omega) = (1 + \omega^2 T^2)^{-\frac{n}{2}}.$$

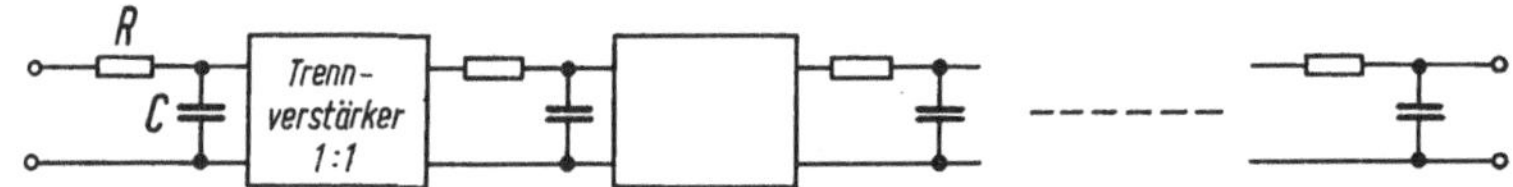

Bild X.15. Tiefpaß n-ter Ordnung zur Approximation eines GAUSSschen Amplitudenganges für genügend große n.

Setzt man für alle n die Eckfrequenz $\omega_e = 1$, so wird mit $A_n(\omega_e) = 1/\sqrt{2}$ offensichtlich

$$\frac{1}{\sqrt{2}} = (1 + T^2)^{-\frac{n}{2}}$$

und daraus

$$T = \sqrt{2^{\frac{1}{n}} - 1}.$$

Mit der TAYLOR-Entwicklung für den Radikanden

$$2^{\frac{1}{n}} - 1 \approx \frac{1}{n} \cdot \ln 2$$

erhält man für den Frequenzgang die genäherte Darstellung

$$\frac{1}{(1 + i\omega T)^n} \approx \frac{1}{\left(1 + i\omega \cdot \sqrt{\dfrac{\ln 2}{n}}\right)^n}$$

mit dem Betrag

$$A_n(\omega) \approx \left(1 + \omega^2 \cdot \frac{\ln 2}{n}\right)^{-\frac{n}{2}}$$

und dem Phasenwinkel

$$\varphi_n(\omega) \approx -n \cdot \arctan \omega \cdot \sqrt{\frac{\ln 2}{n}}.$$

Grenzfall $n \to \infty$:

Beachtet man, daß

$$\lim_{n \to \infty} \left(1 + \frac{x}{n}\right)^n = \mathrm{e}^x$$

ist, so erkennt man, daß der Amplitudengang

$$A_n(\omega) \to \mathrm{e}^{-\omega^2 \cdot \frac{\ln 2}{2}}$$

strebt, wenn $n \to \infty$ geht.

Man sieht aber auch, daß der zugehörige Phasenwinkel

$$\varphi_n(\omega) \to \infty$$

strebt. Man kann also feststellen, daß ein Gausssches Filter genähert realisierbar ist, wenn man eine hinreichend große Verzögerung zuläßt. Die gleiche Situation ist aus der Theorie der Optimalfilter bekannt, wo man u. U. nur dann zur genäherten Realisierung eines Frequenzganges

$$F(i\omega) = H(i\omega) \cdot \mathrm{e}^{-i\omega T_l}$$

kommt, wenn man eine hinreichend große Laufzeit T_l zuläßt. Der Grenzfall $T_l \to \infty$ ist im angelsächsischen Sprachraum unter der Bezeichnung „infinite lag filter" bekannt, siehe Bild X.16.

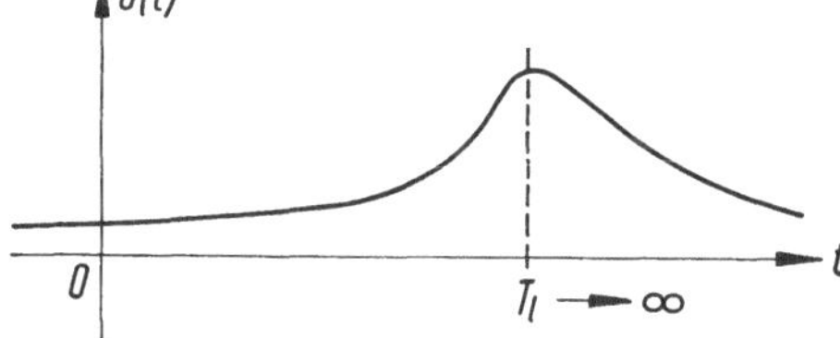

Bild X.16. Realisierung einer nicht-kausalen Gewichtsfunktion durch eine genügend große Laufzeit.

Tiefpaßfilter mit rechteckförmiger Bandbegrenzung.

Ein Filter, dessen Amplitudengang gemäß Bild X.17 bei der Frequenz ω_0 mit unendlich großer Flankensteilheit auf Null abfällt, ist bekanntlich nicht realisierbar, denn die zugehörige Gewichtsfunktion ist die Spaltfunktion $\dfrac{\sin \omega_0 t}{t}$ mit oszillierenden Vorläufern für $t < 0$. Hier spricht nicht die unendlich große Flankensteilheit an der Eckfrequenz gegen die Realisierbarkeit, sondern die Forderung $A(\omega) \equiv 0$ für $\omega > \omega_0$. Wählt man dagegen einen Amplitudengang nach Bild X.18, so ergibt sich, daß diese Funktion das WIENER-PALEY-Kriterium erfüllt, solange $\varepsilon \neq 0$ ist; der Phasengang wird [1]

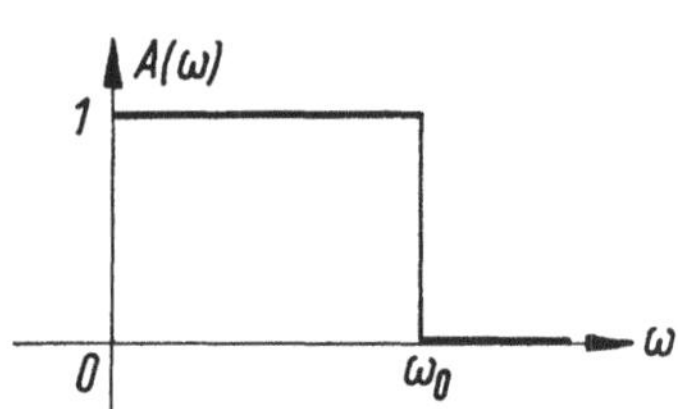

Bild X.17. Rechteckförmiger Amplitudengang eines nicht realisierbaren Tiefpasses.

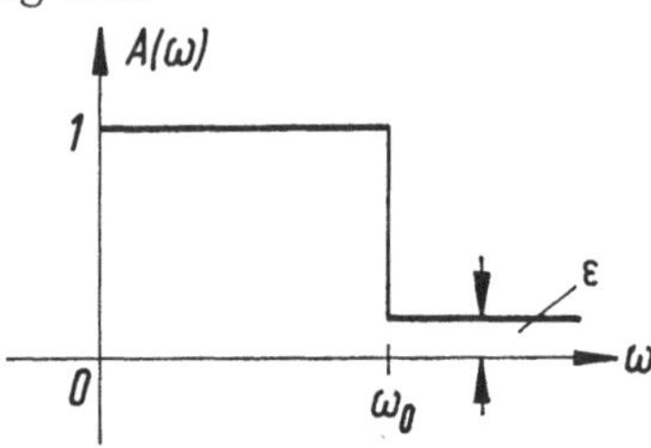

Bild X.18. Modifizierter rechteckförmiger Amplitudengang eines realisierbaren Tiefpasses.

$$\varphi(\omega) = -\frac{1}{\pi} \cdot \text{V. P.} \cdot \int\limits_{-\infty}^{+\infty} \frac{\ln A(\omega)}{\omega - u}\, du$$

mit $\ln A(\omega) = 0$ für $0 < \omega < \omega_0$.

Folglich wird

$$\varphi(\omega) = -\frac{1}{\pi} \cdot 2\omega \cdot \ln \varepsilon \cdot \int\limits_{\omega_0}^{\infty} \frac{du}{\omega^2 - u^2}$$

$$= \frac{\ln \varepsilon}{\pi} \cdot \ln \left| \frac{\omega_0 - \omega}{\omega_0 + \omega} \right|.$$

(Wenn $\varepsilon \to 0$ strebt, dann geht $\ln \varepsilon \to -\infty$, vgl. idealer Tiefpaß mit $\varepsilon = 0$).

Die Gruppenlaufzeit des Filters ist

$$t_{gr}(\omega) = \frac{d\varphi}{d\omega} = \frac{2}{\pi} \cdot \ln \varepsilon \cdot \frac{\omega_0}{\omega^2 - \omega_0{}^2} \quad \text{für } \omega < \omega_0,$$

und man erkennt, daß man zur Realisierung des Filters eine Mindestlaufzeit zulassen muß, die sich aus $t_{gr}(\omega)$ für $\omega = 0$ ergibt:

$$t_{\min} = -\frac{2}{\pi \cdot \omega_0} \cdot \ln \varepsilon, \quad \ln \varepsilon < 0.$$

Für zunehmende ω steigt die Laufzeit an, bei der Eckfrequenz $\omega \to \omega_0$ wird sie unendlich groß, siehe Bild X.19.

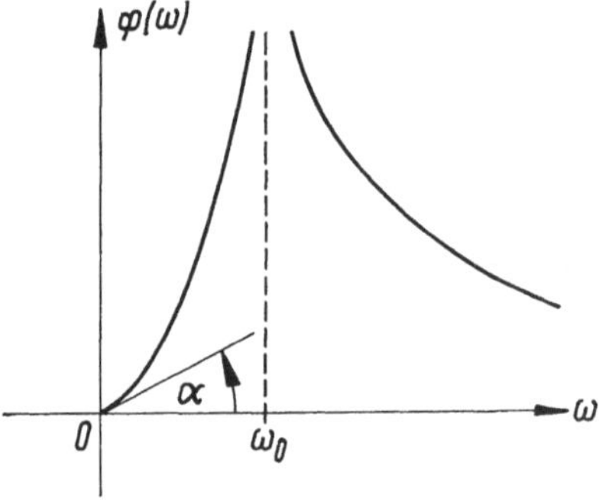

Bild X.19. Phasengang zu dem Amplitudenverlauf von Bild X.18. Die erforderliche Mindestlaufzeit erhält man aus der Beziehung

$$\tan \alpha = \left. \frac{d\varphi}{d\omega} \right|_{\omega = 0}.$$

BUTTERWORTH-*Filter*

Für alle Amplitudengänge der Form

$$A_n(\omega) = \frac{1}{\sqrt{1 + (\omega T)^{2n}}}, \quad n = 1, 2, \ldots,$$

haben die Integrale des WIENER-PALEY-Kriteriums einen endlichen Wert. Daß jedoch nicht jede beliebige Phasenfunktion $\varphi_n(\omega)$ zusammen mit $A_n(\omega)$ auf ein realisierbares System führt, kann man an dem Fall $n = 1$ sehr leicht erkennen. Wählt man den linearen Phasengang $\varphi_1(\omega) = -\omega t_0$, so ergibt sich der Frequenzgang

$$F_1(i\omega) = \frac{1}{\sqrt{1 + \omega^2 T^2}} \cdot e^{-i\omega t_0}$$

mit der nichtkausalen Gewichtsfunktion

$$G_1(t) - \frac{1}{\pi T} \cdot K_0\left(\frac{t_0 - t}{T}\right)$$

nach Bild X.20, wobei K_0 die BESSEL-Funktion zweiter Art ist. Wählt man jedoch den Phasengang

$$\varphi_r(\omega) = \text{arc tan } \omega T,$$

dann wird der Frequenzgang

$$F_r(i\omega) = \frac{1}{1 + i\omega T},$$

und die zugehörige Gewichtsfunktion $G_r(t)$ in Bild X.20 ist kausal.

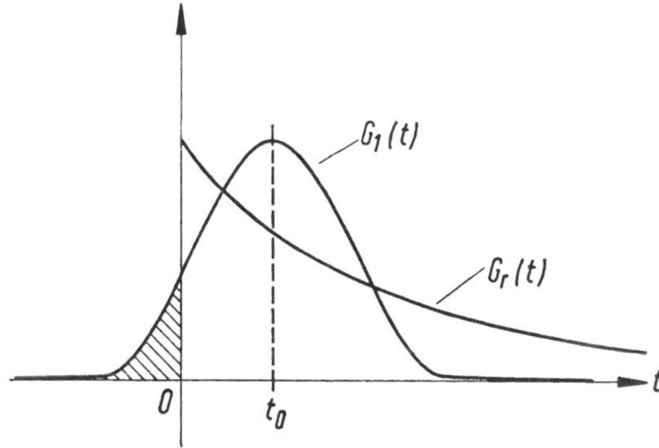

Bild X.20. Gewichtsfunktionen eines realisierbaren und eines nicht realisierbaren BUTTERWORTH-Filters. Der lineare Phasengang führt auf die Gewichtsfunktion $G_1(t)$.

Abschließend sei noch auf eine andere Gruppe von Amplitudengängen hingewiesen: die Funktionen

$$A(\omega) = \left|\frac{\sin \omega T}{\omega T}\right| \qquad \text{und} \qquad A(\omega) = \frac{\sin^2 \omega T}{\omega^2 T^2}$$

führen auf einen endlichen Wert der zugehörigen Integrale des Realisierbarkeitskriteriums und sind zusammen mit linearen Phasenfunktionen realisierbar.

Eine exakte Realisierung gelingt hier jedoch nur durch Systeme mit kontinuierlich verteilten Parametern. Mit konzentrierten Schaltelementen kann man
nach GUILLEMIN Näherungen erreichen, bei denen auch — im Gegensatz
zum GAUSSschen Filter — die Phasenfunktionen konvergieren.

3.3 Anwendung auf Formfilter

Überträgt man diese Forderungen auf die besondere Problemstellung bei Formfiltern, so muß die Funktion

$$\Psi(i\omega) = |\Psi(i\omega)| \cdot e^{i \cdot \varphi(\omega)}$$

aus der Produktdarstellung

$$S_{yy}(\omega) = \Psi(i\omega) \cdot \Psi^*(i\omega)$$

die beiden Forderungen

$$\int\limits_{-\infty}^{+\infty} |\Psi(i\omega)|^2 \, d\omega < \infty$$

und

$$\int\limits_{-\infty}^{+\infty} \frac{|\ln |\Psi(i\omega)||}{1 + \omega^2} \, d\omega < \infty$$

erfüllen, damit sich zusammen mit einem geeigneten Phasengang $\varphi(\omega)$ ein
kausales Formfilter ergibt. Aus der Umkehrung dieses Satzes folgt die oft benutzte Charakterisierung eines realisierbaren Leistungsspektrums durch die
Möglichkeit einer Produktdarstellung, bei der die beiden Funktionen $\Psi(i\omega)$
und $\Psi^*(i\omega)$ mit den mehrfach genannten komplementären Eigenschaften auftreten. Wenn man die einfachen Zusammenhänge

$$S_{yy}(\omega) = |\Psi(i\omega)|^2$$

$$\ln S_{yy}(\omega) = 2 \cdot \ln |\Psi(i\omega)|$$

beachtet, kann man die Realisierbarkeitsforderungen von WIENER und PALEY
auch unmittelbar für die Leistungsspektren formulieren [10], [20], [62].

4. Schmalbandrauschen

4.1 Reelle Darstellung

Wenn die spektralen Komponenten eines stochastischen Signals nur in der
unmittelbaren Umgebung einer mittleren Frequenz ω_0, also für $\omega \approx \omega_0$ von
Null verschieden sind, dann spricht man von einem Schmalbandrauschen,
vgl. Bild X.21. Wegen der engen Verwandtschaft solcher Signale zu periodischen Vorgängen der Form

$$r(t) = r_0(t) \cdot \cos [\omega_0 t + \varphi(t)] \qquad (\text{X.8})$$

mit regellos schwankender Amplitude r_0 und Phase $\varphi(t)$ bestehen einige interessante Zusammenhänge mit der zu (X.8) gleichwertigen Darstellung

$$r(t) = r_1(t) \cdot \cos \omega_0 t - r_2(t) \cdot \sin \omega_0 t, \qquad (\text{X.9})$$

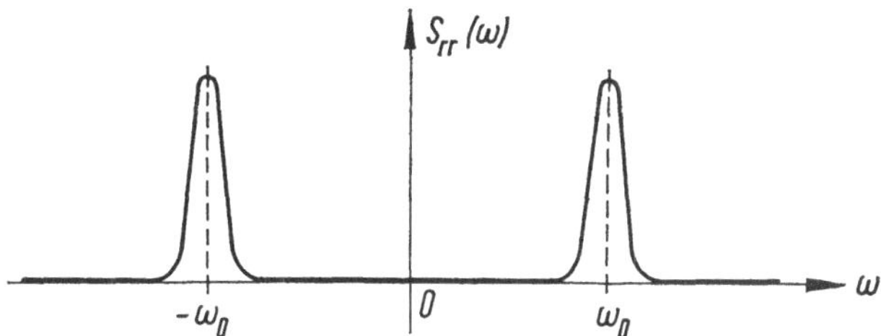

Bild X.21. Spektrale Leistungsdichte eines Schmalbandgeräusches mit der Bandmittenfrequenz ω_0.

wobei die Teilvorgänge

$$r_1(t) = r_0(t) \cdot \cos \varphi(t)$$
$$r_2(t) = r_0(t) \cdot \sin \varphi(t) \tag{X.10}$$

eingeführt worden sind. Die angekündigten Zusammenhänge bestehen, wie wir im folgenden zeigen werden, zwischen den verschiedenen statistischen Kennfunktionen der einzelnen Signale. Bezeichnet man die aus Gleichung (X.10) hervorgehenden Korrelationsfunktionen mit Φ_{11}, Φ_{22}, Φ_{12} und Φ_{21}, so wird die Autokorrelationsfunktion des Schmalbandrauschens $r(t)$:

$$2 \cdot \Phi_{rr}(\tau) = \underbrace{\{\Phi_{11}(\tau) + \Phi_{22}(\tau)\} \cdot \cos \omega_0\tau - \{\Phi_{12}(\tau) - \Phi_{21}(\tau)\} \cdot \sin \omega_0\tau}_{\text{stationärer Anteil}}$$

$$+ \underbrace{\{\Phi_{11}(\tau) - \Phi_{22}(\tau)\} \cdot \cos \omega_0(2t + \tau) - \{\Phi_{12}(\tau) + \Phi_{21}(\tau)\} \cdot \sin \omega_0(2t + \tau).}_{\text{nichtstationärer Anteil}} \tag{X.11}$$

An dieser Darstellung erkennt man deutlich, daß das Schmalbandrauschen im allgemeinen ein *nicht stationärer Vorgang* ist. Stationarität wird genau dann eintreten, wenn

$$\Phi_{11}(\tau) = \Phi_{22}(\tau)$$

und

$$\Phi_{12}(\tau) = - \Phi_{21}(\tau).$$

Dann verschwinden in Gleichung (X.11) die zeitabhängigen Summanden, und es wird

$$\Phi_{rr}(\tau) = \Phi_{11}(\tau) \cdot \cos \omega_0\tau - \Phi_{12}(\tau) \cdot \sin \omega_0\tau. \tag{X.12}$$

Das zugehörige Leistungsspektrum $S_{rr}(\omega)$ findet man am schnellsten, wenn man Gl. (X.12) vor Anwendung der WIENER-KHINTCHINE-Transformation auf die komplexe Form

$$\Phi_{rr}(\tau) = \tfrac{1}{2} \cdot \{\Phi_{11}(\tau) + i \cdot \Phi_{12}(\tau)\} \cdot e^{i\omega_0\tau} + \tfrac{1}{2} \cdot \{\Phi_{11}(\tau) - i \cdot \Phi_{12}(\tau)\} \cdot e^{-i\omega_0\tau}$$

bringt. Daraus erhält man

$$S_{rr}(\omega) = \tfrac{1}{2} \cdot \{S_{11}(\omega + \omega_0) + i \cdot S_{12}(\omega + \omega_0)\}$$
$$+ \tfrac{1}{2} \cdot \{S_{11}(\omega - \omega_0) - i \cdot S_{12}(\omega - \omega_0)\}. \tag{X.13}$$

Da die spektrale Leistungsdichte nur dann von Null verschieden ist, wenn $\omega \approx \omega_0$ wird, gilt für $\omega > 0$:

$$S_{rr}(\omega) = \tfrac{1}{2} \cdot \{S_{11}(\omega - \omega_0) - i \cdot S_{12}(\omega - \omega_0)\}. \qquad (\text{X.14})$$

4.2 Komplexe Darstellung

Man kann den formalen Aufwand zur mathematischen Behandlung von Schmalbandvorgängen vereinfachen und gleichzeitig eine vertiefte Einsicht in allgemeinere Zusammenhänge gewinnen, wenn man statt der reellen Darstellung nach Gleichung (X.9) die komplexe Form

$$z(t) = [r_1(t) + i \cdot r_2(t)] \cdot e^{i\omega_0 t}$$

einführt, deren Realteil gerade gleich $r(t)$ wird:

$$z(t) = r_1(t) \cdot \cos \omega_0 t - r_2(t) \cdot \sin \omega_0 t + i \cdot r_1(t) \cdot \sin \omega_0 t + r_2(t) \cdot \cos \omega_0 t$$

oder auch

$$z(t) = r(t) + i \cdot \hat{r}(t). \qquad (\text{X.15})$$

Berechnet man die verschiedenen Korrelationsfunktionen für Real- und Imaginärteil von $z(t)$, so findet man über sehr ähnliche trigonometrische Umformungen wie im vorhergehenden Unterabschnitt folgende Beziehungen:

$$\Phi_{\hat{r}\hat{r}}(\tau) = \Phi_{11}(\tau) \cdot \cos \omega_0 \tau - \Phi_{12}(\tau) \cdot \sin \omega_0 \tau.$$

Ein Vergleich mit (X.12) zeigt, daß die Vorgänge $r(t)$ und $\hat{r}(t)$ die gleiche Autokorrelationsfunktion besitzen:

$$\Phi_{\hat{r}\hat{r}}(\tau) = \Phi_{rr}(\tau), \qquad (\text{X.16})$$

und daraus folgt sofort, daß auch die beiden Wirkleistungsspektren einander gleich sind:

$$S_{\hat{r}\hat{r}}(\omega) = S_{rr}(\omega). \qquad (\text{X.17})$$

Für die Kreuzkorrelationsfunktion findet man:

$$\Phi_{r\hat{r}}(\tau) = \Phi_{11}(\tau) \cdot \sin \omega_0 \tau + \Phi_{12}(\tau) \cdot \cos \omega_0 \tau.$$

Auch hier nimmt man vor der Anwendung der WIENER-KHINTCHINE-Transformation zur Berechnung des Kreuzleistungsspektrums noch eine Umformung über die EULERsche Relation vor:

$$\Phi_{r\hat{r}}(\tau) = \tfrac{1}{2} \cdot \{\Phi_{12}(\tau) + i \cdot \Phi_{11}(\tau)\} \cdot e^{-i\omega_0 \tau} + \tfrac{1}{2} \cdot \{\Phi_{12}(\tau) - i \cdot \Phi_{11}(\tau)\} \cdot e^{i\omega_0 \tau},$$

und daraus folgt unmittelbar:

$$S_{r\hat{r}}(\omega) = \tfrac{1}{2} \cdot \{S_{12}(\omega - \omega_0) + i \cdot S_{11}(\omega - \omega_0)\}$$
$$+ \tfrac{1}{2} \cdot \{S_{12}(\omega + \omega_0) - i \cdot S_{11}(\omega + \omega_0)\}.$$

Mit einer ähnlichen Begründung wie in Abschnitt 4.1 wird für $\omega \approx \omega_0$

$$S_{r\hat{r}}(\omega) = \tfrac{1}{2} \cdot \{S_{12}(\omega - \omega_0) + i \cdot S_{11}(\omega - \omega_0)\}, \qquad \omega > 0,$$

und ein Vergleich mit (X.14) lehrt, daß

$$S_{r\hat{r}}(\omega) = i \cdot S_{rr}(\omega), \qquad \omega > 0. \qquad (\text{X.18a})$$

Ganz entsprechend erhält man für negative Werte von ω:

$$S_{r\hat{r}}(\omega) = \tfrac{1}{2} \cdot \{S_{12}(-\omega + \omega_0) - i \cdot S_{11}(-\omega + \omega_0)\}, \quad \omega < 0$$
$$= -\tfrac{1}{2} \cdot \{S_{12}(\omega - \omega_0) + i \cdot S_{11}(\omega - \omega_0)\},$$

und in Verbindung mit (X.14) wird

$$S_{r\hat{r}}(\omega) = -i \cdot S_{rr}(\omega), \quad \omega < 0. \qquad (\text{X.18b})$$

Faßt man die Ergebnisse (X.18a) und (X.18b) für die beiden Frequenzbereiche zu einem gemeinsamen Ausdruck zusammen, so ergibt sich:

$$S_{r\hat{r}}(\omega) = i \cdot S_{rr}(\omega) \cdot \operatorname{sgn} \omega. \qquad (\text{X.18c})$$

Bei einem Vergleich dieses und der folgenden Ergebnisse mit denjenigen von Teil VI.3 beachte man, daß es dort um die Erzeugung eines orthogonalen Signals durch eine *Breitbandphasennacheilung* ($-90°$) ging, während hier der komplexe Ansatz (X.15) zugrunde liegt. Dies bedeutet bei allen entsprechenden Relationen einen *Vorzeichenwechsel*.

4.3 Zusammenhang mit der HILBERT-Transformation

Die zugehörige Beziehung zwischen den Korrelationsfunktionen $\Phi_{r\hat{r}}(\tau)$ und $\Phi_{rr}(\tau)$ findet man über den Faltungssatz der FOURIER-Transformation. Man kann leicht zeigen, daß $i \cdot \operatorname{sgn} \omega$ die Transformierte von $-1/\pi\tau$ ist:

$$-\mathscr{F}\left\{\frac{1}{\pi\tau}\right\} = -\frac{1}{\pi} \cdot \int_{-\infty}^{+\infty} \frac{e^{-i\omega\tau}}{\tau}\, d\tau$$

$$= \frac{2i}{\pi} \cdot \int_{0}^{\infty} \frac{\sin \omega\tau}{\tau}\, d\tau = \frac{2i}{\pi} \cdot \frac{\pi}{2} \cdot \frac{\omega}{|\omega|}$$

$$= i \cdot \operatorname{sgn} \omega.$$

Der Gleichung (X.18c) im Frequenzbereich entspricht daher das Faltungsprodukt

$$\Phi_{r\hat{r}}(\tau) = -\frac{1}{\pi} \cdot \Phi_{rr}(\tau) * \frac{1}{\tau},$$

oder in Integralform:

$$\Phi_{r\hat{r}}(\tau) = -\frac{1}{\pi} \cdot \int_{-\infty}^{+\infty} \frac{\Phi_{rr}(u)}{\tau - u}\, du. \qquad (\text{X.19a})$$

Der Zusammenhang zwischen den beiden Korrelationsfunktionen wird also durch die HILBERT-Transformation vermittelt; die Funktionen $S_{r\hat{r}}$ und S_{rr} sind demnach zueinander trigonometrisch konjugiert, d. h. jede Spektralkomponente von S_{rr} wird durch die Multiplikation mit der imaginären Einheit um $90°$ gedreht, und beim Übergang zur Umkehrrelation

$$\Phi_{rr}(\tau) = \frac{1}{\pi} \cdot \int_{-\infty}^{+\infty} \frac{\Phi_{r\hat{r}}(u)}{\tau - u}\, du \qquad\qquad (X.19\,b)$$

ergibt sich im Frequenzbereich entsprechend $S_{rr}(\omega)$ durch eine Drehung der Komponenten von $S_{r\hat{r}}(\omega)$ um $-90°$:

$$S_{rr}(\omega) = - i \cdot S_{r\hat{r}}(\omega) \cdot \operatorname{sgn} \omega.$$

Aus den beiden Relationen (X.19 a, b), also aus

$$\Phi_{x\hat{x}}(\tau) = - \Phi_{x\hat{x}}(- \tau)$$

mit $\Phi_{x\hat{x}}(0) = 0$ folgt, daß die beiden Vorgänge $x(t)$ und ihre HILBERT-Transformierte $x(t)$ nicht miteinander korreliert sind. Man kann nun an dem Bildungsgesetz für die komplexe Darstellung (X.15) des Schmalbandsignals sofort erkennen, daß auch deren Real- und Imaginärteil gegenseitige HILBERT-Transformierte sind:

$$\hat{r}(t) = \mathscr{H}\{r(t)\},$$

$$r(t) = \mathscr{H}^{-1}\{\hat{r}(t)\},$$

so daß für deren komplexe Amplitudenspektren $\hat{R}(\omega)$ und $R(\omega)$ gilt:

$$\hat{R}(\omega) = i \cdot R(\omega) \cdot \operatorname{sgn} \omega.$$

Allgemeinere Gesichtspunkte

Die weitgehend verallgemeinerte komplexe Darstellung

$$z(t) = s(t) + i \cdot \hat{s}(t)$$

für ein Signal $s(t)$ ist in der Elektrotechnik seit langem als Sonderfall geläufig. Dort ist man daran gewöhnt, an Stelle der trigonometrischen Funktionen $\sin \omega t$ und $\cos \omega t$ die komplexe Exponentialfunktion

$$e^{i\omega t} = \cos \omega t + i \cdot \sin \omega t,$$

die sog. EULERsche Relation, in kompliziertere Berechnungen einzuführen. Man operiert also auch dort nicht mit den tatsächlichen Signalen

$$s(t) = \cos \omega t$$

oder
$$\hat{s}(t) = \sin \omega t.$$

Viel umfassender als dieser Fall für harmonische Signale ist die allgemeine Möglichkeit, eine reelle Signalfunktion $s(t)$ in einen komplexen Ausdruck

$$z(t) = s(t) + i \cdot \mathscr{H}\{s(t)\}$$

einzubeziehen, dessen Imaginärteil gleich der HILBERT-Transformierten der reellen Signalfunktion wird:

$$\mathscr{H}\{s(t)\} = -\frac{1}{\pi} \cdot \int\limits_{-\infty}^{+\infty} \frac{s(u)}{t-u}\, du.$$

Im Falle der EULERschen Beziehung wird offensichtlich

$$s(t) = \mathscr{H}\{\cos \omega t\}$$
$$= -\frac{1}{\pi} \cdot \int\limits_{-\infty}^{+\infty} \frac{\cos \omega u}{t-u}\, du$$
$$= \sin \omega t.$$

Natürlich gilt auch die Umkehrrelation zur Bestimmung von $s(t)$ aus $\hat{s}(t)$:

$$s(t) = \mathscr{H}^{-1}\{\hat{s}(t)\}.$$

In Anlehnung an die Theorie der Modulation nennt man $z(t)$ auch die „Enveloppe" des Signals $s(t)$. Hier bestätigt sich wieder der aus der Signaltheorie bekannte Sachverhalt, daß die harmonischen Funktionen sin und cos orthogonal und nicht miteinander korreliert sind. Zur Vertiefung der Zusammenhänge lese man die Ausführungen über die HILBERT-Transformation bei der Behandlung orthogonaler Korrelationsfunktionen in Teil VI.3 nach; weitere Einzelheiten über das Schmalbandrauschen entnehme man den Literaturstellen [64], [65], [66].

5. Allgemeines zur Klassifikation von Rauschsignalen im Frequenzbereich

In Bild X.22 ist noch einmal eine Übersicht über den grundsätzlichen Verlauf einiger typischer Leistungsspektren von Rauschsignalen gegeben. Gleichzeitig sind die zugehörigen Kenngrößen zusammengestellt: Zur Charakterisierung des weißen Geräuschs genügt die Angabe der konstanten Leistungsdichte S_0, während beim Breitbandrauschen noch die obere Grenzfrequenz ω_g hinzutritt. Zur Darstellung der gefilterten Geräusche benötigt man schon Funktionen von ω, während man für das Schmalbandrauschen sogar eine „halbanalytische" Darstellung

$$r(t) = r_0(t) \cdot \cos[\omega_0 t + \varphi(t)]$$

im Zeitbereich angeben kann. Hier kommt der Schwankungscharakter dadurch zum Ausdruck, daß die Größen $r_0(t)$ und $\varphi(t)$ keine Konstanten sind, daß vielmehr die Amplitude einer RAYLEIGH-Verteilung

$$p(r_0) = \frac{r_0}{\sigma_{r_0}^2} \cdot e^{-r_0^2/2\sigma_{r_0}^2}$$

und der Phasenwinkel einer Einheitsverteilung

$$p(\varphi) = \frac{1}{2\pi} \cdot [1(\varphi) - 1(\varphi - 2\pi)]$$

gehorchen, wenn $r(t)$ durch eine GAUSS-Verteilung charakterisiert wird. Wenn im Grenzfall die Bandbreite des Schmalbandrauschens gegen Null strebt, dann entsteht ein streng periodischer Vorgang, der sich analytisch exakt darstellen läßt. Die Reihenfolge der Spektren in Bild X.22 ist mit Vorbedacht gewählt denn sie zeigt, daß mit zunehmender Bandeinengung immer mehr „Struktur"

in die Signale hineinkommt, die sich in einer Verfeinerung der mathematischen,
Beschreibung niederschlägt, ausgehend von der Konstanten S_0 für das weiße
Geräusch bis zu der streng analytischen Form

$$s(t) = s_0 \cdot \cos[\omega_0 t + \varphi]$$

für ein periodisches Signal. Bei dieser Reihenfolge nimmt die Kohärenz der
Signale von Null für das weiße Geräusch immer weiter zu, bis der periodische
Vorgang mit strenger Vorhersagbarkeit erreicht ist.

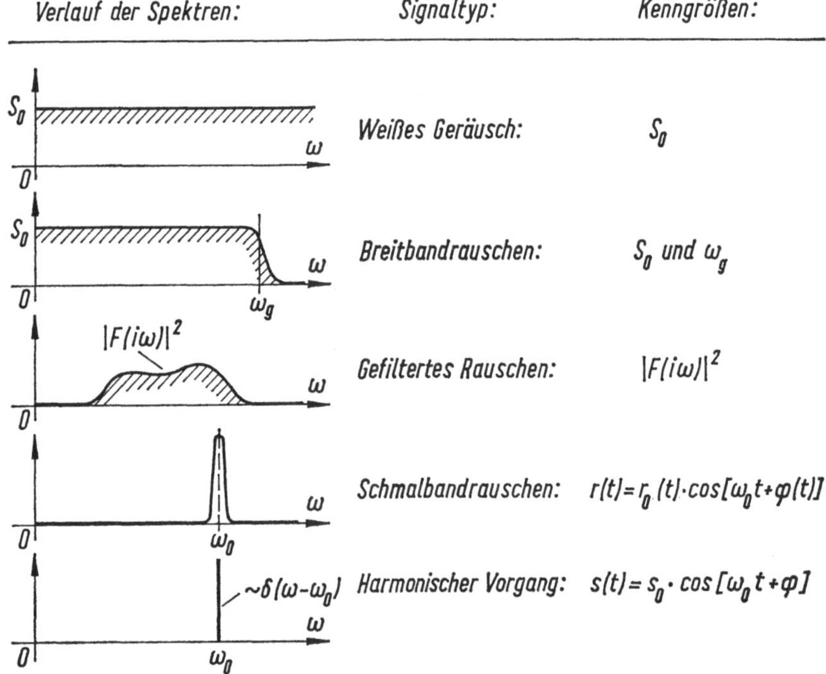

Bild X.22. Zusammenstellung einiger Grundtypen von Rauschsignalen, klassifiziert an Hand der spektralen
Leistungsdichten und der mathematischen Beschreibungsmöglichkeiten. Die Spektren sind in der
Reihenfolge angeordnet, die einer Zunahme der Kohärenz der zugehörigen Signale entspricht.

QUASILINEARE BEHANDLUNG NICHTLINEARER SYSTEME

Vorbemerkungen zur Geschichte der nichtlinearen Theorie

Die Untersuchungen an physikalischen Systemen mit nichtlinearem Verhalten gehen mit Sicherheit auf sehr frühe Quellen zurück, die man nur durch sehr gezielte Bemühungen ausfindig machen kann. Für die hier zur Diskussion stehenden Gesichtspunkte beginnen die ersten Untersuchungen etwa im 18. Jahrhundert, wo man schon anhand verschiedener technischer Probleme nichtlineare Differentialgleichungen aufstellte und durch geeignete lineare Approximationen löste. In dieses Anfangsstadium fällt auch die Lösung der Differentialgleichung des einfachen Pendels für kleine Auslenkungen. In der Zeit zwischen 1870 und 1910 lagen die entscheidenden Arbeiten von POINCARE, u. a. über das weittragende topologische Verfahren der Phasenebene und über die Grenzkurven, ferner die sehr weit gefaßte Theorie der Stabilität von LJAPUNOV.

Zwischen 1920 und 1940 trat die Behandlung von nichtlinearen elektrischen Netzwerken in den Vordergrund. Dazu gehören der Röhrenoszillator, der Multivibrator sowie eingehende Untersuchungen über Kipperscheinungen bei Resonanzkreisen mit hysteresebehafteten Eisenspulen. In dieser Zeit erschienen die wichtigsten Arbeiten von VAN DER POL sowie KRYLOW und BOGOLJUBOW, die das Verfahren der harmonischen Balance vorschlugen. In dem Zeitraum zwischen 1940 und 1950 erschienen die ersten entscheidenden Arbeiten über nichtlineare Regelkreise. Das sehr praxisnahe Konzept der Beschreibungsfunktion wurde von KOCHENBURGER, GOLDFARB und anderen in voneinander unabhängigen Arbeiten veröffentlicht. Die ursprünglich mehr auf empirischer Basis eingeführte Beschreibungsfunktion sieht man heute, insbesondere nach der Einführung der harmonischen Balance, unter allgemeineren Gesichtspunkten von Approximationsverfahren, denen das minimale mittlere Fehlerquadrat als Näherungskriterium zugrunde liegt. Diese Idee setzt sich fort bis zu dem modernsten Entwicklungsstand der WIENERschen Optimierungstheorie. In den genannten Zeitraum zwischen 1940 und 1950 fallen auch einschlägige Publikationen von SOLODOWNIKOW, POPOW, SEIFERT und STEEG, TRUXAL und WEST.

Nach 1950 setzten die Arbeiten über nichtlineare Systeme auf sehr breiter Basis ein. Die *beabsichtigte* Einführung nichtlinearer Teilsysteme zur Verbesserung des dynamischen Verhaltens von Regelkreisen, die schon lange vorher bekannt war, wurde systematisch untersucht. Die außerordentlich schwierig zu lesenden Arbeiten von LJAPUNOV, die um die Jahrhundertwende veröffentlicht worden sind, wurden für die Belange der Schwingungslehre und der Regelungstechnik erschlossen. Ferner wurden die verschiedensten mittlerweile bekanntgewordenen Verfahren mit den Stabilitätskriterien kombiniert; in diesem Zusammenhang sind die Namen OPPELT, MAGNUS, HAHN, PESTEL, LETOV und andere zu nennen. In den Jahren 1952/53 sind auch die ersten Arbeiten von BOOTON erschienen, der das Konzept der Beschreibungsfunktion durch die Definition einer äquivalenten Verstärkung auf stochastische Signale übertrug. Viele andere Autoren haben diese erfolgversprechenden Ansätze aufgegriffen oder ähnliche Vorschläge gemacht, so die Verfasser THALER, PASTEL, GRAHAM, MCRUER, WESTCOTT, SMITH, COSGRIFF, BURT, POPOV, KU und MACMILLAN.

In der Folgezeit bis zur Gegenwart stehen die Bemühungen um eine weitere Verbreitung der zweiten Methode von LJAPUNOV, die nichtlineare Optimierung und eine weitere Verschmelzung der nichtlinearen Verfahren mit der statistischen Signaltheorie im Vordergrund. Im Schrifttumsverzeichnis sind getrennt die zur Zeit bekanntesten einschlägigen Lehrbücher zusammengestellt. Weder diese Zusammenstellung noch die in dem kurzen geschichtlichen Abriß genannten Namen erfassen die Vielfalt der Veröffentlichungen auf dem Gebiet der nichtlinearen Systeme. Die Angaben sollen nur einen Überblick vermitteln und enthalten im wesentlichen diejenigen Literaturstellen, die dem Verfasser beim Zustandekommen des vorliegenden Buches eine wesentliche Hilfe gewesen sind.

Die Beschäftigung mit nichtlinearen Systemen innerhalb der selbsttätigen Regelung ist zumindest aus zwei Gründen unerläßlich: erstens zeigen fast alle in der Praxis vorkommenden Regelstrecken nichtlineares Verhalten, wenn man nur hinreichend große Aussteuerung durch die Eingangssignale oder den Übergang zu verschiedenen Betriebspunkten ins Auge faßt. Zweitens aber erschöpfen sich optimal arbeitende Regelkreise keineswegs im Rahmen der linearen Systeme. Nicht zuletzt aus dem Bereich der modernen Anwendung regelungstechnischer Gesichtspunkte auf biologische Systeme ist bekannt, daß optimale Einstelleigenschaften eines in Kommunikation mit seiner Umwelt befindlichen Systems oft nur durch nichtlineare Einflüsse ermöglicht werden. Auch für den beabsichtigten Einsatz nichtlinearer Elemente zur Erzielung besonders günstiger Einschwingeigenschaften technischer Regelkreise gibt es eine Fülle von Beispielen, die zeigen, daß man sich bei der mathematischen Behandlung nichtlinearer Systeme keineswegs auf Gesichtspunkte der Analyse beschränken darf, sondern von Fall zu Fall auch Hilfsmittel für die Synthese eines nichtlinearen Regelkreises entwickeln muß. Entscheidend erschwert werden die ganzen Überlegungen durch den Umstand, daß für nichtlineare Systeme das Superpositionsgesetz nicht mehr gilt; man kann also die Ergebnisse, die man mit Hilfe eines speziellen Testsignals gewonnen hat, nicht wie im Linearen für die Berechnung des Systemverhaltens bei anders gearteten Signalen benutzen. Man kann überhaupt summarisch feststellen, daß sich nichtlineare Systeme von den linearen eher durch das *Fehlen* bestimmter Eigenschaften auszeichnen als durch streng abgrenzbare und verallgemeinerungsfähige Eigenschaften.

Von den verschiedenen Verfahren, die zur mathematischen Behandlung nichtlinearer Systeme entwickelt worden sind, soll in den folgenden Teilen dieses Buches die Methode der Beschreibungsfunktion und der äquivalenten Verstärkung im Vordergrund stehen, weil gerade die Beschreibungsfunktion in der Regelungstechnik seit langem einen hervorragenden Platz einnimmt, und weil die äquivalenten Verstärkungsfaktoren für stationäre stochastische Signale sich unmittelbar an die Definition der Beschreibungsfunktion anschließen. Darüber hinaus gibt es gerade für diese beiden Kennfunktionen nichtlinearer Systeme interessante Querverbindungen zu Optimierungsverfahren und zur linearen Theorie.

Nach einer kurzen Einführung in die Beschreibung des Verhaltens nichtlinearer Systeme mit sinusförmigen Eingangssignalen werden mit Hilfe der schon auf FOURIER zurückgehenden Gedankengänge stationäre stochastische Prozesse in die Überlegungen einbezogen. Über die Optimalfiltertheorie von WIENER wird ein allgemeiner Zusammenhang zwischen den äquivalenten Verstärkungsfaktoren für stochastische Signale einerseits und linearen Optimalsystemen andererseits hergestellt. Darüber hinaus wird auf andere Ansätze zur genäherten Berechnung des Verhaltens nichtlinearer Systeme eingegangen, die eng mit der Methode der Beschreibungsfunktion verwandt sind (z. B. harmonische Balance), ferner auf eine allgemeinere Berechnung des äquivalenten Verstärkungsfaktors. Einen gewissen Schwerpunkt bildet in den Teilen XIX und XX die Anwendung der verschiedenen Ergebnisse auf geschlossene Regelkreise sowie die Behandlung von Sprungerscheinungen bei mehrdeutigen Resonanzkurven, die man als eine besondere Form der Instabilität von nichtlinearen Regelkreisen ansehen kann.

XI. Nichtlineare Systeme mit sinusförmigen Eingangssignalen

1. Formulierung der Voraussetzungen

Um die in der Technik denkbare Vielfalt nichtlinearer Gebilde für eine theoretische Behandlung sinnvoll abzugrenzen, sollen im folgenden nur Systeme betrachtet werden, die den folgenden Voraussetzungen genügen:

a) Das nichtlineare System soll durch eine zeitinvariante statische Kennlinie beschrieben werden, das Ausgangssignal soll nur von dem Momentanwert und der Vorgeschichte des Eingangssignals abhängen. Darin ist die Forderung enthalten, daß in dem System keine Energiespeicher vorkommen, die Anlaß zu frequenzabhängigen Verzerrungen geben.

b) Das Ausgangssignal, das zu einem sinusförmigen Eingangssignal gehört, soll wiederum periodisch sein. Seine Grundschwingung soll mit der Frequenz des Eingangssignals übereinstimmen, so daß das Auftreten von Subharmonischen ausgeschlossen ist. Der lineare Mittelwert der Ausgangsgröße sei gleich Null; die Einbeziehung von Signalen mit von Null verschiedenen Mittelwerten bereitet keine grundsätzlichen Schwierigkeiten, führt jedoch meistens auf einen ganz erheblichen Zuwachs an formalem Rechenaufwand [27].

c) Da in einer Regelungsanlage ein nichtlineares Gebilde nicht isoliert vorkommt, sollen an die übrigen Bestandteile folgende Anforderungen gestellt werden: alle restlichen Systeme seien linear, insbesondere sollen die Teilsysteme, die dem nichtlinearen Gebilde folgen, Tiefpaßcharakter mit einer hinreichend niedrigen Grenzfrequenz haben, so daß bei sinusförmiger Erregung des nichtlinearen Systems die durch Verzerrung entstehenden Oberschwingungen so weit ausgefiltert werden, daß auch im geschlossenen Regelkreis an der Mischstelle praktisch nur die Grundschwingung in den Kreis eingekoppelt wird. Damit ergeben sich die in Bild XI.1 gezeigten Verhältnisse. Unter diesen Voraussetzungen arbeitet das nichtlineare System wie ein zeitinvariantes, amplitudenabhängiges Verstärkungsglied, das mit einem sinusförmigen Signal gespeist wird.

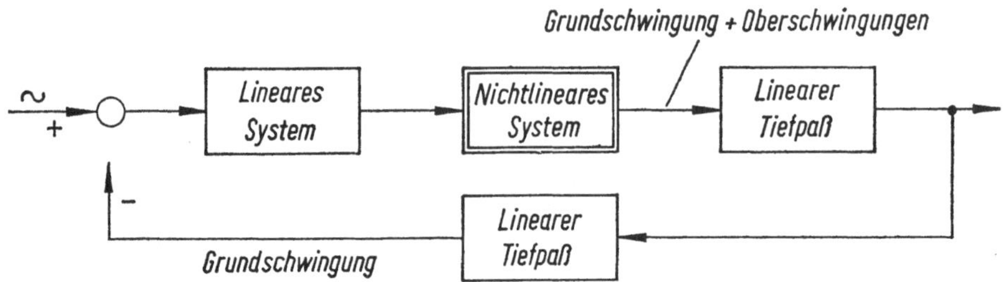

Bild XI.1. Grundlegende Anordnung linearer und nichtlinearer Teilsysteme im geschlossenen Regelkreis zur Definition der Beschreibungsfunktion.

2. Einführung der Beschreibungsfunktion

Aufgrund der oben getroffenen Voraussetzungen liegt es nahe, das Verhalten eines nichtlinearen Systems durch eine Näherung zu charakterisieren, die nur die Grundschwingung des Ausgangssignals berücksichtigt und sich dann als Ersatzkenngröße den Rechenregeln der Blockschaltbildalgebra und den übrigen Methoden für lineare Systeme, einschließlich der Stabilitätskriterien in entsprechend abgewandelter Form, unterordnet.

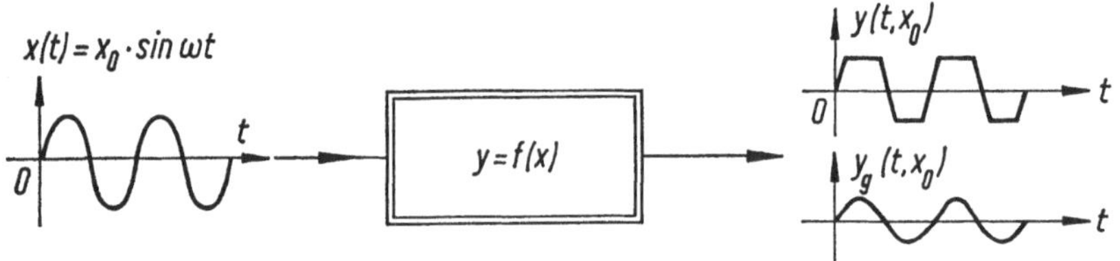

Bild XI.2. Nichtlineares System mit sinusförmigem Eingangssignal, verzerrtem Ausgangssignal und dessen Grundschwingung.

Zur analytischen Behandlung geht man von Bild XI.2 aus, wo das nichtlineare System mit dem sinusförmigen Eingangssignal

$$x(t) = x_0 \cdot \sin \omega t$$

beaufschlagt wird. Durch die nichtlineare statische Kennlinie des Systems, die durch die Funktion

$$y = f(x)$$

gegeben sein möge, entsteht am Ausgang ein entsprechend verzerrtes Signal

$$y(t, x_0) = f(x_0 \cdot \sin \omega t),$$

welches man nach FOURIER auf die Form

$$y(t, x_0) = \sum_{n=1}^{\infty} a_n \cdot \sin n\omega t + b_n \cdot \cos n\omega t$$

bringen kann. Die Koeffizienten a_n und b_n erhält man durch die Integrale

$$a_n = \frac{\omega}{\pi} \cdot \int\limits_0^{2\pi/\omega} y(t, x_0) \cdot \sin n\omega t \, \mathrm{d}t,$$

$$b_n = \frac{\omega}{\pi} \cdot \int\limits_0^{2\pi/\omega} y(t, x_0) \cdot \cos n\omega t \, \mathrm{d}t,$$

wobei $a_0 = 0$ ist, weil der lineare Mittelwert des Ausgangssignals nach Voraussetzung Null sein soll. Für die Überlegungen interessiert nur die Grundschwingung $y_g(t, x_0)$ für $n = 1$,

$$y_g(t, x_0) = a_1 \cdot \sin \omega t + b_1 \cdot \cos \omega t$$

oder in komplexer Form:

$$\widetilde{y}_g(t, x_0) = \sqrt{a_1{}^2 + b_1{}^2} \cdot \mathrm{e}^{i(\omega t + \varphi)}$$

mit

$$\varphi = \arctan \frac{b_1}{a_1}.$$

Da die Eigenschaften des nichtlinearen Systems bezüglich der Grundschwingung von $y(t, x_0)$ beschrieben werden sollen, bildet man als Kenngröße für das System das Verhältnis von Grundschwingung $\widetilde{y}_g(t, x_0)$ des Ausgangssignals zu $\widetilde{x}(t) = x_0 \cdot \mathrm{e}^{i\omega t}$ und erhält die Definitionsgleichung der Beschreibungsfunktion:

$$N(x_0) = \frac{\mathrm{e}^{i\varphi}}{x_0} \cdot \sqrt{a_1{}^2 + b_1{}^2}. \tag{XI.1}$$

Sonderfall:
Wenn die statischen Eigenschaften des nichtlinearen Systems durch eine eindeutige Funktion $y = f(x)$ beschrieben werden, dann tritt keine Phasenverschiebung zwischen dem Eingangssignal und der Grundschwingung des Ausgangssignals auf, und die Beschreibungsfunktion geht über in

$$N(x_0) = \frac{a_1}{x_0}$$

$$N(x_0) = \frac{\omega}{\pi x_0} \cdot \int\limits_0^{2\pi/\omega} f(x_0 \cdot \sin \omega t) \cdot \sin \omega t \, \mathrm{d}t. \tag{XI.2}$$

Führt man an Stelle der reellen FOURIER-Koeffizienten a_1 und b_1 die komplexe Form

$$c_1 = \frac{i\omega}{\pi} \cdot \int\limits_0^{2\pi/\omega} y(t, x_0) \cdot \mathrm{e}^{-i\omega t} \, \mathrm{d}t$$

10*

ein, so geht die Beschreibungsfunktion nach Gleichung (XI.1) über in

$$N(x_0) = \frac{i\omega}{\pi x_0} \cdot \int\limits_0^{2\pi/\omega} f[x(t)] \cdot e^{-i\omega t}\, dt, \qquad \text{(XI.3)}$$

wobei man dann zweckmäßig auch für das Eingangssignal $x(t)$ die komplexe Schreibung benutzt.

3. Grundtypen von Beschreibungsfunktionen

3.1 Reelle Beschreibungsfunktionen

Wenn das nichtlineare System durch eine eindeutige Kennlinie beschrieben wird, dann ist die Beschreibungsfunktion nur von der *Eingangssignalamplitude* und von $f(x)$ abhängig:

$$N = N[x_0, f(x)],$$

Eingangsschwingung und Grundschwingung des Ausgangssignals sind in Phase, die Funktion N ist *reell* und wird nach der Vorschrift (XI.2) berechnet.

3.2 Komplexe Beschreibungsfunktionen

Wenn die Kennlinie der Nichtlinearität durch eine mehrdeutige Funktion $y = f(x)$ beschrieben wird (z. B. Hystereseverhalten), dann tritt eine Phasenverschiebung

$$\varphi(x_0) = \arctan \frac{b_1}{a_1}$$

zwischen $x(t)$ und $y_g(t, x_0)$ auf. In diesem Fall wird die Beschreibungsfunktion *komplex*, und man verwendet die Formen

$$N(x_0) = |N(x_0)| \cdot e^{i\varphi(x_0)}$$

und

$$N(x_0) = U(x_0) + i \cdot V(x_0) \qquad \text{(XI.4)}$$

mit dem Realteil

$$U(x_0) = \frac{\omega}{\pi x_0} \cdot \int\limits_0^{2\pi/\omega} f(x_0 \cdot \sin \omega t) \cdot \sin \omega t\, dt$$

und dem Imaginärteil

$$V(x_0) = \frac{\omega}{\pi x_0} \cdot \int\limits_0^{2\pi/\omega} f(x_0 \cdot \sin \omega t) \cdot \cos \omega t\, dt.$$

Den Zusammenhang mit den Definitionsgleichungen (XI.1 und XI.2) findet man leicht, denn es gilt

$$U(x_0) = \frac{a_1}{x_0}, \qquad V(x_0) = \frac{b_1}{x_0},$$

$$\varphi(x_0) = \arctan \frac{V(x_0)}{U(x_0)} = \arctan \frac{b_1}{a_1},$$

$$|N(x_0)| = \sqrt{U^2(x_0) + V^2(x_0)}.$$

Für ein sinusförmiges Eingangssignal $x(t) = x_0 \cdot \sin \omega t$ wird die Grundschwingung des Ausgangssignals

$$y_g(t, x_0) = |N(x_0)| \cdot x_0 \cdot \sin [\omega t + \varphi(x_0)].$$

Analog ergibt die komplexe Darstellung

$$\tilde{y}_g(t, x_0) = |N(x_0)| \cdot x_0 \cdot e^{i[\omega t + \varphi(x_0)]}$$

$$= |N(x_0)| \cdot e^{i\varphi(x_0)} \cdot \tilde{x}(t).$$

Den Imaginärteil der Beschreibungsfunktion kann man noch auf eine sehr einfache Form bringen, denn für das sinusförmige Eingangssignal wird

$$\frac{\mathrm{d}x}{x_0} = \omega \cdot \cos \omega t \, \mathrm{d}t,$$

und man erhält

$$V(x_0) = \frac{1}{\pi x_0{}^2} \cdot \oint f(x) \, \mathrm{d}x,$$

wobei sich für einen vollen Umlauf des Winkels von 0 bis 2π im mathematisch positiven Sinn gerade die von der mehrdeutigen Kennlinie umschlossene Fläche F mit negativem Vorzeichen ergibt:

$$V(x_0) = -\frac{1}{\pi x_0{}^2} \cdot F.$$

Für die in der Praxis weitverbreiteten Nichtlinearitäten mit Hysteresecharakter bedeutet dieses Ergebnis eine angenehme Vereinfachung der Berechnung.

3.3 Frequenzabhängige Beschreibungsfunktionen

Falls das nichtlineare System Energiespeicher besitzt, deren Einfluß sich von dem nichtlinearen Verhalten nicht isoliert betrachten läßt, dann wird die Beschreibungsfunktion *frequenzabhängig*, und man muß, ausgehend von einer nichtlinearen Differentialgleichung der Form

$$y = f(x, \dot{x}, \ldots),$$

einen linearisierenden Ansatz der Form

$$N(x_0, i\omega) = U(x_0, \omega) + i \cdot V(x_0, \omega) \qquad \text{(XI.5)}$$

versuchen. Damit wird auch der Winkel φ eine Funktion der Frequenz, wie in den Teilen XV.4 und XVI gezeigt werden wird.

Da die Übertragungseigenschaften nichtlinearer Systeme im allgemeinsten Fall von der Amplitude und von der Frequenz des Eingangssignals abhängen, ergibt sich als graphische Darstellung der Form (XI.5) in der komplexen Zahlenebene eine Schar von Beschreibungskurven. Dabei bleibt im Prinzip freigestellt, ob man die Amplitude oder die Frequenz als Scharparameter verwenden will. Von der Ortskurvendarstellung linearer Systeme ausgehend müßte man eine Schar von Ortskurven mit Frequenzteilung zeichnen, bei der sich beim Übergang von einer festen Amplitude des Eingangssignals zu einer anderen eine neue Ortskurve mit veränderter Frequenzteilung ergibt. Von einer „Beschreibungskurve“ im engeren Sinne spricht man dem eingeführten Brauch folgend nur dann, wenn die Beschreibungsfunktion nicht frequenzabhängig ist. Die graphische Darstellung in der komplexen Ebene schließt dann an die Form (XI.4) an; wenn die Grundschwingung des Ausgangssignals keine Phasenverschiebung gegenüber der Eingangsschwingung aufweist, verläuft die Beschreibungskurve ausschließlich auf der reellen Achse, u. U. mit doppelter Belegung in Abhängigkeit von der Amplitude x_0 wie beim Dreipunktschalter, vgl. Teil XII.5.

4. Begründung der Beschreibungsfunktion durch das QMW-Kriterium

Aus dem Voranstehenden ist zu ersehen, daß mit der Einführung der Beschreibungsfunktion nur eine Annäherung an die tatsächlichen Systemeigenschaften erreicht wird. Man muß also von Fall zu Fall entscheiden, ob man die damit verbundenen Fehler bei der Approximation vertreten kann, oder ob eventuell zur genaueren Kennzeichnung des Ausgangssignals außer der Grundschwingung noch wenigstens eine Harmonische berücksichtigt werden muß.

Jedenfalls hatte die obige Einführung der Beschreibungsfunktion noch *empirischen Charakter*, und man kann versuchen, diese Basis zu verlassen und die Beschreibungsfunktion als Ergebnis eines *allgemeineren Approximationsproblems* zu gewinnen. Man kommt hier sehr schnell zum Ziel, wenn man den auf FOURIER zurückgehenden Gedanken aufgreift und die Einführung einer approximativen Systemkenngröße für eine Nichtlinearität aufgrund der in Bild XI.3 dargestellten Zusammenhänge vornimmt. Hier vergleicht man das

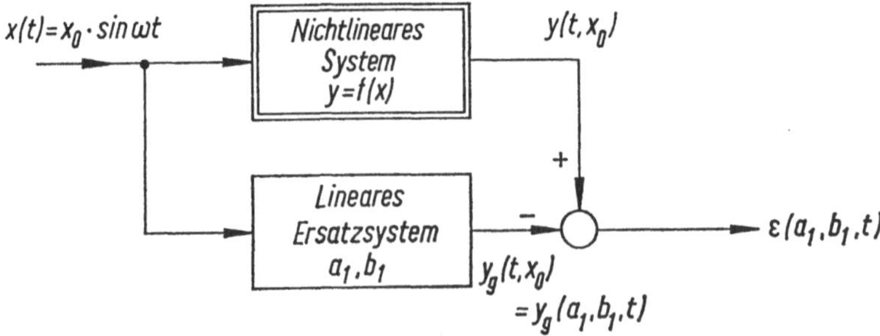

Bild XI.3. Zur Einführung der Beschreibungsfunktion über eine Extremalwertaufgabe.

zu approximierende System mit einem *linearen Ersatzsystem*, welches durch zwei zeitunabhängige Koeffizienten a_1 und b_1 charakterisiert sein möge, und nach der Gleichung

$$y_g(t, x_0) = a_1 \cdot \sin \omega t + b_1 \cdot \cos \omega t$$

aus dem sinusförmigen Eingangssignal eine Ausgangsgröße liefern soll, die periodisch ist und die gleiche Frequenz besitzen soll wie die erregende Schwingung. Aufgrund des Ansatzes wird eine Phasenverschiebung zwischen $x(t)$ und $y_g(t, x_0)$ zugelassen. Mit der Festlegung eines Fehlerkriteriums ist das vorliegende Problem eindeutig bestimmt: die beiden Koeffizienten a_1 und b_1 sollen so gewählt werden, daß der quadratische Mittelwert der Abweichung zwischen dem Ausgangssignal des linearen Ersatzsystems und dem vollständigen Ausgangssignal $y(t)$ ein Minimum wird. Für dieses außerordentlich weit verbreitete Fehlerkriterium wird im folgenden die Abkürzung „QMW-Kriterium" benutzt. Der Fehler ε ist eine Funktion der gesuchten Koeffizienten a_1, b_1 und der Zeit:

$$\varepsilon(a_1, b_1, t) = y(t, x_0) - y_g(a_1, b_1, t).$$

Der quadratische Mittelwert des Fehlers wird also

$$\overline{\varepsilon^2(a_1, b_1, t)} = \frac{1}{T_0} \cdot \int_0^{T_0} \varepsilon^2(a_1, b_1, t) \, dt$$

$$= \frac{\omega}{2\pi} \cdot \int_0^{2\pi/\omega} \{y(t, x_0) - a_1 \sin \omega t - b_1 \cos \omega t\}^2 \, dt.$$

Die notwendige Bedingung für das Auftreten eines Extremums von $\overline{\varepsilon^2}$ in Abhängigkeit von a_1 und b_1 besteht im Verschwinden der beiden partiellen Ableitungen:

$$\frac{\partial}{\partial a_1} \overline{\varepsilon^2(a_1, b_1, t)} = 0 \quad \text{und} \quad \frac{\partial}{\partial b_1} \overline{\varepsilon^2(a_1, b_1, t)} = 0.$$

Damit existieren zwei Bestimmungsgleichungen für a_1 und b_1, und man erhält über eine einfache Zwischenrechnung erwartungsgemäß die beiden ersten FOURIER-Koeffizienten, so daß sich mit dem linearen Ansatz für $y_g(t, x_0)$ wieder die Grundschwingung des Ausgangssignals ergibt. Hier schließen sich genau wie vorher die verschiedenen Formen für die Beschreibungsfunktion an.

Faßt man die am Ausgang des nichtlinearen Systems vorhandenen Oberschwingungen als einen *Verzerrungsanteil* $v(t, x_0)$ auf, so erhält man aus dem Ansatz

$$y(t, x_0) = N(x_0) \cdot x(t) + v(t, x_0)$$

durch Bestimmung des Minimums von

$$\overline{v^2(t, x_0)} = \overline{[y(t, x_0) - N(x_0) \cdot x(t)]^2}$$

unmittelbar die Beschreibungsfunktion in der Form

$$N(x_0) = \frac{1}{\overline{x^2(t)}} \cdot \overline{x(t) \cdot y(t, x_0)}$$

$$= \frac{2}{x_0{}^2} \cdot \frac{x_0}{2T_0} \cdot \int\limits_{-T_0}^{+T_0} y(t, x_0) \cdot \sin \omega t \, \mathrm{d}t$$

$$= \frac{\omega}{\pi x_0} \cdot \int\limits_{0}^{2\pi/\omega} f(x_0 \cdot \sin \omega t) \cdot \sin \omega t \, \mathrm{d}t.$$

Natürlich ist mit diesem Ergebnis nicht mehr erreicht als mit der empirischen Definition, aber von der *Methodik* her vermittelt der zweite Weg doch einen tieferen Einblick in die Zusammenhänge: bei der empirischen Einführung der Beschreibungsfunktion kommt das *Minimalprinzip* nicht mehr explizit zum Ausdruck, weil es schon im Ansatz der FOURIER-Entwicklung steckt. Der zweite Weg offenbart hingegen, daß mit der Beschreibungsfunktion ein optimales lineares Ersatzsystem auf der Basis eines recht universellen Fehlerkriteriums eingeführt worden ist. Im Zusammenhang mit der allgemeineren WIENERschen Optimalfiltertheorie (Teil XVI) wird dies noch deutlicher werden.

5. Der Zusammenhang zwischen der Beschreibungsfunktion und dem Korrelationsbegriff

Um die folgenden Gedankengänge etwas zu vereinfachen, legen wir ein nichtlineares System zugrunde, das eine eindeutige Kennlinie besitzt, und demzufolge keine Phasenverschiebung zwischen Ausgangs- und Eingangssignal erzwingt. Mit Hilfe der FOURIER-Koeffizienten a_n nimmt dann die vollständige, gegenüber dem Eingangssignal verzerrte Ausgangsgröße die Form

$$y(t, x_0) = \sum_{n=1}^{\infty} a_n \cdot \sin n\omega t$$

an, von der die Beschreibungsfunktion

$$N(x_0) = \frac{1}{x_0} \cdot a_1$$

wiederum nur die Grundschwingung der Frequenz ω erfaßt.

Man kann nun bei der Zuordnung zwischen $x(t)$ und $y(t, x_0)$ einen ganz anderen Standpunkt einnehmen. Einerseits ist der Begriff der Korrelation auch auf periodische Vorgänge übertragbar, und so lautet die Definitionsgleichung der Kreuzkorrelationsfunktion für zwei Signale $s_1(t)$ und $s_2(t)$ der gleichen Periodendauer T nach Gleichung (II.36):

$$\Phi_{s_1 s_2}(\tau) = \frac{1}{2T} \cdot \int\limits_{-T}^{+T} s_1(t) \cdot s_2(t + \tau) \, \mathrm{d}t.$$

Andererseits besteht eine enge Verwandtschaft zwischen den Begriffen *Orthogonalität* (z. B. aus der FOURIER-Theorie) und *Kohärenz* (aus der Optik und der Statistik). Beachtet man ferner, daß es sich bei den vorliegenden Problemen grundsätzlich um nichtlineare Verzerrungen handelt und daß der Prozeß der Korrelation automatisch nur diejenigen Signalanteile bewertet, die *linear* miteinander korreliert sind, so kann man erwarten, daß die Korrelation durch ihre spezifischen Eigenschaften des Signalvergleichs zwischen

$$x(t) = x_0 \cdot \sin \omega t$$

und

$$y(t, x_0) = \sum_{n=1}^{\infty} a_n \cdot \sin n\omega t$$

alle diejenigen Komponenten in $y(t, x_0)$ ausschalten wird, die aus $x(t)$ durch *nichtlineare Verzerrungen* des Systems entstanden sind. Das Korrelationsintegral für die vorliegenden Signale lautet:

$$\Phi_{xy}(\tau) = \frac{x_0}{2T} \cdot \int_{-T}^{+T} \sin \omega t \cdot \sum_{n=1}^{\infty} a_n \cdot \sin n\omega(t + \tau) \, \mathrm{d}t.$$

Wenn die Vertauschung der Reihenfolge von Summation und Integration erlaubt ist, stößt man bei der Berechnung dieser Kreuzkorrelationsfunktion auf Integrale der allgemeinen Form

$$\int_{-T}^{+T} \sin m\omega t \cdot \sin n\omega(t + \tau) \, \mathrm{d}t,$$

die wegen der bekannten Orthogonalitätseigenschaften der harmonischen Funktionen nur für $m = n$ von Null verschieden sind. Daraus ergibt sich sofort, daß bei dem Prozeß der linearen Korrelation nur die Grundschwingung $y_g(t, x_0) = a_1 \cdot \sin \omega t$ des Ausgangssignals für $n = 1$ erhalten bleibt, weil allein diese Komponente mit dem Eingangssignal *linear* korreliert ist, während alle durch das nichtlineare Systemverhalten entstehenden Oberschwingungen nicht mit $x(t)$ linear korreliert sind[1]). Berechnet man das auftretende Integral, so findet man leicht mit den Ergebnissen von Teil II.3

$$\Phi_{xy}(\tau) = x_0 \cdot a_1 \cdot \frac{1}{2T} \cdot \int_{-T}^{+T} \sin \omega t \cdot \sin \omega(t + \tau) \, \mathrm{d}t$$

$$= \frac{x_0 \cdot a_1}{2} \cdot \cos \omega \tau.$$

Damit besteht zwischen der Kreuzkorrelationsfunktion und dem FOURIER-Koeffizienten der Zusammenhang

$$a_1 = \frac{2}{x_0} \cdot \Phi_{xy}(0),$$

---

[1]) Eine entsprechend allgemeine Beschreibung erhielte man mit einem Ansatz
$x(t) = x_0 \cdot \sin \omega t + x_1 \cdot \sin n\omega t,\ n = 2, 3, \ldots$

und man kann die Beschreibungsfunktion auf die Form

$$N(x_0) = \frac{2}{x_0{}^2} \cdot \Phi_{xy}(0) \tag{XI.6}$$

bringen.

Einen weiteren recht interessanten Zusammenhang, der seiner Bedeutung nach bereits weit in die komplizierteren Verhältnisse bei stochastischen Signalen hineinreicht, erhält man, wenn man die Autokorrelationsfunktion des sinusförmigen Eingangssignals einführt:

$$\Phi_{xx}(\tau) = \frac{x_0{}^2}{2} \cdot \cos \omega\tau,$$

denn nun ergibt sich

$$\Phi_{xy}(\tau) = \frac{a_1}{x_0} \cdot \Phi_{xx}(\tau).$$

Diese Gleichung bringt zum Ausdruck, daß bereits bei sinusförmiger Erregung eines nichtlinearen Systems für dessen lineares Ersatzsystem Proportionalität zwischen der Autokorrelierten des Eingangssignals und der Kreuzkorrelierten für $x(t)$ und den linear mit $x(t)$ korrelierten Anteil von $y(t, x_0)$ besteht. Der von τ unabhängige Proportionalitätsfaktor ist gerade die Beschreibungsfunktion:

$$\Phi_{xy}(\tau) = N(x_0) \cdot \Phi_{xx}(\tau) = \Phi_{xy}(\tau, x_0). \tag{XI.7}$$

Nach diesen Ausführungen wird klar, daß sich die Kreuzkorrelation auf die beiden Signale $x(t)$ und $y_g(t, x_0)$ bezieht, so daß man schreiben darf:

$$N(x_0) = \frac{\Phi_{xy_g}(\tau, x_0)}{\Phi_{xx}(\tau)}. \tag{XI.8}$$

Diese Relation wird uns bei der Einführung der äquivalenten Verstärkung für stationäre stochastische Signale wieder begegnen. Der Zusammenhang (XI.8) für $\tau = 0$ folgt übrigens schon aus (XI.6), denn es ist

$$\Phi_{xx}(0) = \frac{x_0{}^2}{2}.$$

Auf entsprechende Relationen im Frequenzbereich für stationäre Rauschsignale gehen wir in Teil XIII ausführlich ein.

XII. Beispiele für Beschreibungsfunktionen

1. Verzögerungsfreier Zweipunktschalter

Die einfache Nichtlinearität nach Bild XII.1 verformt im Idealfall das sinusförmige Eingangssignal in eine Rechteckschwingung gleicher Frequenz und gleicher Anfangsphase. Entwickelt man die Rechteckschwingung in eine FOURIER-Reihe, so findet man:

$$y(t) = \frac{4h}{\pi} \cdot \left\{ \sin \omega t + \frac{1}{3} \sin 3\omega t + \dots \right\}$$

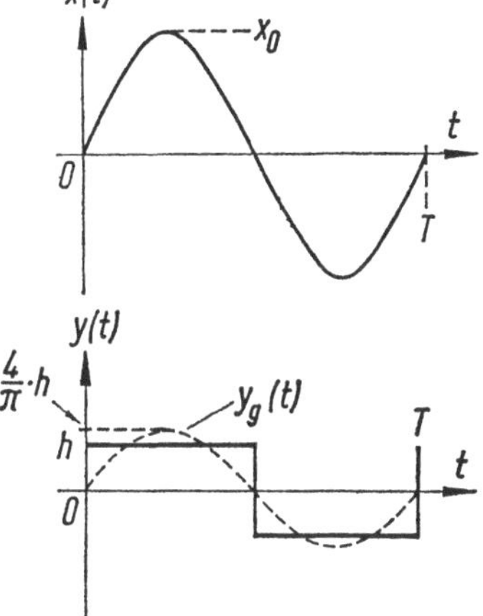

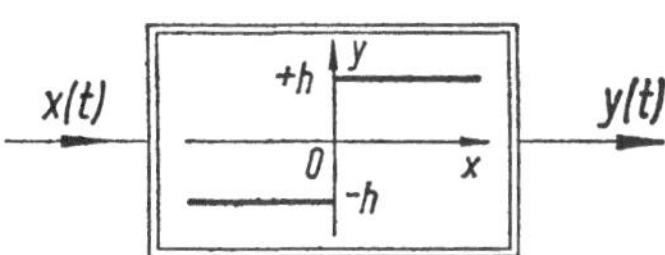

Bild XII.1. Idealisierter Zweipunktschalter mit sinusförmigem Eingangssignal und rechteckförmigem Ausgangssignal.

mit der in Bild XII.1 eingezeichneten Grundschwingung

$$y_g(t) = \frac{4h}{\pi} \cdot \sin \omega t$$

und dem FOURIER-Koeffizienten

$$a_1 = \frac{4h}{\pi} \, ,$$

so daß die Beschreibungsfunktion lautet:

$$N(x_0) = \frac{4h}{\pi} \cdot \frac{1}{x_0} . \tag{XII.1}$$

An dem Verlauf dieser Funktion in Abhängigkeit von der normierten Veränderlichen x_0/h nach Bild XII.2 erkennt man, daß bei der Darstellung von $N(x_0)$ in der GAUSSschen Zahlenebene nur eine *einfache Belegung* der positiv reellen Achse zwischen 0 und $+\infty$ auftritt, siehe Bild XII.3.

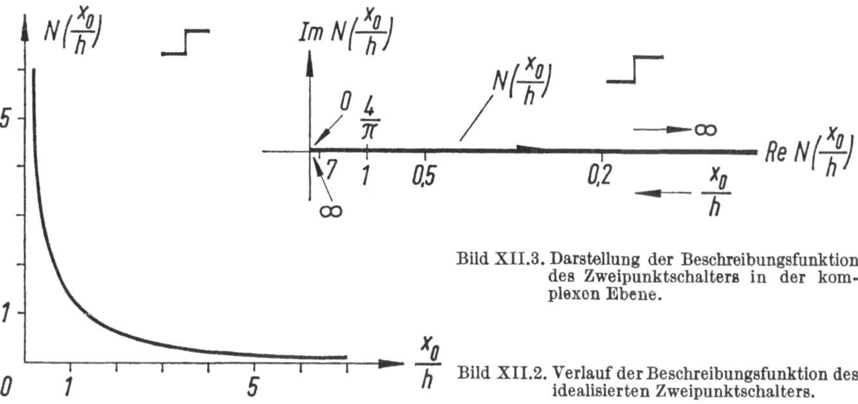

Bild XII.3. Darstellung der Beschreibungsfunktion des Zweipunktschalters in der komplexen Ebene.

Bild XII.2. Verlauf der Beschreibungsfunktion des idealisierten Zweipunktschalters.

2. Symmetrischer Begrenzer mit linearem Bereich

Das System nach Bild XII.4 überträgt in dem Amplitudenbereich $0 \leq x \leq x_B$ streng proportional mit dem Faktor k, und für alle Eingangssignale, deren Amplitude größer als x_B ist, tritt eine Begrenzung auf den Wert h ein. Mit der vereinfachenden Substitution $\omega t = \beta$ ergibt sich für die allgemeine Form der Beschreibungsfunktion:

$$N(x_0) = \frac{1}{\pi x_0} \cdot \int_0^{2\pi} y(x_0 \cdot \sin \beta) \cdot \sin \beta \, \mathrm{d}\beta. \qquad \text{(XII.2)}$$

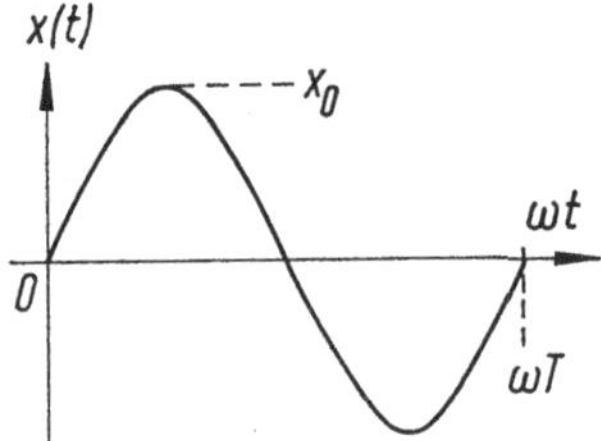

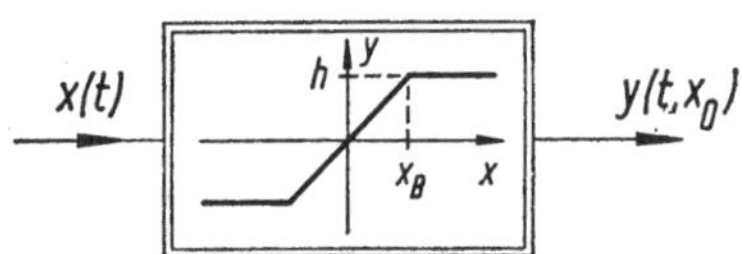

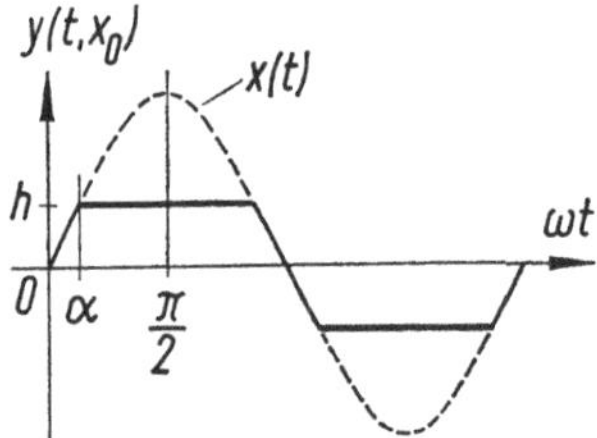

Bild XII.4. Zum Verhalten eines symmetrischen Begrenzers mit linearem Arbeitsbereich bei sinusförmiger Ansteuerung.

An dem Verlauf des Ausgangssignals erkennt man, daß zur Berechnung der Beschreibungsfunktion eine Integration über den Bereich $0 \leq \beta \leq \pi/2$ mit dem Faktor 4 genügt:

$$N(x_0) = \frac{4}{\pi x_0} \cdot \int_0^{\pi/2} y(x_0 \cdot \sin \beta) \cdot \sin \beta \, \mathrm{d}\beta,$$

wobei die Systemeigenschaften durch

$$y = f(x) = \begin{cases} k \cdot x_0 \cdot \sin \beta & \text{für } 0 \leq \beta \leq \alpha \\[2mm] h & \text{für } \alpha < \beta \leq \pi/2 \end{cases}$$

gegeben sind. Damit erhält man

$$N(x_0) = \frac{4}{\pi x_0} \cdot \left\{ k \cdot x_0 \cdot \int_0^{\alpha} \sin^2 \beta \, \mathrm{d}\beta + h \cdot \int_{\alpha}^{\pi/2} \sin \beta \, \mathrm{d}\beta \right\}$$

$$N(x_0) = \frac{4}{\pi} \cdot \left\{ \frac{h}{x_0} \cdot \cos\alpha + \frac{k}{2} \cdot \left(\alpha - \frac{\sin 2\alpha}{2} \right) \right\} \qquad \text{(XII.3a)}$$

mit

$$\alpha = \arcsin \frac{x_B}{x_0} = \arcsin \frac{h}{k \cdot x_0} \, .$$

Dieses Ergebnis gilt für $k \cdot x_0 > h$, denn für $k \cdot x_0 \leq h$ ist offenbar $N(x_0) = k$. Bild XII.5 zeigt den Verlauf von $N(x_0)$ für den Fall $k = 1$, und in Bild XII.6 ist die Beschreibungskurve in der komplexen Ebene dargestellt.

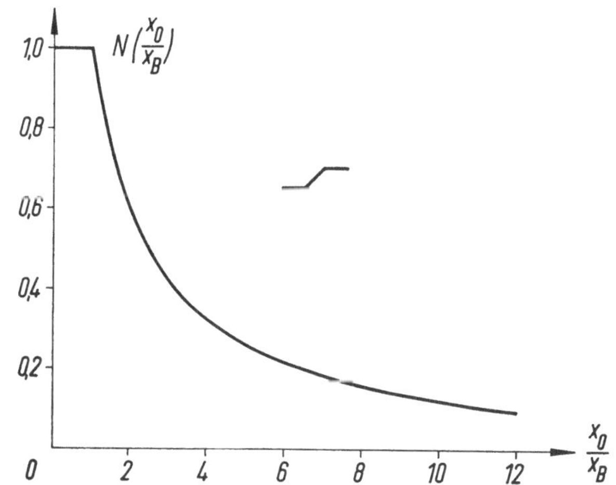

Bild XII.5. Beschreibungskurve des symmetrischen Begrenzers.

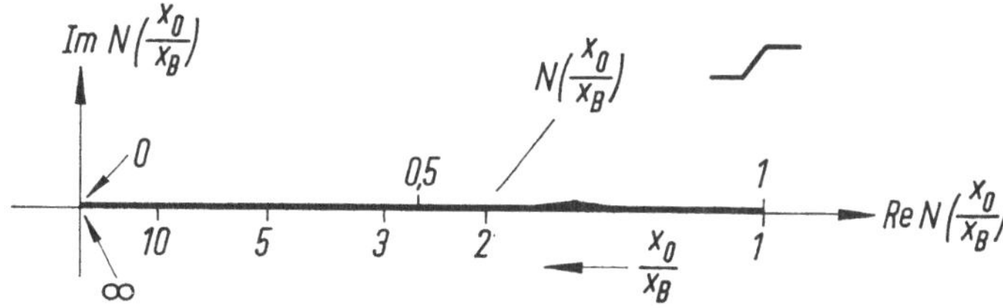

Bild XII.6. Beschreibungskurve des symmetrischen Begrenzers in der komplexen Ebene.

Es ist interessant, das asymptotische Verhalten der Funktion (XII.3) für sehr große x_0 zu untersuchen, denn wenn die Eingangsamplitude $x_0 \gg x_B$ wird, dann muß sich der Begrenzer ähnlich verhalten wie ein Zweipunktschalter. Man findet zunächst für $x_0 \gg x_B$:

$$\alpha = \arcsin \frac{h}{k \cdot x_0} \sim \frac{h}{k \cdot x_0} \, ,$$

und mit $\sin 2\alpha \sim 2 \cdot \sin\alpha \sim \dfrac{2h}{k \cdot x_0}$

ergibt sich

$$N(x_0) \sim \frac{4h}{\pi x_0} \, ,$$

und die rechte Seite dieser asymptotischen Beziehung ist gerade die Beschreibungsfunktion XI.1 des idealen Zweipunktschalters.

Eine einfache Umformung der Gleichung (XII.3) führt auf die gleichwertigen Formen

$$N(x_0) = \frac{2k}{\pi} \cdot \left\{ \alpha + \frac{x_B}{x_0} \cdot \cos\alpha \right\}$$

und

$$N(x_0) = \frac{2k}{\pi} \cdot \left\{ \arcsin\frac{x_B}{x_0} + \frac{x_B}{x_0} \cdot \sqrt{1 - \left(\frac{x_B}{x_0}\right)^2} \right\}. \qquad \text{(XII.3b)}$$

3. Tote Zone durch Kombination von Teilsystemen

Am Ausgang der Nichtlinearität nach Bild XII.7 erscheint kein Signal, solange die Amplitude der Eingangsgröße kleiner als x_B ist. Von diesem Wert an überträgt das System linear ($k = 1$). Man beachte, daß auch in diesem Beispiel

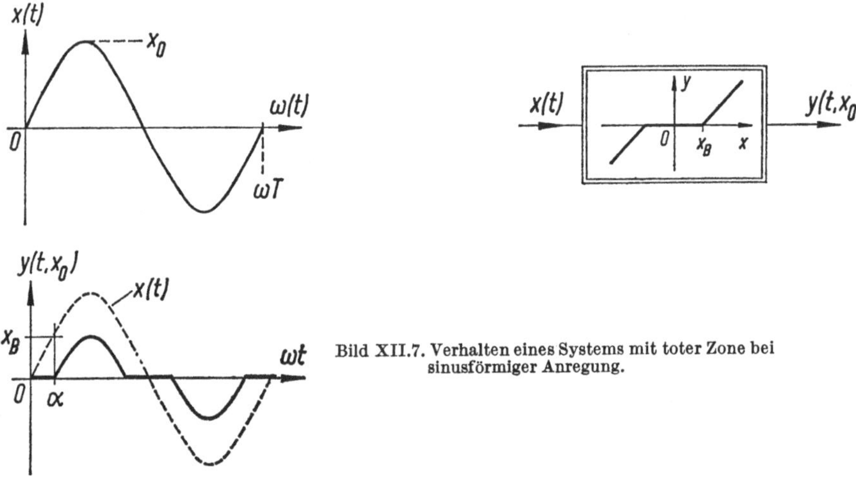

Bild XII.7. Verhalten eines Systems mit toter Zone bei sinusförmiger Anregung.

der Winkel α *nicht die Bedeutung einer Phasenverschiebung hat.* Man könnte nun wie in den vorangegangenen Beispielen die Amplitude der Grundschwingung von $y(t, x_0)$ und daraus die Beschreibungsfunktion berechnen. Eine einfache Überlegung zeigt aber, daß man sich diese Rechnung sparen kann, wenn man die Beschreibungsfunktion des Begrenzers kennt. Offenbar haben die beiden nichtlinearen Systeme der Bilder XII.4 und 7 gegenläufige Eigenschaften, und man kann sich ein System mit toter Zone aus einem Begrenzer und einem linearen Glied nach Bild XII.8 in einer Subtraktionsschaltung entstanden denken. Wenn der Begrenzer die Kennlinie $y = f(x)$ hat, dann wird das gesamte System von Bild XII.8 durch

$$y = u - v$$

$$y = x - f(x)$$

charakterisiert, und diese Kennlinie beschreibt, wie man durch graphische Überlagerung der beiden Teilkennlinien sofort sieht, genau das System mit toter Zone x_B.

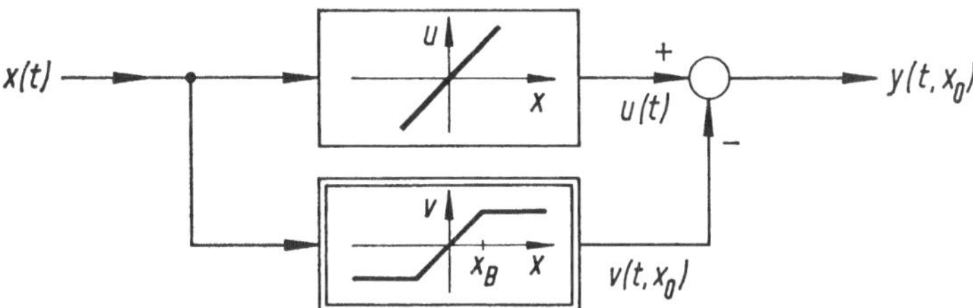

Bild XII.8. Zur Erzeugung von Systemen mit nichtlinearer Kennlinie mit Hilfe von Teilsystemen.

Die einfache Gleichung zur Kennzeichnung des Systems von Bild XII.8 ist ein Sonderfall der allgemeineren Form

$$y(x) = q_1 \cdot f_1(x) + q_2 \cdot f_2(x) + q_3 \cdot f_3(x) + \dots, \qquad \text{(XII.4)}$$

die ein nichtlineares System beschreibt, dessen Ausgangsgröße $y(x)$ durch lineare Superposition verschiedener Teil-Nichtlinearitäten zustande kommt, deren statische Kennlinien durch die Funktionen $f_\nu(x)$ beschrieben werden.

Berechnet man für diesen Fall die Grundschwingung des gesamten Ausgangssignals, so gilt die lineare Kombination

$$y_g(t, x_0) = q_1 \cdot y_{1_g}(t, x_0) + q_2 \cdot y_{2_g}(t, x_0) + q_3 \cdot y_{3_g}(t, x_0) + \dots \quad \text{(XII.5)}$$

mit den gleichen Koeffizienten q_ν wie in der Gleichung (XII.4). Daraus folgt, daß man die Beschreibungsfunktion für das gesamte System erhält, indem man zuerst die Beschreibungsfunktionen $N_\nu(x_0)$ der Teilsysteme berechnet und anschließend die lineare Kombination

$$N(x_0) = q_1 \cdot N_1(x_0) + q_2 \cdot N_2(x_0) + q_3 \cdot N_3(x_0) + \dots \quad \text{(XII.6)}$$

bildet. Wendet man dieses allgemein gültige Ergebnis auf die Verhältnisse von Bild XII.8 an, so erhält man ohne weitere Rechnung aus Gleichung (XII.3) für die Beschreibungsfunktion des Systems mit toter Zone:

$$N(x_0) = k - N(x_0)_{\text{Begrenzer}}$$

$$N(x_0) = k - \frac{4k}{\pi} \cdot \left\{ \frac{x_B}{x_0} \cdot \cos\alpha + \frac{1}{2} \cdot \left(\alpha - \frac{\sin 2\alpha}{2} \right) \right\} \qquad \text{(XII.7)}$$

$$= k - \frac{2k}{\pi} \cdot \left\{ \arcsin \frac{x_B}{x_0} + \frac{x_B}{x_0} \cdot \sqrt{1 - \left(\frac{x_B}{x_0} \right)^2} \right\} \quad \text{für } x_0 \geq x_B,$$

und für $x_0 < x_B$ wird $N(x_0) = 0$. Die Funktion läßt sich unmittelbar graphisch darstellen, da alle Zahlenwerte aus Bild XII.5 für den Begrenzer entnommen werden können. Das Ergebnis zeigt Bild XII.9, und in Bild XII.10 ist in der komplexen Ebene der Verlauf der Beschreibungskurve wiedergegeben, die ihrerseits direkt aus der entsprechenden Kurve für den Begrenzer folgt.

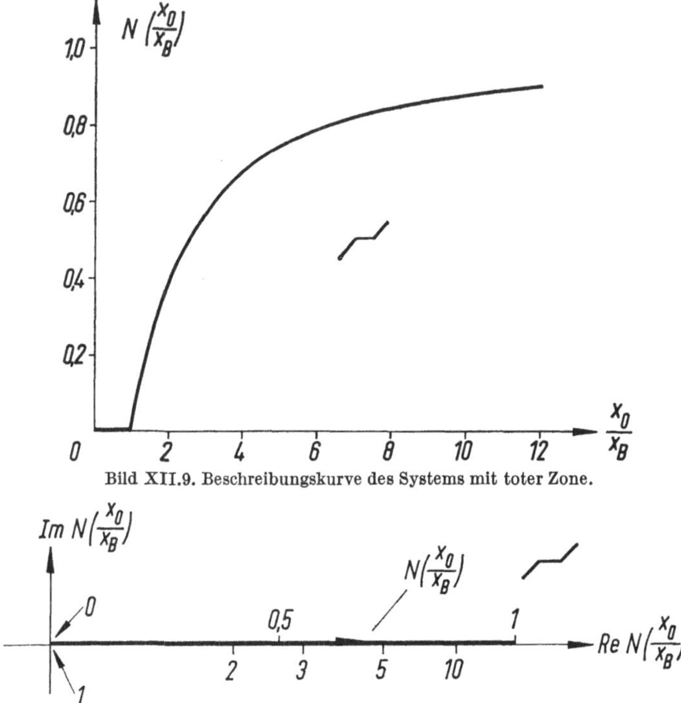

Bild XII.9. Beschreibungskurve des Systems mit toter Zone.

Bild XII.10. Beschreibungskurve des Systems mit toter Zone in der komplexen Ebene.

4. System mit Vorlast

Nach dem gleichen Verfahren der Zusammensetzung von nichtlinearen Systemen aus geeigneten Teilgebilden kann man auch das System mit Vorlast nach Bild XII.11 behandeln. Seine Kennlinie kommt offenbar zustande, wenn man gemäß Bild XII.12 den in Abschnitt 1 behandelten Schalter mit einem

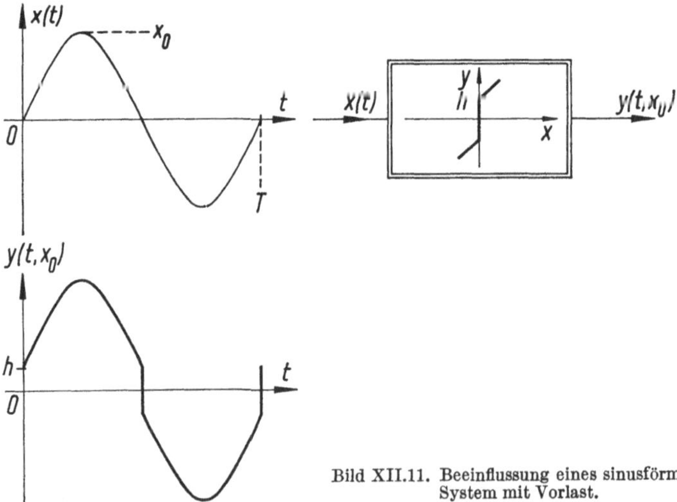

Bild XII.11. Beeinflussung eines sinusförmigen Signals durch ein System mit Vorlast.

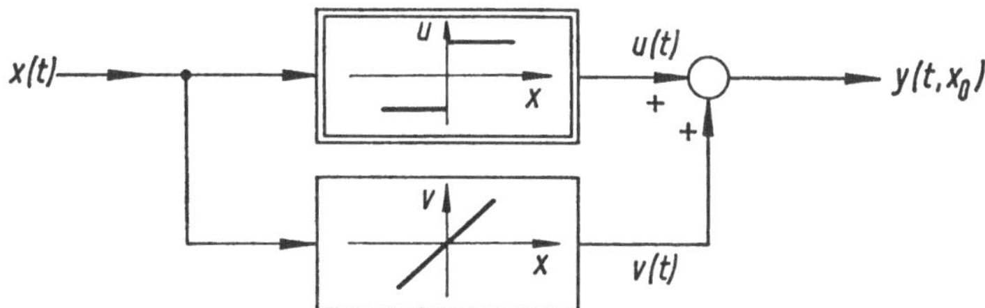

Bild XII.12. Additionsschaltung für einen idealen Zweipunktschalter und lineares Glied zur Bildung eines Systems mit Vorlast.

linearen Glied kombiniert. Eine einfache Rechnung führt in Verbindung mit dem Ergebnis (XII.1) sofort auf

$$y = x + f(x),$$

$$N(x_0) = 1 + \frac{4h}{\pi} \cdot \frac{1}{x_0}, \qquad (XII.8)$$

und es ergeben sich die Kurven der Bilder XII.13 und XII.14 für die reelle Darstellung von $N(x_0)$ und die Beschreibungskurve.

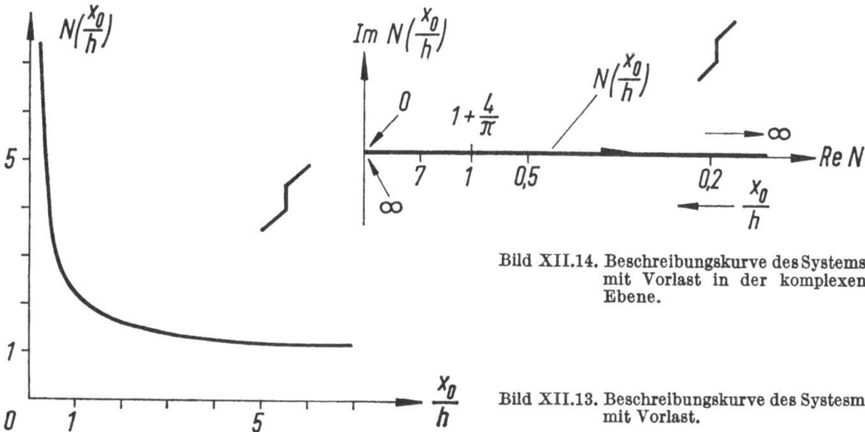

Bild XII.14. Beschreibungskurve des Systems mit Vorlast in der komplexen Ebene.

Bild XII.13. Beschreibungskurve des Systesm mit Vorlast.

5. Verzögerungsfreier Dreipunktschalter

Eine gute Approximation für das Verhalten der in der Praxis häufig vorkommenden Dreipunktschalter oder Dreipunktregler wird durch die statische Kennlinie in Bild XII.15 gewährleistet. Bei dieser Nichtlinearität bleibt die Ausgangsgröße gleich Null, bis der Wert $x = d/2$ überschritten wird. Für $x \geq d/2$ springt $y(t, x_0)$ auf den Wert $+ h$ und bleibt dort stehen, bis mit abnehmendem Momentanwert des sinusförmigen Eingangssignals die Stelle $x = d/2$ von oben her erreicht wird. Jetzt wird wiederum $y(t, x_0) = 0$, bis die negative Ansprechschwelle bei $x = - d/2$ erreicht wird. Die Schaltzeiten liegen also bei

$$t_n = \frac{1}{\omega} \cdot (a \pm n\pi) \quad \text{und} \quad t_v = \frac{1}{\omega} \cdot (\pi - \alpha \pm v\pi)$$

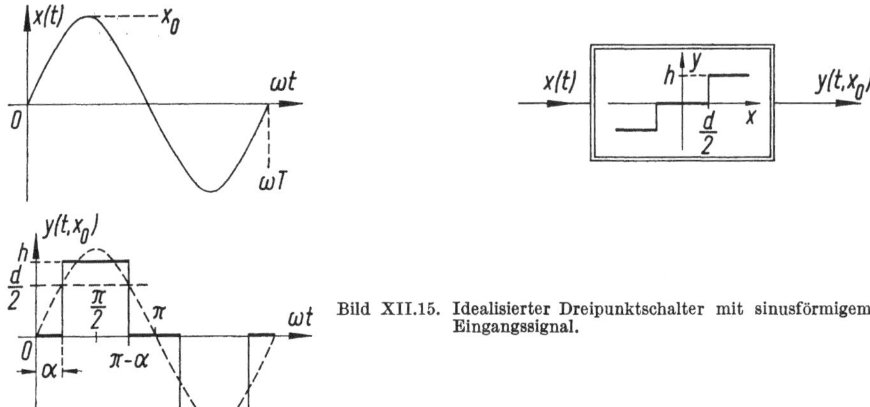

Bild XII.15. Idealisierter Dreipunktschalter mit sinusförmigem Eingangssignal.

mit ganzzahligen Werten für n und ν. Der Winkel α hängt von der Eingangsamplitude x_0 und von dem Ansprechintervall d ab,

$$\alpha = \arcsin \frac{d}{2x_0},$$

jedoch hat α auch hier *nicht die Bedeutung einer Phasenverschiebung*, so daß der erste FOURIER-Koeffizient $b_1 = 0$ ist. Durch eine einfache Rechnung findet man

$$a_1 = \frac{4h}{\pi} \cdot \int\limits_{\alpha}^{\pi/2} \sin\beta \, \mathrm{d}\beta$$

$$= \frac{4h}{\pi} \cdot \cos\alpha,$$

so daß die Beschreibungsfunktion die Form

$$N(x_0) = \begin{cases} 0 & \text{für } x_0 < d/2 \\ \dfrac{4h}{\pi x_0} \cdot \cos\alpha & \text{für } x_0 \geq d/2 \end{cases}$$

oder auch

$$N(x_0) = \frac{4h}{\pi x_0} \cdot \sqrt{1 - \left(\frac{d}{2x_0}\right)^2} \quad \text{für } x_0 \geq d/2 \tag{XII.9}$$

annimmt. Man erkennt sofort, daß sich für $d = 0$ die Beschreibungsfunktion (XII.1) des verzögerungsfreien Zweipunktschalters ergibt. Die Beschreibungsfunktion für den Dreipunktschalter ist in Bild XII.16 für den Fall $h = d = 1$ dargestellt; ihr Maximum $4h/\pi d$ tritt an der Stelle $x_0 = d/\sqrt{2}$ auf. Wenn die tote Zone kleiner wird, werden die Maximalwerte von $N(x_0)$ größer, die zugehörigen Abszissen wandern in Richtung des Nullpunktes, und im Grenzfall $d = 0$ ergibt sich der hyperbolische Verlauf für den idealen Zweipunktschalter nach Bild XII.2. Man erkennt an der reellen Darstellung von $N(x_0)$ gemäß

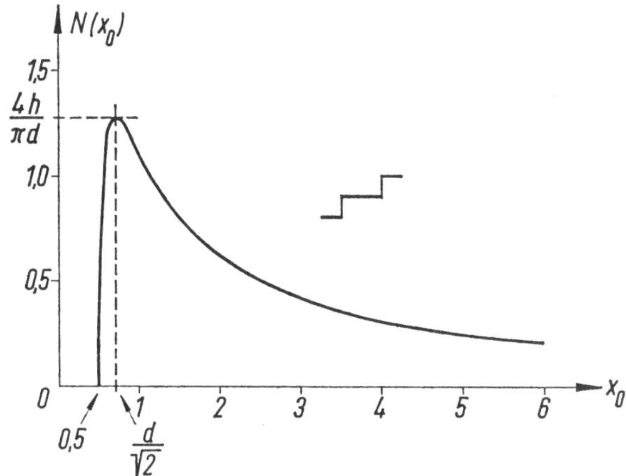

Bild XII.16. Beschreibungskurve des idealisierten Dreipunktschalters für $h = d = 1$.

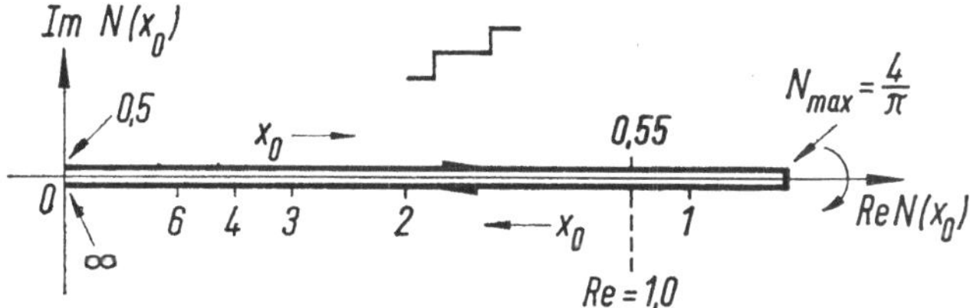

Bild XII.17. Beschreibungskurve des Dreipunktschalters in der komplexen Ebene. Hier tritt eine Doppelbelegung eines Teiles der reellen Achse auf.

Gleichung (XII.9), daß die Beschreibungskurve des Dreipunktschalters in der komplexen Ebene eine *doppelte Belegung* der reellen Achse im Bereich $0 \leq \operatorname{Re} N(x_0) \leq N_{\max}$ ergeben muß. Die Kurve beginnt für $x_0 = 0{,}5$ im Nullpunkt des Koordinatensystems, verläuft bis zu dem Maximalwert $N_{\max} = 4/\pi$ in Richtung zunehmender Realteile und führt von diesem Wert aus wieder zurück bis in den Koordinatenursprung für $x_0 \to \infty$. Nur zur Verdeutlichung der Verhältnisse sind in Bild XII.17 zwei Kurvenzüge in geringem Abstand von der positiv reellen Achse eingetragen, die in Wirklichkeit zu einer Doppelbelegung zusammenfallen.

6. Relais mit Hystereseverhalten

In zahlreichen Anwendungen beschreibt die hystereseartige Kennlinie von Bild XII.18 das Verhalten von Schaltern realistischer als die idealisierte Signum-Funktion von Bild XII.1. Im Gegensatz zu dem hysteresefreien Schalter hängt hier die Ausgangsgröße von dem gegenwärtigen Wert und von der Vergangenheit des Eingangssignals ab. Es ergibt sich eine Rechteckschwingung, die die gleiche Periodendauer hat wie $x(t)$, die jedoch infolge der Hysterese gegenüber dem sinusförmigen Eingangssignal eine Phasennacheilung um den Winkel φ aufweist, den man anhand der Abbildung leicht durch die Hysteresebreite d und die Amplitude des Eingangssignals ausdrücken kann: es wird

$$\varphi(x_0) = \arcsin \frac{d}{2x_0},$$

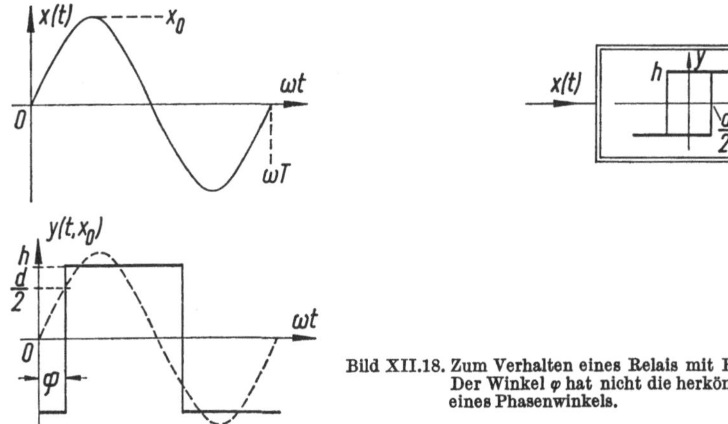

Bild XII.18. Zum Verhalten eines Relais mit Hysteresecharakter.
Der Winkel φ hat nicht die herkömmliche Bedeutung
eines Phasenwinkels.

und die Nulldurchgänge der phasenverschobenen Rechteckschwingung liegen
bei ganzzahligen Vielfachen von $\pi + \varphi$.

Bei der Berechnung der Grundschwingung lassen sich die Ergebnisse für den
idealisierten Zweipunktschalter (Abschnitt 1) verwerten, denn die Ausgangs-
schwingungen der beiden Systeme ohne und mit Hysterese unterscheiden sich
nur durch den Phasenwinkel φ; folglich erhält man die Beschreibungsfunktion
für den hysteresebehafteten Schalter im Bereich $x_0 \geq d/2$ einfach durch
Multiplikation der rechten Seite von Gleichung (XII.1) mit $\mathrm{e}^{-i\varphi(x_0)}$:

$$N(x_0) = \frac{4}{\pi} \cdot \frac{h}{x_0} \cdot \mathrm{e}^{-i\varphi(x_0)}, \quad x_0 \geq d/2. \qquad \text{(XII.10a)}$$

Wenn man nicht auf die Ergebnisse für den idealen Zweipunktschalter zurückgreifen kann, muß man die beiden FOURIER-Koeffizienten a_1 und b_1 berechnen;
man findet für $x_0 \geq d/2$:

$$a_1 = \frac{4h}{\pi} \cdot \cos \varphi(x_0),$$

$$b_1 = -\frac{4h}{\pi} \cdot \sin \varphi(x_0),$$

und daraus ergibt sich die Beschreibungsfunktion nach Gl. (XI.4):

$$N(x_0) = \frac{a_1}{x_0} + i \cdot \frac{b_1}{x_0},$$

$$N(x_0) = \frac{4h}{\pi x_0} \cdot \{\cos \varphi(x_0) - i \cdot \sin \varphi(x_0)\}$$

in Übereinstimmung mit (XII.10a). Mit der Winkelbeziehung

$$\varphi(x_0) = \arcsin \frac{d}{2x_0}$$

erhält man die leichter auswertbare Form

$$N(x_0) = \frac{4h}{\pi x_0} \cdot \left\{ \sqrt{1 - \left(\frac{d}{2x_0}\right)^2} - i \cdot \frac{d}{2x_0} \right\}, \quad x_0 \geq \frac{d}{2}. \qquad \text{(XII.10b)}$$

Für die graphische Darstellung dieser Beschreibungsfunktion bieten sich mehrere Möglichkeiten an: ausgehend von (XII.10a) kann man Betrag und Winkel von $N(x_0)$ auftragen; wenn man die Ergebnisse für den Dreipunktschalter ausnutzt, kommt man sehr schnell zum Ziel, denn der Realteil von (XII.10b) stimmt mit der Beschreibungsfunktion (XII.9) überein, so daß Bild XII.16 ein fertiges Teilergebnis für den hysteresebehafteten Schalter darstellt. Mit dem Verlauf von

$$\text{Im } N(x_0) = \frac{2}{\pi} \cdot \frac{h \cdot d}{x_0^2}$$

nach Bild XII.19 ist das Ergebnis vollständig, wobei die gleiche Festlegung $h = d = 1$ getroffen werden muß wie bei Bild XII.16. Mit Hilfe der beiden

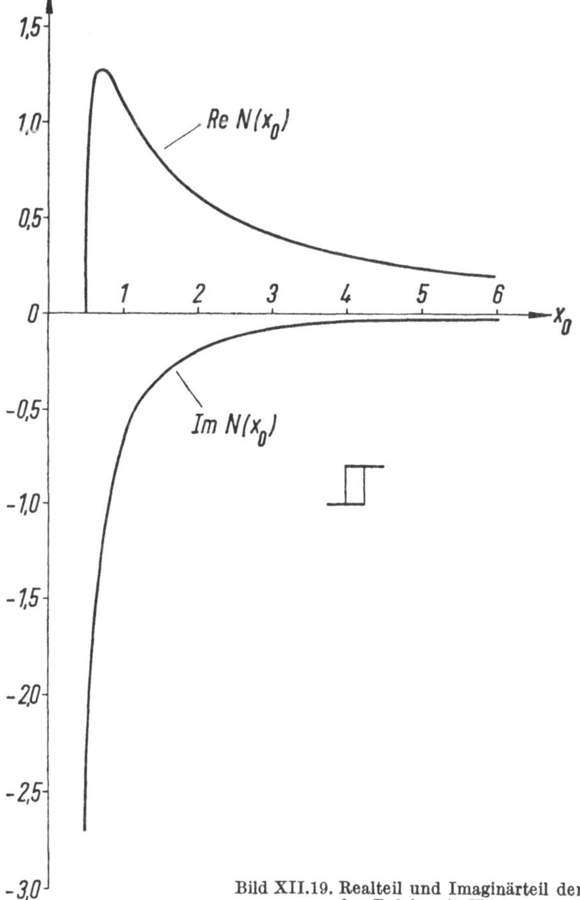

Bild XII.19. Realteil und Imaginärteil der komplexen Beschreibungsfunktion des Relais mit Hystereseverhalten.

Kurven für den Realteil und den Imaginärteil läßt sich dann sehr leicht die Beschreibungskurve der komplexen Funktion

$$N(x_0) = \frac{4}{\pi x_0} \cdot \sqrt{1 - \left(\frac{1}{2x_0}\right)^2} - i \cdot \frac{2}{\pi x_0{}^2}$$

angeben, die in Bild XII.20 dargestellt ist.

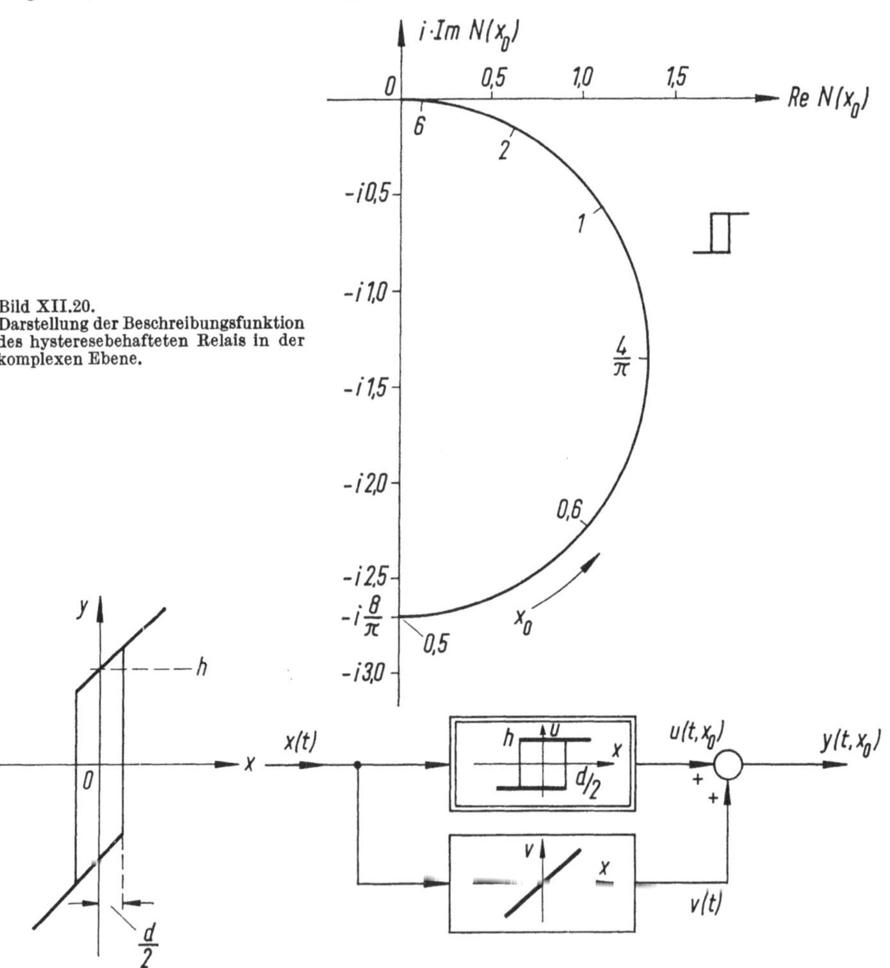

Bild XII.20.
Darstellung der Beschreibungsfunktion des hysteresebehafteten Relais in der komplexen Ebene.

Bild XII.21. Kennlinie eines nichtlinearen Systems, welches durch das Zusammenwirken von Vorlast und Hysterese zustandekommt.

Bild XII.22. Additionsschaltung zur Erzeugung eines Systems mit der Kennlinie von Bild XII.21.

Mit diesen Ergebnissen kann man ohne nennenswerten zusätzlichen Aufwand die Beschreibungsfunktion für eine hystereseartige Nichtlinearität nach Bild XII.21 bestimmen, indem man von der in Bild XII.22 gezeigten Additionsschaltung ausgeht. Man findet aus der Beziehung

$$y = u + v = f(x) + x$$

mit dem Ergebnis (XII.10a) sofort die Beschreibungsfunktion

$$N(x_0) = 1 + \frac{4h}{\pi x_0} \cdot e^{-i\varphi(x_0)} \quad \text{für } x_0 \geq d/2. \tag{XII.11}$$

7. Hystereseverhalten

Bei verschiedenen mechanischen Übertragungsgliedern wie Fliehkraftreglern und Zahnradgetrieben können die Einflüsse von Lose oder Reibung zu nichtlinearen Kennlinien mit Hysteresecharakter nach Bild XII.23 führen. Auch bei einem solchen System ergibt sich gemäß Bild XII.24 zwischen Eingangsschwingung und Ausgangsschwingung eine Phasenverschiebung φ, bei der

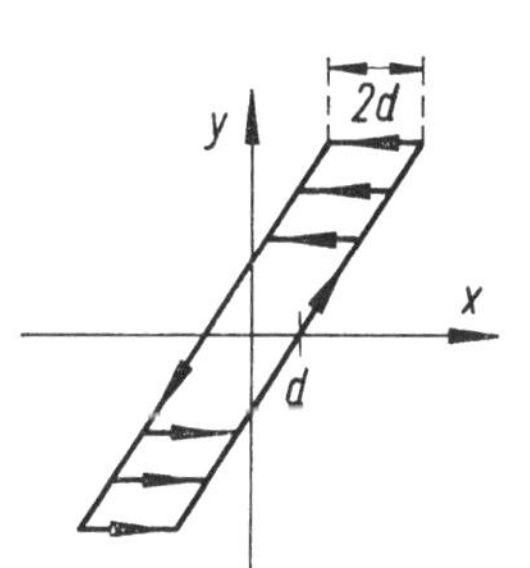

Bild XII.23. Kennlinie eines Systems mit Lose (spezielles Hystereseverhalten).

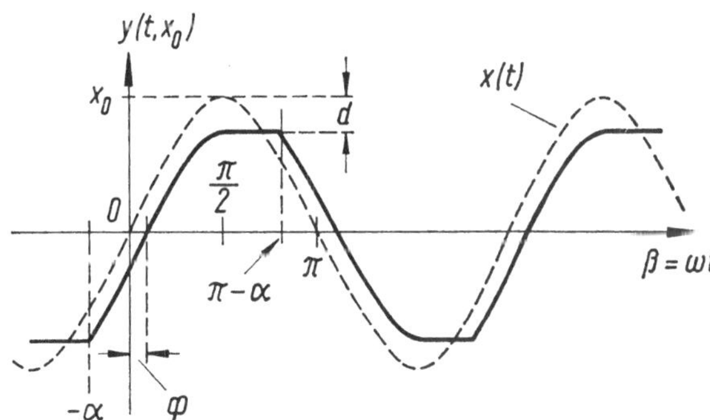

Bild XII.24. Eingangs- und Ausgangssignal des Systems mit Lose.

Berechnung der Beschreibungsfunktion tritt jedoch nicht dieser, sondern der Winkel $\pi - \alpha$ auf, zu dem nach Bild XII.23 der linke obere Knickpunkt der Hystereseschleife gehört. Es gilt die Beziehung

$$x_0 \cdot \sin(\pi - \alpha) = x_0 - 2d$$

oder

$$\alpha = \arcsin\left(1 - \frac{2d}{x_0}\right).$$

Im Zusammenhang mit Bild XII.24 findet man die beiden FOURIER-Koeffizienten

$$a_1 = \frac{2}{\pi} \cdot \int_{-\alpha}^{\pi-\alpha} f(x_0 \cdot \sin\beta) \cdot \sin\beta \, d\beta$$

$$b_1 = \frac{2}{\pi} \cdot \int_{-\alpha}^{\pi-\alpha} f(x_0 \cdot \sin\beta) \cdot \cos\beta \, d\beta$$

mit dem Ausgangssignal [28]

$$f(x_0 \cdot \sin \beta) = \begin{cases} x_0 \cdot \sin \beta - d & \text{für } -\alpha < \beta \leq \dfrac{\pi}{2} \\[2ex] x_0 - d & \text{für } \dfrac{\pi}{2} < \beta \leq \pi - \alpha \end{cases} .$$

Die Auswertung der beiden Koeffizienten führt über

$$N(x_0) = \frac{1}{x_0} \cdot (a_1 + i \cdot b_1)$$

auf die Beschreibungsfunktion

$$N(x_0) = \frac{1}{\pi} \cdot \left\{ \frac{\pi}{2} + \frac{\sin 2\alpha}{2} + \alpha \right\} - i \cdot \frac{1}{\pi} \cdot \cos^2 \alpha, \qquad \text{(XII.12)}$$

und daraus folgt mit

$$\sin \alpha = 1 - \frac{2d}{x_0}$$

die etwas weniger elegante, aber für die zahlenmäßige Auswertung zweckmäßigere Form

$$N(x_0) = \frac{1}{\pi} \cdot \left\{ \frac{\pi}{2} + \left(1 - \frac{2d}{x_0}\right) \cdot \sqrt{\frac{4d}{x_0} \cdot \left(1 - \frac{d}{x_0}\right)} + \arcsin \left(1 - \frac{2d}{x_0}\right) \right\}$$

$$- i \cdot \frac{4d}{\pi x_0} \cdot \left(1 - \frac{d}{x_0}\right), \qquad x_0 \geq d/2. \qquad \text{(XII.12a)}$$

In den Bildern XII.25 bis 27 sind Betrag und Phasenwinkel φ sowie die Beschreibungskurve in Abhängigkeit von x_0/d dargestellt. Wenn die Äste der Hysteresekurve den Anstieg k haben, werden Real- und Imaginärteil der Beschreibungsfunktion mit k multipliziert.

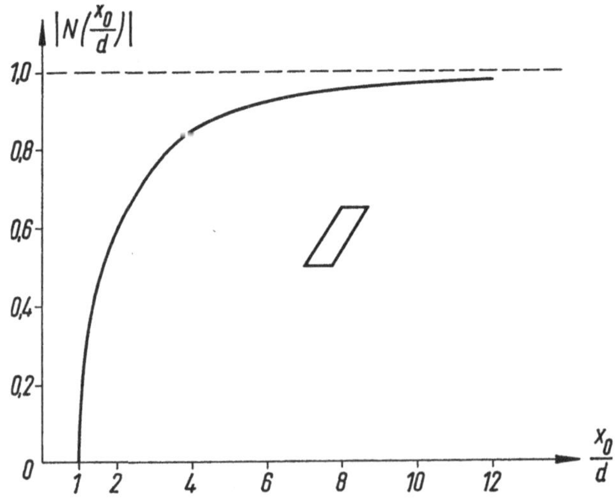

Bild XII.25. Betrag der Beschreibungsfunktion $N(x_0/d)$ für das System mit Lose.

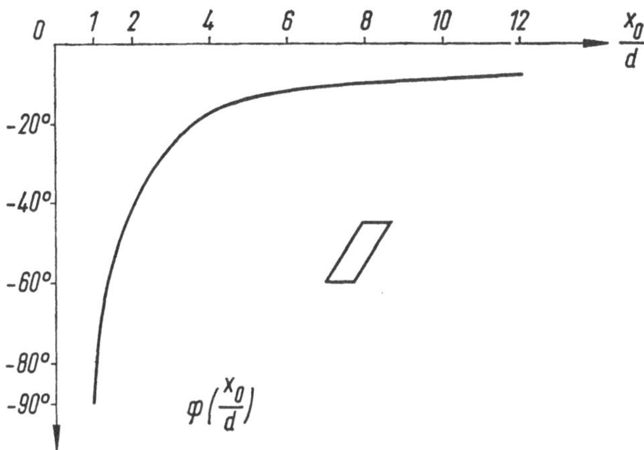

Bild XII.26. Winkel $\varphi(x_0/d)$ der Beschreibungsfunktion $N(x_0/d)$ für das System mit Lose.

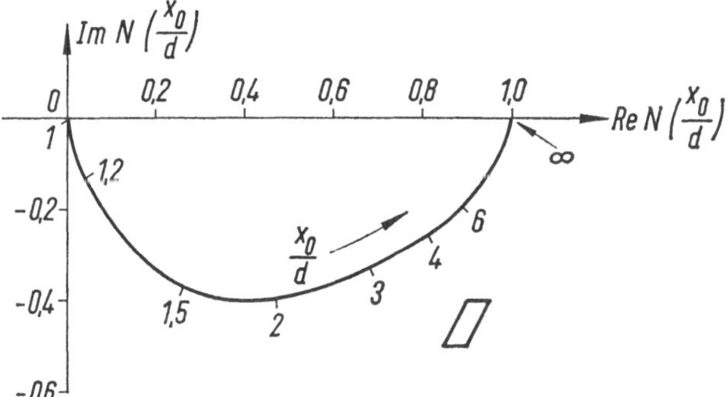

Bild XII.27. Verlauf der vollständigen Beschreibungsfunktion des Systems mit Lose in der komplexen Ebene.

XIII. Nichtlineare Systeme mit stationären stochastischen Eingangssignalen

1. Vorbemerkung

Vor der Einführung geeigneter Ersatzkenngrößen für nichtlineare Systeme mit regellosen Eingangssignalen ist es zweckmäßig, einige allgemeinere Gesichtspunkte herauszuarbeiten. Schon in der gesamten linearen Theorie wird deutlich, daß es streng genommen keine eigenständige Systemtheorie gibt, die man isoliert von den Eigenschaften der beteiligten Signale aufstellen könnte. Diese wechselseitige Verbindung zwischen Signal- und Systemkenngrößen erhält bei der Behandlung nichtlinearer Systeme eine noch größere Bedeutung, die schon rein formal auffällt. Wenn von einem Signal bekannt ist, daß es sinusförmigen Charakter besitzt, dann ist sein Verlauf durch die Angabe von drei Parametern festgelegt: Amplitude, Frequenz und Anfangsphasenwinkel. Bei stochastischen Prozessen dagegen handelt es sich praktisch nie um reproduzierbare Einzelsignale, sondern um Signalklassen, die durch entsprechend definierte Kenngrößen „pauschal" beschrieben werden. Während bei der Definition des

Frequenzganges für lineare Systeme nur die Kreisfrequenz als unabhängige Veränderliche auftritt, kommen in den Beschreibungsfunktionen für nichtlineare Systeme die Signalamplitude und die Kreisfrequenz als Variable vor, von denen man je eine als Parameter behandeln kann. Wie sich die Verhältnisse bei der Einbeziehung stochastischer Signale ändern, wird in diesem Teil XIII ausführlich besprochen werden.

1.1 Harmonische Signale

Bevor wir die Beeinflussung von Rauschsignalen durch nichtlineare Systeme näher untersuchen, sei noch einmal die Frage gestellt, warum gerade die harmonischen Funktionen sinus und cosinus eine so ausgezeichnete Rolle spielen. Die Gründe hierfür sind keineswegs technischer oder praktischer Natur: die harmonischen Funktionen sind die *einzigen periodischen Signale,* deren Struktur nach Durchlaufen eines linearen Systems mit zeitunabhängigen Parametern im eingeschwungenen Zustand erhalten bleibt. Man kann also für eine stationäre Schwingung bestimmter Kreisfrequenz zu einem beliebigen Zeitpunkt nach dem Abklingen des Einschwingvorganges Amplitude und Phasenwinkel im Vergleich zur Eingangsschwingung messen, weil der sinusförmige Signalcharakter —natürlich bei fortgedachten Störeinflüssen — voll erhalten bleibt. Hier liegt ein grundsätzlicher Unterschied gegenüber den anderen klassischen Testsignalen wie Sprungfunktion und Impulsfunktion vor; deren „Signalform" bleibt zwar für $t \to \infty$ auch erhalten, aber sie besitzt *keine Meßinformation* mehr, die bei diesen Signalen bekanntlich aus den *Einschwingvorgängen* entnommen werden muß. Die einzige Information über das System, die man bei der Sprunganregung im stationären Zustand erhält, ist die Verstärkung.

Um den Anschluß an die statistischen Verfahren zu erleichtern, sind in Bild XIII.1 die Verhältnisse für ein lineares System mit sinusförmigem Eingangssignal auf drei verschiedene Arten dargestellt. Die erste Zeile zeigt den zeitlichen Verlauf der Eingangs- und Ausgangsschwingung im stationären Zustand, die zweite Zeile die Verteilungsdichtefunktionen der Signale und die letzte die zugehörigen Spektrallinien. Als Überleitung zu den statistischen Überlegungen

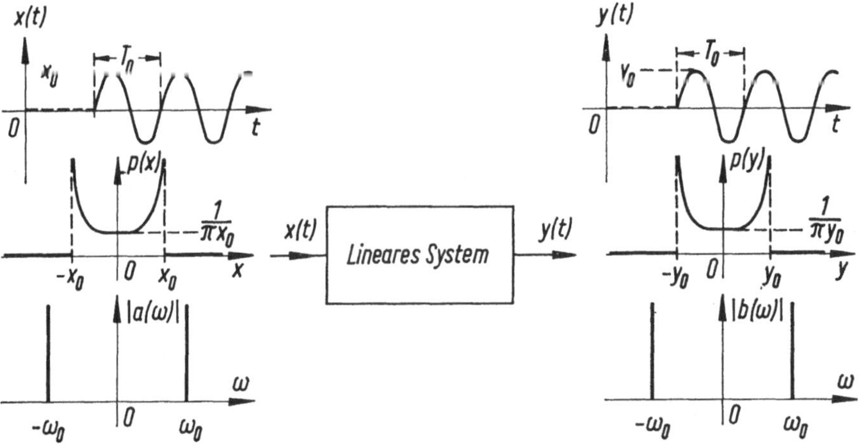

Bild XIII.1. Zur Beeinflussung harmonischer Signale durch lineare Systeme im eingeschwungenen Zustand.

interessiert hierbei in erster Linie, daß die *Verteilungsdichtefunktion*

$$p(x) = \left\{ \begin{array}{ll} \dfrac{1}{\pi} \cdot \dfrac{1}{\sqrt{x_0{}^2 - x^2}}, & -x_0 < x < x_0 \\ 0, & x < -x_0 \quad \text{und} \quad x > x_0 \end{array} \right\}$$

für die Momentanwerte des Eingangssignals durch das zeitinvariante lineare Übertragungssystem im stationären Zustand *nicht verändert wird*. Es entsteht nun die Frage, ob man innerhalb der Vielfalt stationärer stochastischer Prozesse eine Gruppe von Signalen, die durch ganz bestimmte Eigenschaften gekennzeichnet sein muß, gegenüber allen anderen Signaltypen ebenso auszeichnen kann wie die harmonischen Signale sinus und cosinus gegenüber allen anderen deterministischen Vorgängen.

1.2 Stochastische Signale

Der Übersicht halber nehmen wir hier schon ein Ergebnis der folgenden Überlegungen vorweg: es gibt auch im Bereich der stochastischen Vorgänge eine Gruppe von Signalen, die sich vor allen anderen auszeichnet; es sind dies die Vorgänge mit einer GAUSSschen Amplitudenverteilung. Es stellt sich jedoch heraus, daß die Ersatzkennfunktionen für nichtlineare Systeme im Falle stochastischer Erregung allgemeineren Charakter haben als die Beschreibungsfunktion für sinusförmige Signale, und daß der Übergang zu anderen Rauschprozessen, die keiner GAUSSschen Verteilung gehorchen, von der Denkweise her keine grundsätzlichen Schwierigkeiten in sich birgt, solange man *offene Systeme bzw. aufgeschnittene Regelkreise* betrachtet. Man kann also linearisierende Kennfunktionen für stochastische Vorgänge mit beliebigen Verteilungsfunktionen angeben; wenn man aber zu *geschlossenen Regelkreisen* übergeht, dann spielen die GAUSSschen Prozesse eine ähnlich dominierende Rolle innerhalb der Statistik wie die harmonischen Funktionen innerhalb der deterministischen Betrachtungsweise. An den verschiedensten Stellen der einschlägigen Literatur [6], [8], [9] wird der strenge Nachweis erbracht, daß die Amplitudenverteilung GAUSSscher Prozesse durch eine Filterung mit linearen Systemen nicht verändert wird. Man kann hier so vorgehen, daß man sich den regellosen Prozeß in einer Modellvorstellung aus harmonischen Komponenten mit regellos schwankenden Amplituden und Anfangsphasen aufgebaut denkt und dann das Superpositionsgesetz für lineare Systeme auf die Teilkomponenten anwendet. Für ein lineares Filter gelten die im Bild XIII.2

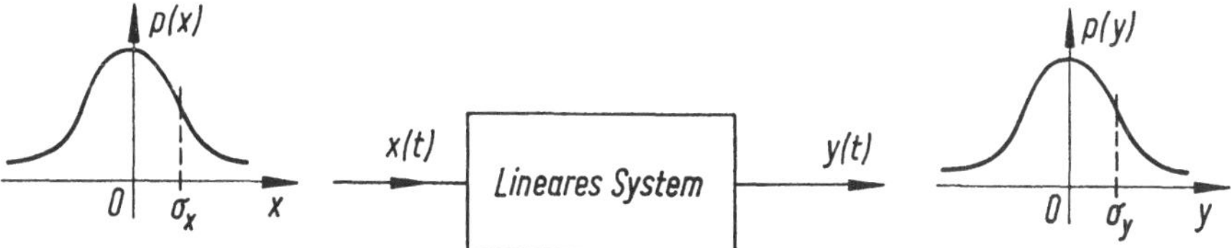

Bild XIII.2. Zur Erhaltung der Verteilungsdichtefunktion GAUSSscher Prozesse bei linearen Systemen.

angedeuteten Verhältnisse: ein GAUSSsches Eingangssignal $x(t)$ führt unabhängig von der Filterbandbreite zu einem Ausgangssignal $y(t)$, dessen Amplituden ebenfalls durch eine GAUSS-Verteilung charakterisiert werden. Wenn man jedoch Eingangssignale mit anderen Verteilungsdichtefunktionen untersucht, dann stellt sich heraus, daß selbst lineare Systeme die Signale so verändern, daß sich Ausgangsgrößen ergeben, deren Verteilungsdichtefunktionen $p(y)$ nicht mehr mit denjenigen der Eingangssignale übereinstimmen, vgl. Bild XIII.3. Zum besseren Verständnis für diese Erscheinung sei noch einmal

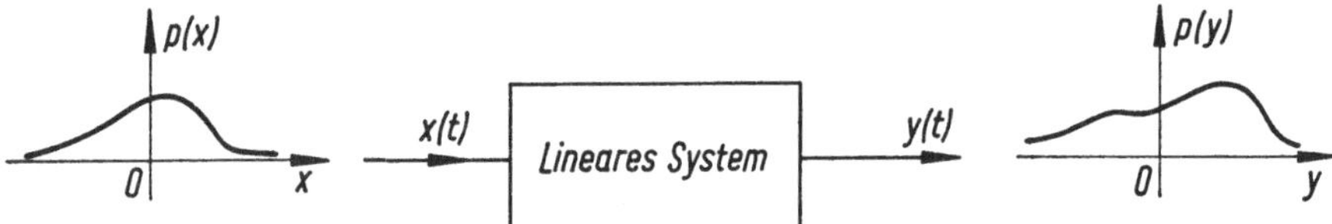

Bild XIII.3. Zur Verformung der Verteilungsdichtefunktionen allgemeiner Art durch lineare Systeme.

an die Verhältnisse im Bereich deterministischer Signale erinnert: wenn man dort zu beliebigen Eingangsgrößen übergeht, so werden nicht nur diese Signale selbst, sondern auch deren Verteilungsdichtefunktionen von den linearen Systemen verformt; nur ist es dabei im allgemeinen nicht üblich und auch nicht erforderlich, die Signale durch Verteilungsfunktionen zu charakterisieren.

Wenn man an die Ergebnisse für GAUSSsche Signale anknüpfen will, kann man sagen, daß bei Eingangssignalen, die keine GAUSS-Verteilung besitzen, von linearen Systemen ein „nichtlineares Verhalten" vorgetäuscht wird, wobei man noch offen lassen kann, ob dieses Verhalten den Eigenschaften des Eingangssignals oder den Systemeigenschaften zuzuschreiben sei. In manchen Fällen hilft hier die Modellvorstellung weiter, daß das Signal $y(t)$ mit Hilfe eines GAUSSschen Eingangssignals über ein lineares und ein nichtlineares Er-

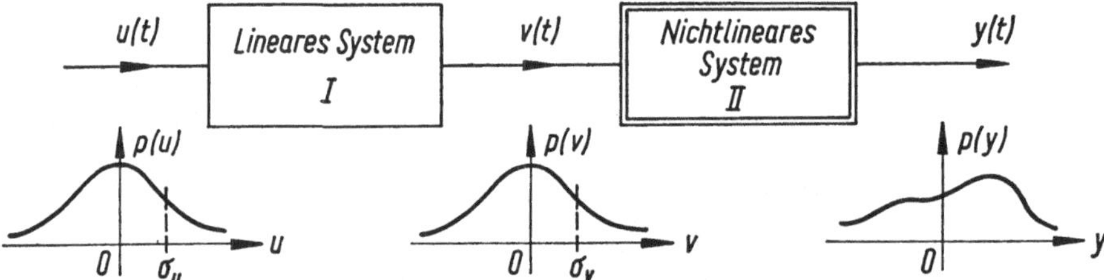

Bild XIII.4. Modellvorstellung über das Zustandekommen beliebiger Verteilungsdichtefunktionen mit Hilfe GAUSSscher Signale, linearer und nichtlinearer Ersatzsysteme.

satzsystem nach Bild XIII.4 erzeugt werden kann. Dabei beschreibt man die Verzögerungseigenschaften durch das lineare System I und die amplitudenverformenden Eigenschaften durch das energiespeicherfreie nichtlineare System II. Die GAUSSsche Verteilung der Zwischengröße $v(t)$ wird dann von dem nichtlinearen System II entsprechend seiner statischen Kennlinie verändert, die man grundsätzlich aus $p(v)$ und $p(y)$ bestimmen kann, wenn $y = f(v)$ bestimmte Eigenschaften besitzt [10].

Zur Vervollständigung dieser Modellvorstellung gehört noch die Möglichkeit, das Signal $x(t)$ mit der Verteilungsdichtefunktion nach Bild XIII.3 über ein nichtlineares System III aus einem GAUSSschen Signal zu erzeugen (Bild XIII.5). Auf dem Gebiet der Verformung der Verteilungsdichtefunktionen von Signalen durch lineare Filter liegen bislang nur spezielle Ergebnisse vor, weil das allgemeine Problem der Bestimmung der Ausgangsverteilung bei vorgegebener Verteilungsdichte des Eingangssignals und bekannten Systemeigenschaften auf recht komplizierte Integralgleichungen führt [29], [80].

Bild XIII.5. Zur Vervollständigung der Modellvorstellung über das Zustandekommen beliebiger Verteilungsdichtefunktionen durch nichtlineare Systeme.

2. Zur Definition nichtlinearer Verzerrungen bei Rauschsignalen

Wenn ein streng sinusförmiges Signal als Eingangsgröße für ein nichtlineares
System verwendet wird, dann entsteht am Ausgang ein Signal, welches durch
das Hinzukommen von Oberschwingungen Verzerrungen aufweist. Bei der
Definition der Beschreibungsfunktion geht man davon aus, daß die Ausgangsgröße des nichtlinearen Systems durch Tiefpaßfilterung mit hinreichend
niedriger Grenzfrequenz innerhalb der folgenden linearen Systeme von den
Oberschwingungen so weit befreit wird, daß das Signal $z(t)$ am Ausgang der
linearen Systeme praktisch nur noch die sinusförmige Grundschwingung von
$y(t, x_0)$ enthält, so daß der Regelkreis in Bild XIII.6 für *gleichartige Signale*
geschlossen werden kann.

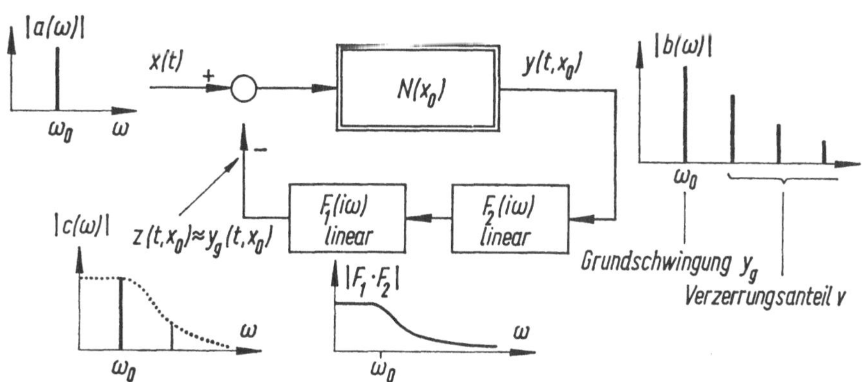

Bild XIII.6. Bedeutung des Verzerrungsanteils für die Definition der Beschreibungsfunktion und für die
Schließung eines Regelkreises.

Es erhebt sich jetzt die Frage, in welchem Umfang sich dieses Konzept auf
regellose Vorgänge übertragen läßt. Wir behalten die Übertragungssysteme
von Bild XIII.6 bei und untersuchen, was mit einem stationären stochastischen

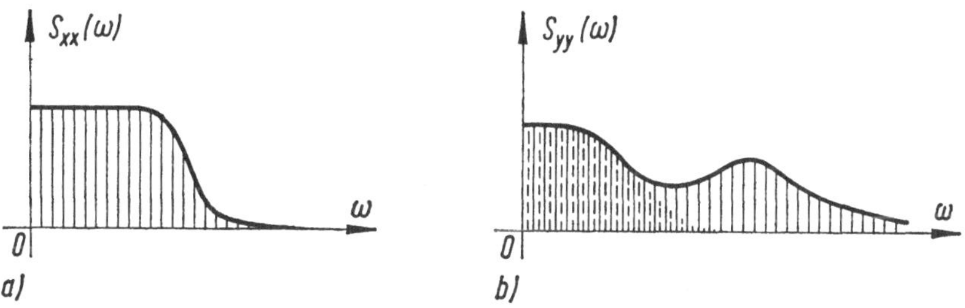

Bild XIII.7. Eingangs- und Ausgangsleistungsspektrum bei einem nichtlinearem System.

Eingangssignal beim Durchlaufen der Systeme geschieht. Wenn man das Signal $x(t)$ durch sein Leistungsspektrum nach Bild XIII.7a kennzeichnet, dann wird das Ausgangssignal $y(t)$ im allgemeinen zusätzliche spektrale Komponenten aufweisen, die durch die nichtlineare Verzerrung entstehen, vgl. Bild XIII.7b. Benutzt man die Hilfsvorstellung, daß $x(t)$ in eine Folge sinusförmiger Bestandteile zerlegbar wäre, dann würde diesen „Grundschwingungen" ein bestimmter Grundanteil im Spektrum von $y(t)$ entsprechen, und die restlichen Komponenten würden den Verzerrungsanteil bilden. Da stationäre stochastische Vorgänge ein kontinuierliches Leistungsspektrum besitzen, versagen für die folgenden Untersuchungen die Begriffe „Grundschwingung" und „Oberschwingung". An dieser Stelle hilft sofort die Einführung des *Korrelationsbegriffes* weiter, der ja schon bei den sinusförmigen Signalen seine übergeordnete Bedeutung gezeigt hat. Die beiden Anteile des stochastischen Ausgangssignals lassen sich nämlich durch lineare Korrelation nicht nur begrifflich, sondern auch meßtechnisch trennen. Der Grundschwingung bei sinusförmigen Signalen entspricht dann derjenige Anteil des Ausgangssignals, der mit $x(t)$ *linear korreliert* ist, und den Oberschwingungen entspricht ein *stochastischer Verzerrungsanteil*, der mit $x(t)$ nicht korreliert ist. Daraus ergibt sich für das Ausgangssignal die vorläufige analytische Darstellung

$$y(t) = K \cdot x(t) + v(t), \qquad \text{(XIII.1)}$$

in welcher K so zu bestimmen ist, daß $K \cdot x(t)$ und $v(t)$ nicht miteinander korreliert sind. Es ist einleuchtend, daß die zwei in dem Ansatz (XIII.1) vorkommenden Funktionen y und v nicht nur von der Zeit abhängen. Bei Erregung mit sinusförmigen Signalen hängen Ausgangssignal, linearer Anteil bzw. die Grundschwingung sowie der Verzerrungsanteil von der Amplitude x_0 des Eingangssignals ab:

$$y(t, x_0) = N(x_0) \cdot x(t) + v(t, x_0).$$

Bei stochastischer Erregung treten an die Stelle der Amplitude bestimmte statistische Signaleigenschaften, und im Falle GAUSSscher Eingangssignale übernimmt die Streuung σ_x die Rolle der Amplitude x_0. Mit dieser Vorwegnahme lautet die Gleichung (XIII.1) mit ausführlichen Argumenten:

$$y(t, \sigma_x) = K(\sigma_x) \cdot x(t) + v(t, \sigma_x). \qquad \text{(XIII.1a)}$$

Zur Vereinfachung der Schreibung gibt man jedoch die Abhängigkeit von der Amplitude bzw. von der Streuung des Eingangssignals nicht immer explizit an. Jetzt kann man zunächst den Ansatz (XIII.1) in eine Gleichung für statistische Kenngrößen verwandeln, denn die beteiligten Zeitfunktionen sind analytisch nicht gegeben. Man findet durch Bildung der Autokorrelationsfunktion des Ausgangssignals:

$$\Phi_{yy}(\tau) = \overline{[K \cdot x(t) + v(t)] \cdot [K \cdot x(t + \tau) + v(t + \tau)]}$$

$$\Phi_{yy}(\tau) = K^2 \cdot \Phi_{xx}(\tau) + \Phi_{vv}(\tau), \qquad \text{(XIII.2)}$$

weil die beiden Kreuzkorrelationsfunktionen Φ_{vx} und Φ_{xv} nach Voraussetzung für alle τ verschwinden. Für das Wirkleistungsspektrum des Ausgangssignals gilt demnach die Gleichung

$$S_{yy}(\omega) = K^2 \cdot S_{xx}(\omega) + S_{vv}(\omega), \qquad \text{(XIII.3)}$$

die in Bild XIII.8 anschaulich interpretiert ist. Damit ist eine Basis für die analytische und meßtechnische Trennung der Signalanteile $K \cdot x(t)$ und $v(t)$ gelegt. Wie der Ansatz (XIII.1) zur Bestimmung von K verwendet werden kann, zeigen wir im folgenden Abschnitt.

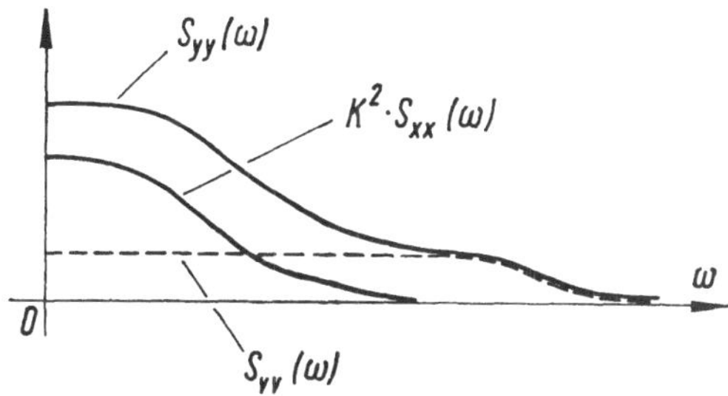

Bild XIII.8. Verlauf der spektralen Leistungsdichte $S_{yy}(\omega)$, zusammengesetzt aus den spektralen Anteilen des Grundanteils und des Verzerrungsanteils.

3. Die äquivalente Verstärkung für stochastische Signale

Wir formulieren zunächst noch einmal die Voraussetzungen, auf welchen die anschließenden Überlegungen aufgebaut sind:

a) *Signaleigenschaften:* die stochastischen Signale seien stationär und ergodisch, ihre Verteilungsdichtefunktionen seien symmetrisch. Ferner sollen die Signale einen endlichen quadratischen Mittelwert besitzen, die linearen Mittelwerte sollen gleich Null sein.

b) *Systemeigenschaften:* die nichtlinearen Systeme sollen isoliert betrachtet werden. Ihre Eigenschaften sollen zeitinvariant sein und durch eine eindeutige, monotone, ungerade Funktion $y = f(x)$ beschrieben werden; ferner mögen die nichtlinearen Systeme keine Energiespeicher besitzen.

Das Ziel besteht darin, für das nichtlineare System eine Kenngröße zu finden, die nur das Systemverhalten hinsichtlich des mit $x(t)$ linear korrelierten Anteiles von $y(t)$ beschreibt. Im Anschluß an die Gleichung (XIII.1) ist sofort ersichtlich, daß K die Bedeutung einer linearisierenden Kenngröße hat; man braucht K nur so festzulegen, daß die Kreuzkorrelationsfunktion für das Eingangssignal und den Verzerrungsanteil für alle Werte von τ identisch Null wird. Man bezieht zunächst die nichtlinearen Systemeigenschaften in die Darstellung

$$v(t) = y(t) - K \cdot x(t)$$

des Verzerrungsanteils ein,

$$v(t) = f[x(t)] - K \cdot x(t),$$

und berechnet daraus den quadratischen Mittelwert von $v(t)$. Wir machen hier von der vereinfachten Schreibung Gebrauch, bei der das Argument σ_x bei den betreffenden Funktionen nicht angegeben wird. Über eine Ensemblemittelung erhält man sofort

$$\overline{v^2(t)} = \int\limits_{-\infty}^{+\infty} \{f[x(t)] - K \cdot x(t)\}^2 \cdot p[x(t)]\, dx(t).$$

Da die Zeit bei dieser Rechnung nur die Bedeutung eines Parameters hat, kann man die Schreibung noch weiter vereinfachen, und man findet

$$\widetilde{v^2(t)} = \int\limits_{-\infty}^{+\infty} f^2(x) \cdot p(x)\,\mathrm{d}x + K^2 \cdot \widetilde{x^2(t)} - 2K \cdot \int\limits_{-\infty}^{+\infty} x \cdot f(x) \cdot p(x)\,\mathrm{d}x$$

$$= \widetilde{y^2(t)} + K^2 \cdot \widetilde{x^2(t)} - 2K \cdot \int\limits_{-\infty}^{+\infty} x \cdot f(x) \cdot p(x)\,\mathrm{d}x.$$

Wenn man berücksichtigt, daß laut Gleichung (XIII.2) für $\tau = 0$ der Zusammenhang

$$\widetilde{y^2(t)} = K^2 \cdot \widetilde{x^2(t)} + \widetilde{v^2(t)}$$

gilt, und daß wegen des Verschwindens der linearen Mittelwerte $\widetilde{x^2(t)} = \sigma_x^2$ wird, dann erhält man aus den beiden letzten Gleichungen, wenn man die triviale Lösung $K = 0$ außer acht läßt, die gesuchte Kenngröße K in der Form

$$K = \frac{1}{\sigma_x^2} \cdot \int\limits_{-\infty}^{+\infty} x \cdot f(x) \cdot p(x)\,\mathrm{d}x, \tag{XIII.4}$$

in welcher die Abhängigkeit von der statischen Kennlinie des Systems und von den Signalkenngrößen $p(x)$ sowie σ_x zum Ausdruck kommt. Damit ist eine *äquivalente lineare Verstärkung* für das nichtlineare System definiert, als deren entscheidende unabhängige Veränderliche sich die *Streuung* des Eingangssignals erweisen wird:

$$K = K(\sigma_x).$$

Bei den stationären stochastischen Signalen übernimmt also die Streuung die Rolle der Amplitude bei sinusförmigen Signalen: je größer bei harmonischen Eingangssignalen die Amplitude x_0 ist, desto größere Bereiche der nichtlinearen Kennlinie werden ausgesteuert. Beispielsweise wird die Wirkung eines nichtlinearen Begrenzers um so schwerwiegender sein, je größer die Streuung der regellosen Eingangsgröße ist.

Die in der Literatur öfters benutzte Bezeichnung „äquivalente *lineare* Verstärkung" kann u. U. irreführen. Man beachte, daß im Grunde genommen durch den Ansatz

$$y(t, \sigma_x) = K(\sigma_x) \cdot x(t)$$

eine Linearität *vorgetäuscht* wird, die in Wirklichkeit gar nicht vorhanden ist.

Nur für einen festen Wert von σ_x stellt K einen reinen Proportionalitätsfaktor dar. Sobald sich die Streuung (oder bei N die Amplitude x_0) ändert, spiegeln sich in den Abhängigkeiten $K(\sigma_x)$ und $N(x_0)$ gerade die *nichtlinearen* Systemeigenschaften näherungsweise wider.

4. Die äquivalente Verstärkung als Lösung einer Extremalwertaufgabe

Ähnlich wie bei der heuristischen Einführung der Beschreibungsfunktion für
sinusförmige Signale ist mit dem Vorgehen in Abschnitt 3 eine plausible Herleitung der Funktion $K(\sigma_x)$ vorgenommen worden, die den spezifischen Eigenschaften stochastischer Vorgänge gerecht wird.

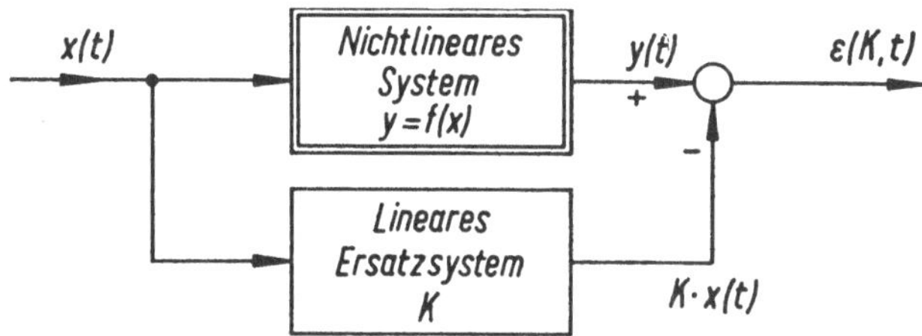

Bild XIII.9. Nichtlineares System und lineares Ersatzsystem zur Definition der Extremalwertaufgabe.

Man kann jedoch auch hier die Basis der Überlegungen verbreitern, indem
man die Einführung einer äquivalenten Verstärkung für Rauschsignale als ein
Approximationsproblem nach Bild XIII.9 auffaßt. Man setzt sich hierbei das
Ziel, ein gegebenes nichtlineares System durch ein *lineares Ersatzsystem* mit
dem Kennwert K so zu approximieren, daß der quadratische Mittelwert des
Fehlersignals

$$\varepsilon(K, t) = y(t) - K \cdot x(t) \qquad (XIII.5)$$

ein Minimum wird. Dieses Fehlersignal ist gerade der nichtlineare Verzerrungsanteil in Gleichung (XIII.1). Da wir grundsätzlich ergodische Prozesse betrachten, können wir wahlweise Ensemble- oder Zeitmittelwerte zugrunde
legen, und im Gegensatz zu dem Vorgehen in Abschnitt 3 dieses Teiles bilden
wir den zeitlichen Mittelwert des Fehlerquadrates:

$$\overline{\varepsilon^2(K, t)} = \overline{y^2(t)} - 2K \cdot \Phi_{xy}(0) + K^2 \cdot \overline{x^2(t)}.$$

Als unabhängige Variable dieser Gleichung interessiert die zu bestimmende
Größe K, und die notwendige Bedingung für das Auftreten eines Minimums
des mittleren Fehlerquadrates in Abhängigkeit von K lautet:

$$\frac{\partial}{\partial K} \overline{\varepsilon^2(K, t)} = 0.$$

Mit
$$\frac{\partial}{\partial K} \overline{\varepsilon^2(K, t)} = 2 \cdot \left\{ K \cdot \overline{x^2(t)} - \Phi_{xy}(0) \right\}$$

findet man sofort

$$K(\sigma_x) = \frac{1}{\sigma_x{}^2} \cdot \Phi_{xy}(0). \qquad (XIII.6)$$

An der leicht abgeänderten Form

$$K(\sigma_x) = \frac{1}{\Phi_{xx}(0)} \cdot \Phi_{xy}(0)$$

zeigt sich sehr deutlich der enge Zusammenhang der äquivalenten Verstärkung mit der Beschreibungsfunktion nach Gleichung (XI.6) für sinusförmige Signale. Da die Funktionen $x(t)$ und $y(t)$ stationäre ergodische Prozesse beschreiben, kann man die statistischen Kenngrößen in Gleichung (XIII.6) auch über Ensemble-Mittelwertbildungen berechnen. Mit dem Nullwert der Kreuzkorrelationsfunktion

$$\Phi_{xy}(0) = \int\limits_{-\infty}^{+\infty} x \cdot f(x) \cdot p(x) \, \mathrm{d}x$$

erhält man für die äquivalente Verstärkung unmittelbar den Ausdruck (XIII.4). Ob man dabei das Streuungsquadrat des Eingangssignals als Ensemble- oder als Zeitmittelwert berechnet, spielt unter den getroffenen Voraussetzungen keine Rolle. Für den Übergang von Gleichung (XIII.6) zu (XIII.4) ist nur die Einführung der *Kreuzkorrelationsfunktion als Ensemble-Mittelwert* von Bedeutung, weil erst dadurch die Gleichung (XIII.6) zu einer auswertbaren Rechenvorschrift wird, in welche explizit die Signaleigenschaften über $p(x)$ und die Systemeigenschaften über $f(x)$ Eingang finden.

Die Größe K gibt also für das nichtlineare System die beste Näherungsbeschreibung, die durch eine *streuungsabhängige Verstärkung K* auf der Basis des QMW-Kriteriums erreicht werden kann. Laut Gleichung (XIII.6) bedeutet K gerade das Verhältnis zweier Signalkenngrößen, denn $\Phi_{xy}(0)$ ist der Nullwert der Kreuzkorrelationsfunktion für das Eingangssignal und den mit $x(t)$ linear korrelierten Anteil

$$y_L(t) = K \cdot x(t).$$

Für eine saubere begriffliche Erfassung ist es zweckmäßig, die Gleichung (XIII.6) auf eine andere Form zu bringen. Geht man von der Darstellung

$$y(t) = y_L(t) + v(t)$$

aus, so ergibt eine einfache Rechnung

$$\Phi_{xy}(\tau) = \Phi_{xy_L}(\tau), \tag{XIII.7}$$

weil nach Voraussetzung der Verzerrungsanteil $v(t)$ nicht mit dem Eingangssignal linear korreliert ist. Damit geht Gleichung (XIII.6) sofort in die unmißverständliche Form

$$K(\sigma_x) = \frac{1}{\sigma_x{}^2} \cdot \Phi_{xy_L}(0) \tag{XIII.8}$$

über, an der man unmittelbar abliest, daß sich die Kreuzkorrelation infolge ihres linearen Charakters gar nicht auf das *gesamte Ausgangssignal $y(t)$* des nichtlinearen Systems beziehen kann, sondern nur auf den in $y(t)$ enthaltenen Anteil $y_L(t)$, der mit $x(t)$ *linear korreliert* ist. Die Schreibart nach Gleichung (XIII.6) ist zwar nicht falsch, jedoch u. U. irreführend, weil die Beziehung (XIII.7) im Sinne

$$\text{,,}\Phi_{xy}(0) \text{ wird zu } \Phi_{xy_L}(0)\text{``}$$

als Ergebnis eines linearen Korrelationsprozesses gelesen werden muß.

5. Der Zusammenhang zwischen der äquivalenten Verstärkung und der Beschreibungsfunktion

Die bisherigen Untersuchungen haben gezeigt, daß man sowohl für harmonische als auch für stochastische Signale eine „lineare" Ersatzkenngröße für ein nichtlineares System definieren kann. Durch die Formulierung der gleichen Extremalwertaufgabe für beide Signaltypen ist eine gemeinsame Basis für die Funktionen $N(x_0)$ und $K(\sigma_x)$ geschaffen, so daß man erwarten kann, daß diese beiden Kennfunktionen in enger Beziehung zueinander stehen müssen. Da der einzige Unterschied in den Signaleigenschaften zu suchen ist, gehen wir von einer Beschreibung dieser Eigenschaften aus, die sich sowohl auf deterministische als auch auf stochastische Vorgänge anwenden läßt. Offensichtlich kann man die statistische Betrachtungsweise auch auf harmonische Signale übertragen und die äquivalente Verstärkung

$$K(\sigma_x) = \frac{1}{\sigma_x{}^2} \cdot \int\limits_{-\infty}^{+\infty} x \cdot f(x) \cdot p(x)\, \mathrm{d}x$$

für den Fall $x(t) = x_0 \cdot \sin \omega_0 t$ berechnen. Da bei vorgegebener Amplitude der Winkel $\varphi = \omega_0 t$ den Momentanwert von $x(t)$ bestimmt, besteht zwischen den Verteilungsdichten $p(x)$ und $p(\varphi)$ ein sehr einfacher Zusammenhang. In dem Bereich zwischen 0 und 2π wird ein bestimmter Wert $x(t)$ für zwei verschiedene Winkel φ angenommen, und es gilt offenbar

$$p(x) \cdot \varDelta x = 2 \cdot p(\varphi) \cdot \varDelta \varphi,$$

oder im Grenzfall

$$p(x) = 2 \cdot p(\varphi) \cdot \frac{\mathrm{d}\varphi}{\mathrm{d}x} \cdot$$

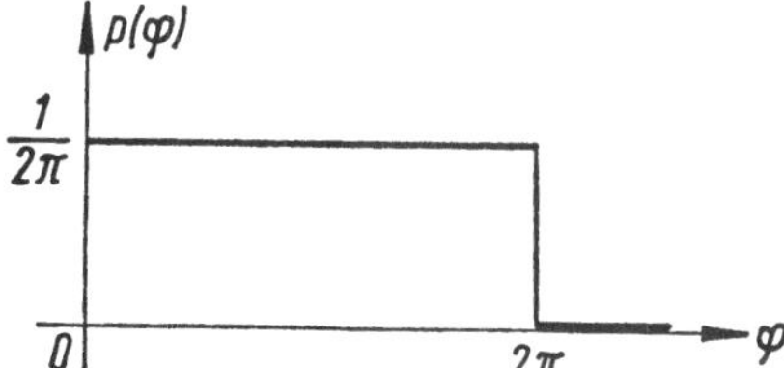

Bild XIII.10. Verteilungsdichtefunktion des Phasenwinkels eines sinusförmigen Signals $x(\varphi) = x_0 \cdot \sin \varphi$ für $0 \le \varphi \le 2\pi$.

Für ein deterministisches Signal der Form $x(\varphi) = x_0 \cdot \sin \varphi$ läßt sich die Verteilungsdichtefunktion des Winkels leicht berechnen, denn innerhalb einer Periode $0 \le \varphi \le 2\pi$ kommen alle möglichen Phasenwinkel mit der gleichen Wahrscheinlichkeit vor, siehe Bild XIII.10. Aus der allgemein gültigen Normierungseigenschaft

$$\int\limits_{0}^{2\pi} p(\varphi)\, \mathrm{d}\varphi = 1$$

folgt sofort der Wert

$$p(\varphi) = \frac{1}{2\pi},$$

und damit wird

$$p(x) = \frac{1}{\pi} \cdot \frac{d\varphi}{dx}.$$

Andererseits ist der quadratische Mittelwert des sinusförmigen Signals

$$\overline{x^2(t)} = \frac{x_0^2}{2} = \sigma_x^2,$$

und für die äquivalente Verstärkung ergibt sich

$$K(\sigma_x) = \frac{2}{x_0^2} \cdot \int_0^{2\pi} x_0 \cdot \sin\varphi \cdot f(x_0 \cdot \sin\varphi) \cdot \frac{1}{\pi} d\varphi$$

$$= \frac{2}{\pi x_0} \cdot \int_0^{2\pi} f(x_0 \cdot \sin\varphi) \cdot \sin\varphi \, d\varphi.$$

Macht man die Substitution $\omega_0 t = \varphi$ wieder rückgängig, so erhält man

$$K(\sigma_x) = \frac{\omega_0}{\pi \cdot x_0} \cdot \int_0^{2\pi/\omega_0} f(x_0 \cdot \sin\omega_0 t) \cdot \sin\omega_0 t \, dt,$$

und die äquivalente Verstärkung auf der Basis der statistischen Definition stimmt mit der Beschreibungsfunktion für sinusförmige Signale überein:

$$K(\sigma_x) = N(x_0). \tag{XIII.9}$$

Hieraus folgt, daß die auf eine Originalarbeit von BOOTON [30] zurückgehende Definitionsgleichung für $K(\sigma_x)$ *allgemeinere Gültigkeit* besitzt als die Beschreibungsfunktion für sinusförmige Vorgänge. Aus der Gleichung (XIII.9) darf man nicht den Schluß ziehen, daß man aus einer berechneten Beschreibungsfunktion für sinusförmige Eingangsgrößen die zugehörige äquivalente Verstärkung für Rauschsignale dadurch gewinnen könne, daß man formal x_0 durch σ_x ersetzte. Für ein gegebenes nichtlineares System können die beiden Funktionen $K(\sigma_x)$ und $N(x_0)$ *sehr unterschiedliche mathematische Formen* aufweisen, obgleich sich bei der graphischen Darstellung dieser Funktionen in vielen Fällen Kurven ergeben, die sehr *ähnliche Verläufe* haben, deren Unterschiede für die praktische Anwendung gar nicht so sehr ins Gewicht fallen. Die in Teil XIV behandelten Beispiele werden im Vergleich mit den Ergebnissen von Teil XII für die gleichen Nichtlinearitäten nähere Auskunft über diese Frage geben.

6. Die Bedeutung GAUSSscher Signale für geschlossene Regelkreise

Die bei der Herleitung der äquivalenten Verstärkung

$$K(\sigma_x) = \frac{1}{\sigma_x^2} \cdot \int_{-\infty}^{+\infty} x \cdot f(x) \cdot p(x) \, dx$$

zu Grunde gelegten Voraussetzungen enthalten keine Einschränkung auf bestimmte Typen von Verteilungsdichtefunktionen, wenn sie nur symmetrisch sind und die linearen Mittelwerte verschwinden; natürlich ist die Forderung sinnvoll, daß der gesamte Ausdruck $x \cdot f(x) \cdot p(x)$ integrierbar sein muß. Hier zeigt sich ein deutlicher Unterschied gegenüber der Herleitung der Beschreibungsfunktion: mit der Einführung von $N(x_0)$ ist man hinsichtlich des Eingangssignals eindeutig festgelegt, während $K(\sigma_x)$ eine wesentlich allgemeinere Approximation beschreibt, die eine große Klasse von Signalfunktionen einschließlich der sinusförmigen Vorgänge erfaßt. Solange man eine angenäherte Beschreibung für nichtlineare Systeme in *offenen* Regelkreisen anstrebt, kann man für alle Verteilungsdichten $p(x)$, die nur die oben formulierten sehr allgemeinen Eigenschaften besitzen müssen, mit der äquivalenten Verstärkung arbeiten. Wenn man jedoch Regelkreise an der entsprechenden Mischstelle *für Signale gleichen Charakters schließen* muß, dann muß man sich auf Vorgänge mit einer GAUSSschen Verteilungsdichte am Eingang der Nichtlinearität beschränken, und diese stochastischen Signale spielen dann eine ähnlich bedeutsame Rolle wie die Sinusschwingung unter den deterministischen Signalen. Um diese Verhältnisse sicherzustellen, muß man vor der Einbeziehung äquivalenter Verstärkungsfaktoren in die lineare Systemtheorie sicher sein, daß die in höheren Spektralbereichen liegenden Verzerrungsanteile durch lineare Systeme weitestgehend aus dem Spektrum des gesamten Ausgangssignales $y(t)$ herausgefiltert werden.

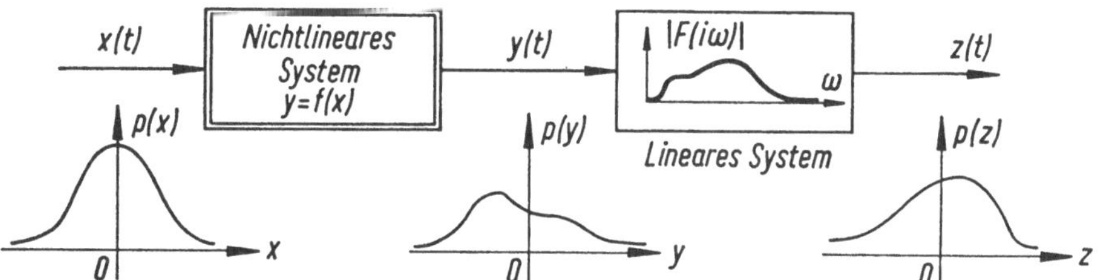

Bild XIII.11. Nichtlineares System in Reihenschaltung mit einem beliebigen linearen System, Verteilungsdichtefunktionen der verschiedenen Signale.

Wenn das Ausgangssignal eines nichtlinearen Systems durch irgendwelche linearen Systeme ohne Tiefpaßverhalten bzw. Bandpaßverhalten mit hinreichend schmalem Durchlaßbereich gefiltert wird, dann ergeben sich im allgemeinen die in Bild XIII.11 angedeuteten Verhältnisse. Die Verteilungsdichtefunktion von $y(t)$ kann man für eine eindeutige monotone Funktion $f(x)$ bei gegebenem $p(x)$ berechnen.

Wir gehen jetzt dazu über, daß unter Beibehaltung der Verteilungsdichten $p(x)$ und $p(y)$ nach Bild XIII.11 ein lineares Filter Verwendung findet, dessen Durchlaßbereich klein ist gegen die Bandbreite des gesamten nichtlinear verzerrten Signals $y(t)$, vgl. Bild XIII.12. Für die Fälle, in welchen sich die Verteilungsdichtefunktion in eine konvergente GRAM-CHARLIER-Reihe

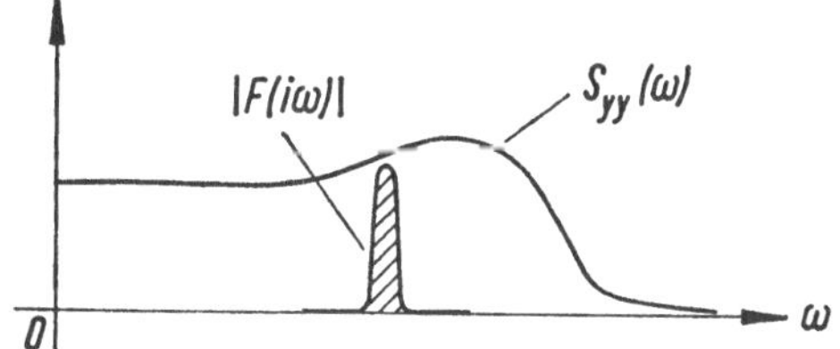

Bild XIII.12. Zum Einfluß eines schmalbandigen linearen Systems auf die Verteilungsdichtefunktion eines nichtlinear verformten Signals.

entwickeln läßt, kann man zeigen, daß die Verteilungsdichte des Ausgangs-signals $z(t)$ sich um so mehr der GAUSSschen Form nähert, je kleiner die Bandbreite des linearen Filters ist. In der einschlägigen Literatur ist eine Reihe von speziellen Beispielen, die eine allgemeinere Gültigkeit des formu-lierten Satzes vermuten lassen, eingehend behandelt [8], [11], [32], [33]. Wir versuchen, die Erscheinungen für den hier interessierenden Fall eines linearen Tiefpaßfilters *plausibel* zu machen, dessen Frequenzgang durch

$$F(i\omega) = \frac{1}{1 + i\omega T}$$

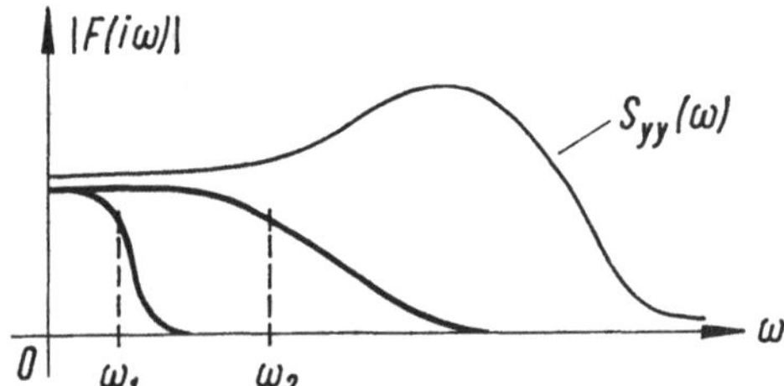

Bild XIII.13. Zur Erläuterung des Zusam-menhangs zwischen der Grenz-frequenz linearer Tiefpässe und der Verteilungsfunktion eines nichtlinear verzerrten Signals.

gegeben sei. In Bild XIII.13 sind zusammen mit dem Wirkleistungsspektrum $S_{yy}(\omega)$ zwei Amplitudengänge für unterschiedliche Grenzfrequenzen $\omega_1 = 1/T_1$ und $\omega_2 = 1/T_2$ eingezeichnet. Für die Deutung des Tiefpaßverhaltens hinsicht-lich der Verteilungsdichte von $y(t)$ verlagern wir die Betrachtungen in den Zeit-bereich, wo der Tiefpaß durch die Gewichtsfunktion

$$G(t) = \frac{1(t)}{T} \cdot e^{-t/T}$$

beschrieben wird. Damit läßt sich die Ausgangsgröße $z(t)$ des Filters in einem bestimmten Beobachtungszeitpunkt $t = t_0$ durch das Superpositionsintegral

$$z(t_0) = \int\limits_{-\infty}^{t_0} y(t) \cdot G(t_0 - t)\, \mathrm{d}t$$

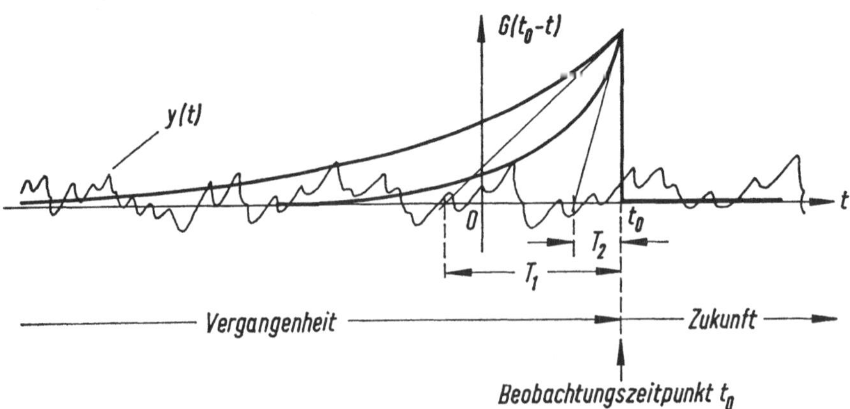

Bild XIII.14. Graphische Interpretation des Superpositionsintegrals für ein stochastisches Signal und für Tiefpässe unterschiedlicher Bandbreite.

darstellen, dessen graphische Interpretation in Bild XIII.14 gezeigt wird. Das Ausgangssignal zum Zeitpunkt $t = t_0$ hängt von der Gewichtsfunktion des Filters und von der Vergangenheit des Eingangssignals bis zu diesem Zeitpunkt t_0 ab. Wenn die Filterbandbreite entsprechend der Grenzfrequenz ω_2 relativ groß ist, fällt die Gewichtsfunktion mit der Zeitkonstanten T_2 vom Meßzeitpunkt t_0 aus verhältnismäßig rasch ab, so daß nur die statistisch relativ eng miteinander verwandten Signalwerte aus der *jüngsten Vergangenheit* von dem Tiefpaß bewertet werden, der ja in Annäherung an das Verhalten eines Integrators die Einzelwerte der von der gespiegelten Gewichtsfunktion $G(t_0 - t)$ erfaßten Vergangenheit des Signals aufsummiert.

Wenn nun die Filterbandbreite kleiner wird, dann klingt die Gewichtsfunktion entsprechend langsamer ab, und der Tiefpaß summiert über immer größere Bereiche des Signals, dessen Momentanwerte mit zunehmendem zeitlichen Abstand immer weniger miteinander korreliert sind. Wenn die Filterbandbreite extrem klein wird, so daß $|i\omega T| \gg 1$ ist, dann ergibt sich eine gute Annäherung an das Verhalten eines Integrators mit dem Frequenzgang

$$F(i\omega) = \frac{1}{i\omega T}, \quad \omega > 0,$$

und der zugehörigen Gewichtsfunktion

$$G(t) = 1(t),$$

welche im Zeitbereich die *gesamte Vergangenheit* des Signals $y(t)$ bewertet. Durch das Aufsummieren entsteht insgesamt ein Prozeß, dessen Verteilungsdichtefunktion sich unter gewissen Zusatzbedingungen, auf die bei dieser Plausibilitätsbetrachtung nicht eingegangen werden kann, nach dem zentralen Grenzwertsatz einer GAUSSschen Dichtefunktion nähert.

Aus diesen anschaulichen Überlegungen [35] ergibt sich sofort die Bedeutung GAUSSscher Signale für geschlossene Regelkreise. Wenn die Eingangsgröße des Regelkreises nach Bild XIII.15 eine GAUSSsche Verteilungsdichtefunktion

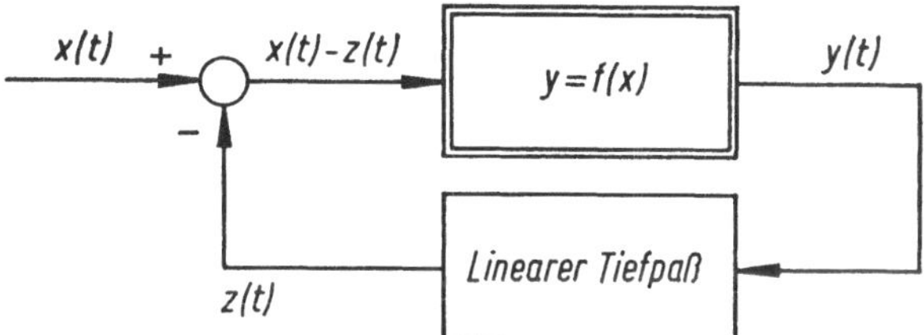

Bild XIII.15. Geschlossener Regelkreis mit nichtlinearem und linearem Teilsystem. Das Eingangssignal $x(t)$ hat eine GAUSSsche Verteilungsdichte, das Rückführsignal $z(t)$ nur genähert eine GAUSSsche Verteilungsdichte.

besitzt, dann hat nach der obigen Hypothese, deren Zutreffen von Fall zu Fall zu prüfen wäre, auch das durch eine Tiefpaßfilterung entstehende Signal $z(t)$ näherungsweise die gleiche Verteilung, so daß nach Schließung des Regelkreises das neue Eingangssignal $x(t) - z(t)$ für die Nichtlinearität GAUSSschen Charakter aufweist, vgl. Teil XVIII.1.2. Die Übereinstimmung zwischen dem wirklichen Systemverhalten und den Ergebnissen der statistischen Linearisierung ist demnach um so besser, je weniger die tatsächliche Amplitudenverteilung am Eingang der Nichtlinearität von einer GAUSS-Verteilung abweicht [34]. Die stärkere Dämpfung nicht-GAUSSscher Komponenten in $y(t)$ durch einen

Tiefpaß entspricht der höheren Dämpfung der Oberschwingungen bei sinusförmiger Anregung, bezogen auf die Dämpfung des mit dem Eingangssignal linear korrelierten Anteils in $y(t)$, der bei harmonischer Erregung gerade die Grundschwingung ausmacht.

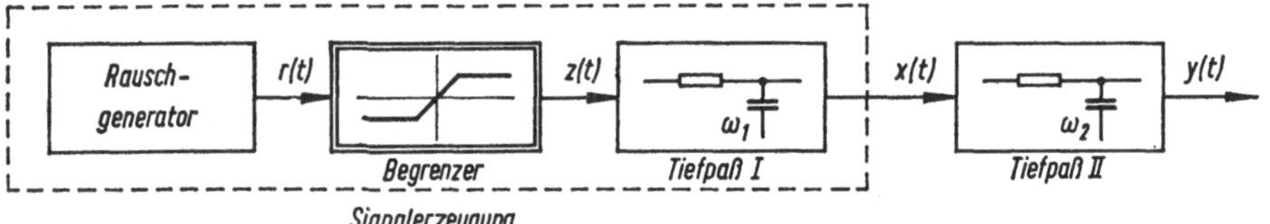

Bild XIII.16. Experimentelle Anordnung zur Bestimmung der Tiefpaß-Filterwirkung auf ein nicht normalverteiltes Signal $x(t)$, das mittels eines Begrenzers aus einem Rauschgenerator mit normalverteiltem Ausgangssignal $r(t)$ erzeugt wird.

Zur experimentellen Untersuchung der Tiefpaß-Filterwirkung bei nicht normalverteilten Signalen wurde eine Anordnung nach Bild XIII.16 aufgebaut [80]; als Signalquelle dient ein stationäres Geräusch $x(t)$, welches durch zwei wesentliche Angaben gekennzeichnet wird: es handelt sich um ein Tiefpaß-Rauschen

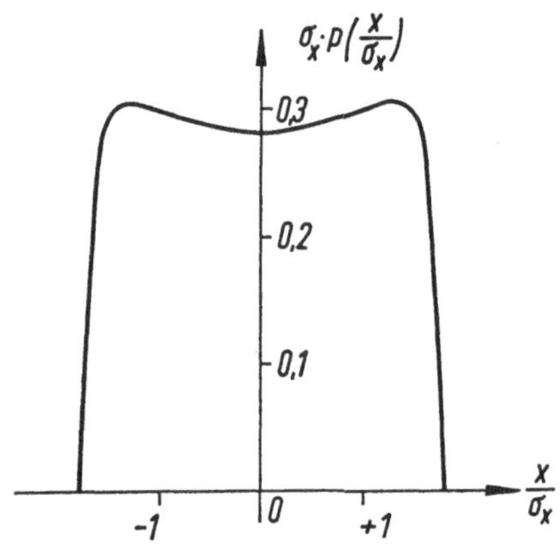

Bild XIII.17. Normierte Form der Verteilungsdichtefunktion des Meßsignals $x(t)$.

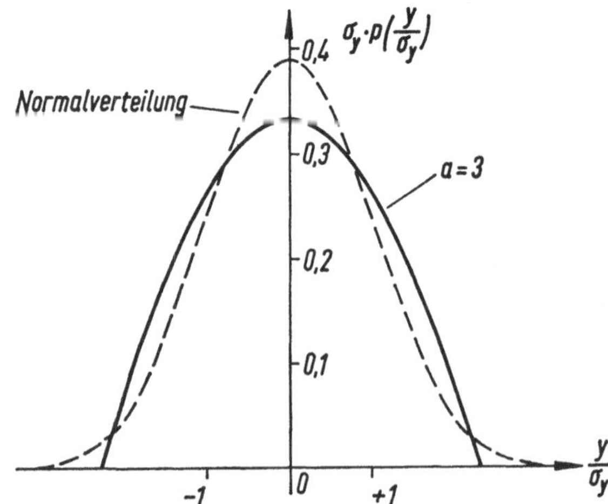

Bild XIII.18. Normierte Form der Verteilungsdichtefunktion des Ausgangssignals von Tiefpaß II für ein Bandbreitenverhältnis $a = 3$.

mit der Eckfrequenz ω_1 und einer Amplitudenverteilungsdichte nach Bild XIII.17. Filtert man dieses Geräusch mit einem Tiefpaß II, dessen Eckfrequenz

$$\omega_2 = \frac{1}{a} \cdot \omega_1$$

sei, so ergeben sich für die Bandbreitenverhältnisse $a = 3$ und $a = 10$ die in den Bildern XIII.18 und XIII.19 gezeigten Verteilungsdichtefunktionen des Ausgangssignals $y(t)$. Wählt man ein Bandbreitenverhältnis $a = 30$, so ergeben sich Meßpunkte, die für die praktische Auswertung keine nennenswerten Abweichungen mehr von der Normalverteilung aufweisen, die zur Kontrolle mit in die Bilder XIII.18 und XIII.19 eingezeichnet ist.

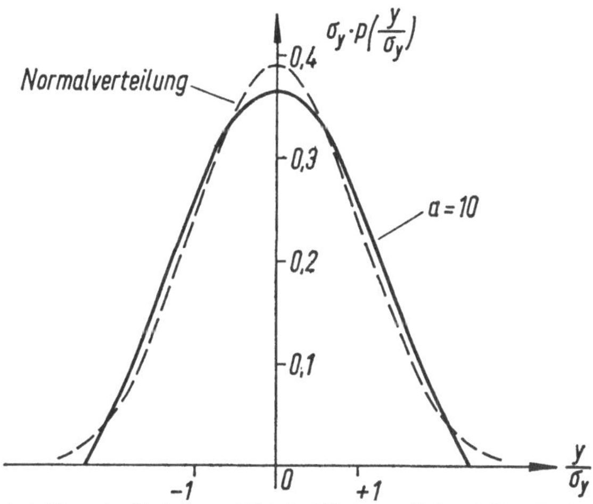

Bild XIII.19. Normierte Form der Verteilungsdichtefunktion von $y(t)$ für ein Bandbreitenverhältnis $a = 10$.

7. Die äquivalente Verstärkung für Signale mit GAUSSscher Amplitudenverteilung

Die mathematischen Hilfsmittel zur Berechnung nichtlinearer Regelkreise mit stochastischen Signalen sind gerade für GAUSSsche Prozesse am weitesten entwickelt. Die Gründe hierfür sind nicht allein in der weiten Verbreitung dieser Prozesse innerhalb der Natur zu sehen, sondern auch in den mathematischen Eigenschaften der GAUSSschen Verteilungsdichtefunktion. So ist es den Abklingeigenschaften der Funktion e^{-x^2} zuzuschreiben, daß für die meisten in der Praxis vorkommenden Nichtlinearitäten die Integrale über $x \cdot f(x) \cdot p(x)$ besonders einfach werden und keinerlei Konvergenzschwierigkeiten auftreten.

Daß andererseits Reihenentwicklungen für Verteilungen bei bestimmten nichtlinearen Problemen nach HERMITEschen Polynomen besonders elegant und übersichtlich werden, liegt jedoch nicht an der GAUSS-Verteilung allein, sondern hat seinen Grund in der bekannten Tatsache, daß Entwicklungen um so einfacher werden, je enger die mathematische Verwandtschaft zwischen der zu entwickelnden Funktion einerseits und den Funktionen des Entwicklungssystems andererseits ist. Genauso verhält es sich bekanntlich zwischen der Verwandtschaft zwischen Kern und Funktion bei Integraltransformationen.

Für Signale mit der Verteilungsdichtefunktion

$$p(x) = \frac{1}{\sqrt{2\pi}\cdot\sigma_x}\cdot e^{-\frac{x^2}{2\sigma_x^2}} \qquad (\text{XIII.10})$$

ist der quadratische Mittelwert

$$\overline{x^2} = \sigma_x{}^2.$$

Der Ausdruck für die äquivalente Verstärkung nach Gleichung (XIII.4) läßt sich nun für diese Verteilungsdichte noch auf eine andere Form bringen:

$$K(\sigma_x) = \frac{1}{\sqrt{2\pi\sigma_x{}^3}}\cdot\int\limits_{-\infty}^{+\infty} x\cdot f(x)\cdot e^{-\frac{x^2}{2\sigma_x^2}}\,\mathrm{d}x; \qquad (\text{XIII.11})$$

führt man x^2 anstelle von x als neue Integrationsvariable ein, so ergibt sich:

$$K(\sigma_x) = \frac{1}{2\cdot\sqrt{2\pi}\cdot\sigma_x{}^3}\cdot\int\limits_{-\infty}^{+\infty} f(x)\cdot e^{-\frac{x^2}{2\sigma_x^2}}\,\mathrm{d}(x^2)$$

$$= \frac{-1}{\sqrt{2\pi}\cdot\sigma_x}\cdot\int\limits_{-\infty}^{+\infty} f(x)\,\mathrm{d}\left(e^{-\frac{x^2}{2\sigma_x^2}}\right),$$

und durch partielle Integration folgt:

$$K(\sigma_x) = \frac{-1}{\sqrt{2\pi}\cdot\sigma_x}\cdot\left\{f(x)\cdot e^{-\frac{x^2}{2\sigma_x^2}}\Big|_{-\infty}^{+\infty} - \int\limits_{-\infty}^{+\infty}\frac{\partial f(x)}{\partial x}\cdot e^{-\frac{x^2}{2\sigma_x^2}}\,\mathrm{d}x\right\}.$$

Da der erste der beiden Summanden gleich Null ist, erhält man das Ergebnis:

$$K(\sigma_x) = \frac{1}{\sqrt{2\pi}\cdot\sigma_x}\cdot\int\limits_{-\infty}^{+\infty}\frac{\partial f(x)}{\partial x}\cdot e^{-\frac{x^2}{2\sigma_x^2}}\,\mathrm{d}x. \qquad (\text{XIII.12})$$

In den Beispielen des folgenden Teiles XIV werden noch weitere spezielle Ergebnisse für Signale mit einer Gaussschen Amplitudenverteilung entwickelt werden. Ferner sei auf die Reihenentwicklungen nach Hermiteschen Polynomen in Teil XVII.2.1 hingewiesen.

XIV. Beispiele für die Berechnung von äquivalenten Verstärkungsfaktoren

1. Verzögerungsfreier Zweipunktschalter

Die statische Kennlinie des einfachen Schalters nach Bild XIV.1 hat die Form

$$f(x) = h\cdot\operatorname{sgn} x,$$

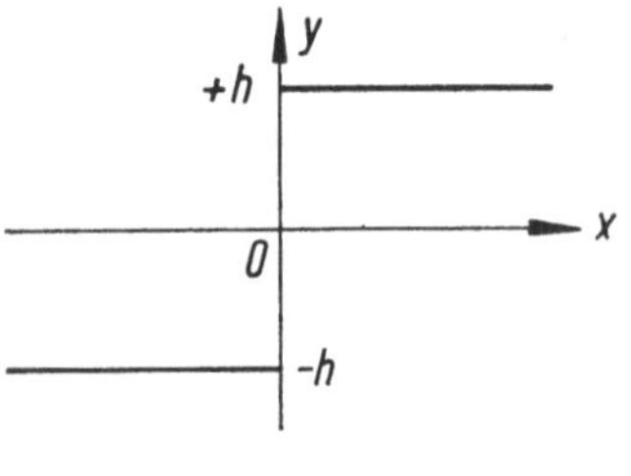

Bild XIV.1. Kennlinie des idealisierten Zweipunktschalters.

und für eine GAUSSsche Amplitudenverteilung

$$p(x) = \frac{1}{\sqrt{2\pi} \cdot \sigma_x} \cdot e^{-\frac{x^2}{2\sigma_x^2}}$$

des Eingangssignals erhält man mit

$$K(\sigma_x) = \frac{1}{\sigma_x{}^2} \cdot \int\limits_{-\infty}^{+\infty} x \cdot f(x) \cdot p(x)\, \mathrm{d}x$$

den Ausdruck

$$\sigma_x{}^2 \cdot K(\sigma_x) = -\frac{h}{\sqrt{2\pi} \cdot \sigma_x} \cdot \int\limits_{-\infty}^{0} x \cdot e^{-\frac{x^2}{2\sigma_x^2}}\, \mathrm{d}x + \frac{h}{\sqrt{2\pi} \cdot \sigma_x} \cdot \int\limits_{0}^{\infty} x \cdot e^{-\frac{x^2}{2\sigma_x^2}}\, \mathrm{d}x$$

$$= \frac{2h}{\sqrt{2\pi} \cdot \sigma_x} \cdot \int\limits_{0}^{\infty} x \cdot e^{-x^2/2\sigma_x^2}\, \mathrm{d}x.$$

Führt man die naheliegende Substitution $\dfrac{x^2}{2\sigma_x{}^2} \equiv u$ ein, so wird

$$\sigma_x{}^2 \cdot K(\sigma_x) = \sqrt{\frac{2}{\pi}} \cdot h \cdot \sigma_x \cdot \int\limits_{0}^{\infty} e^{-u}\, \mathrm{d}u,$$

$$K(\sigma_x) = \sqrt{\frac{2}{\pi}} \cdot \frac{h}{\sigma_x}. \tag{XIV.1}$$

In der Rechenvorschrift (XIII.12) zur Bestimmung der äquivalenten Verstärkung für GAUSSsche Eingangssignale kommt die Ableitung der statischen Kennfunktion $y = f(x)$ nach x vor. Für alle glatten Funktionen $f(x)$ existiert diese Ableitung im herkömmlichen Sinne, und die Anwendung von (XIII.12) bereitet im Pinzip keine Schwierigkeiten. In der Praxis kommen jedoch viele nichtlineare Systeme vor, deren Verhalten man gut durch statische Kennlinien mit Sprungstellen beschreiben kann. Diese Situation liegt bei allen idealisierten Schaltern vor, so daß es sich lohnt, hier den Begriff der Differenzierbarkeit zu verallgemeinern und DIRACsche Deltafunktionen zuzulassen. Damit erhält man für die Schalterkennlinie

$$f(x) = h \cdot \operatorname{sgn} x$$

$$= h \cdot [2 \cdot 1(x) - 1]$$

mit der Einheitssprungfunktion $1(x)$ die Ableitung

$$\frac{\partial}{\partial x} f(x) = 2h \cdot \delta(x).$$

Durch Einsetzen in Gleichung (XIII.12) ergibt sich sofort

$$K(\sigma_x) = \frac{2h}{\sqrt{2\pi \cdot \sigma_x}} \cdot \int\limits_{-\infty}^{+\infty} \delta(x) \cdot e^{-x^2/2\sigma_x^2} \, dx$$

$$= \sqrt{\frac{2}{\pi}} \cdot \frac{h}{\sigma_x} \, .$$

Die Einführung der verallgemeinerten Differentiation hat also eine wesentliche Verringerung des Rechenaufwandes gebracht.

Ein Vergleich mit der Beschreibungsfunktion des Schalters für sinusförmige Erregung zeigt, daß die Funktionen $N(x_0)$ und $K(\sigma_x)$ den gleichen mathematischen Charakter haben. Stellt man sie zusammen in einem Koordinatensystem mit gleichen Einheiten für x_0/h und σ_x/h dar, so ergeben sich aus dem einfachen Zusammenhang

$$K\left(\frac{\sigma_x}{h}\right) = \sqrt{\frac{\pi}{8}} \cdot N\left(\frac{x_0}{h}\right)$$

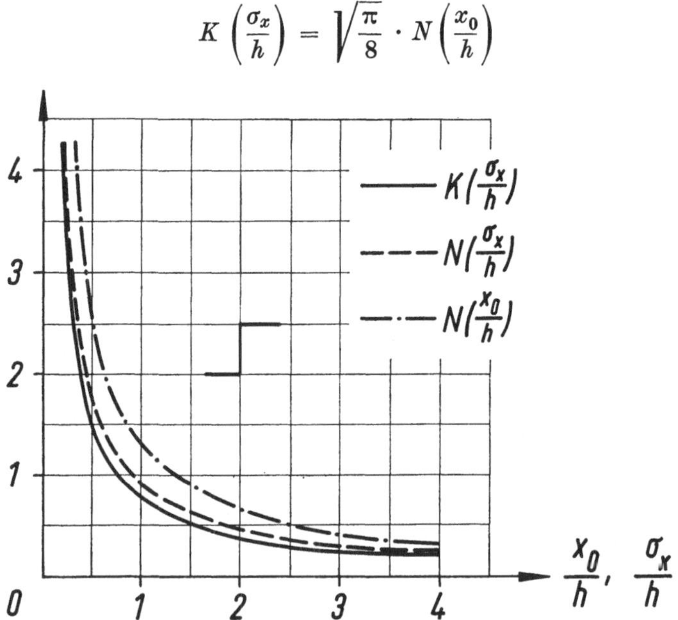

Bild XIV.2. Äquivalenter Verstärkungsfaktor und Beschreibungsfunktion des Zweipunktschalters für verschiedene Argumente.

die Verläufe in Bild XIV.2. Bei dem Vergleich der Ergebnisse für harmonische und stochastische Anregung kann man noch einen anderen Standpunkt beziehen. Wie in Teil XIII.5 nachgewiesen wurde, ordnen sich die Beschreibungsfunktionen als Sonderfälle in die Gruppe der äquivalenten Verstärkungsfaktoren für stochastische Signale ein. In diesem Sinne hat das Signal $x(t) = x_0 \cdot \sin \omega_0 t$ den quadratischen Mittelwert

$$\sigma_x^2 = \frac{x_0^2}{2} \, ,$$

so daß man die Streuung σ_x eines stochastischen Vorganges mit der Amplitude

$$x_0 = \sigma_x \cdot \sqrt{2}$$

eines sinusförmigen Signals als gleichwertig ansehen kann. Dann ergibt der Vergleich für den Schalter

$$N\left(\frac{x_0}{h \cdot \sqrt{2}}\right) = N\left(\frac{\sigma_x}{h}\right) = \frac{2 \cdot \sqrt{2}}{\pi} \cdot \frac{h}{\sigma_x},$$

$$K\left(\frac{\sigma_x}{h}\right) = \sqrt{\frac{2}{\pi}} \cdot \frac{h}{\sigma_x},$$

und daraus folgt der Zusammenhang

$$K\left(\frac{\sigma_x}{h}\right) = \frac{\sqrt{\pi}}{2} \cdot N\left(\frac{\sigma_x}{h}\right),$$

der zu geringeren Abweichungen zwischen den Verläufen der Funktionen K und N führt, siehe Bild XIV.2. Der Zahlenfaktor kommt dadurch zustande, daß der Zweipunktschalter einmal mit einem sinusförmigen Signal und im anderen Fall durch ein GAUSS-verteiltes stochastisches Signal betätigt wird; diese Signale unterscheiden sich offensichtlich durch ihre Verteilungsdichtefunktionen, vgl. Teil XIII.1.

2. Symmetrischer Begrenzer mit linearem Bereich

Wir gehen wieder von einem Signal $x(t)$ mit GAUSSschem Charakter aus und finden für $K(\sigma_x)$ unter Beachtung der durch Bild XIV.3 gegebenen Integrationsbereiche $0 \leq x \leq x_B$ und $x_B < x \leq \infty$:

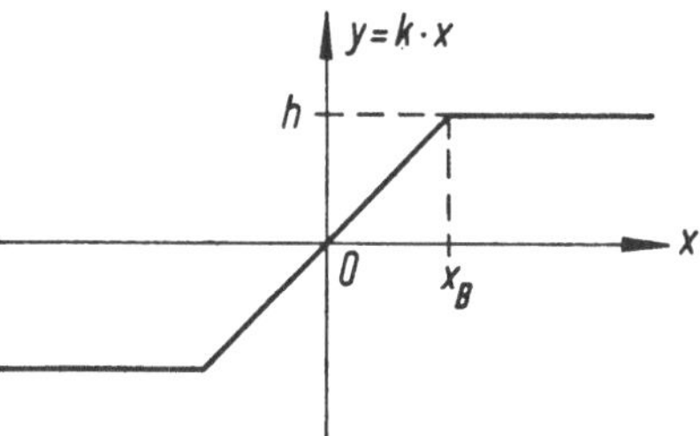

Bild XIV.3. Kennlinie des symmetrischen Begrenzers.

$$K(\sigma_x) = \frac{2k}{\sqrt{2\pi} \cdot \sigma_x^{3}} \cdot \int_0^{x_B} x^2 \cdot e^{-x^2/2\sigma_x^2}\, dx + \frac{2h}{\sqrt{2\pi} \cdot \sigma_x^{3}} \cdot \int_{x_B}^{\infty} x \cdot e^{-x^2/2\sigma_x^2}\, dx$$

$$= \sqrt{\frac{2}{\pi}} \cdot \frac{2k}{\sigma_x} \cdot \int_0^{x_B} \frac{x^2}{2\sigma_x^2} \cdot e^{-x^2/2\sigma_x^2}\, dx + \sqrt{\frac{2}{\pi}} \cdot \frac{h}{\sigma_x} \cdot e^{-\frac{x_B^2}{2\sigma_x^2}}.$$

Zur Berechnung des Integrals führen wir die Substitution $\dfrac{x}{\sqrt{2} \cdot \sigma_x} \equiv z$ ein und finden

$$\int_0^{x_B} \frac{x^2}{2\sigma_x^2} \cdot e^{-\frac{x^2}{2\sigma_x^2}}\, dx = \sqrt{2} \cdot \sigma_x \cdot \int_0^{x_B/\sqrt{2}\cdot\sigma_x} z^2 \cdot e^{-z^2}\, dz.$$

Damit wird nach der allgemeinen Rekursionsformel

$$\int x^n e^{-x^2}\,dx = -\frac{1}{2}\cdot x^{n-1}\cdot e^{-x^2} + \frac{n-1}{2}\cdot \int x^{n-2} e^{-x^2}\,dx$$

für $n = 2$:

$$\frac{4k}{\sqrt{\pi}}\cdot \int_0^{z_B} z^2 \cdot e^{-z^2}\,dz = \frac{4k}{\sqrt{\pi}}\cdot \left\{ -\frac{x_B}{2\cdot\sqrt{2}\cdot\sigma_x}\cdot e^{-\frac{x_B^2}{2\sigma_x^2}} + \frac{1}{2}\cdot \int_0^{z_B} e^{-z^2}\,dz \right\}$$

$$= -\sqrt{\frac{2}{\pi}}\cdot\frac{h}{\sigma_x}\cdot e^{-\frac{x_B^2}{2\sigma_x^2}} + \frac{2k}{\sqrt{\pi}}\cdot \int_0^{z_B} e^{-z^2}\,dz.$$

Beim Einsetzen in den Ausdruck für $K(\sigma_x)$ fällt der erste Summand des Zwischenergebnisses heraus, und es folgt

$$K(\sigma_x) = k\cdot\frac{2}{\sqrt{\pi}}\cdot \int_0^{z_B} e^{-z^2}\,dz,$$

oder mit der bekannten Abkürzung für das tabellierte Fehlerintegral:

$$K(\sigma_x) = k\cdot \operatorname{erf}\left(\frac{x_B}{\sqrt{2}\cdot\sigma_x}\right). \tag{XIV.2}$$

Diese Approximationsfunktion hat offenbar einen ganz anderen Charakter als die Beschreibungsfunktion desselben Systems für sinusförmige Signale nach Gleichung (XII.3). Ein Vergleich der Verläufe beider Funktionen in Abhängigkeit von x_0/x_B bzw. σ_x/x_B in Bild XIV.4 lehrt jedoch, daß sich der Begrenzer gegenüber GAUSSschen Signalen sehr ähnlich verhält wie bei sinusförmigen Schwingungen. Bei Verwendung der oberen Abszissenteilung erhält man den Vergleich zwischen $K(\sigma_x/x_B)$ und $N(x_0/x_B)$, während die untere Teilung eine Gegenüberstellung der Verläufe von

$$K\left(\frac{\sqrt{2}\cdot\sigma_x}{x_B}\right) \quad \text{und} \quad N\left(\frac{x_0}{x_B}\right)$$

ermöglicht; dabei werden Sinusvorgänge der Amplitude x_0 und GAUSSsche Signale mit der Streuung $\sqrt{2}\cdot\sigma_x$ als gleichwertig angesehen, vgl. Beispiel 1. Zum Vergleich berechnen wir die äquivalente Verstärkung noch einmal aus der Beziehung (XIII.12). Die Differentiation der Funktion $f(x)$ ergibt für den Begrenzer:

$$\frac{\partial}{\partial x} f(x) = \left\{ \begin{array}{ll} 0, & -\infty \leq x < -x_B \\ k, & -x_B \leq x < +x_B \\ 0, & x_B \leq x \leq \infty \end{array} \right\},$$

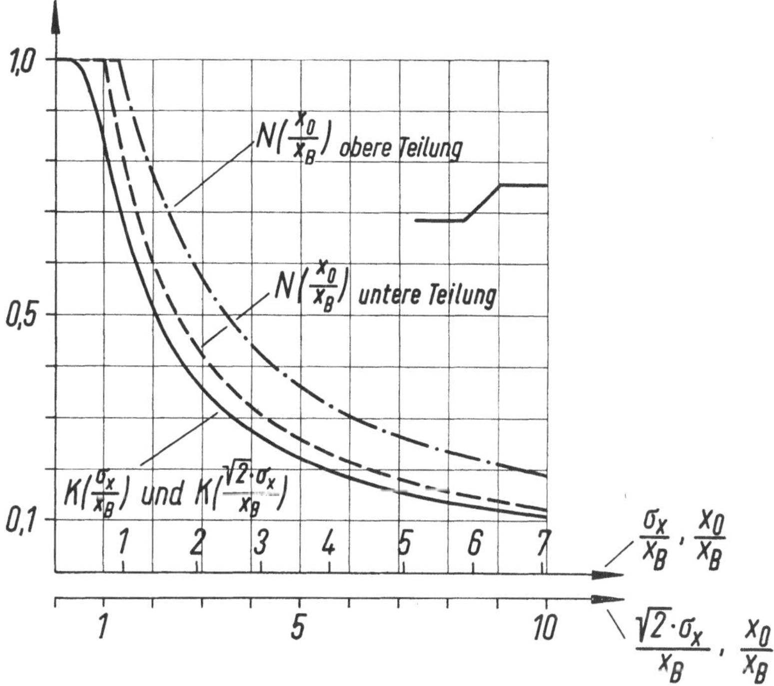

Bild XIV.4. Beschreibungsfunktion und äquivalente Verstärkung des Begrenzers für verschiedene Argumente.

und damit erhält man

$$K(\sigma_x) = \frac{k}{\sqrt{2\pi}\cdot\sigma_x} \cdot \int\limits_{-x_B}^{+x_B} \mathrm{e}^{-\frac{x^2}{2\sigma_x^2}}\,\mathrm{d}x$$

$$= \sqrt{\frac{2}{\pi}} \cdot \frac{k}{\sigma_x} \cdot \int\limits_{0}^{x_B} \mathrm{e}^{-x^2/2\sigma_x^2}\,\mathrm{d}x.$$

Mit Hilfe der Substitution $\dfrac{x^2}{2\sigma_x^2} \equiv z^2$ läßt sich das Integral wieder auf die tabellierte Fehlerfunktion zurückführen, und man erhält das Ergebnis (XIV.2).

2.1 Der Einfluß eines stochastischen Störsignals

Wenn außer einem Nutzsignal $s(t)$ noch ein stationäres Störsignal $r(t)$ auf den Begrenzer einwirkt, dann ergeben sich die in Bild XIV.5 dargestellten Verhältnisse mit

$$x(t) = s(t) + r(t).$$

Wenn beide Eingangssignale je eine GAUSS-Verteilung mit den Streuungen σ_s und σ_r besitzen, dann hat der Summenvorgang $x(t)$ bei verschwindender Korrelation zwischen $s(t)$ und $r(t)$ die Verteilungsdichte [10]

$$p(x) = \frac{1}{\sqrt{2\pi\cdot(\sigma_s^2 + \sigma_r^2)}} \cdot \mathrm{e}^{-\frac{x^2}{2\cdot(\sigma_s^2+\sigma_r^2)}},$$

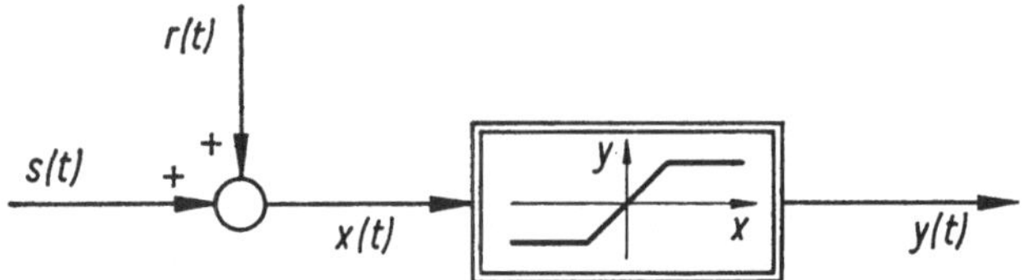

Bild XIV.5. Begrenzer mit zwei voneinander statistisch unabhängigen Eingangssignalen.

und die äquivalente Verstärkung wird in diesem Fall

$$K(\sigma_s, \sigma_r) = k \cdot \mathrm{erf}\left\{\frac{x_B}{\sqrt{2 \cdot (\sigma_s^2 + \sigma_r^2)}}\right\},$$

oder mit der Normierung

$$\frac{\sigma_s \cdot \sqrt{2}}{x_B} = \sigma_{sn}, \quad \frac{\sigma_r \cdot \sqrt{2}}{x_B} = \sigma_{rn}$$

folgt auch die Form

$$K(\sigma_{sn}, \varkappa) = k \cdot \mathrm{erf}\left\{\frac{1}{\sigma_{sn} \cdot \sqrt{1 + \varkappa}}\right\} \tag{XIV.3}$$

mit dem Leistungsverhältnis

$$\varkappa = \frac{\sigma_{rn}^2}{\sigma_{sn}^2}.$$

Bild XIV.6 zeigt die äquivalente Verstärkung nach Gleichung (XIV.3) für die Verhältnisse $\varkappa = 0, 1, 3$.

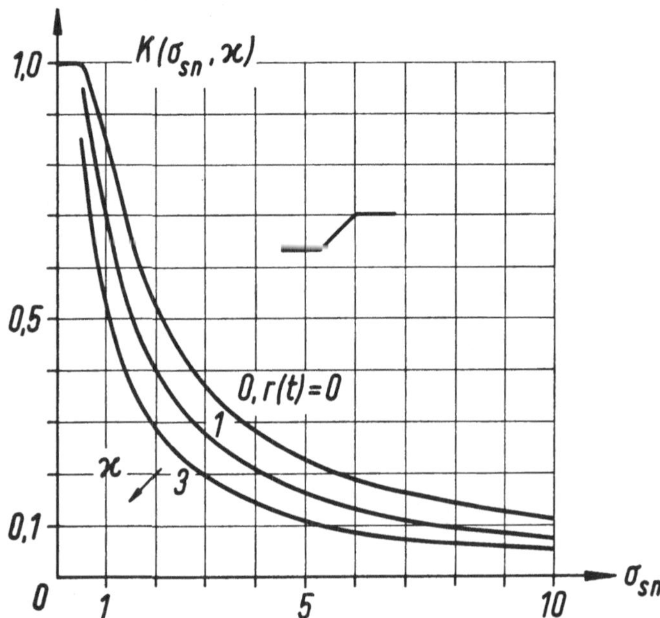

Bild XIV.6. Äquivalente Verstärkungsfaktoren des Begrenzers für verschiedene Signal/Rausch-Verhältnisse.

3. Tote Zone

Wenn man die äquivalente Verstärkung
für den symmetrischen Begrenzer mit
linearem Arbeitsbereich kennt, dann kann
man ebenso wie bei der Berechnung von
$N(x_0)$ unter Verwendung der Darstellung
in Bild XII.8 sofort die äquivalente Verstärkung für ein System mit toter Zone
nach Bild XIV.7 anschreiben:

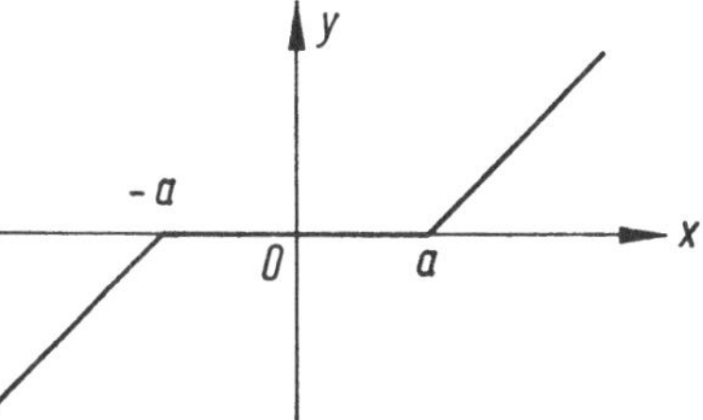

Bild XIV.7. Kennlinie eines Systems mit
toter Zone.

$$K(\sigma_x) = 1 - K(\sigma_x)_{\text{Begrenzer}}$$

$$= 1 - \operatorname{erf}\left(\frac{a}{\sqrt{2}\cdot\sigma_x}\right), \qquad \text{(XIV.4)}$$

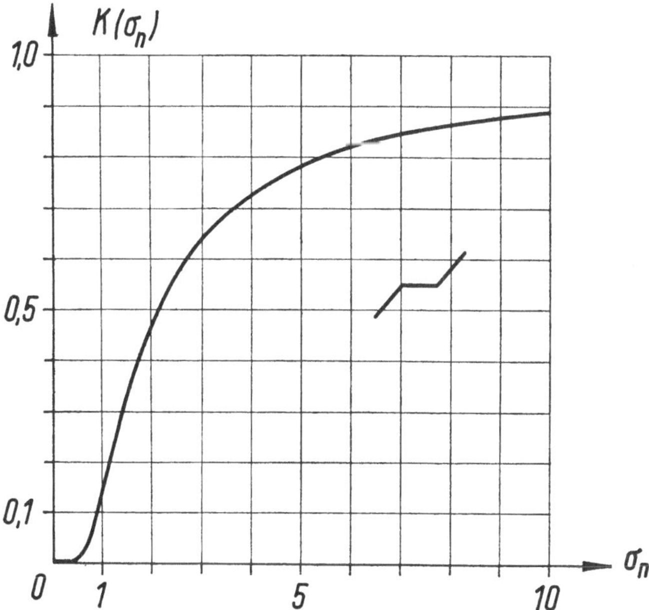

Bild XIV.8. Äquivalente Verstärkung eines Systems mit toter Zone.

wobei wir der Einfachheit halber in (XIV.2) den Faktor $k = 1$ gesetzt haben.
Den Verlauf der Funktion in Abhängigkeit von $\sqrt{2}\cdot\sigma_x/a \equiv \sigma_n$ zeigt
Bild XIV.8. Zur Übung soll die äquivalente Verstärkung noch nach der
Vorschrift (XIII.4) berechnet werden. Mit der Funktion

$$f(x) = \begin{cases} x + a, & x < -a \\ 0, & -a \le x \le +a \\ x - a, & x > a \end{cases}$$

erhält man

$$K(\sigma_x) = \frac{1}{\sigma_x^2} \cdot \int\limits_{-\infty}^{-a} x \cdot (x + a) \cdot p(x)\, \mathrm{d}x + \frac{1}{\sigma_x^2} \cdot \int\limits_{a}^{\infty} x \cdot (x - a) \cdot p(x)\, \mathrm{d}x$$

$$= \frac{2}{\sigma_x^2} \cdot \int\limits_{a}^{\infty} (x^2 - ax) \cdot p(x)\, \mathrm{d}x.$$

Wählt man für $p(x)$ wieder eine GAUSSsche Verteilungsdichte, so wird

$$K(\sigma_x) = \frac{4}{\sqrt{2\pi} \cdot \sigma_x} \cdot \int\limits_{a}^{\infty} \frac{x^2}{2\sigma_x^2} \cdot \mathrm{e}^{-\frac{x^2}{2\sigma_x^2}}\, \mathrm{d}x - \frac{2a}{\sqrt{\pi} \cdot \sigma_x^2} \cdot \int\limits_{a}^{\infty} \frac{x}{\sqrt{2} \cdot \sigma_x} \cdot \mathrm{e}^{-\frac{x^2}{2\sigma_x^2}}\, \mathrm{d}x.$$

Die Auswertung dieser Integrale ergibt im einzelnen:

$$\int\limits_{a}^{\infty} \frac{x^2}{2\sigma_x^2} \cdot \mathrm{e}^{-\frac{x^2}{2\sigma_x^2}}\, \mathrm{d}x = \sigma_x \cdot \sqrt{2} \cdot \int\limits_{z_a}^{\infty} z^2 \cdot \mathrm{e}^{-z^2}\, \mathrm{d}z \quad \text{mit} \quad z_a = \frac{a}{\sqrt{2} \cdot \sigma_x}$$

$$= \sigma_x \cdot \sqrt{2} \cdot \left\{ -\frac{z}{2} \cdot \mathrm{e}^{-z^2} \Big|_{z_a}^{\infty} + \frac{1}{2} \cdot \int\limits_{z_a}^{\infty} \mathrm{e}^{-z^2}\, \mathrm{d}z \right\}$$

$$= \frac{a}{2} \cdot \mathrm{e}^{-z_a^2} + \frac{\sigma_x}{2} \cdot \sqrt{\frac{\pi}{2}} \cdot \{1 - \mathrm{erf}\,(z_a)\}.$$

Für das zweite Integral erhält man:

$$\int\limits_{a}^{\infty} \frac{x}{\sqrt{2} \cdot \sigma_x} \cdot \mathrm{e}^{-\frac{x^2}{2\sigma_x^2}}\, \mathrm{d}x = \frac{\sigma_x}{\sqrt{2}} \cdot \mathrm{e}^{-z_a^2},$$

also wird schließlich

$$K(\sigma_x) = 1 - \mathrm{erf}\left(\frac{a}{\sqrt{2} \cdot \sigma_x}\right).$$

Die Anwendung der Formel (XIII.12) führt auch in diesem Beispiel schneller zum Ergebnis; man findet für positive Werte von x:

$$\frac{\partial}{\partial x} f(x) = \begin{Bmatrix} 0,\ 0 \le x \le a \\ 1,\ a < x \le \infty \end{Bmatrix},$$

und daraus folgt:

$$K(\sigma_x) = \frac{2}{\sqrt{2\pi \cdot \sigma_x}} \cdot \int\limits_{a}^{\infty} e^{-\frac{x^2}{2\sigma_x^2}}\, dx,$$

oder mit $\dfrac{x}{\sqrt{2} \cdot \sigma_x} \equiv z$:

$$K(\sigma_x) = \frac{2}{\sqrt{\pi}} \cdot \int\limits_{z_a}^{\infty} e^{-z^2}\, dz = 1 - \mathrm{erf}\left(\frac{a}{\sqrt{2} \cdot \sigma_x}\right).$$

4. System mit Vorlast

Die äquivalente Verstärkung für das System mit der statischen Kennlinie von Bild XIV.9 läßt sich unter Zugrundelegung des Blockschaltbildes XII.12 ohne weitere Rechnung angeben. Wegen des einfachen Zusammenhanges

$$f(x)_{\text{Vorlast}} = x + f(x)_{\text{Schalter}}$$

erhalten wir mit den Ergebnissen von Beispiel 1 dieses Teiles:

$$K(\sigma_x)_{\text{Vorlast}} = 1 + \overline{K}(\sigma_x)_{\text{Schalter}}$$

$$= 1 + \sqrt{\frac{2}{\pi}} \cdot \frac{h}{\sigma_x}, \qquad\qquad (\text{XIV.5})$$

woraus sich der Kurvenverlauf von Bild XIV.10 ergibt.

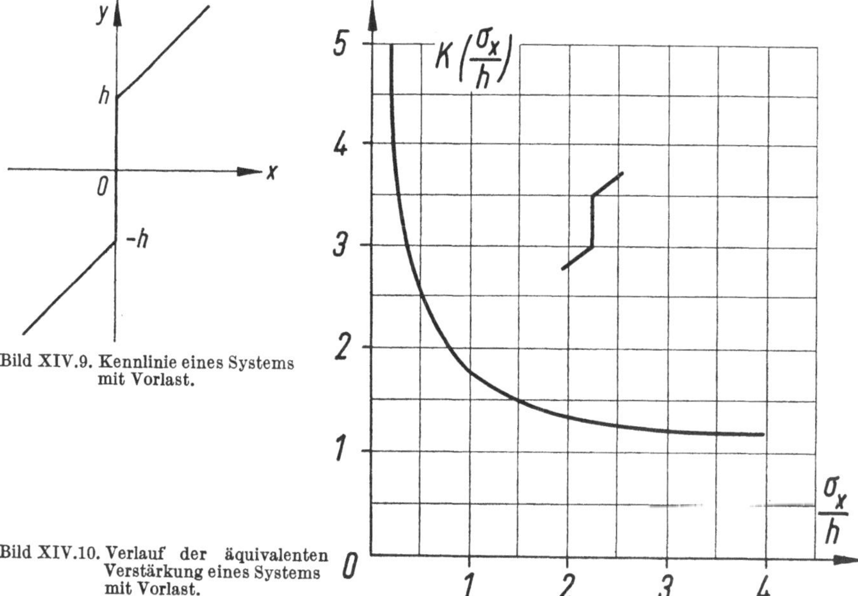

Bild XIV.9. Kennlinie eines Systems mit Vorlast.

Bild XIV.10. Verlauf der äquivalenten Verstärkung eines Systems mit Vorlast.

13*

5. Verzögerungsfreier Dreipunktschalter

Ausgehend von einem Eingangssignal mit
Gaussscher Verteilungsdichte erhält man
für die Nichtlinearität von Bild XIV.11
die äquivalente Verstärkung nach Gl.
(XIII.4):

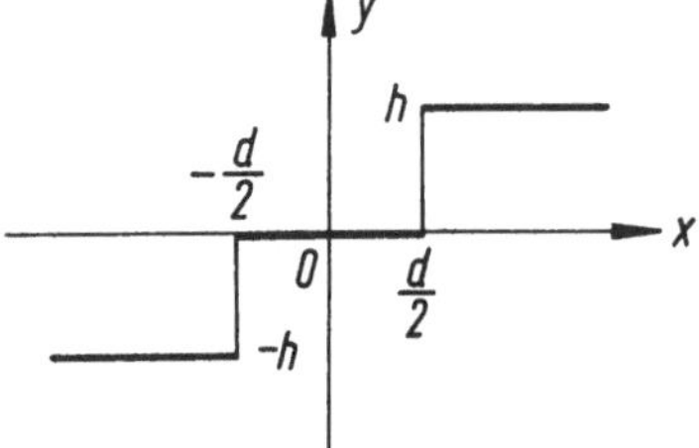

Bild XIV.11. Kennlinie des idealisierten
Dreipunktschalters.

$$K(\sigma_x) = \frac{2h}{\sigma_x{}^2} \cdot \int\limits_{d/2}^{\infty} x \cdot \frac{1}{\sqrt{2\pi} \cdot \sigma_x} \cdot \mathrm{e}^{-\frac{x^2}{2\sigma_x{}^2}}\, \mathrm{d}x$$

$$= \sqrt{\frac{2}{\pi}} \cdot \frac{h}{\sigma_x} \cdot \int\limits_{d/2}^{\infty} \frac{x}{\sigma_x{}^2} \cdot \mathrm{e}^{-\frac{x^2}{2\sigma_x{}^2}}\, \mathrm{d}x,$$

und mit der Substitution $x^2/2\sigma_x{}^2 \equiv z$, $\mathrm{d}x = \dfrac{\sigma_x{}^2}{x}\,\mathrm{d}z$ folgt der leicht auszuwertende Ausdruck

$$K(\sigma_x) = \sqrt{\frac{2}{\pi}} \cdot \frac{h}{\sigma_x} \cdot \int\limits_{d^2/8\sigma_x{}^2}^{\infty} \mathrm{e}^{-z}\, \mathrm{d}z,$$

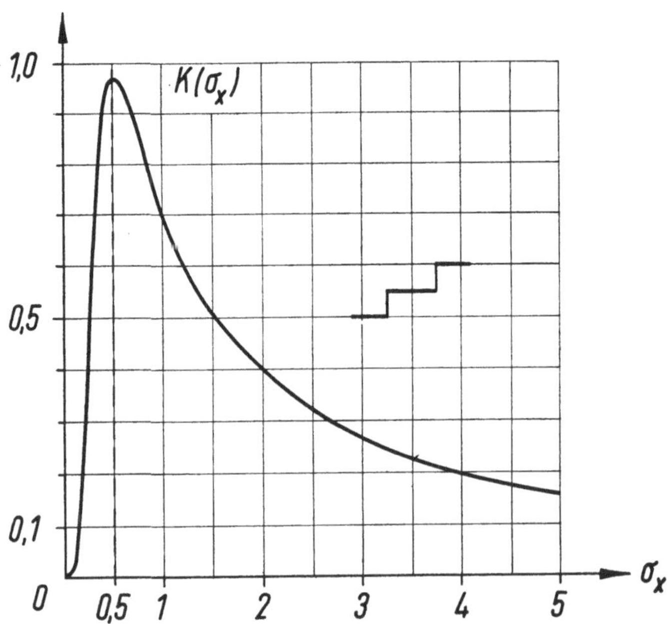

Bild XIV.12. Äquivalente Verstärkung des verzögerungsfreien Dreipunktschalters.

$$K(\sigma_x) = \sqrt{\frac{2}{\pi}} \cdot \frac{h}{\sigma_x} \cdot \mathrm{e}^{-d^2/8\sigma_x^2}. \qquad\qquad \text{(XIV.6)}$$

Auch der mathematische Charakter dieser Funktion unterscheidet sich wesentlich von dem der Beschreibungsfunktion (XII.9). Für $d = 0$ geht $K(\sigma_x)$ in das Ergebnis für den einfachen Schalter über, vgl. Beispiel 1. In Bild XIV.12 ist der Verlauf der äquivalenten Verstärkung des Dreipunktschalters für den Fall $d = h = 1$ in Abhängigkeit von σ_x gezeigt.

6. Federcharakteristik

Wir betrachten ein Element mit einer kubischen Nichtlinearität von der Form

$$f'(x) = a \cdot x + b \cdot x^3,$$

beispielsweise die Charakteristik einer harten Feder, Bild XIV.13. Mit der Ableitung

$$f(x) = a + 3 \cdot b \cdot x^2$$

ergibt sich für die äquivalente Verstärkung nach Gleichung (XIII.12):

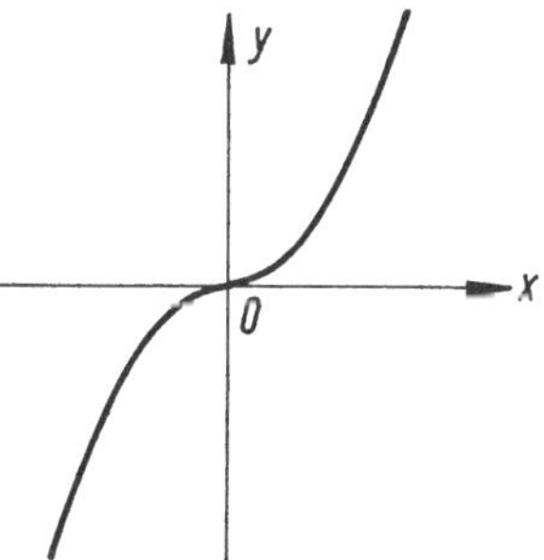

Bild XIV.13. Federcharakteristik als kubische Nichtlinearität.

$$K(\sigma_x) = \frac{1}{\sqrt{2\pi} \cdot \sigma_x} \cdot \left\{ a \cdot \int\limits_{-\infty}^{+\infty} \mathrm{e}^{-x^2/2\sigma_x^2}\, \mathrm{d}x + 3b \cdot \int\limits_{-\infty}^{+\infty} x^2 \cdot \mathrm{e}^{-x^2/2\sigma_x^2}\, \mathrm{d}x. \right.$$

Mit den bekannten Zwischenergebnissen

$$\frac{1}{\sqrt{2\pi} \cdot \sigma_x} \cdot \int\limits_{-\infty}^{+\infty} \mathrm{e}^{-x^2/2\sigma_x^2}\, \mathrm{d}x = 1 \quad \text{und} \quad \frac{1}{\sqrt{2\pi} \cdot \sigma_x} \cdot \int\limits_{-\infty}^{+\infty} x^2 \cdot \mathrm{e}^{-x^2/2\sigma_x^2}\, \mathrm{d}x = \sigma_x^2$$

findet man

$$K(\sigma_x) = a + 3 \cdot b \cdot \sigma_x^2. \qquad\qquad \text{(XIV.7a)}$$

Zur Übung und zum Vergleich mit diesem Ergebnis berechnen wir noch die Beschreibungsfunktion für ein sinusförmiges Signal $x(t) = x_0 \cdot \sin \omega_0 t$. Da die Federcharakteristik schon die ersten beiden Glieder einer Reihenentwicklung darstellt, kann man sich die Berechnung der FOURIER-Koeffizienten ersparen und die lineare Approximation direkt angeben:

$$f(x_0 \cdot \sin \omega_0 t) = a \cdot x_0 \cdot \sin \omega_0 t + b \cdot x_0^3 \cdot \sin^3 \omega_0 t$$

$$= (a + \frac{3}{4} b \cdot x_0^2) \cdot x_0 \cdot \sin \omega_0 t - \frac{1}{4} b \cdot x_0^3 \cdot \sin 3\omega_0 t,$$

und die Grundschwingung des Ausgangssignals wird

$$y_g(t, x_0) = (a + \frac{3}{4} b \cdot x_0^2) \cdot x_0 \cdot \sin \omega_0 t,$$

so daß man die Beschreibungsfunktion unmittelbar hinschreiben kann:

$$N(x_0) = a + \frac{3}{4} b \cdot x_0{}^2. \qquad\qquad \text{(XIV.7b)}$$

In der allgemeineren statistischen Deutung wird der quadratische Mittelwert der Eingangsschwingung

$$\sigma_x{}^2 = \frac{x_0{}^2}{2},$$

und man erhält die zum Vergleich mit (XIV.7a) geeignetere Form

$$N(\sigma_x) = a + \frac{2}{3} b \cdot \sigma_x{}^2.$$

7. Einseitige tote Zone und einseitiger Begrenzer

Mit den Ergebnissen der Beispiele 2 und 3 kann man sehr schnell die äquivalenten Verstärkungen für die mit den Bildern XIV.14 und 15 gekennzeichneten nichtlinearen Gebilde angeben [36]. Für die einseitige tote Zone findet man sofort

$$K(\sigma_x) = \frac{1}{\sigma_x{}^2} \cdot \int\limits_a^\infty (x^2 - ax) \cdot p(x) \, \mathrm{d}x$$

$$K(\sigma_x) = \frac{1}{2} \cdot \left\{ 1 - \operatorname{erf}\left(\frac{a}{\sqrt{2 \cdot \sigma_x}} \right) \right\}. \qquad \text{(XIV.8)}$$

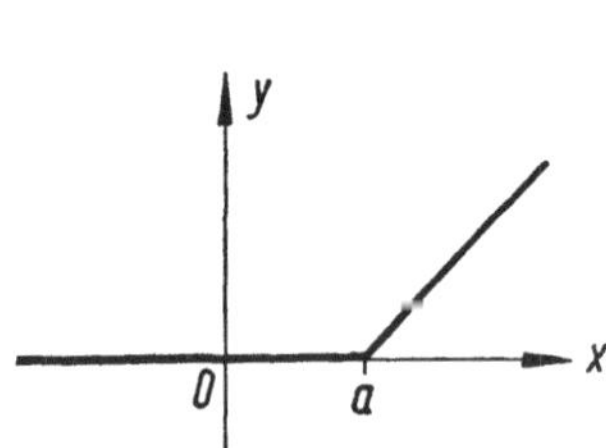

Bild XIV.14. Einseitige tote Zone.

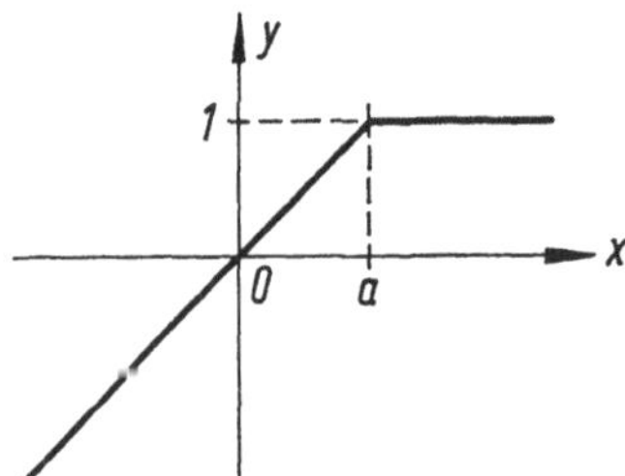

Bild XIV.15. Einseitige Begrenzung.

Kombiniert man nun nach Bild XIV.16 das System mit einseitiger toter Zone mit einem linearen System, das die Verstärkung 1 besitzt, dann ergibt sich ohne nennenswerte zusätzliche Rechnung:

$$f(x)_{\mathrm{e.B.}} = x - f(x)_{\mathrm{e.t.Z.}},$$

$$K(\sigma_x) = \frac{1}{2} \cdot \left\{ 1 + \operatorname{erf}\left(\frac{a}{\sqrt{2 \cdot \sigma_x}} \right) \right\}. \qquad \text{(XIV.9)}$$

Die Verläufe dieser beiden Funktionen sind leicht aus den Werten für die tote Zone und für den Begrenzer zu konstruieren.

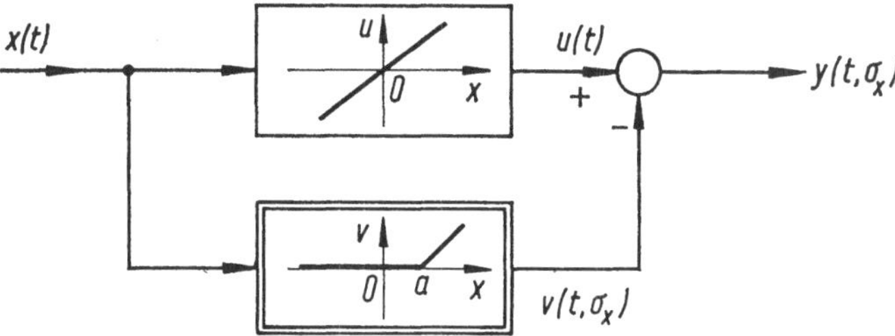

Bild XIV.16. Subtraktionsschaltung zur Erzeugung eines Systems mit einseitiger Begrenzung.

XV. Allgemeinere Approximationsverfahren

1. Erster Ansatz zur Berücksichtigung linearer Mittelwerte

Bei den praktischen Anwendungen kann es vorkommen, daß der lineare Mittelwert der Eingangsgröße eines nichtlinearen Systems nicht gleich Null ist, so daß die zugehörige Verteilungsdichtefunktion — wenn überhaupt — nur noch bezüglich dieses Mittelwertes, nicht aber bezüglich des Nullpunktes symmetrisch ist [37]. Bild XV.1 zeigt die Verhältnisse für zwei Signale mit GAUSSscher

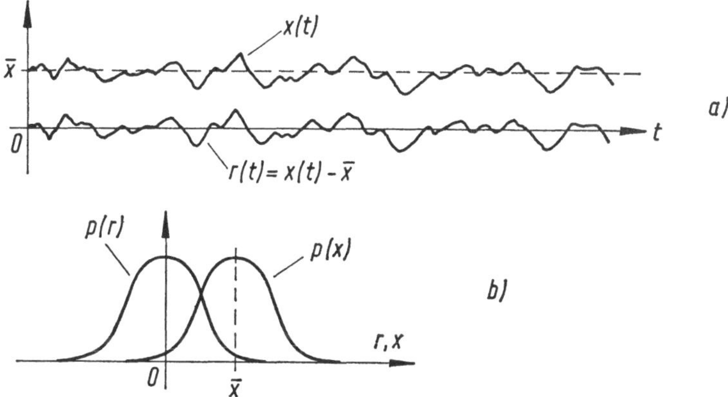

Bild XV.1. Zwei stochastische Signale mit verschiedenen linearen Mittelwerten (a) und die zugehörigen Verteilungsdichtefunktionen (b).

Amplitudenverteilung. Das Eingangssignal $x(t)$ habe den linearen Mittelwert $\bar{x} \neq 0$, und für die anschließende analytische Behandlung soll ein neuer Prozeß

$$r(t) = x(t) - \bar{x}$$

gebildet werden, dessen linearer Mittelwert gleich Null ist, und der die gleiche Streuung besitzt wie $x(t)$:

$$\overline{r(t)} = 0, \quad \sigma_r = \sigma_x.$$

Das lineare Ersatzsystem in Bild XV.2 soll so ausgelegt werden, daß es den stochastischen Vorgang $r(t)$ mit einem Faktor a und den linearen Mittelwert $\bar{x}$ mit einem anderen Faktor b bewertet, was den allgemeinen Eigenschaften von Nichtlinearitäten angemessen ist. Damit wird das Ausgangssignal des linearen Ersatzsystems

$$y_L(t) = a \cdot r(t) + b \cdot \bar{x}. \tag{XV.1}$$

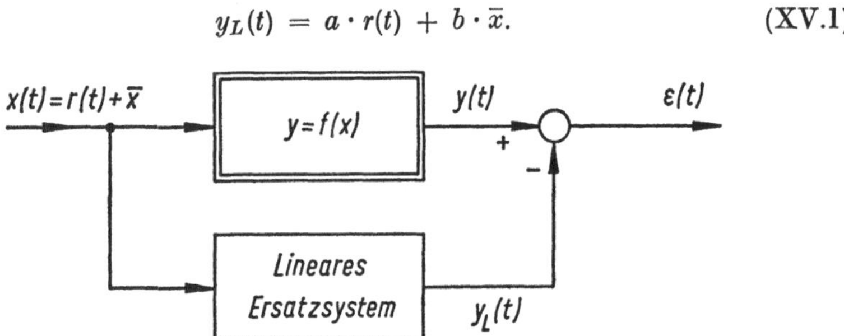

Bild XV.2. Blockschaltbild zur Einführung geeigneter linearer Ersatzkenngrößen zur Definition des Fehlersignals.

Das Fehlersignal wird

$$\varepsilon(t) = y(t) - y_L(t)$$
$$= y(t) - [a \cdot r(t) + b \cdot \bar{x}].$$

Auch bei der Approximation durch das vorliegende lineare Ersatzsystem sollen die Koeffizienten a und b so gewählt werden, daß der quadratische Mittelwert des Fehlersignals ein Minimum wird. Man findet zunächst

$$\varepsilon^2(t) = y^2(t) - 2a \cdot r(t) \cdot y(t) - 2b \cdot \bar{x} \cdot y(t) + a^2 \cdot r^2(t) + 2ab \cdot \bar{x} \cdot r(t) + b^2 \cdot \bar{x}^2$$

und daraus den quadratischen Mittelwert

$$\overline{\varepsilon^2(t)} = \overline{y^2(t)} - 2a \, \overline{r(t) \cdot y(t)} - 2b \cdot \bar{x} \cdot \bar{y} + a^2 \cdot \overline{r^2(t)} + 2ab \cdot \bar{x} \cdot \bar{r} + b^2 \cdot \bar{x}^2.$$

Beachtet man, daß nach Voraussetzung der lineare Mittelwert $\overline{r(t)} = 0$ ist, so wird

$$\overline{r^2(t)} = \sigma_r{}^2.$$

Da der Vorgang $r(t)$ die gleiche Streuung hat wie $w(t)$, wird

$$\overline{r^2(t)} = \sigma_x{}^2,$$

und man findet die partiellen Ableitungen

$$\frac{\partial}{\partial a} \overline{\varepsilon^2(t, a, b)} = 2 \cdot \left\{ a \cdot \sigma_x{}^2 - \overline{r(t) \cdot y(t)} \right\},$$

$$\frac{\partial}{\partial b} \overline{\varepsilon^2(t, a, b)} = 2 \cdot \bar{x} \cdot b \cdot \left\{ \bar{x} - \overline{y(t)} \right\},$$

deren Verschwinden für das Auftreten eines Extremums des quadratischen Mittelwertes notwendig ist. Daraus ergeben sich zwei Bestimmungsgleichungen für die Koeffizienten a und b mit den Lösungen

$$a = \frac{1}{\sigma_x{}^2} \cdot \overline{r(t) \cdot y(t)},$$

$$b = \bar{y} \mid \bar{x}.$$

Zur endgültigen Berechnung von a muß man anstelle von $r(t)$ wieder das ursprünglich gegebene Signal $x(t)$ einführen, dessen Amplitudenverteilung durch die Dichtefunktion $p(x)$ festgelegt ist. Mit $r(t) = x(t) - \bar{x}$ wird

$$a = \frac{1}{\sigma_x{}^2} \cdot \int\limits_{-\infty}^{+\infty} (x - \bar{x}) \cdot f(x) \cdot p(x) \, \mathrm{d}x, \tag{XV.2}$$

$$a = \frac{1}{\sigma_x{}^2} \cdot \int\limits_{-\infty}^{+\infty} x \cdot f(x) \cdot p(x) \, \mathrm{d}x - \frac{\bar{x} \cdot \bar{y}}{\sigma_x{}^2}.$$

Der erste Summand dieses Ergebnisses entspricht genau dem Bildungsgesetz für $K(\sigma_x)$ nach Gleichung (XIII.4), er bezieht sich jedoch nicht mehr auf symmetrisch zu $x = 0$ verlaufende Verteilungsdichtefunktionen mit $\bar{x} = 0$, vgl. Bild XV.1. Zur Vermeidung von Verwechslungen setzen wir daher

$$\frac{1}{\sigma_x{}^2} \cdot \int\limits_{-\infty}^{+\infty} x \cdot f(x) \cdot p(x) \, \mathrm{d}x \equiv K'(\sigma_x),$$

und wir finden als Endergebnisse

$$a = K'(\sigma_x) - \frac{\bar{x} \cdot \bar{y}}{\sigma_x{}^2} \tag{XV.3a}$$

$$b = \bar{y} \mid \bar{x}, \quad \bar{x} \neq 0. \tag{XV.3b}$$

Dabei ist $\bar{y}$ der Ensemble-Mittelwert

$$\bar{y} = \int\limits_{-\infty}^{+\infty} f(x) \cdot p(x) \, \mathrm{d}x.$$

Beachtet man, daß

$$K'(\sigma_x) = \frac{1}{\sigma_x{}^2} \cdot \Phi_{xy}(0) \quad \text{und} \quad \bar{x} \cdot \bar{y} = \Phi_{xy}(\infty),$$

so lassen sich die Ergebnisse auch durch die Korrelationsfunktionen ausdrücken:

$$a = \frac{1}{\sigma_x{}^2} \cdot \{\Phi_{xy}(0) - \Phi_{xy}(\infty)\},$$

$$b = \sqrt{\Phi_{yy}(\infty) \mid \Phi_{xx}(\infty)}.$$

Rückblickend sei festgehalten, daß die von BOOTON eingeführte äquivalente Verstärkung auf dem einfacheren Ansatz

$$y_L(t) \;=\; K \cdot x(t)$$

für verschwindende lineare Mittelwerte beruht. Der Koeffizient nach Gl. (XV.3a) geht für $\bar{x} = 0$ über in

$$a = K(\sigma_x),$$

wobei $K(\sigma_x)$ mit Gleichung (XIII.4) übereinstimmt. Der Koeffizient b kommt in dem BOOTONschen Ansatz nicht vor, die hier gezeigte Verallgemeinerung wurde zuerst von KAZAKOV [37] angegeben.

1.1 Beispiel

Beschickt man einen verzögerungsfreien Zweipunktschalter mit einem GAUSS-schen Eingangssignal, dessen linearer Mittelwert ungleich Null ist (Bild XV.3),

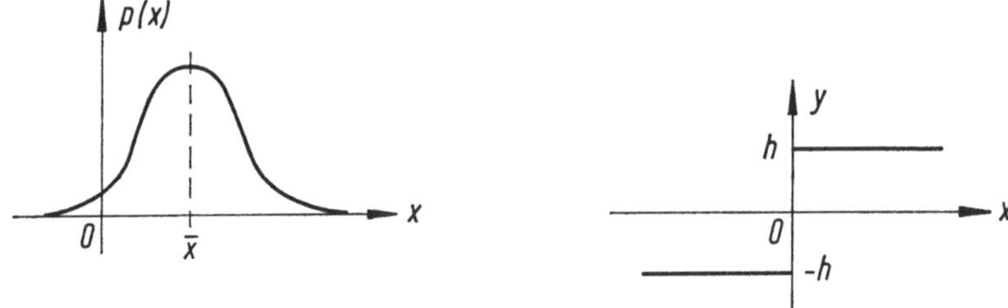

Bild XV.3. GAUSSsche Verteilungsdichtefunktion eines Signals mit $\bar{x} \neq 0$, Kennlinie des beaufschlagten Zweipunktschalters.

so hat auch die Ausgangsgröße einen von Null verschiedenen linearen Mittelwert. Für die Berechnung des Koeffizienten

$$a \;=\; K'(\sigma_x) \;-\; \frac{\bar{x} \cdot \bar{y}}{\sigma_x{}^2}$$

benutzt man die Form (XV.2):

$$a \;=\; \frac{1}{\sigma_x{}^2} \cdot \int\limits_{-\infty}^{+\infty} (x - \bar{x}) \cdot f(x) \cdot p(x) \, \mathrm{d}x$$

$$= -\frac{h}{\sigma_x{}^2} \cdot \int\limits_{-\infty}^{0} \frac{x - \bar{x}}{\sqrt{2\pi} \cdot \sigma_x} \cdot \mathrm{e}^{-\frac{(x-\bar{x})^2}{2\sigma_x{}^2}} \, \mathrm{d}x \;+\; \frac{h}{\sigma_x{}^2} \cdot \int\limits_{0}^{\infty} \frac{x - \bar{x}}{\sqrt{2\pi} \cdot \sigma_x} \cdot \mathrm{e}^{-\frac{(x-\bar{x})^2}{2\sigma_x{}^2}} \, \mathrm{d}x.$$

Mit den Substitutionen $\dfrac{x - \bar{x}}{\sqrt{2} \cdot \sigma_x} \equiv u$, $\dfrac{\bar{x}}{\sqrt{2} \cdot \sigma_x} \equiv \bar{u}$ ergibt sich

$$a \;=\; -\sqrt{\frac{2}{\pi}} \cdot \frac{h}{\sigma_x} \cdot \int\limits_{-\infty}^{\bar{u}} u \cdot \mathrm{e}^{-u^2} \, \mathrm{d}u \;+\; \sqrt{\frac{2}{\pi}} \cdot \frac{h}{\sigma_x} \cdot \int\limits_{-\bar{u}}^{\infty} u \cdot \mathrm{e}^{-u^2} \, \mathrm{d}u.$$

Die beiden Integrale lassen sich leicht auswerten:

$$\int\limits_{-\infty}^{-\bar{u}} u \cdot e^{-u^2}\, du = \frac{1}{2} \cdot \int\limits_{-\infty}^{\bar{u}^2} e^{-v}\, dv = -\frac{1}{2} \cdot e^{-\bar{u}^2},$$

$$\int\limits_{-\bar{u}}^{\infty} u \cdot e^{-u^2}\, du = \frac{1}{2} \cdot \int\limits_{\bar{u}^2}^{\infty} e^{-v}\, dv = \frac{1}{2} \cdot e^{-\bar{u}^2},$$

und man erhält das Endergebnis

$$a = \sqrt{\frac{2}{\pi}} \cdot \frac{h}{\sigma_x} \cdot e^{-\bar{x}^2/2\sigma_x^2},$$

woraus für $\bar{x} = 0$ die Gleichung (XIV.1) von Beispiel 1 in Teil XIV folgt. Die Bestimmung des Koeffizienten

$$b = \frac{\bar{y}}{\bar{x}}$$

beschränkt sich auf die Berechnung des linearen Mittelwertes von $y(t)$, weil $\bar{x}$ vorgegeben ist. Man findet

$$\bar{y} = \frac{h}{\sqrt{\pi}} \cdot \left[-\int\limits_{-\infty}^{0} + \int\limits_{0}^{\infty} \right] \frac{1}{\sqrt{2} \cdot \sigma_x} \cdot e^{-\frac{(x-\bar{x})^2}{2\sigma_x^2}}\, dx,$$

und mit der gleichen Substitution wie bei der Berechnung von a wird

$$\bar{y} = -\frac{h}{\sqrt{\pi}} \cdot \int\limits_{-\infty}^{-\bar{u}} e^{-u^2}\, du + \frac{h}{\sqrt{\pi}} \cdot \int\limits_{-\bar{u}}^{\infty} e^{-u^2}\, du$$

$$= -\frac{h}{\sqrt{\pi}} \cdot \left\{ \int\limits_{-\infty}^{0} e^{-u^2}\, du - \int\limits_{-\bar{u}}^{0} e^{-u^2}\, du \right\} +$$

$$+ \frac{h}{\sqrt{\pi}} \cdot \left\{ \int\limits_{0}^{\infty} e^{-u^2}\, du + \int\limits_{-\bar{u}}^{0} e^{-u^2}\, du \right\}$$

$$= \frac{2h}{\sqrt{\pi}} \cdot \int\limits_{0}^{\bar{u}} e^{-u^2}\, du.$$

Daraus folgt für den linearen Mittelwert des Ausgangssignals

$$\bar{y} = h \cdot \operatorname{erf}\left(\frac{\bar{x}}{\sqrt{2} \cdot \sigma_x} \right),$$

und für den Koeffizienten b:

$$b = \frac{h}{\bar{x}} \cdot \text{erf}\left(\frac{\bar{x}}{\sqrt{2 \cdot \sigma_x}}\right).$$

2. Zweiter Ansatz zur Berücksichtigung linearer Mittelwerte

Ein lineares Ersatzsystem für eine gegebene Nichtlinearität (Bild XV.4) liefere
ein Ausgangssignal

$$z(t) = c \cdot r(t) + b \cdot \bar{x},$$

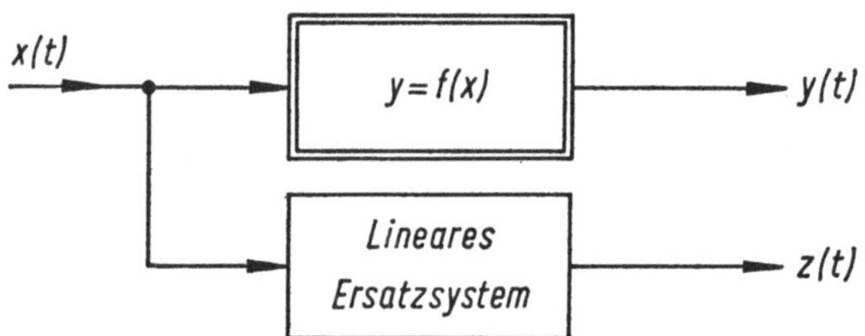

Bild XV.4. Lineares Ersatzsystem mit dem Ausgangssignal $z(t) = c \cdot r(t) + b \cdot \bar{x}$ für ein nichtlineares System
mit der statischen Kennlinie $y = f(x)$.

dessen linearer Mittelwert und Streuung mit den entsprechenden Kennwerten
$\bar{x}$ und σ_x des Eingangssignals $x(t)$ übereinstimmen:

$$\bar{z} = \bar{y}, \quad \sigma_z = \sigma_y.$$

Für die Bestimmung der Koeffizienten c und b sollen die Verhältnisse von
Bild XV.1 beibehalten werden, d. h.

$$r(t) = x(t) - \bar{x}$$

mit $\overline{r(t)} = 0$ und $\sigma_r = \sigma_x$. Damit findet man sofort für den linearen Mittelwert
von $z(t)$

$$\bar{z} = b \cdot \bar{x},$$

also für den Koeffizienten b entsprechend der obigen Forderung:

$$b = \frac{\bar{y}}{\bar{x}}. \tag{XV.4b}$$

Zur Berechnung der Streuung σ_z gehen wir aus von der Verteilungsdichte
$p(x - \bar{x}) = p(r)$ des gegebenen Signals und bestimmen daraus mit Hilfe der
linearen Transformation

$$z = c \cdot (x - \bar{x}) + b \cdot \bar{x} \equiv h(r)$$

mit der Umkehrfunktion

$$r \equiv g(z) = \frac{1}{c} \cdot (z - b \cdot \bar{x})$$

die Verteilungsdichte von $z(t)$:

$$q(z) = p(r) \cdot \frac{1}{\dfrac{\mathrm{d}h}{\mathrm{d}r}} \Bigg|_{r \,=\, g(z)}$$

$$= \frac{1}{c} \cdot p\left(\frac{z - b\bar{x}}{c}\right).$$

Zu dieser Verteilungsdichte gehören der bereits bekannte lineare Mittelwert

$$\bar{z} = b \cdot \bar{x}$$

und der quadratische Mittelwert

$$\sigma_z{}^2 = c^2 \cdot \sigma_x{}^2.$$

Damit ergibt sich aus der Forderung $\sigma_z = \sigma_y$:

$$\sigma_y{}^2 = c^2 \cdot \sigma_x{}^2,$$

und der gesuchte Koeffizient wird

$$c = \pm \frac{\sigma_y}{\sigma_x}, \tag{XV.4a}$$

wobei das positive Vorzeichen dann zu wählen ist, wenn die erste Ableitung $\dfrac{\mathrm{d}}{\mathrm{d}x} f(x) > 0$ ist, und das negative für $\dfrac{\mathrm{d}}{\mathrm{d}x} f(x) < 0$.

Für die approximierende lineare Darstellung erhält man also

$$z(t) = \pm \frac{\sigma_y}{\sigma_x} \cdot r(t) + \bar{y}$$

mit den Ensemble-Mittelwerten

$$\sigma_y{}^2 = \overline{y^2} - \bar{y}^2,$$

$$\sigma_y = \sqrt{\int\limits_{-\infty}^{+\infty} f^2(x) \cdot p(x)\, \mathrm{d}x - \bar{y}^2}.$$

2.1 Beispiel

Um einen Vergleich mit dem Näherungsansatz nach Gleichung (XV.1) zu ermöglichen, soll wieder ein verzögerungsfreier Zweipunktschalter untersucht werden, dessen Eingangssignal eine Gausssche Verteilungsdichte mit dem linearen Mittelwert $\bar{x}$ besitzen möge, vgl. Bild XV.3. Für den Koeffizienten b erhält man das gleiche Ergebnis wie bei dem Ansatz (XV.1), und den Koeffizienten $c = \sigma_y / \sigma_x$ findet man nach einer verhaltnismäßig einfachen Rechnung:

$$\sigma_y{}^2 = \overline{y^2} - \bar{y}^2,$$

$$\overline{y^2} = \int\limits_{-\infty}^{+\infty} f^2(x) \cdot p(x)\, \mathrm{d}x$$

$$= h^2 \cdot \int\limits_{-\infty}^{+\infty} p(x)\, \mathrm{d}x = h^2,$$

$$\bar{y} = h \cdot \mathrm{erf}\left(\frac{\bar{x}}{\sqrt{2}\cdot\sigma_x}\right)$$

wie in Abschnitt 1.1 dieses Teiles. Daraus folgt

$$\sigma_y{}^2 = h^2 \cdot \left\{1 - \mathrm{erf}\left(\frac{\bar{x}}{\sqrt{2}\cdot\sigma_x}\right)\right\},$$

$$c = \frac{h}{\sigma_x} \cdot \sqrt{1 - \mathrm{erf}\left(\frac{\bar{x}}{\sqrt{2}\cdot\sigma_x}\right)}.$$

3. Andere Approximationen

In der einschlägigen Literatur sind noch andere Vorschläge zur linearen
Approximation der Eigenschaften nichtlinearer Systeme bekannt geworden,
und nur der Vollständigkeit halber sollen diese hier noch genannt werden.
Bezeichnet man die Ausgangsgröße des nichtlinearen Systems mit $y(t)$ und
diejenige des linearen Ersatzsystems mit $z(t)$, so lauten diese Kriterien:

a) $\overline{z^2(t)} = \overline{y^2(t)}$,　　　Gleichheit der quadratischen Mittelwerte [38]

b) $\Phi_{zz}(\tau) = \Phi_{yy}(\tau)$,　　Gleichheit der Autokorrelationsfunktionen [39]

c) $\overline{z^2(t)} = M^2 \cdot \overline{x^2(t)}$　　　mit $M^2 = \dfrac{1}{\overline{x^2(t)}} \cdot \int\limits_{-\infty}^{+\infty} y^2(x) \cdot p(x)\, \mathrm{d}x$ [40].

Welchen dieser Definitionen man den Vorzug geben soll, kann man nur am
konkreten Einzelfall entscheiden. Am weitesten verbreitet ist bis heute der
BOOTONsche Ansatz, wohl nicht zuletzt deshalb, weil er von der gedanklichen
Konzeption her in engstem Zusammenhang mit der Beschreibungsfunktion
für sinusförmige Signale steht und diese als Sonderfall einschließt. Darüber
hinaus besteht ein tiefergehender Zusammenhang zur Optimalfiltertheorie von
WIENER, siehe Teil XVI. Die Berücksichtigung linearer Mittelwerte führt auf
eine ganz erhebliche Vermehrung des formalen Rechenaufwandes.

4. Verzögerungsbehaftete Nichtlinearitäten

Solange die nichtlinearen Systeme keine nichtisolierbaren Speicherelemente
enthalten, kann man sie durch nichtlineare Gleichungen der Form $y = f(x)$
kennzeichnen. Wenn jedoch *dynamische Verzögerungen* auftreten, so hängt das

Ausgangssignal nicht nur von $x(t)$, sondern im allgemeinen noch von mehreren Ableitungen von $x(t)$ nach der Zeit ab. In diesem Fall tritt an die Stelle einer *Gleichung* zur Kennzeichnung des Systemverhaltens eine nichtlineare *Differentialgleichung* der Form

$$y = F(x, \dot{x}, \ddot{x}, \ldots).$$

Wenn keine Hoffnung auf eine direkte Lösung der Differentialgleichung besteht, so muß man zunächst wieder die Frage stellen, ob man sich mit einer Näherungslösung begnügen kann und wie genau diese Näherung sein muß. Um die folgenden Gedankengänge, die als eine Vorbereitung zur Beschreibung eines nichtlinearen Systems durch ein lineares WIENERsches *Optimalfilter* darstellen, nicht unnötig zu erschweren, beschränken wir uns auf nichtlineare Differentialgleichungen der Form

$$y = f(x, \dot{x}),$$

die eine große Vielfalt der in der Praxis vorkommenden Nichtlinearitäten erfassen. Wir vollziehen zunächst den Übergang zu einer solchen funktionalen Abhängigkeit anhand des Beispiels der Hysterese, deren statische Kennlinie eine „verborgene" Abhängigkeit von $\dot{x}$ enthält, aber noch nicht zu einer frequenzabhängigen Beschreibungsfunktion führt. Nach einer knappen Diskussion der harmonischen Balance für „dynamische Nichtlinearitäten" bzw. für Systeme mit mehrdeutiger Kennlinie erfolgt eine Übertragung der Grundgedanken auf stochastische Signale, womit dann die Überlegungen zur WIENERschen Theorie hinreichend vorbereitet sind.

Zur Hysterese-Kennlinie

Wir haben bisher die Kennlinie der Hysterese als statisch angesehen und sie durch eine nicht mehr eindeutige Funktion $y = f(x)$ beschrieben. Bei einer genauen Interpretation dieser Funktion stellt sich jedoch heraus, daß sie implizit noch von dem Vorzeichen der ersten zeitlichen Ableitung $\dot{x}(t)$ abhängt, vgl. Bild XV.5:

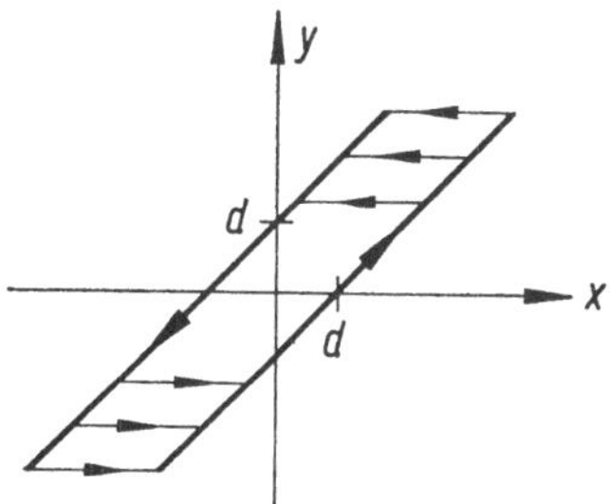

Bild XV.5. Kennlinie eines Systems mit Lose-Verhalten.

$$f(x) = \begin{cases} \text{const.} & \text{für} & |x - y| < d \\ x - d & \text{für} & \dot{x} > 0 \\ x + d & \text{für} & \dot{x} < 0 \end{cases} \quad \text{und } |x - y| \text{ nicht} < d$$

oder für die beiden unteren Zeilen

$$f(x) = x - d \cdot \operatorname{sgn} \dot{x}.$$

Damit fällt diese Funktion bereits als Sonderfall in die allgemeinere Gruppe der Differentialgleichungen für dynamische Nichtlinearitäten:

$$y = f(x, \dot{x}), \tag{XV.5}$$

aber im Fall der Hysterese ergibt sich noch keine Frequenzabhängigkeit.

4.1 Harmonische Balance

Eine Einbeziehung der dynamischen Nichtlinearitäten kann man mit dem Verfahren der harmonischen Balance nach KRYLOW und BOGOLJUBOW vornehmen, indem man die Differentialgleichung (XV.5) durch den linearen Ausdruck

$$y_L = \alpha \cdot x + \beta \cdot \dot{x} \qquad\qquad\qquad \text{(XV.6)}$$

ersetzt.

Man erhält dann, wie im folgenden gezeigt werden wird, den gleichen linearisierenden Ansatz wie für mehrdeutige Funktionen $y = f(x)$, die noch eine versteckte Abhängigkeit von $\dot{x}$ besitzen wie im geschilderten Fall der Hysterese. Für eine harmonische Eingangsschwingung der Form

$$x(t) = x_0 \cdot \sin \omega t$$

wird

$$\dot{x}(t) = x_0 \cdot \omega \cdot \cos \omega t,$$

und der lineare Ansatz lautet:

$$f(x, \dot{x}) \approx \alpha(x_0, \omega) \cdot x(t) + \beta(x_0, \omega) \cdot \dot{x}(t)$$

oder

$$y_L(t) = \alpha \cdot x_0 \cdot \sin \omega t + \beta \cdot x_0 \cdot \omega \cdot \cos \omega t.$$

Ein Vergleich mit der linearen Approximation in Teil XI.4,

$$y_L(t) = a_1 \cdot \sin \omega t + b_1 \cdot \cos \omega t$$

für Systeme mit mehrdeutiger Kennlinie zeigt die Zusammenhänge

$$\alpha = \frac{a_1}{x_0} = U \quad \text{und} \quad \beta = \frac{1}{\omega} \cdot \frac{b_1}{x_0} = \frac{1}{\omega} \cdot V,$$

so daß der lineare Ansatz (XV.6) die Form

$$y_L(t) = U \cdot x(t) + \frac{V}{\omega} \cdot \dot{x}(t) \qquad\qquad\qquad \text{(XV.7)}$$

annimmt. Für statische Nichtlinearitäten mit mehrdeutiger Kennlinie werden die Koeffizienten

$$U(x_0) = \frac{\omega}{\pi x_0} \cdot \int_0^{2\pi/\omega} f(x) \cdot \sin \omega t \, \mathrm{d}t,$$

$$V(x_0) = \frac{\omega}{\pi x_0} \cdot \int_0^{2\pi/\omega} f(x) \cdot \cos \omega t \, \mathrm{d}t,$$

während in dem allgemeineren Fall der dynamischen Nichtlinearitäten die Koeffizienten U und V außer von x_0 auch noch von ω abhängen:

$$U(x_0, \omega) = \frac{\omega}{\pi x_0} \cdot \int_0^{2\pi/\omega} f(x, \dot{x}) \cdot \sin \omega t \, \mathrm{d}t \qquad \text{(XV.8a)}$$

$$V(x_0, \omega) = \frac{\omega}{\pi x_0} \cdot \int_0^{2\pi/\omega} f(x, \dot{x}) \cdot \cos \omega t \, \mathrm{d}t \qquad \text{(XV.8b)}$$

mit

$$f(x, \dot{x}) = f(x_0 \sin \omega t, \, x_0 \omega \cos \omega t).$$

Der Ansatz (XV.7) der harmonischen Balance führt also auf die Darstellung

$$y(t) \approx x_0 \cdot \{U(x_0, \omega) \cdot \sin \omega t + V(x_0, \omega) \cdot \cos \omega t\},$$

die identisch ist mit dem Ansatz zur Gewinnung der Komponenten U und V der komplexen, frequenzabhängigen Beschreibungsfunktion

$$N(x_0, i\omega) = U(x_0, \omega) + i \cdot V(x_0, \omega). \qquad \text{(XV.9)}$$

Bei Beschränkung auf nichtlineare Systeme mit einer Differentialgleichung der Form

$$y = f(x, \dot{x})$$

führt also die harmonische Balance nicht weiter als die komplexe Beschreibungsfunktion, und der Übergang zu frequenzabhängigen Systemen spiegelt sich in den für beide Approximationen maßgebenden Funktionen $U(x_0, \omega)$ und $V(x_0, \omega)$ wider. Die *größere Tragweite der harmonischen Balance* äußert sich erst beim Auftreten höherer Ableitungen von $x(t)$ nach der Zeit. So kann man für eine dynamische Nichtlinearität mit der Differentialgleichung

$$y = f(x, \dot{x}) + g(\ddot{x})$$

durch sinngemäße Erweiterung des Verfahrens aus dem Ansatz

$$y_L(t) = \alpha \cdot x(t) + \beta \cdot \dot{x}(t) + \gamma \cdot \ddot{x}(t)$$

die Form

$$y_L(t) = U \cdot x(t) + \frac{V}{\omega} \cdot \dot{x}(t) + \frac{W}{\omega^2} \cdot \ddot{x}(t)$$

bilden, wobei

$$W(x_0, \omega) = -\frac{4\omega}{\pi x_0} \cdot \int_0^{2\pi/\omega} g(\ddot{x}) \cdot \sin \omega t \, \mathrm{d}t$$

wird, mit

$$\ddot{x}(t) = -x_0 \cdot \omega^2 \cdot \sin \omega t,$$

für eindeutige ungerade Funktionen $g(\ddot{x})$. Natürlich kann man sich auch darauf beschränken, nur für die Funktion $f(x, \dot{x})$ die bekannte lineare Näherung in die Differentialgleichung einzuführen [18], [67].

14 Schlitt, Regelungstechnik

Wenn man statische Nichtlinearitäten mit *mehrdeutiger* Kennlinie (wie Hysterese) behandelt, die man durch einen Ausdruck

$$y = f(x, \dot{x})$$

beschreiben kann, ohne daß eine Frequenzabhängigkeit vorliegt, dann sind auch der Realteil $U(x_0)$ und der Imaginärteil $V(x_0)$ der komplexen Beschreibungsfunktion frequenzunabhängige Größen. Im Gegensatz dazu täuscht die Berechnung des Koeffizienten

$$\beta = \frac{1}{\omega} \cdot V(x_0)$$

in dem Ansatz

$$y(t) \approx \alpha \cdot x(t) + \beta \cdot \dot{x}(t)$$

der harmonischen Balance eine Frequenzabhängigkeit vor, die in Wirklichkeit gar nicht vorhanden ist, denn nach Einsetzen von $\dot{x}(t) = x_0 \omega \cos \omega t$ hebt sich ω wieder heraus. Man beachte hier noch einmal, daß alle genannten Zusammenhänge *nur für sinusförmige Erregung* der Nichtlinearitäten richtig sind. Zum Abschluß sei bemerkt, daß der Ansatz (XV.6) auch den Sonderfall der Approximation einer Funktion

$$y = f(x, \dot{x})$$

durch zwei lineare Glieder einer TAYLOR-Entwicklung enthält:

$$y(t) \approx a \cdot x(t) + b \cdot \dot{x}(t)$$

mit

$$a = \frac{\partial}{\partial x} f(x, \dot{x}), \quad b = \frac{\partial}{\partial \dot{x}} f(x, \dot{x}),$$

und anstelle einer Beschreibungsfunktion ergibt sich eine Art Ersatzfrequenzgang

$$N(i\omega) = a + i\omega b,$$

der nicht von der Amplitude, sondern nur von der Frequenz des Eingangssignals abhängt [67]. Für $b = 0$ ergibt sich der einfachste Fall einer Approximation durch eine Gerade:

$$y(t) \approx a \cdot x(t).$$

Die Koeffizienten α und β der harmonischen Balance haben mit $\omega t = \varphi$ die Form

$$\alpha(f) = \frac{1}{\pi x_0} \cdot \int_0^{2\pi} f(x_0 \cdot \sin \varphi) \cdot \sin \varphi \, d\varphi,$$

$$\beta(f) = \frac{1}{\pi x_0} \cdot \int_0^{2\pi} f(x_0 \cdot \sin \varphi) \cdot \cos \varphi \, d\varphi.$$

Durch partielle Integration erhält man

$$\alpha(f) \;=\; \frac{1}{\pi x_0} \cdot \int\limits_0^{2\pi} f'(x)\cdot x_0 \cdot \cos\psi \cdot \cos\psi \; d\psi$$

$$= \; \omega \cdot \beta\,\{f'(x)\cdot x_0 \cdot \cos\psi\},$$

und entsprechend [46]

$$\beta(f) \;=\; -\,\frac{1}{\pi x_0\,\omega} \cdot \int\limits_0^{2\pi} f'(x)\cdot x_0 \cdot \cos\psi \cdot \sin\psi \; d\psi$$

$$= \; -\,\frac{1}{\omega} \cdot \alpha\,\{f'(x)\cdot x_0 \cdot \cos\psi\}.$$

Da $x_0 \cdot \cos\psi$ das zu $x_0 \cdot \sin\psi$ orthogonale Signal $x^0(t)$ ist, erhält man die Zuordnungen

$$\alpha(f) \;=\; \omega \cdot \beta\,\{x^0 \cdot f'(x)\},$$

$$\beta(f) \;=\; -\,\frac{1}{\omega} \cdot \alpha\,\{x^0 \cdot f'(x)\}.$$

Für gerade Funktionen $f(x)$ wird $\alpha(f) = 0$, für eindeutige Funktionen wird $\beta(f) = 0$. Da der Imaginärteil $V(x_0)$ der Beschreibungsfunktion über die Beziehung

$$V(x_0) \;=\; -\,\frac{1}{\pi x_0{}^2} \cdot \widehat{F}$$

mit der von der mehrdeutigen Kennlinie umschlossenen Fläche zusammenhängt (vgl. Teil XI.3.2), wird

$$\beta(x_0) \;=\; -\,\frac{1}{\pi x_0{}^2 \omega} \cdot \widehat{F}.$$

Werden die Kennlinien in entgegengesetzter Richtung durchlaufen, dann kehrt sich das Vorzeichen von V und β um. Bei eindeutigen Kennlinien ist die Fläche Null, also auch V und β. Die Tafel XV.1 zeigt noch einmal eine übersichtliche Darstellung der wichtigsten hier behandelten Zusammenhänge.

Beispiele:

a) Gegeben seien die Differentialgleichung eines schwingungsfähigen Gebildes und eine nichtlineare Störfunktion:

$$\ddot{x}(t) \,+\, 2D\omega_0 \cdot \dot{x}(t) \,+\, \omega_0{}^2 \cdot x(t) \;=\; h \cdot \operatorname{sgn} \dot{x}(t).$$

Dem Leser sei zur Übung eine physikalische Deutung empfohlen. Der Ansatz für die Beschreibungsfunktion oder für die harmonische Balance ergibt

$$h \cdot \operatorname{sgn} \dot{x}(t) \;\approx\; \frac{4h}{\pi x_0} \cdot \dot{x}(t).$$

14*

Tafel XV.1

Harmonische Balance   **Beschreibungsfunktion**

Differentialgleichung:
$$y = f(x, \dot{x}) + g(\ddot{x}) + \cdots$$

Ansatz:
$$y(t) \approx \alpha(x_0, \omega) \cdot x(t) + \beta(x_0, \omega) \cdot \dot{x}(t) + \gamma(x_0, \omega) \cdot \ddot{x}(t) + \cdots$$
$$\approx U(x_0, \omega) \cdot x(t) + \frac{V(x_0, \omega)}{\omega} \cdot \dot{x}(t) + \frac{W(x_0, \omega)}{\omega^2} \cdot \ddot{x}(t) + \cdots$$

Differentialgleichung:

Sonderfall: $y = f(x, \dot{x})$ oder mehrdeutige Funktion $y = f(x)$ $\longrightarrow$ $y = f(x, \dot{x})$ oder mehrdeutige Funktion $y = f(x)$
$$y(t) \approx U(x_0, \omega) \cdot x(t) + \frac{V(x_0, \omega)}{\omega} \cdot \dot{x}(t)$$

Ansatz:

$$\approx x_0 \cdot \{U(x_0, \omega) \sin \omega t + V(x_0, \omega) \cos \omega t\} \longrightarrow y(t) \approx x_0 \cdot \{U(x_0, \omega) \sin \omega t + V(x_0, \omega) \cos \omega t\}$$

Ansatz:
$$y(t) = a \cdot x(t) + b \cdot \dot{x}(t)$$
$$\text{mit } a = \frac{\partial}{\partial x} f(x, \dot{x})\Big|_0, \ b = \frac{\partial}{\partial \dot{x}} f(x, \dot{x})\Big|_0$$

Beschreibungsfunktion:
$$N(x_0, i\omega) = U(x_0, \omega) + i \cdot V(x_0, \omega)$$
$$= |N(x_0, i\omega)| \cdot e^{i\varphi(\omega)}$$
$$\text{mit } \ |N| = \sqrt{U^2 + V^2}, \ \varphi = \arctan \frac{V}{U}.$$

Ersatz-Frequenzgang:
$$N(i\omega) = a + i\omega b,$$
(a und b weder von x_0 noch von ω abhängig)

Für beide Verfahren gilt: *bei Frequenzunabhängigkeit:*

$$U(x_0, \omega) = \frac{1}{x_0} \cdot \frac{\omega}{\pi} \cdot \int_0^{2\pi/\omega} f(x, \dot{x}) \cdot \sin \omega t \, dt \longrightarrow U(x_0)$$

$$W(x_0, \omega) = -\frac{1}{x_0} \cdot \frac{4\omega}{\pi} \cdot \int_0^{2\pi/\omega} g(\ddot{x}) \sin \omega t \, dt \qquad V(x_0, \omega) = \frac{1}{x_0} \cdot \frac{\omega}{\pi} \cdot \int_0^{2\pi/\omega} f(x, \dot{x}) \cdot \cos \omega t \, d\omega \longrightarrow V(x_0)$$

(g ungerade und eindeutig) $\qquad\qquad = 0 \quad$ bei eindeutiger Kennlinie für ein sinusförmiges Eingangssignal mit der Amplitude x_0. Mit dieser Näherung erhält die Differentialgleichung die Gestalt

$$\ddot{x}(t) + 2 \cdot \left(D\omega_0 - \frac{2h}{\pi x_0} \right) \cdot \dot{x}(t) + \omega_0{}^2 \cdot x(t) = 0.$$

Daraus folgt, daß ungedämpfte Schwingungen nur für den Fall

$$D\omega_0 - \frac{2h}{\pi x_0} = 0$$

auftreten können, und zu der Näherungslösung gehört die Amplitude

$$x_0 = \frac{2}{\pi} \cdot \frac{h}{D\omega_0}.$$

b) Wir betrachten ein aperiodisches System mit nichtlinearer Erregung,

$$T \cdot \ddot{x}(t) + \dot{x}(t) = - f(x, \dot{x}),$$

wobei $f(x, \dot{x})$ die Dimension einer Geschwindigkeit hat und eine statische Hysteresekennlinie wie in Bild XII.18 beschreibt. Nach Gleichung (XII.10b) lautet die Beschreibungsfunktion

$$N(x_0) = \frac{4h}{\pi x_0} \cdot \left\{ \sqrt{1 - \left(\frac{d}{2x_0} \right)^2} - i \cdot \frac{d}{2x_0} \right\},$$

und die Differentialgleichung geht über in

$$T \cdot (i\omega)^2 + i\omega = - \frac{4h}{\pi x_0} \cdot \left\{ \sqrt{1 - \left(\frac{d}{2x_0} \right)^2} - i \cdot \frac{d}{2x_0} \right\}$$

oder

$$(i\omega)^2 + \underbrace{\frac{1}{T} \cdot \left[1 - \frac{2hd}{\pi x_0{}^2 \omega} \right] \cdot i\omega}_{2D\omega_0} + \underbrace{\frac{4h}{\pi x_0 T} \cdot \sqrt{1 - \left(\frac{d}{2x_0} \right)^2}}_{\omega_0{}^2} = 0,$$

und daraus kann man die Kreisfrequenz der Schwingung entnehmen:

$$\omega_0 = 2 \cdot \sqrt{\frac{h}{\pi x_0 T}} \cdot \left[1 - \left(\frac{d}{2x_0} \right)^2 \right]^{\frac{1}{4}}.$$

Ungedämpfte Schwingungen treten auf, wenn $2D\omega_0 = 0$ ist, also

$$1 - \frac{2hd}{\pi x_0{}^2 \omega_0} = 0,$$

und in Verbindung mit dem Ausdruck für $\omega_0{}^2$ findet man einen Zusammenhang zwischen d und x_0 [46].

Der Ansatz der harmonischen Balance

$$f(x, \dot{x}) \approx \alpha \cdot x(t) + \beta \cdot \dot{x}(t)$$

führt auf die Koeffizienten

$$\underbrace{\alpha = \frac{4h}{\pi x_0} \cdot \sqrt{1 - \left(\frac{d}{2x_0}\right)^2}}_{U(x_0)}, \quad \underbrace{\beta = -\frac{2hd}{\pi x_0{}^2 \omega}}_{\dfrac{V(x_0)}{\omega}},$$

und die Differentialgleichung erhält die Form

$$\ddot{x}(t) + \frac{1}{T} \cdot \left\{1 - \frac{2hd}{\pi x_0{}^2 \omega}\right\} \cdot \dot{x}(t) + \frac{4h}{\pi x_0} \cdot \sqrt{1 - \left(\frac{d}{2x_0}\right)^2} \cdot x(t) = 0.$$

Für $\tilde{x}(t) = x_0 \cdot e^{i\omega t}$ ergibt sich im Frequenzbereich die gleiche Form wie vorher mit der Beschreibungsfunktion.

4.2 Stochastische Eingangssignale

Man kann den Ansatz

$$y_L(t) = a \cdot x(t) + b \cdot \dot{x}(t)$$

der harmonischen Balance zur Linearisierung einer durch

$$y(t) = f[x(t), \dot{x}(t)]$$

beschriebenen dynamischen Kennlinie auf stationäre stochastische Eingangssignale übertragen. Dazu berechnet man das Minimum des mittleren quadratischen Fehlers

$$\overline{\varepsilon^2(t, a, b)} = \overline{\{y_L(t) - f[x(t), \dot{x}(t)]\}^2}$$

$$= \overline{\{a \cdot x(t) + b \cdot \dot{x}(t) - y(t)\}^2}$$

in Abhängigkeit von den Koeffizienten a und b. Die beiden notwendigen Bedingungen

$$\frac{\partial}{\partial a} \overline{\varepsilon^2(t, a, b)} = 0 \quad \text{und} \quad \frac{\partial}{\partial b} \overline{\varepsilon^2(t, a, b)} = 0$$

führen auf die linearen Bestimmungsgleichungen

$$a \cdot \overline{\dot{x}^2} + b \,\overline{x\dot{x}} = \overline{x \cdot f(x, \dot{x})}$$

$$a \cdot \overline{x\dot{x}} + b \cdot \overline{\dot{x}^2} = \overline{\dot{x} \cdot f(x, \dot{x})}$$

für a und b. Bringt man die auftretenden Zeitmittelwerte auf die Formen

$$\overline{x(t) \cdot \dot{x}(t)} = \Phi_{x\dot{x}}(0) = \Phi'_{xx}(0),$$

$$\overline{\dot{x}^2(t)} = \Phi_{\dot{x}\dot{x}}(0) = -\Phi''_{xx}(0),$$

$$\overline{x \cdot f(x, \dot{x})} = \Phi_{xy}(0),$$

$$\overline{\dot{x} \cdot f(x, \dot{x})} = \Phi_{\dot{x}y}(0) = \Phi'_{xy}(0),$$

wobei die senkrechten Striche die Ableitungen nach τ bedeuten, dann erhält man:

$$a = \frac{1}{\overline{x^2}} \cdot [\Phi_{xy}(0) - b \cdot \Phi'_{xx}(0)], \qquad \text{(XV.10a)}$$

$$b = \frac{\Phi'_{xx}(0) \cdot \Phi_{xy}(0) - \overline{x^2} \cdot \Phi'_{xy}(0)}{\Phi'^2_{xx}(0) + \overline{x^2} \cdot \Phi''_{xx}(0)}. \qquad \text{(XV.10b)}$$

Wie zu erwarten war, hängen die Koeffizienten des linearen Ansatzes von der Autokorrelationsfunktion des Eingangssignals und von den Kreuzkorrelationsfunktionen Φ_{xy} und $\Phi_{\dot{x}y}$ ab, und zwar jeweils nur von den Werten für $\tau = 0$. Man kann leicht nachweisen, daß die Ausdrücke (XV.10a) und (XV.10b) den Sonderfall der harmonischen Balance für sinusförmige Signale einschließen. Für die Zwischengrößen findet man bei einem Eingangssignal der Form $x(t) = x_0 \cdot \sin \omega t$:

$$\Phi_{xx}(\tau) = \frac{x_0^2}{2} \cos \omega \tau, \quad \Phi_{xx}(0) = \frac{x_0^2}{2}$$

$$\Phi'_{xx}(\tau) = -\frac{x_0^2}{2} \cdot \omega \cdot \sin \omega \tau, \quad \Phi'_{xx}(0) = 0$$

$$\Phi''_{xx}(\tau) = -\frac{x_0^2}{2} \cdot \omega^2 \cdot \cos \omega \tau, \quad \Phi''_{xx}(0) = -\frac{x_0^2}{2} \cdot \omega^2$$

$$\Phi_{xy}(0) = \frac{x_0}{2T} \cdot \int_{-T}^{+T} f[x(t), \dot{x}(t)] \cdot \sin \omega t \, dt$$

$$= \frac{x_0^2}{2} \cdot \frac{\omega}{\pi x_0} \cdot \int_{0}^{2\pi/\omega} f(x, \dot{x}) \cdot \sin \omega t \, dt$$

$$= \frac{x_0^2}{2} \cdot U(x_0, \omega), \quad \text{nach Gl. (XV.8a)},$$

$$\Phi'_{xy}(0) = \frac{x_0 \omega}{2T} \cdot \int_{-T}^{+T} f(x, \dot{x}) \cdot \cos \omega t \, dt$$

$$= \frac{x_0^2}{2} \cdot \omega \cdot V(x_0, \omega), \quad \text{nach Gl. (XV.8b)}.$$

Mit diesen Zwischenergebnissen wird

$$a = U(x_0, \omega), \quad b = \frac{1}{\omega} \cdot V(x_0, \omega),$$

in Übereinstimmung mit den Koeffizienten des Ansatzes (XV.7).

Die Gleichungen (XV.10a) und (XV.10b) beinhalten außerdem den Sonderfall
rein statischer Nichtlinearitäten. Dabei wird der Koeffizient $b = 0$, und aus
Formel (XV.10a) ergibt sich die bekannte äquivalente Verstärkung

$$a = \frac{1}{\overline{x^2}} \cdot \Phi_{xy}(0) = K(\sigma_x).$$

Das gleiche gilt auch für sinusförmige Anregung, wobei man dann die Beschreibungsfunktionen erhält. Der Wert der komplizierten Koeffizienten a
und b nach den Gleichungen (XV.10a und b) liegt weniger in einer praktischen
Rechenvorschrift, da die beteiligten Nullwerte der verschiedenen Korrelationsfunktionen nicht einfach zu gewinnen sind; die Bedeutung dieser Gleichungen
soll vielmehr im Zusammenhang mit den theoretischen Querverbindungen
gesehen werden.

4.3 Anwendung der Ergebnisse auf Differentialgleichungen

Wenn die Koeffizienten a und b für die statistische Linearisierung bekannt
sind, kann man die in Teil VIII.1 entwickelten Verfahren ansetzen, um die
linearisierten Differentialgleichungen für die Zeitfunktionen in die entsprechenden Differentialgleichungen für die Korrelationsfunktionen zu verwandeln.
Man verallgemeinert zunächst den für statische Nichtlinearitäten üblichen
Ansatz

$$y(t) = K \cdot x(t) + v(t)$$

zu der neuen Form

$$y(t) = a \cdot x(t) + b \cdot \dot{x}(t) + v(t), \qquad \text{(XV.11)}$$

nach welcher sich das vollständige Ausgangssignal $y(t)$ des nichtlinearen
Systems aus einem linearen Anteil

$$y_L(t) = a \cdot x(t) + b \cdot \dot{x}(t)$$

und einem Verzerrungsanteil $v(t)$ zusammensetzt. Aus der Differentialgleichung
(XV.11) ergibt sich nach den Verfahren von Teil VIII.1 sofort die *modifizierte
Differentialgleichung*

$$\Phi_{xy}(\tau) = a \cdot \Phi_{xx}(\tau) + b \cdot \Psi_{x\dot{x}}(\tau)$$

$$= a \cdot \Phi_{xx}(\tau) + b \cdot \frac{d}{d\tau}\Phi_{xx}(\tau),$$

wobei die Kreuzkorrelationsfunktion $\Phi_{xv}(\tau)$ wieder für alle τ verschwindet, weil
der Verzerrungsanteil $v(t)$ nicht mit dem Eingangssignal linear korreliert ist.
Bild XV.6 erläutert noch einmal die einzelnen Signalkomponenten.

Die modifizierte Differentialgleichung für die Korrelationsfunktionen enthält
wieder den Sonderfall der statischen Nichtlinearitäten für $b = 0$:

$$\Phi_{xy}(\tau) = a \cdot \Phi_{xx}(\tau).$$
$$\downarrow$$
$$K$$

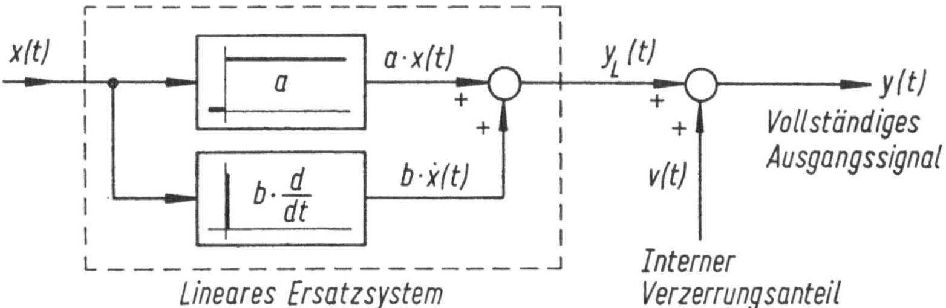

Bild XV.6. Blockschaltbild für die Zuordnung der Signale, die bei der statistischen Linearisierung vorkommen.

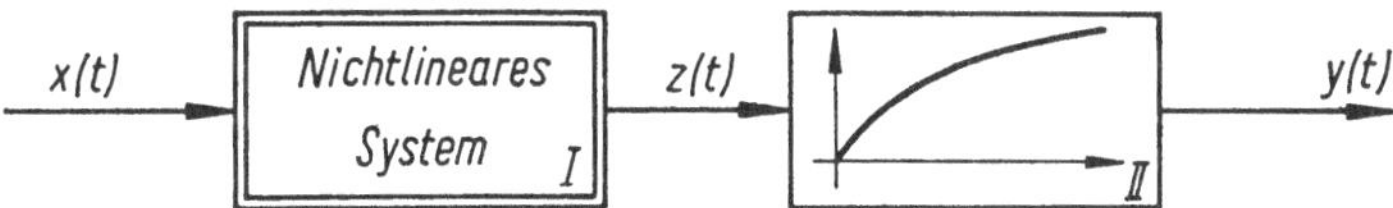

Bild XV.7. Beispiel für die Behandlung einer Serienschaltung nichtlinearer und linearer Systeme durch modifizierte Differentialgleichungen.

Wir wenden die Ergebnisse auf die Verhältnisse von Bild XV.7 an, wo ein Eingangssignal $x(t)$ nach einer nichtlinearen Verformung durch das System I auf ein lineares System II mit Verzögerung erster Ordnung einwirkt. Im Falle einer statischen Nichtlinearität werden die Systeme durch

$$a_1 \cdot \ddot{y}(t) + a_0 \cdot y(t) = z(t)$$

$$\text{und} \quad z(t) = f[x(t)]$$

beschrieben. Man findet sofort durch Mittelwertbildung:

$$a_1 \cdot \Phi'_{xy}(\tau) + a_0 \cdot \Phi_{xy}(\tau) = \Phi_{xz}(\tau)$$

$$\text{mit} \quad \Phi_{xz}(\tau) = K(\sigma_x) \cdot \Phi_{xx}(\tau),$$

folglich lautet die linearisierte Differentialgleichung bei stochastischer Anregung:

$$a_1 \cdot \Phi'_{xy}(\tau) + a_0 \cdot \Phi_{xy}(\tau) = K(\sigma_x) \cdot \Phi_{xx}(\tau).$$

Wenn das nichtlineare System durch die Funktion

$$z = f(x, \dot{x})$$

beschrieben wird, dann kann man $f(x, \dot{x})$ durch den linearen Ansatz

$$z(t) \approx a \cdot x(t) + b \cdot \dot{x}(t)$$

ersetzen und von der linearisierten Differentialgleichung

$$a_1 \cdot \Phi'_{xy}(\tau) + a_0 \cdot \Phi_{xy}(\tau) = a \cdot \Phi_{xx}(\tau) + b \cdot \Phi'_{xx}(\tau)$$

ausgehen. Die rechte Seite dieser Differentialgleichung stellt gerade den linearen Ansatz für stochastische Signale dar,

$$\Phi_{xz}(\tau) = a \cdot \Phi_{xx}(\tau) + b \cdot \Phi'_{xx}(\tau),$$

der unmittelbar aus

$$z_L(t) = a \cdot x(t) + b \cdot \dot{x}(t)$$

folgt. Entsprechende Differentialgleichungen ergeben sich, wenn $y(t)$ nicht-linear verformt wird. Sobald eine linearisierte Form der Differentialgleichungen vorliegt, läßt sich das Verfahren zur Bildung der modifizierten Differential-gleichungen für die Korrelationsfunktionen anwenden.

XVI. Das optimale lineare Ersatzsystem

1. Formulierung eines WIENERschen Optimierungsproblems

Bei der Interpretation der Beschreibungsfunktion für sinusförmige Signale als Lösung einer einfachen Optimalwertaufgabe hat sich bereits herausgestellt, daß das Aufsuchen des Minimums eines quadratischen Mittelwertes für die hier behandelten Approximationsverfahren eine allgemeinere Bedeutung hat. Auch die Bestimmung der äquivalenten Verstärkung nach dem Ansatz von BOOTON fügt sich in diesen allgemeinen Rahmen ein. Wenn man nun das QMW-Kriterium als entscheidende Basis beibehält und ein optimales lineares Ersatz-system für ein nichtlineares System mit signalverformenden Energiespeichern bestimmen will, das im Zeitbereich durch eine nichtlineare Differentialgleichung

$$y = f(x, \dot{x}, \ldots)$$

charakterisiert wird, so steht man *formal* vor der gleichen Aufgabe, die WIENER in seiner bekannten Originalarbeit im rein linearen Bereich gelöst hat [41].

Man muß jedoch beachten, daß *trotz der formalen Ähnlichkeit* der folgenden Überlegungen mit dem Vorgehen von WIENER einige *Unterschiede in den Voraussetzungen und in der Deutung der Ergebnisse* bestehen. Im vorliegenden Fall übernimmt die Ausgangsgröße $y(t)$ des nichtlinearen Systems die Rolle des „gewünschten Signals" in der WIENERschen Theorie. Außerdem geht es nicht mehr darum, eine optimale Gewichtsfunktion $G_{or}(t)$ oder einen entsprechenden Frequenzgang $F_{or}(i\omega)$ durch technische Schaltelemente zu *realisieren;* vielmehr sollen jetzt für ein *vorhandenes* technisches Gebilde mit nichtlinearen Über-tragungseigenschaften *optimale lineare Ersatzkenngrößen* $G_{or}(t, \sigma_x)$ bzw. $K_{or}(i\omega, \sigma_x)$ gefunden werden, die in bestimmter Weise je nach der Art der nicht-linearen Kennlinie von der Streuung des Eingangssignals abhängen. In diesem Sinne ist also die zu bestimmende Funktion $K_{or}(i\omega, \sigma_x)$ als Lösung einer WIENERschen Optimierungsaufgabe gerade die frequenzabhängige äquivalente Verstärkung für das gegebene nichtlineare System. Der Index r bei den Funk-tionen G_{or} und K_{or} ist also nicht im wörtlichen Sinne repräsentativ für ein technisches Realisierbarkeitsproblem. Die zugehörige mathematische Operation (Absonderung von Polen der Funktion K_0 in der unteren ω-Halbebene) bedeutet, daß man lineare Ersatzkenngrößen ausschließt, die auf lineare Ersatzsysteme mit nicht kausalem Verhalten führen würden. Mit diesen Zusatzbemerkungen ergibt sich die anschließend formulierte Problemstellung im Sinne der Optimalfiltertheorie.

Ebenso wie die äquivalente Verstärkung eine Funktion der Streuung σ_x des Eingangssignals war, wird es auch hier bei der zu bestimmenden optimalen (realisierbaren) Ersatzgewichtsfunktion und bei dem zugehörigen Frequenzgang sein:

$$G_{or}(t, \sigma_x) \quad \text{und} \quad K_{or}(i\omega, \sigma_x).$$

Wir werden jedoch die Variable σ_x nicht explizit mitschreiben, sondern erst im Endergebnis wieder einführen. Da sich alle in der Rechnung vorkommenden Transformationen auf die Zeit und die Frequenz beziehen, tritt σ_x ohnehin nur als Parameter auf. Wie die Streuung explizit in die Ergebnisse eingeht, erkennt man auch besser an konkreten Beispielen, denn die Nichtlinearität beeinflußt in nicht leicht überschaubarer Weise die Funktionen Φ_{xy} und S_{xy}, die offenbar streuungsabhängig sind:

$$\Phi_{xy}(\tau, \sigma_x) \quad \text{und} \quad S_{xy}(\omega, \sigma_x).$$

Auch in der linearen Optimalfiltertheorie gehen die Systemeigenschaften in die entsprechende Kreuzkorrelationsfunktion $\Phi_{xs}(\tau)$ ein, nur tritt hier keine Amplituden- bzw. Streuungsabhängigkeit auf. Die Frage nach dem besten linearen Ersatzsystem für ein gegebenes nichtlineares System mit dem Ausgangssignal

$$y(t, \sigma_x) = y_L(t, \sigma_x) + v(t, \sigma_x)$$

bedeutet eine Verallgemeinerung des Problems von Teil XIII.4, wo lediglich nach der optimalen Näherung durch einen äquivalenten linearen Verstärkungsfaktor gefragt wurde. Die dort formulierten Voraussetzungen bezüglich der Signaleigenschaften sollen auch hier gelten; die Verteilungsdichtefunktionen sollen GAUSSschen Charakter haben, denn nur dann liefert das geschilderte Verfahren die *beste lineare Approximation* für eine dynamische Nichtlinearität. Da im folgenden die Zeitabhängigkeit im Vordergrund steht, benutzen wir die einfachere Darstellung

$$y(t) = y_L(t) + v(t).$$

Das Bild XVI.1 zeigt eine Vergleichsschaltung für das gegebene nichtlineare System und das zu bestimmende lineare Ersatzsystem, dessen Verhalten durch das Superpositionsintegral

$$y_L(t) = \int\limits_{-\infty}^{+\infty} G(u) \cdot x(t-u)\,du$$

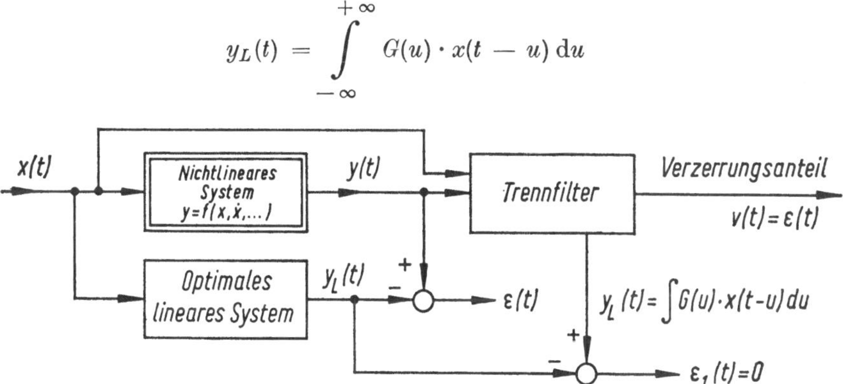

Bild XVI.1. Nichtlineares System, optimales lineares WIENERsches Ersatzsystem und Trennfilter zur Einführung der interessierenden Signale.

mit der Gewichtsfunktion G bestimmt wird. Für die richtige Zuordnung der verschiedenen Signale ist ein Trennfilter mitgezeichnet, welches den Verzerrungsanteil abtrennt, der gleichzeitig den Übertragungsfehler $\varepsilon(t)$ darstellt. Der entstehende Übertragungsfehler ist gegeben durch

$$\varepsilon(t) = y(t) - \int\limits_{-\infty}^{+\infty} G(u) \cdot x(t - u)\, du, \tag{XVI.1}$$

und das Ersatzsystem soll so ausgelegt werden, daß der quadratische Mittelwert des Fehlers

$$\overline{\varepsilon^2(t)} = \overline{\left\{ y(t) - \int\limits_{-\infty}^{+\infty} G(u) \cdot x(t - u)\, du \right\}^2},$$

ein Minimum wird. Zur Lösung dieser Variationsaufgabe kann man den gleichen Weg einschlagen, den WIENER bei der Berechnung optimaler linearer Filter beschritten hat. Die Mittelwertbildung ergibt:

$$\overline{\varepsilon^2(t)} = \overline{y^2(t)} - 2 \cdot \overline{y(t) \cdot y(t)_L} + \overline{y_L{}^2(t)},$$

und mit Hilfe des Superpositionsintegrals erhält man zunächst

$$\overline{y(t) \cdot y_L(t)} = \overline{y(t) \cdot \int\limits_{-\infty}^{+\infty} G(u) \cdot x(t - u)\, du} = \int\limits_{-\infty}^{+\infty} G(u) \cdot \overline{x(t - u) \cdot y(t)}\, du$$

$$= \int\limits_{-\infty}^{+\infty} G(u) \cdot \Phi_{xy}(u)\, du.$$

Stellt man den quadratischen Mittelwert des Grundanteils $y_L(t)$ durch die Gewichtsfunktion und die Autokorrelationsfunktion des Eingangssignals dar, so gilt nach der allgemeinen Übertragungsgleichung (VIII.13):

$$\overline{y_L{}^2(t)} = \int\limits_{-\infty}^{+\infty} G(u) \cdot \int\limits_{-\infty}^{+\infty} G(v) \cdot \Phi_{xx}(u - v)\, dv\, du.$$

Damit wird der quadratische Mittelwert des Fehlersignals:

$$\overline{\varepsilon^2(t)} = \Phi_{yy}(0) - 2 \cdot \int\limits_{-\infty}^{+\infty} G(u) \cdot \Phi_{xy}(u)\, du +$$

$$+ \int\limits_{-\infty}^{+\infty} G(u) \cdot \int\limits_{-\infty}^{+\infty} G(v) \cdot \Phi_{xx}(u - v)\, dv\, du. \tag{XVI.2}$$

Dieser Ausdruck gibt an, wie der mittlere quadratische Übertragungsfehler von den statistischen Kenngrößen (nur Momente zweiter Ordnung) der Signale und von der Gewichtsfunktion des linearen Ersatzsystems abhängt.

Die Aufgabe besteht nun darin, die Funktion G in dieser Funktionalgleichung so zu bestimmen, daß der mittlere quadratische Fehler zu einem Minimum wird. Im Hinblick auf die physikalische Einbettung der Fragestellung sind noch die folgenden Zusatzbedingungen zu beachten:

a) Die Gewichtsfunktion $G(t)$ muß ein physikalisch realisierbares System beschreiben, welches kausales Verhalten zeigt:

$$G(t)\begin{cases} \equiv 0 & \text{für } t < 0 \\ \not\equiv 0 & \text{für } t \geq 0 \end{cases}$$

Dies bedeutet, daß die Reaktion des Systems nicht einsetzen kann, bevor die impulsförmige Anregung erfolgt ist.

b) Das Integral

$$\int\limits_0^\infty |G(t)|\, dt$$

soll einen endlichen Wert haben, so daß die Existenz der Fourier-Transformierten von $G(t)$ sichergestellt ist.

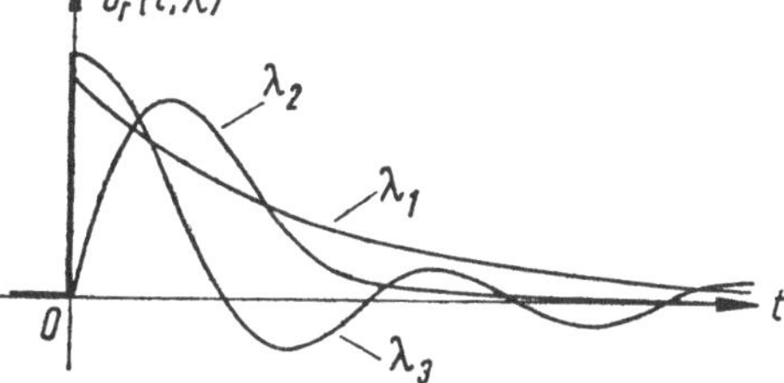

Bild XVI.2. Eine einparametrige Schar zugelassener Vergleichsfunktionen, die als Gewichtsfunktionen realisierbarer Systeme möglich sind.

Die Funktionen der somit eingeschränkten Klasse bezeichnen wir mit $G_r(t)$, wobei der Index auf die Realisierbarkeit der zugehörigen Systeme im oben erläuterten Sinne hinweisen soll. Bei dem folgenden Lösungsweg geht man davon aus, daß eine Gewichtsfunktion $G_{or}(t)$ für ein optimales realisierbares System als Lösung des Variationsproblems existiere und variiert diese Funktion durch Einbettung in die einparametrige Funktionenschar

$$G_r(t, \lambda) = G_{or}(t) + \lambda \cdot q(t),$$

wobei an die Zusatzfunktionen $q(t)$ dieselben Forderungen gestellt werden müssen wie an $G_r(t)$, vgl. Bild XVI.2. Für diese Funktionenschar berechnet man den mittleren quadratischen Fehler $\overline{\varepsilon^2(t, \lambda)}$, der noch von dem Parameter λ

abhängt. Die notwendige Bedingung für das Vorhandensein eines Extremums von $\overline{\varepsilon^2(t, \lambda)}$ in Abhängigkeit von λ lautet:

$$\frac{\mathrm{d}}{\mathrm{d}\lambda} \overline{\varepsilon^2(t, \lambda)} = 0,$$

und die gesuchte Gewichtsfunktion $G_{or}(t)$ muß sich nach Konstruktion für den Wert $\lambda = 0$ aus der Funktionenschar $G_r(t, \lambda)$ ergeben. Man findet über eine einfache Rechnung:

$$\int\limits_{-\infty}^{+\infty} q(u) \cdot \left\{ \Phi_{xy}(u) - \int\limits_{-\infty}^{+\infty} G_{or}(v) \cdot \Phi_{xx}(u - v)\,\mathrm{d}v \right\} \mathrm{d}u = 0.$$

Diese Gleichung muß für alle Funktionen $q(u)$ erfüllt sein, die den oben für $G_r(t)$ formulierten Bedingungen genügen. An dieser Stelle benötigt man für die weiteren Überlegungen das Fundamentallemma der Variationsrechnung:

> Wenn für jede beliebige in dem Bereich $-\infty < u < \infty$ stetig differenzierbare Funktion $q(u)$ mit $q(-\infty) = q(+\infty) = 0$ und für eine stetige Funktion $Q(u)$ das Integral
>
> $$\int\limits_{-\infty}^{+\infty} q(u) \cdot Q(u)\,\mathrm{d}u = 0$$
>
> ist, dann ist $Q(u) \equiv 0$.

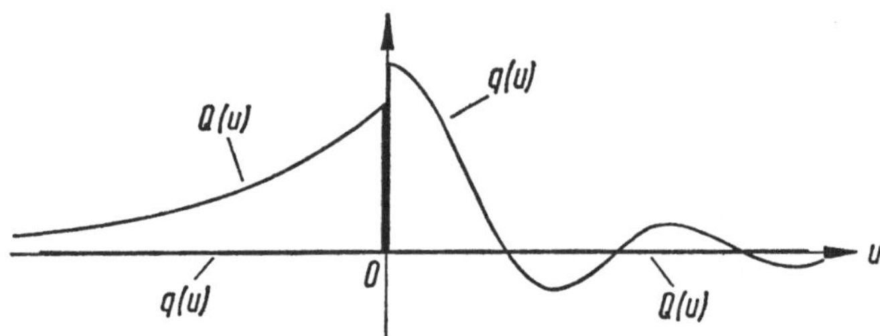

Bild XVI.3. Grundsätzlicher Verlauf der Funktionen $Q(u)$ und $q(u)$.

(Faßt man das Integral im Sinne von Lebesgue auf, so kann man auf die Stetigkeit von $Q(u)$ verzichten, und $Q(u) \equiv 0$ bedeutet dann, daß im Sinne der Maßtheorie „in fast allen Punkten u" die Funktion $Q(u) = 0$ ist.) Da die Zeitfunktionen q für negative Argumente identisch Null sind, braucht die Funktion $Q(u)$ nach dem Fundamentallemma nur für alle $u \geq 0$ identisch zu verschwinden, vgl. Bild XVI.3, so daß sich folgendes ergibt:

$$Q(u) \left\{ \begin{array}{ll} \equiv 0 & \text{für } u \geq 0 \\ \text{vorläufig unbekannt für } u < 0 \end{array} \right\},$$

und mit

$$Q(u) = \Phi_{xy}(u) - \int\limits_{-\infty}^{+\infty} G_{or}(v) \cdot \Phi_{xx}(u - v)\,\mathrm{d}v$$

erhält man eine Integralgleichung vom Wiener-Hopfschen Typ:

$$\Phi_{xy}(\tau) - \int\limits_{-\infty}^{+\infty} G_{or}(v) \cdot \Phi_{xx}(\tau - v)\, \mathrm{d}v = 0, \quad \tau \geq 0. \qquad \text{(XVI.3)}$$

Es sei an dieser Stelle noch einmal daran erinnert, daß Eingangssignale mit Gaussscher Verteilungsdichte vorausgesetzt worden sind, und daß die Gewichtsfunktion, die man als eine partikuläre Lösung der linearisierten Form der nichtlinearen Differentialgleichung

$$y = f(x, \dot{x}, \ldots)$$

ansehen kann, noch von der Streuung σ_x abhängt. Damit lautet die Wiener-Hopfsche Integralgleichung mit ausführlich geschriebenen Argumenten:

$$\Phi_{xy}(\tau, \sigma_x) - \int\limits_{-\infty}^{+\infty} G_{or}(v, \sigma_x) \cdot \Phi_{xx}(\tau - v)\, \mathrm{d}v = 0, \quad \tau \geq 0.$$

Die Abhängigkeit von σ_x äußert sich also auch in der Kreuzkorrelationsfunktion. Aus diesem Ergebnis läßt sich leicht der in Teil XIII.4 behandelte Fall ableiten, in welchem die einfachere Frage nach einer Approximation für ein nichtlineares System durch eine zeit- und frequenzunabhängige äquivalente Verstärkung gestellt wurde. Ein solches Ersatzsystem hat die Gewichtsfunktion

$$G_{or}(t, \sigma_x) = K(\sigma_x) \cdot \delta(t),$$

und aus der Integralgleichung (XVI.3) wird

$$\Phi_{xy}(\tau, \sigma_x) = K(\sigma_x) \cdot \int\limits_{-\infty}^{+\infty} \delta(v) \cdot \Phi_{xx}(\tau - v)\, \mathrm{d}v$$

$$= K(\sigma_x) \cdot \Phi_{xx}(\tau)$$

oder auch

$$K(\sigma_x) = \frac{\Phi_{xy}(\tau, \sigma_x)}{\Phi_{xx}(\tau)}. \qquad \text{(XVI.4)}$$

Eine Beziehung dieser Art hat sich bereits bei der Behandlung von nichtlinearen Systemen mit harmonischen Eingangssignalen in Gestalt von Gleichung (XI.8) ergeben. Die vereinfachten Ausdrücke (bezüglich der linken Seite der Gleichungen, keine Abhängigkeit von τ) gelten bei energiespeicherfreien Nichtlinearitäten für harmonische Eingangssignale und für regellose Signale mit einer Gaussschen Amplitudenverteilung.

Im Hinblick auf ihre gemeinsamen Eigenschaften und ihre Bedeutung sollen sie im folgenden, wenn die Aussagen für beide Signalgruppen gültig sind, als „Grundsignale" bezeichnet werden.

Für die Grundsignale und für speicherfreie Nichtlinearitäten sind also die Beschreibungsfunktion $N(x_0)$ und die äquivalente Verstärkung $K(\sigma_x)$ weder von der Frequenz noch von τ abhängig. Für andere Verteilungen führt das Ergebnis (XVI.4) des WIENERschen Ansatzes nicht mehr zum Minimum des mittleren Fehlerquadrates. Bei komplizierten Nichtlinearitäten, die nicht mehr durch reine Verstärkungen approximiert werden können, liefert die WIENER-HOPFsche Integralgleichung die Gewichtsfunktion des optimalen linearen Ersatzsystems, und die zugehörige FOURIER-Transformierte $K_{or}(i\omega, \sigma_x)$ stellt die frequenzabhängige äquivalente Verstärkung dar, in deren Form noch die Charakteristika der Nichtlinearität eingehen.

2. Lösung der WIENER-HOPFschen Integralgleichung im Frequenzbereich

Bei der Lösung der Integralgleichung (XVI.3) treten zunächst einige Schwierigkeiten auf, die mit der Realisierbarkeitsforderung für die Funktion $G_{or}(t, \sigma_x)$ zusammenhängen. Zur Behebung dieser Schwierigkeiten wird hier ein von den bekannten Methoden in der einschlägigen Literatur abweichender Weg beschritten [42].

Wenn bei bestimmten Nichtlinearitäten Anlaß besteht, ein optimales lineares Ersatzsystem mit einer festen Signalverzögerung um T Zeiteinheiten anzugeben, dann lautet die Integralgleichung

$$\Phi_{xy}(\tau - T, \sigma_x) - \int\limits_{-\infty}^{+\infty} G_{or}(v, \sigma_x) \cdot \Phi_{xx}(\tau - v)\, \mathrm{d}v = 0, \quad \tau \geq 0. \quad \text{(XVI.3a)}$$

Für diesen allgemeineren Fall wird das Lösungsverfahren angegeben. Im folgenden wird die FOURIER-Transformierte der Gewichtsfunktion $G_{or}(t, \sigma_x)$ für die Polzuordnung der einzelnen Funktionsbestandteile nicht mit $K_{or}(i\omega, \sigma_x)$, sondern vereinfachend mit $K_{or}(i\omega)$ bezeichnet, weil das zweite Argument σ_x für die anschließende Rechnung nur die Rolle eines festen Parameters spielt. Da die Integralgleichung die Übereinstimmung zwischen der Kreuzkorrelationsfunktion $\Phi_{xy}(\tau - T)$ einerseits und der Kreuzkorrelationsfunktion für das lineare Ersatzsystem

$$\int\limits_{-\infty}^{+\infty} G_{or}(v) \cdot \Phi_{xx}(\tau - v)\, \mathrm{d}v = \Phi_{xy_L}(\tau) \Bigg|_{G\,=\,G_{or}}$$

andererseits nur für den Bereich $\tau > 0$ verlangt, während für $\tau < 0$ eine nicht identisch verschwindende Differenzfunktion $Q(\tau)$ zugelassen wird, kann man die Integralgleichung selbst nicht der $\mathscr{F}$-Transformation unterwerfen. Wenn man stattdessen den gesamten Ausdruck

$$Q(\tau) = \Phi_{xy}(\tau - T) - \int\limits_{-\infty}^{+\infty} G_{or}(v) \cdot \Phi_{xx}(\tau - v)\, \mathrm{d}v$$

in den Frequenzbereich transformiert, dann tritt diese Schwierigkeit nicht auf, und man erhält direkt

$$\frac{1}{\pi} \cdot \int\limits_{-\infty}^{+\infty} Q(\tau) \cdot \mathrm{e}^{-i\omega\tau}\, \mathrm{d}\tau = S_{xy}(\omega) \cdot \mathrm{e}^{-i\omega T} - K_{or}(i\omega) \cdot S_{xx}(\omega).$$

Die Aufgabe besteht nun darin, die Gleichung nach $K_{or}(i\omega)$ so aufzulösen, daß sich eine physikalisch realisierbare Funktion ergibt, die keine Pole in der unteren ω-Halbebene haben darf. Dabei ist einige Vorsicht geboten, weil die beteiligten komplexen Funktionen die verschiedensten Pol-Konfigurationen in der komplexen ω-Ebene aufweisen; erst nach dem folgenden „Sortierungsprozeß" kann man den richtigen Ausdruck für $K_{or}(i\omega)$ in Abhängigkeit von den Leistungsspektren angeben, der auf realisierbare Systeme führt.

a) Da die Kreuzkorrelationsfunktion $\Phi_{xy}(\tau - T)$ weder eine gerade noch eine ungerade Funktion ist, liegen die Pole der Transformierten

$$S_{xy}(\omega) \cdot e^{-i\omega T}$$

sowohl in der oberen als auch in der unteren ω-Halbebene.

b) Die Funktion $K_{or}(i\omega)$ darf als Frequenzgang eines realisierbaren Systems nur Pole in der oberen ω-Halbebene haben.

c) Die Funktion $S_{xx}(\omega)$ charakterisiert ein Wirkleistungsspektrum; sie ist eine gerade Funktion von ω und besitzt eine Polverteilung, die sowohl zur reellen als auch zur imaginären Achse symmetrisch ist, Bild XVI.4.

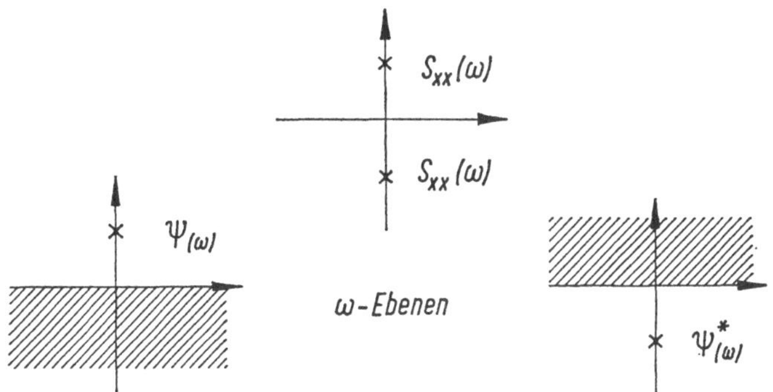

Bild XVI.4. Erlaubte Polkonfiguration für die Funktionen $S_{xx}(\omega)$, $\psi(\omega)$ und $\psi^*(\omega)$.

Man kann daher dieses Leistungsspektrum in eine Produktform

$$S_{xx}(\omega) = \Psi(\omega) \cdot \Psi^*(\omega)$$

bringen, bei welcher die beiden Funktionen Ψ und Ψ^* konjugiert komplex zueinander sind. Die Pole von $\Psi(\omega)$ liegen ausschließlich in der oberen ω-Halbebene, die von $\Psi^*(\omega)$ ausschließlich in der unteren Halbebene, so daß $\Psi(\omega)$ genau die Eigenschaften der Frequenzgänge von realisierbaren Systemen besitzt.

d) Die auf der linken Seite der transformierten Gleichung stehende Funktion

$$\frac{1}{\pi} \cdot \int_{-\infty}^{+\infty} Q(\tau)\, e^{-i\omega\tau}\, d\tau = R(\omega)$$

kann — wenn überhaupt — nur in der unteren ω-Halbebene Pole besitzen, weil die zugehörige Zeitfunktion $Q(\tau)$ für $\tau < 0$ nicht identisch Null zu sein braucht, während $Q(\tau) \equiv 0$ für $\tau \geq 0$, vgl. Bild XVI.3.

Mit diesen Vorüberlegungen kann man für die Funktionen der transformierten Gleichung die folgende Polzuordnung treffen:

$$R(\omega) \quad = \quad S_{xy}(\omega) \cdot \mathrm{e}^{-i\omega T} \quad - \quad K_{or}(i\omega) \quad \cdot \quad \Psi(\omega) \quad \cdot \quad \Psi^*(\omega).$$

Pole: *untere HE*   *obere und untere HE*   *obere HE*   *obere HE*   *untere HE*

Um den angedeuteten Sortierungsprozeß hinsichtlich der Pole noch deutlicher zu machen, dividiert man beide Seiten der Gleichung durch $\Psi^*(\omega)$ und erhält

$$\frac{R(\omega)}{\Psi^*(\omega)} \quad = \quad \underbrace{\frac{1}{\Psi^*(\omega)} \cdot S_{xy}(\omega) \cdot \mathrm{e}^{-i\omega T}}_{A(\omega)} \quad - \quad \underbrace{K_{or}(i\omega) \cdot \Psi(\omega)}.$$

Pole: *untere HE*   *obere und untere HE*   *obere HE*

Die vorerst noch etwas unübersichtliche Funktion $A(\omega)$ kann man durch eine zweifache $\mathscr{F}$-Transformation ebenfalls in zwei Anteile zerlegen, von welchen der eine nur in der oberen, der andere nur in der unteren ω-Halbebene Pole besitzt:

$$A(\omega) = \frac{1}{\sqrt{2\pi}} \cdot \int\limits_{-\infty}^{+\infty} \mathrm{e}^{-i\omega t} \cdot \frac{1}{\sqrt{2\pi}} \cdot \int\limits_{-\infty}^{+\infty} A(u) \cdot \mathrm{e}^{iut} \, du \, dt$$

$$= \underbrace{\frac{1}{2\pi} \cdot \int\limits_{-\infty}^{0} \mathrm{e}^{-i\omega t} \cdot \int\limits_{-\infty}^{+\infty} A(u) \cdot \mathrm{e}^{iut} \, du \, dt}_{A^-(\omega)} + \underbrace{\frac{1}{2\pi} \cdot \int\limits_{0}^{\infty} \mathrm{e}^{-i\omega t} \cdot \int\limits_{-\infty}^{+\infty} A(u) \cdot \mathrm{e}^{iut} \, du \, dt}_{A^+(\omega)}$$

Pole: *untere HE*   *obere HE*

Setzt man diese Ausdrücke für $A(\omega)$ in die Ausgangsgleichung ein, so kommen nur noch Funktionen vor, deren Pole entweder in der oberen oder in der unteren Halbebene liegen:

$$\frac{R(\omega)}{\Psi^*(\omega)} \quad - A^-(\omega) \quad - A^+(\omega) \quad + \underbrace{K_{or}(i\omega) \cdot \Psi(\omega)} = 0.$$

u. HE   *u. HE*   *o. HE*   *o. HE*

Ganz ähnlich wie man an einer Gleichung zwischen komplexen Funktionen ablesen kann, daß sie auch für die Realteile und die Imaginärteile getrennt gilt, so kann man nach dem entwickelten Sortierungsprozeß nach Polen der Funktionen entsprechende Gleichungen für die beiden Halbebenen getrennt aufstellen. Für die im Hinblick auf die Realisierbarkeitsforderung entscheidende obere ω-Halbebene erhält man sofort das gewünschte Ergebnis:

$$K_{or}(i\omega) \cdot \Psi(\omega) = A^+(\omega),$$

$$K_{or}(i\omega) = \frac{1}{2\pi \cdot \Psi(\omega)} \int\limits_0^\infty \cdot e^{-i\omega t} \cdot \int\limits_{-\infty}^{+\infty} \frac{S_{xy}(u)}{\Psi^*(u)} \cdot e^{iu(t-T)}\, du\, dt. \qquad \text{(XVI.5)}$$

Dabei sind keine weiteren Kenntnisse über die Funktion $R(\omega)$ erforderlich, vielmehr ergibt sich für diese aus dem gleichen Sortierungsprozeß:

$$\frac{R(\omega)}{\Psi^*(\omega)} = A^-(\omega)$$

$$R(\omega) = \frac{1}{2\pi} \cdot \Psi^*(\omega) \cdot \int\limits_{-\infty}^{0} e^{-i\omega t} \cdot \int\limits_{-\infty}^{+\infty} \frac{S_{xy}(u)}{\Psi^*(u)} \cdot e^{iu(t-T)}\, du\, dt.$$

Die Pole dieser Funktion liegen in der unteren ω-Halbebene, und die zugehörige Zeitfunktion $Q(\tau)$ verschwindet für $\tau \geq 0$, nicht aber für $\tau < 0$.

3. Hinreichendes Kriterium für das Minimum des mittleren Fehlerquadrates

Im Sinne der allgemeinen Variationsrechnung muß der Nachweis geführt werden, daß das Integral für das mittlere Fehlerquadrat,

$$\overline{\varepsilon^2(t, \lambda)} = J[G_{or}(t)],$$

ein Minimum annimmt, wenn man aus der Kurvenschar

$$G_r(t, \lambda) = G_{or}(t) + \lambda \cdot q(t)$$

gerade die optimale realisierbare Gewichtsfunktion $G_{or}(t)$ einsetzt, d. h.

$$J[G_r(t, \lambda)] \geq J[G_{or}(t)]$$

ist zu beweisen. Dazu berechnet man zunächst den quadratischen Mittelwert

$$\overline{\varepsilon^2(t, \lambda)} = J[G_{or}(t) + \lambda \cdot q(t)]$$

$$= \Phi_{zz}(0) - 2 \cdot \int\limits_{-\infty}^{+\infty} [G_{or}(u) + \lambda \cdot q(u)] \cdot \Phi_{xy}(u - T)\, du +$$

$$+ \int\limits_{-\infty}^{+\infty} [G_{or}(u) + \lambda \cdot q(u)] \cdot \int\limits_{-\infty}^{+\infty} [G_{or}(v) + \lambda \cdot q(v)] \cdot \Phi_{xx}(u - v)\, dv\, du.$$

Multipliziert man sämtliche Klammerausdrücke aus, so ergibt sich die ausführliche Form

$$J[G_{or}(t) + \lambda \cdot q(t)] = \Phi_{zz}(0) - 2 \cdot \int G_{or}(u) \cdot \Phi_{xy}(u - T)\, du$$

$$- 2\lambda \cdot \int q(u) \cdot \Phi_{xy}(u - T)\, du$$

$$+ \int G_{or}(u) \cdot \int G_{or}(v) \cdot \Phi_{xx}(u - v)\, dv\, du$$

$$+ 2\lambda \cdot \int q(u) \cdot \int G_{or}(v) \cdot \Phi_{xx}(u - v)\, dv\, du$$

$$+ \lambda^2 \cdot \int q(u) \cdot \int q(v) \cdot \Phi_{xx}(u - v)\, dv\, du.$$

Wenn man alle Summanden zusammenfaßt, die λ nicht enthalten, so bilden diese gerade das mittlere Fehlerquadrat $J[G_{or}(t)]$ für die Lösungsfunktion $G_{or}(t)$. Die beiden Summanden mit dem Koeffizienten 2λ ergeben gerade den Wert Null, denn sie führen genau auf die WIENER-HOPFsche Integralgleichung:

$$2\lambda \cdot \int_{-\infty}^{+\infty} q(u) \cdot \left\{ \Phi_{xy}(u - T) - \int_{-\infty}^{+\infty} G_{or}(v) \cdot \Phi_{xx}(u - v)\, dv \right\} du = 0, \quad u \geq 0.$$

Damit geht der mittlere quadratische Fehler für $G_r(t, \lambda)$ über in

$$J[G_r(t, \lambda)] = J[G_{or}(t)] + \lambda^2 \cdot \int_{-\infty}^{+\infty} q(u) \cdot \int_{-\infty}^{+\infty} q(v) \cdot \Phi_{xx}(u - v)\, dv\, du.$$

Wenn man jetzt noch zeigen kann, daß das verbleibende Doppelintegral nicht negativ werden kann, dann ist die obige Behauptung bewiesen. Es gibt mehrere Möglichkeiten für den Nachweis, daß dieses Doppelintegral mindestens gleich Null ist; wir wählen einen Weg, der sich anschaulich interpretieren läßt. Die Funktionen $q(t)$ erfüllen voraussetzungsgemäß alle Forderungen, die an die Gewichtsfunktionen realisierbarer Systeme gestellt werden müssen. Wenn wir nun annehmen, ein Übertragungssystem mit der Gewichtsfunktion $q(t)$ werde durch ein stochastisches Signal $x(t)$ angeregt, so ergibt sich nach Gleichung (VIII.13) für den quadratischen Mittelwert des Ausgangssignals $r(t)$, vgl. Bild XVI.5, gerade der Wert

$$\overline{r^2(t)} = \int_{-\infty}^{+\infty} q(u) \cdot \int_{-\infty}^{+\infty} q(v) \cdot \Phi_{xx}(u - v)\, dv\, du,$$

der niemals negativ werden kann. Daraus folgt für das Beweisverfahren:

$$J[G_r(t, \lambda)] = J[G_{or}(t)] + \lambda^2 \cdot \overline{r^2(t)},$$

also ist in der Tat

$$J[G_r(t, \lambda)] \geq J[G_{or}(t)].$$

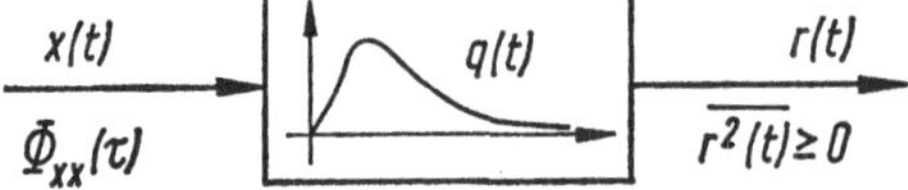

Bild XVI.5. Lineares System mit der Gewichtsfunktion $q(t)$, an dessen Ausgang sich der quadratische Mittelwert $\overline{r^2(t)}$ ergibt.

Dies gilt für Funktionen $G_{or}(t)$, die zu der Vergleichsschar $G_r(t, \lambda)$ der realisierbaren Gewichtsfunktionen gehören. Für andere Funktionen, die nicht mehr auf realisierbare Systeme führen, könnte sich durchaus ein kleinerer Wert des mittleren Fehlerquadrates ergeben; solche Fälle interessieren jedoch bei technisch orientierten Fragestellungen nicht mehr.

4. Ergänzungen zu dem Ansatz (XVI.1) und zur Integralgleichung

4.1 Interpretation der Ansätze und der Signale

Während der BOOTONsche Ansatz für den äquivalenten Verstärkungsfaktor speicherfreier nichtlinearer Systeme von der Form

$$y(t, \sigma_x) = K(\sigma_x) \cdot x(t) + v(t, \sigma_x)$$

für das Ausgangssignal ausgeht, beruht der Ansatz für das WIENERsche Problem auf der Verallgemeinerung

$$y(t, \sigma_x) = \int\limits_{-\infty}^{+\infty} G_{or}(u, \sigma_x) \cdot x(t - u)\, \mathrm{d}u + v(t, \sigma_x), \qquad \text{(XVI.6)}$$

wobei der mit dem Eingangssignal $x(t)$ linear korrelierte Anteil $y_L(t, \sigma_x)$ im Gegensatz zur BOOTONschen Form durch das Superpositionsintegral für ein lineares Ersatzsystem mit der streuungsabhängigen Gewichtsfunktion $G_{or}(t, \sigma_x)$ dargestellt wird. Man kann die obigen analytischen Zusammenhänge durch Bild XVI.6 verdeutlichen, wo alle verwendeten Signale eingetragen sind.

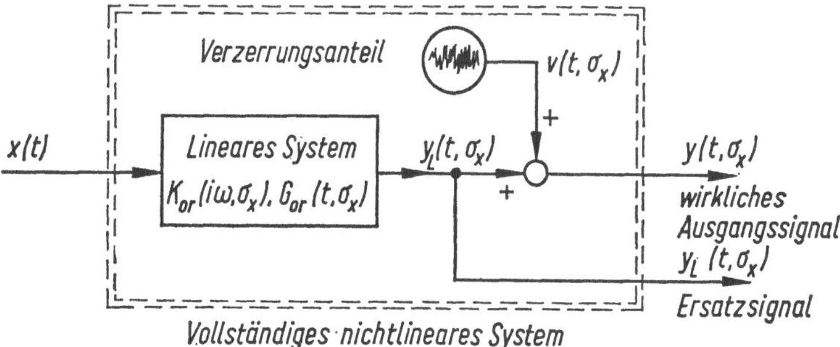

Bild XVI.6. Vollständige Ersatzdarstellung für ein nichtlineares System, bestehend aus einem linearen Teilsystem und einem internen Signalgenerator zur Erzeugung des nichtlinearen Verzerrungsanteils.

Danach entsteht das tatsächliche Ausgangssignal $y(t, \sigma_x)$ des nichtlinearen Systems durch Addition zweier Anteile. Der eine stammt von einem linearen System, das bei Abwesenheit von verzögernden Energiespeichern durch $K(\sigma_x)$ oder andernfalls durch eine Gewichtsfunktion $G_{or}(t, \sigma_x)$ gekennzeichnet wird, und dessen Ausgangssignal $y_L(t, \sigma_x)$ den mit $x(t)$ linear korrelierten Anteil von $y(t, \sigma_x)$ darstellt. Denkt man sich dazu einen innerhalb des nichtlinearen Systems entstehenden Verzerrungsanteil $v(t, \sigma_x)$ addiert, so entsteht das vollständige Ausgangssignal $y(t, \sigma_x)$. Im allgemeinen Fall enthält $y_L(t, \sigma_x)$ alle diejenigen Signalanteile, die durch die bekannte energiespeicherbedingte Signalverformung linearer Systeme gekennzeichnet sind. Alle nichtlinearen Verzerrungsanteile sind in dem Zusatzsignal $v(t, \sigma_x)$ zusammengefaßt.

Verwendet man bei der analytischen Behandlung anstelle des vollständigen Ausgangssignals y nur den Anteil y_L, so bekommt das intern gedachte lineare System die Bedeutung eines „linearen Ersatzsystems" mit einer der Kenngrößen $K(\sigma_x)$, $G_{or}(t, \sigma_x)$ oder $K_{or}(i\omega, \sigma_x)$ mit einer zusätzlichen Abhängigkeit von der Streuung des Eingangssignals.

4.2 Zusammenhang mit der linearen Theorie

Um die Bedeutung der Integralgleichung (XVI.3) richtig beurteilen zu können, betrachten wir zuvor die WIENER-HOPFsche Integralgleichung für ein lineares Optimalfilter [10]:

$$\Phi_{xs}(\tau) - \int\limits_{-\infty}^{+\infty} G_{or}(u) \cdot \Phi_{xx}(\tau - u)\, \mathrm{d}u = 0, \quad \tau \geq 0,$$

in welcher $\Phi_{xs}(\tau)$ die Kreuzkorrelationsfunktion zwischen dem Eingangssignal $x(t)$ und dem gewünschten Ausgangssignal $s(t)$ bedeutet, das aber *nicht als wirkliches Ausgangssignal erscheint*. Wenn man jedoch die Gewichtsfunktion G_{or} technisch realisieren kann, dann erfüllt man die durch die Integralgleichung ausgesprochene Forderung, daß $\Phi_{xs}(\tau)$ und die tatsächlich sich ergebende Kreuzkorrelationsfunktion

$$\Phi_{xy}(\tau)\Big|_{G\,=\,G_{or}} = \int\limits_{-\infty}^{+\infty} G_{or}(u) \cdot \Phi_{xx}(\tau - u)\, \mathrm{d}u$$

zwischen $x(t)$ und dem tatsächlichen Ausgangssignal $y(t)$ des Optimalfilters für $\tau \geq 0$ miteinander übereinstimmen müssen. Dann wird zwar immer noch nicht $y(t) = s(t)$, aber die mittlere quadratische Abweichung zwischen diesen beiden Signalen wird ein Minimum, und die Integralgleichung lautet

$$\Phi_{xs}(\tau) = \Phi_{xy}(\tau)\Big|_{G\,=\,G_{or}} \qquad \text{nur für } \tau \geq 0.$$

Geht man nun zu dem nichtlinearen Problem über, und nimmt man an, man hätte die Funktion $G_{or}(t, \sigma_x)$ bereits gefunden, so folgt aus dem Ansatz (XVI.6) für die Ausgangsgröße des nichtlinearen Systems:

$$\Phi_{xy}(\tau, \sigma_x) = \lim_{T \to \infty} \frac{1}{2T} \cdot \int\limits_{-T}^{+T} x(t) \cdot \int\limits_{-\infty}^{+\infty} G_{or}(u, \sigma_x) \cdot x(t + \tau - u)\, \mathrm{d}u\, \mathrm{d}t + 0,$$

weil der Verzerrungsanteil und das Eingangssignal nicht miteinander linear korreliert sind. Man erhält also unter Beachtung der Vertauschungsregeln für Grenzprozesse:

$$\Phi_{xy}(\tau, \sigma_x) = \int\limits_{-\infty}^{+\infty} G_{or}(u, \sigma_x) \cdot \lim_{T \to \infty} \frac{1}{2T} \cdot \int\limits_{-T}^{+T} x(t) \cdot x(t + \tau - u)\, \mathrm{d}t\, \mathrm{d}u$$

$$\Phi_{xy}(\tau, \sigma_x) = \int\limits_{-\infty}^{+\infty} G_{or}(u, \sigma_x) \cdot \Phi_{xx}(\tau - u)\, \mathrm{d}u,$$

und dies ist für $\tau \geq 0$ wieder die Integralgleichung (XVI.3). Beachtet man, daß $\Phi_{xy}(\tau, \sigma_x)$ die Kreuzkorrelationsfunktion zwischen dem Eingangssignal und dem Ausgangssignal des nichtlinearen Systems ist, während die rechte Seite der Integralgleichung die Kreuzkorrelationsfunktion

$$\Phi_{xy_L}(\tau, \sigma_x) = \int\limits_{-\infty}^{+\infty} G_{or}(u, \sigma_x) \cdot \Phi_{xx}(\tau - u)\, \mathrm{d}u$$

für $x(t)$ und die Ausgangsgröße y_L des optimalen linearen Ersatzsystems darstellt, dann wird

$$\Phi_{xy}(\tau, \sigma_x) = \Phi_{xy_L}(\tau, \sigma_x) \Bigg|_{\substack{\\ G = G_{or}}} \qquad\qquad \text{für } \tau \geq 0, \qquad\qquad \text{(XVI.7)}$$

während im Fall verzögerungsfreier Systeme mit eindeutiger Kennlinie für die Grundsignale die einfachere Beziehung

$$\Phi_{xy}(\tau, \sigma_x) = K(\sigma_x) \cdot \Phi_{xx}(\tau)$$

als Sonderfall der WIENER-HOPFschen Integralgleichung gültig ist. Man lese in diesem Zusammenhang noch einmal die Ausführungen von Teil XIII.4 nach und beachte insbesondere die Gleichungen (XI.7) und (XI.8) für sinusförmige Signale.

5. Interpretation der Lösung im Frequenzbereich

5.1 Kurzformen der Lösung

Solange Beschreibungsfunktionen und äquivalente Verstärkungen weder von der Zeit noch von der Frequenz abhängig sind, ist es gleichgültig, ob man sie als Kenngrößen im Zeit- oder im Frequenzbereich ansieht. Lediglich bei Stabilitätsuntersuchungen nach dem Zweiortskurvenverfahren oder dem vereinfachten NYQUIST-Kriterium ist durch das graphische Vorgehen eine Zuordnung festgelegt. Für unsere Überlegungen ist nur interessant, daß man die zeit- und frequenzunabhängigen Funktionen $N(x_0)$ und $K(\sigma_x)$ beim Übergang vom Zeitbereich in den Frequenzbereich (und umgekehrt) keiner Funktionaltransformation zu unterwerfen braucht.

Anders liegen die Verhältnisse bei allgemeineren Nichtlinearitäten, die entweder durch eine optimale (realisierbare) Gewichtsfunktion $G_{or}(t, \sigma_x)$ oder durch die entsprechende Kennfunktion im Frequenzbereich beschrieben werden:

$$K_{or}(i\omega, \sigma_x) = \frac{1}{2\pi \cdot \Psi(\omega)} \cdot \int\limits_{0}^{\infty} e^{-i\omega t} \cdot \int\limits_{-\infty}^{+\infty} \frac{S_{xy}(u, \sigma_x)}{\Psi^*(u)} \cdot e^{iut} \, du \, dt. \qquad \text{(XVI.5)}$$

Dieses Ergebnis kann man als eine Rechenvorschrift auffassen, bei der die Rücktransformation des Ausdrucks

$$K_0(i\omega, \sigma_x) \equiv \frac{S_{xy}(\omega, \sigma_x)}{S_{xx}(\omega)} \quad \text{mit} \quad S_{xx}(\omega) = \Psi(\omega) \cdot \Psi^*(\omega)$$

nur diejenigen Pole zuläßt, die zu einem ausschließlichen Verlauf der Ersatzgewichtsfunktion im Bereich positiver Zeiten führt, so daß also

$$G_{or}(t, \sigma_x) \left\{ \begin{matrix} \not\equiv 0 & \text{für } t \geq 0 \\ \equiv 0 & \text{für } t < 0 \end{matrix} \right\}$$

wird. Diesen Sachverhalt fassen wir in der verkürzten Form

$$K_{or}(i\omega, \sigma_x) = \frac{1}{\Psi(\omega)} \cdot D_r \left\{ \frac{S_{xy}(\omega, \sigma_x)}{\Psi^*(\omega)} \right\} \qquad \text{(XVI.8a)}$$

zusammen, die jetzt stellvertretend für die Rechenvorschrift (XVI.5) steht; der Faktor $1/2\pi$ ist in den Operator D_r der zweifachen $\mathscr{F}$-Transformation übernommen. Wir halten für die folgenden Überlegungen fest, daß die Funktion $K_{or}(i\omega, \sigma_x)$ eine Verallgemeinerung der äquivalenten Verstärkung $K(\sigma_x)$ darstellt und als Lösung einer WIENERschen Optimalfilteraufgabe gewonnen werden kann. Wir verwenden auch die im angelsächsischen Schrifttum übliche Schreibung

$$K_{or}(i\omega, \sigma_x) = \frac{1}{\Psi(\omega)} \cdot \left\{ \frac{S_{xy}(\omega, \sigma_x)}{\Psi^*(\omega)} \right\}^+ . \qquad \text{(XVI.8b)}$$

Dies ist die FOURIER-Transformierte der optimalen realisierbaren Gewichtsfunktion $G_{or}(t, \sigma_x)$.

5.2 Die Bedeutung der Leistungsspektren

Geht man noch einmal von der grundlegenden Signalgleichung (XVI.6) aus, so findet man

$$\Phi_{xy}(\tau, \sigma_x) = \Phi_{xy_L}(\tau, \sigma_x),$$

und für die Kreuzleistungsspektren folgt

$$S_{xy}(\omega, \sigma_x) = S_{xy_L}(\omega, \sigma_x). \qquad \text{(XVI.9)}$$

Diese Beziehung besagt, daß die spektrale Kreuzleistungsdichte S_{xy} nicht die vollständigen Eigenschaften des Ausgangssignals $y(t, \sigma_x)$ erfaßt, sondern nur den mit $x(t)$ linear korrelierten Anteil $y_L(t, \sigma_x)$. Man kann daher die Beziehung (XVI.8b) auch in der Form

$$K_{or}(i\omega, \sigma_x) = \frac{1}{\Psi(\omega)} \cdot \left\{ \frac{S_{xy_L}(\omega, \sigma_x)}{\Psi^*(\omega)} \right\}^+$$

schreiben, ohne daß die Information über das nichtlineare System beeinträchtigt wird, denn diese steckt bereits in dem Ansatz für das lineare Ersatzsignal $y_L(t, \sigma_x)$. Bildet man die Autokorrelationsfunktion des vollständigen Ausgangssignals $y(t)$, so erhält man aus dem Ansatz (XVI.6):

$$\Phi_{yy}(\tau, \sigma_x) = \Phi_{y_L y_L}(\tau, \sigma_x) + \Phi_{vv}(\tau, \sigma_x) \qquad \text{(XVI.10)}$$

mit

$$\Phi_{y_L y_L}(\tau, \sigma_x) = \int\limits_{-\infty}^{+\infty} \Phi_{G_{or} G_{or}}(t) \cdot \Phi_{xx}(\tau - t)\, dt \quad \text{nach Gl. (VIII.12a)}$$

als Verallgemeinerung der Beziehung (XIII.2). Unterwirft man beide Seiten der Gl. (XVI.10) der Transformation von WIENER und KHINTCHINE, so folgt

$$S_{yy}(\omega, \sigma_x) = |K_{or}(i\omega, \sigma_x)|^2 \cdot S_{xx}(\omega) + S_{vv}(\omega, \sigma_x) \qquad \text{(XVI.11)}$$

mit dem bekannten Sonderfall nach Gl. (XIII.3) für frequenzunabhängige äquivalente Verstärkungsfaktoren $K(\sigma_x)$. Die Beziehung (XVI.11) läßt eine sehr anschauliche Deutung der Verhältnisse zu. Die Verformung von Signalen durch verzögerungsbehaftete Nichtlinearitäten läßt sich auf *zwei verschiedene Ursachen* zurückführen, siehe Bild XVI.7. Der linear mit dem Eingangssignal

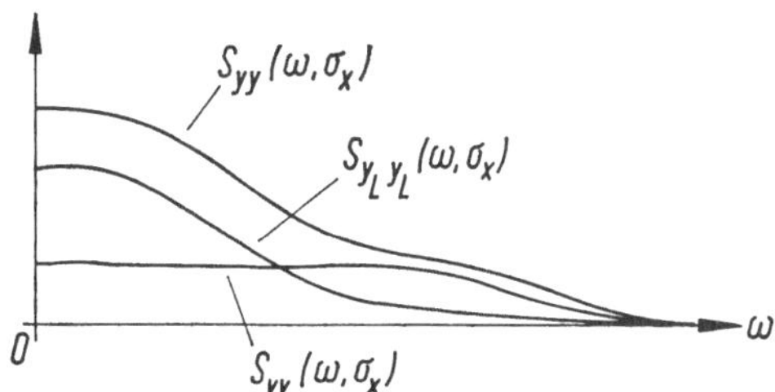

Bild XVI.7. Grundsätzlicher Verlauf der in Gleichung (XVI.11) vorkommenden Leistungsspektren.

$x(t)$ korrelierte Anteil y_L erfährt die bei linearen Systemen bekannte Verformung durch systemeigene Verzögerungen und führt im Wirkleistungsspektrum zu dem Bestandteil

$$S_{y_L y_L}(\omega, \sigma_x) = |K_{or}(i\omega, \sigma_x)|^2 \cdot S_{xx}(\omega),$$

als ob ein „lineares" Formfilter mit dem Frequenzgang K_{or} vorhanden wäre. Dazu kommt additiv ein Anteil S_{vv}, der auf die amplitudenverzerrenden Eigenschaften des nichtlinearen Systems zurückzuführen ist, und dessen spektrale Komponenten im Eingangssignal nicht vorhanden waren. Natürlich ist auch bei passiven nichtlinearen Systemen die gesamte Leistung auf der Ausgangsseite nicht größer als am Eingang:

$$\int\limits_0^\infty \left[S_{y_L y_L}(\omega, \sigma_x) + S_{vv}(\omega, \sigma_x) \right] d\omega \le \int\limits_0^\infty S_{xx}(\omega)\, d\omega.$$

Wenn das nichtlineare System energiespeicherfrei ist, dann erfährt der Anteil y_L keine spektrale Verformung, denn es wird $y = f(x)$ und damit

$$S_{y_L y_L}(\omega, \sigma_x) = K^2(\sigma_x) \cdot S_{xx}(\omega)$$

mit frequenzunabhängiger äquivalenter Verstärkung. Die spektrale Verformung von $y(t, \sigma_x)$ gegenüber $x(t)$ ist dann allein auf den durch nichtlineare Verzerrungen entstehenden Anteil $v(t, \sigma_x)$ bzw. $S_{vv}(\omega, \sigma_x)$ zurückzuführen. Bei der Berechnung von geschlossenen Regelkreisen mit isolierten Nichtlinearitäten sollte man sicherheitshalber in jedem Fall abzuschätzen versuchen, welchen Einfluß der Verzerrungsanteil auf die übrigen Systemabschnitte ausübt, und ob seine Vernachlässigung beim Rechnen mit den Ersatzkennfunktionen $K(\sigma_x)$ oder $K_{or}(i\omega, \sigma_x)$ überhaupt zulässig ist. Der Verzerrungsanteil beeinflußt also in bezug auf seinen Informationsgehalt (nicht Leistungsinhalt) alle übrigen Systemabschnitte wie ein zusätzliches Signal. Wenn dieses Verzerrungssignal in den auf die Nichtlinearität folgenden Systemen durch Filterwirkung genügend stark gegenüber dem Grundanteil gedämpft wird, ist in vielen Fällen eine Approximation des nichtlinearen Verhaltens durch Beschreibungsfunktionen oder äquivalente Verstärkungen erlaubt. Für eine grobe Abschätzung des Verzerrungseinflusses kann man für eine gegebene Anordnung das Verhältnis

$$\varkappa^2 = \frac{\text{Linear korrelierter Anteil } S_{y_L y_L}(\omega)}{\text{Gesamte Leistungsdichte } S_{yy}(\omega)}$$

bilden, und man findet:

$$\varkappa^2 = \frac{\left|K_{or}(i\omega, \sigma_x)\right|^2 \cdot S_{xx}(\omega)}{S_{yy}(\omega)}$$

$$= \frac{S_{yy}(\omega) - S_{vv}(\omega)}{S_{yy}(\omega)}$$

$$= 1 - \frac{S_{vv}(\omega)}{S_{yy}(\omega)}.$$

Wenn der Verzerrungsanteil gegen Null geht, strebt $\varkappa^2 \to 1$. Bei dieser Zwischenrechnung wurde die zusätzliche Abhängigkeit der Spektren von der Streuung σ_x nicht mitgeschrieben.

Die Bedeutung der verschiedenen Signale ist noch einmal in dem Blockschaltbild XVI.8 erläutert. Hier wird das Ausgangssignal y einem Trennfilter zugeführt, welches den Verzerrungsanteil v von dem Grundanteil y_L abspaltet. Dabei ist bemerkenswert, daß ein Spektrometer, welches Kreuzleistungsspektren auf der Basis linearer statistischer Abhängigkeiten mißt, *automatisch nur den Anteil* S_{xy_L} anzeigt, was für eine Systemanalyse von Bedeutung sein kann. Dieser Sachverhalt ist in Bild XVI.8 durch eine strichlierte Verbindung zwischen y und dem einen Spektrometereingang angedeutet.

Die Feststellung, daß man mit einem Spektrometer die Funktion

$$K_{or}(i\omega, \sigma_x) = \frac{1}{\Psi(\omega)} \cdot \left\{ \frac{S_{xy}(\omega, \sigma_x)}{\Psi^*(\omega)} \right\}^+$$

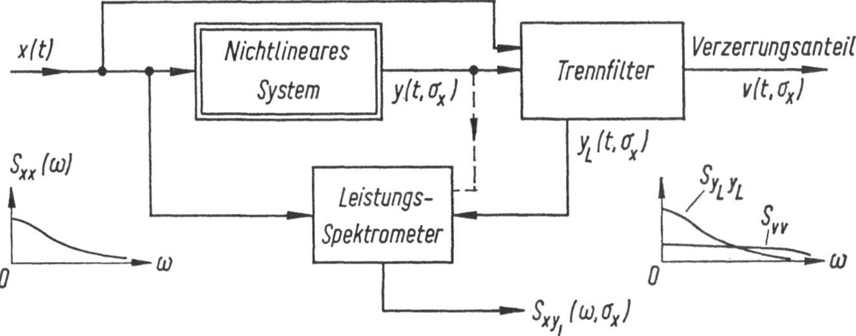

Bild XVI.8. Signalflußbild zur Erläuterung der für das Optimierungsproblem erforderlichen Signale mit einem Hinweis auf die Systemanalyse.

messen kann, gibt Anlaß zu einem Vergleich mit der aus der linearen Theorie bekannten Beziehung

$$F(i\omega) = \frac{S_{xy}(\omega)}{S_{xx}(\omega)}.$$

Die Funktion $F(i\omega)$ beschreibt das lineare System *vollständig* nach Betrag und Phase, während der entsprechende Ausdruck für K_{or} nur die Eigenschaften des für die Nichtlinearität eingeführten *linearen Ersatzsystems* nach Betrag und Phase kennzeichnet. Wenn das nichtlineare System durch eine statische Kennlinie $y = f(x)$ und damit approximativ durch eine streuungsabhängige äquivalente Verstärkung beschrieben wird, dann wird

$$\Phi_{xy}(\tau, \sigma_x) = K(\sigma_x) \cdot \Phi_{xx}(\tau).$$

Dann besteht also *für alle τ Proportionalität* zwischen Φ_{xy} und Φ_{xx}, die von der Streuung σ_x abhängt, vgl. Bild XVI.9a. Da K ein verzögerungsfreies System

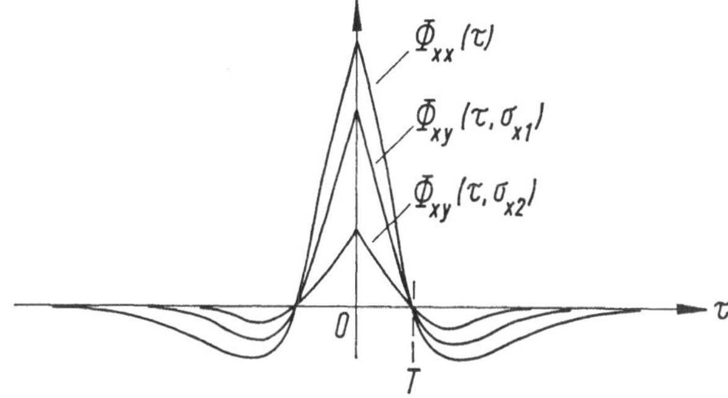

Bild XVI.9a. Zur Erläuterung der τ-unabhängigen Funktion $K(\sigma_x)$. Die Autokorrelationsfunktion $\Phi_{xx}(\tau)$ gehört zum Ausgangssignal eines zweistufigen Filters (einfacher Bandpaß) nach Bild VIII.1, siehe auch Bild VIII.3.

beschreibt, hat die Kreuzkorrelationsfunktion für alle τ die gleiche Form wie die Autokorrelationsfunktion. Man darf sich hier nicht dadurch irritieren lassen, daß Kreuzkorrelationsfunktionen im allgemeinen weder gerade noch ungerade Funktionen sind. Die Bereichseinschränkung für τ auf positive Werte ist nur im Zusammenhang mit der WIENER-HOPFschen Integralgleichung erforderlich, weil diese die Systeme mit dynamischen Verzerrungen kennzeichnet, also können Autokorrelationsfunktionen und Kreuzkorrelationsfunktionen nicht für alle τ die gleiche Form haben.

Die entsprechende Proportionalität ergibt sich nach der Gleichung

$$S_{xy}(\omega, \sigma_x) = K \cdot (\sigma_x) \cdot S_{xx}(\omega)$$

für alle ω im Frequenzbereich, siehe Bild XVI.9b. Auch hier hat die Funktion S_{xy} nicht die Eigenschaften, die man allgemein bei Kreuzleistungsspektren erwartet.

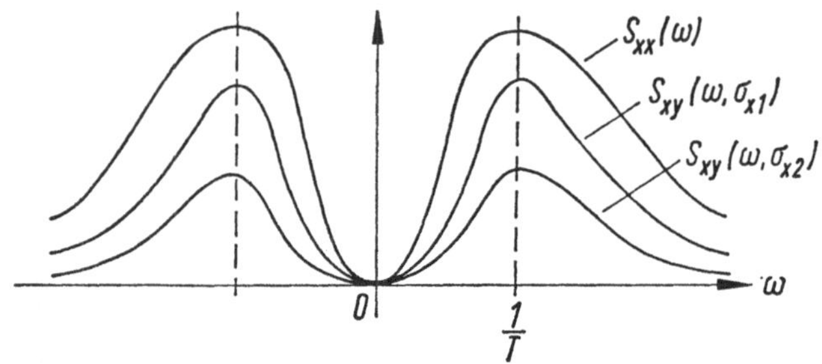

Bild XVI.9b. Verlauf der zu Bild XVI.9a gehörigen Leistungsspektren, vgl. auch die Bilder VIII.1 und VIII.4.

6. Trennfilter zur Messung der Funktionen K und N

6.1 Systeme mit eindeutiger Kennlinie

Bei der Formulierung des WIENERschen Optimierungsproblems in Abschnitt 1 dieses Teiles wurde ein Filter eingeführt, welches für einige praktische Anwendungen von Bedeutung ist. In Bild XVI.10 ist der grundsätzliche Aufbau eines

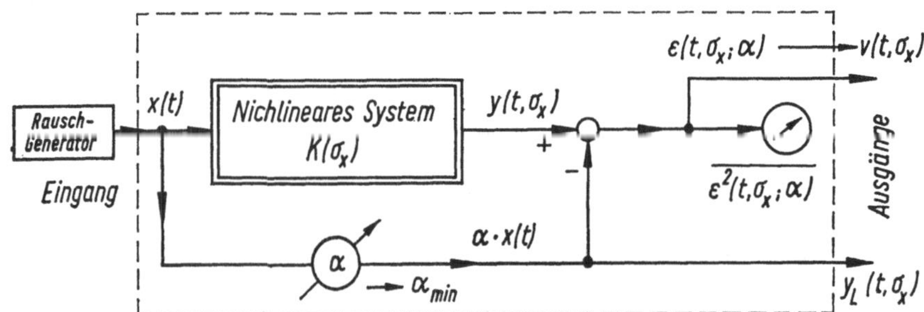

Bild XVI.10. Struktureller Aufbau des Trennfilters, welches den Verzerrungsanteil $v(t, \sigma_x)$ durch ein Kompensationsverfahren von dem linear mit $x(t)$ korrelierten Anteil $y_L(t, \sigma_x)$ abtrennt.

solchen Trennfilters angegeben, für das es erprobte und verhältnismäßig einfache Realisierungen mit Bauelementen der Analogrechentechnik gibt [43]. Die leicht überschaubare Funktionsweise dieses Filters beruht auf dem einfachen Ansatz

$$\varepsilon(t, \sigma_x, \alpha) = y(t, \sigma_x) - \alpha \cdot x(t), \qquad \text{(XVI.12)}$$

der unmittelbar die Verhältnisse von Bild XVI.10 beschreibt. Bei der technischen Realisierung wird über einen kontinuierlich einstellbaren Ohmschen Spannungsteiler der Anteil $\alpha \cdot x(t)$ des Eingangssignals von dem Ausgangssignal des nichtlinearen Systems abgezogen, und das eingezeichnete Instrument mißt entweder den Effektivwert oder den quadratischen Mittelwert des Differenzsignals ε. Stellt man das Spannungsteilerverhältnis α so ein, daß das Meßinstrument minimalen Ausschlag zeigt, dann wird

$$\mathrm{Min}\left\{\overline{\varepsilon^2(t, \sigma_x, \alpha)}\right\} = \overline{v^2(t, \sigma_x)} \quad \text{für } \alpha = \alpha_{\min}.$$

Bei dieser Einstellung für einen festen Wert der Streuung σ_x des Eingangssignals wird das Differenzsignal ε gleich dem Verzerrungssignal v, und der rückgeführte Anteil $\alpha_{\min} \cdot x(t)$ wird gleich dem linear mit $x(t)$ korrelierten Signal

$$\alpha_{\min} \cdot x(t) = K(\sigma_x) \cdot x(t),$$

so daß die Gleichung (XVI.12) in den mehrfach benutzten Ansatz

$$y(t, \sigma_x) = K(\sigma_x) \cdot x(t) + v(t, \sigma_x)$$

übergeht. Von diesem Zwischenergebnis kann man drei praktische Einsatzmöglichkeiten für das Trennfilter ableiten:

a) Bei der beschriebenen Einstellung $\alpha = \alpha_{\min}$ steht mit $v(t, \sigma_x)$ ein zusätzliches Rauschsignal zur Verfügung, das mit $x(t)$ nicht linear korreliert ist [44], [69] und für Meßzwecke ausgenutzt werden kann.

b) Notiert man für eine hinreichend dichte Folge verschiedener Streuungen σ_x die zugehörigen Spannungsteilereinstellungen $\alpha_{\min}$, so erhält man die gemessene äquivalente Verstärkung $K(\sigma_x)$ für das nichtlineare System, wenn seine Kennlinie eindeutig ist.

c) Da das Aufsuchen des Minimums von $\overline{\varepsilon^2(t, x_0, \alpha)}$ nach den Ausführungen von Teil XI.4 bei sinusförmigen Signalen gerade auf die Grundschwingung des Ausgangssignals $y(t, x_0)$ führt, kann mit der gleichen Anordnung, die in Bild XVI.11 als Meßanordnung umgezeichnet ist, auch die Beschreibungsfunktion gemessen werden, solange die Kennlinien der nichtlinearen Systeme durch eindeutige Funktionen beschrieben werden.

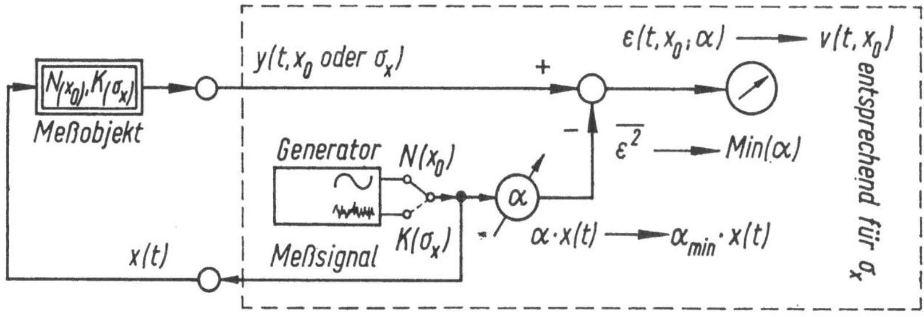

Bild XVI.11. Anordnung zur Messung der Funktionen $N(x_0)$ und $K(\sigma_x)$ für Nichtlinearitäten mit eindeutiger Kennlinie $y = f(x)$.

Mit der Anordnung von Bild XVI.11 kann man auch die frequenzabhängige Beschreibungsfunktion $N(x_0, i\omega)$ für nichtlineare Systeme messen, deren Eigenschaften durch eine eindeutige Funktion $y = f(x, \dot{x}, \ldots)$ beschrieben werden.

Man braucht dazu nur die verschiedenen Werte von $\alpha_{\min}$ als Funktionen der Frequenz zu bestimmen, indem man bei festgehaltener Signalamplitude x_0 eine hinreichend dichte Folge von verschiedenen Frequenzen des Meßsignals einstellt.

Man erhält dann Kurvenscharen, bei denen man die Auswahl zwischen verschiedenen Parametrierungen für x_0 und ω hat.

Beim Übergang zu Nichtlinearitäten mit mehrdeutiger Kennlinie kann man zunächst leicht ausrechnen, welches Meßergebnis die Anordnung von Bild XVI.11 für ein Meßsignal $x(t) = x_0 \cdot \sin \omega_0 t$ liefert:

$$\overline{\varepsilon^2(t, x_0, \alpha)} = \overline{\{y(t, x_0) - \alpha \cdot x_0 \cdot \sin \omega_0 t\}^2}$$

$$= \overline{y^2(t, x_0)} - 2\alpha \cdot \overline{y(t, x_0) \cdot x_0 \sin \omega_0 t} + \alpha^2 \cdot x_0{}^2 \cdot \overline{\sin^2 \omega_0 t},$$

und das Minimum dieses quadratischen Mittelwertes tritt auf für die Einstellung

$$\alpha = \frac{2}{x_0} \cdot \overline{y(t, x_0) \cdot \sin \omega_0 t}$$

$$= \frac{\omega_0}{\pi x_0} \cdot \int\limits_0^{2\pi/\omega_0} y(t, x_0) \cdot \sin \omega_0 t \, \mathrm{d}t.$$

Dies ist gerade der Realteil $U(x_0)$ der Beschreibungsfunktion nach Gl. (XI.4). Um zur Bestimmung der vollständigen komplexen Beschreibungsfunktion

$$N(x_0) = U(x_0) + i \cdot V(x_0)$$

auch noch den Imaginärteil

$$V(x_0) = \frac{\omega_0}{\pi x_0} \cdot \int\limits_0^{2\pi/\omega_0} y(t, x_0) \cdot \cos \omega_0 t \, \mathrm{d}t$$

messen zu können, muß man einen Signalgenerator vorsehen, der außer $x(t)$ noch das orthogonale Signal $x^0(t) = x_0 \cdot \cos \omega_0 t$ erzeugt, und man muß nach der im Bild XVI.12 gezeigten erweiterten Meßeinrichtung zusätzlich das

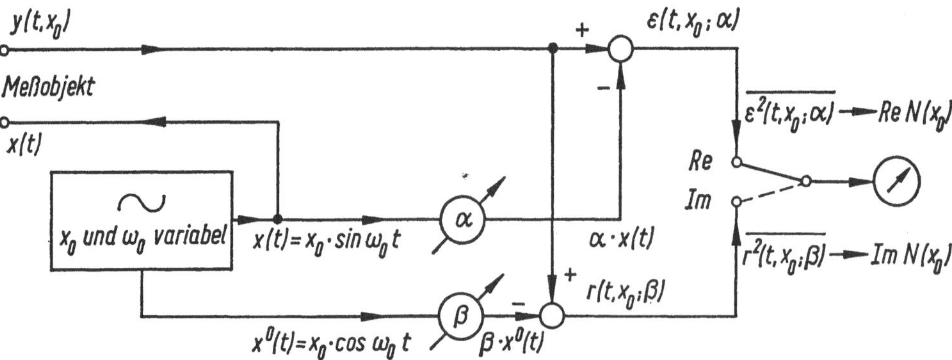

Bild XVI.12. Anordnung zur Messung von Realteil und Imaginärteil komplexer Beschreibungsfunktionen für Systeme mit mehrdeutiger Kennlinie.

Minimum von $\overline{r^2(t, x_0, \beta)}$ durch Verändern des Spannungsteilerverhältnisses β einstellen, woraus sich für verschiedene Werte von x_0 der Imaginärteil $V(x_0)$ ermitteln läßt. Eine einfache Rechnung ergibt hier sofort

$$\overline{r^2(t, x_0, \beta)} = \overline{\{y(t, x_0) - \beta \cdot x_0 \cos \omega_0 t\}^2}$$

mit dem Minimum dieses quadratischen Mittelwertes für

$$\beta_{\min} = \frac{2}{x_0} \cdot \overline{y(t, x_0) \cos \omega_0 t} = V(x_0).$$

Auch die Schaltung von Bild XVI.12 gestattet durch Variation der Signalfrequenz die Aufnahme von frequenzabhängigen Beschreibungsfunktionen $N(x_0, i\omega)$ für dynamische Nichtlinearitäten.

Auch in der linearen Theorie ist ein Kompensationsverfahren bekannt, das eine gewisse Verwandtschaft zu den hier entwickelten Gedankengängen besitzt [68].

6.2 Systeme mit mehrdeutigen Kennlinien und stochastischen Eingangssignalen

Beim Übergang zu stochastischen Eingangssignalen für mehrdeutige Nichtlinearitäten ergeben sich wesentlich verwickeltere Verhältnisse. Bei Verwendung der Meßschaltung von Bild XVI.11 erhält man wiederum den Realteil der komplexen Funktion $K(\sigma_x)$, jedoch ist die Messung des Imaginärteils nicht so einfach möglich wie im Fall sinusförmiger Erregung. Man muß analog zu dem Vorgehen bei der Bestimmung von $V(x_0)$ alle Teilkomponenten des Rauschsignals $x(t)$ einer Phasendrehung um $-90°$ unterwerfen. Dadurch entsteht, wie in Teil VI.3 ausführlich dargelegt wurde, das zu $x(t)$ orthogonale Signal $x^0(t)$ über die HILBERT-Transformation

$$x^0(t) = -\frac{1}{\pi} \cdot \int\limits_{-\infty}^{+\infty} \frac{x(u)}{t - u}\, \mathrm{d}u.$$

Für relativ schmalbandige Rauschsignale $x(t)$ läßt sich diese Transformation in guter Näherung durch einen 90°-Phasenschieber realisieren. Im übrigen kann man wieder die Meßanordnung von Bild XVI.12 benutzen. Es liegt nicht im Bereich dieser grundsätzlichen Überlegungen zu entscheiden, wie hoch von Fall zu Fall der technische Aufwand zur Durchführung einer solchen Messung sein wird. Wenn ein Analogrechner zur Verfügung steht, lassen sich alle geschilderten Meßverfahren gut realisieren [43].

Grundsätzlich handelt es sich darum, durch Aufsuchen der Minima des quadratischen Mittelwertes $\overline{r^2(t, \sigma_x, \beta)}$ den Imaginärteil der Funktion

$$K(\sigma_x) = \operatorname{Re} K(\sigma_x) + i \cdot \operatorname{Im} K(\sigma_x)$$

zu bestimmen:

$$\overline{r^2(t, \sigma_x, \beta)} = \overline{\{y(t, \sigma_x) - \beta \cdot x^0(t)\}^2} \rightarrow \operatorname{Min}(\beta),$$

wobei $y(t, \sigma_x)$ die zu $x(t)$ gehörige Systemantwort bedeutet. Man findet durch eine einfache Rechnung

$$\beta_{\min} = \frac{1}{\overline{x^{0^2}(t)}} \cdot \overline{x^0(t) \cdot y(t)}.$$

Wenn der lineare Mittelwert von $x(t)$ Null war, so gilt dies auch für $x^0(t)$, und es wird $\sigma_x{}^0 = \sigma_x$, folglich lautet der gesuchte Imaginärteil:

$$\operatorname{Im} K(\sigma_x) = \frac{1}{\sigma_x{}^2} \cdot \Phi_{x^0 y}(0).$$

Geht man von dem schon mehrfach benutzten Ansatz

$$y(t, \sigma_x) = \int\limits_0^\infty G_{or}(u, \sigma_x) \cdot x(t-u)\,\mathrm{d}u + v(t, \sigma_x)$$

aus, so sieht man sofort, daß mit der Kreuzkorrelationsfunktion $\Phi_{x^0 y}(\tau)$ nur der mit $x^0(t)$ linear korrelierte Anteil von $y(t)$ gemeint ist:

$$\Phi_{x^0 y}(\tau, \sigma_x) = \int\limits_0^\infty G_{or}(u, \sigma_x) \cdot \Phi_{x^0 y}(\tau - u)\,\mathrm{d}u + 0, \quad \tau \geq 0,$$

mit dem Sonderfall

$$\Phi_{x^0 y}(\tau, \sigma_x) = K(\sigma_x) \cdot \Phi_{x^0 x}(\tau)$$

für $G_{or}(t, \sigma_x) = K(\sigma_x) \cdot \delta(t)$. Für die Kreuzleistungsspektren gilt nach Teil VI.4.2 im linearen Fall:

$$
\begin{aligned}
S_{x^0 y}(\omega) &= F(i\omega) \cdot S_{x^0 x}(\omega) \\
&= F(i\omega) \cdot i \cdot \operatorname{sgn}\omega \cdot S_{xx}(\omega) \\
&= i \cdot \operatorname{sgn}\omega \cdot S_{xy}(\omega),
\end{aligned}
$$

und dieser Relation entspricht die Faltungsbeziehung nach HILBERT:

$$\Phi_{x^0 y}(\tau) = \frac{1}{\pi} \cdot \mathrm{V.\,P.} \int\limits_{-\infty}^{+\infty} \frac{\Phi_{xy}(u)}{\tau - u}\,\mathrm{d}u.$$

Damit ist $\Phi_{x^0 y}(\tau)$ als Kreuzkorrelationsfunktion eine ungerade Funktion von τ, und die äquivalente Verstärkung geht über in die Form

$$K(\sigma_x) = \frac{1}{\sigma_x{}^2} \cdot \{\Phi_{xy}(0) + i \cdot \Phi_{x^0 y}(0)\}.$$

Abschließend soll anhand von Bild XVI.13 anschaulich erläutert werden, wie das Ausgangssignal $y(t, \sigma_x)$ eines nichtlinearen Systems mit Hysteresecharakter entsteht, wenn $x(t)$ ein stochastisches Signal ist. Das Teilbild a zeigt die statische Kennlinie, die beispielsweise bei Systemen mit Lose auftritt. Die Bilder b und c lassen erkennen, wie man bei gegebenem Eingangssignal für einen

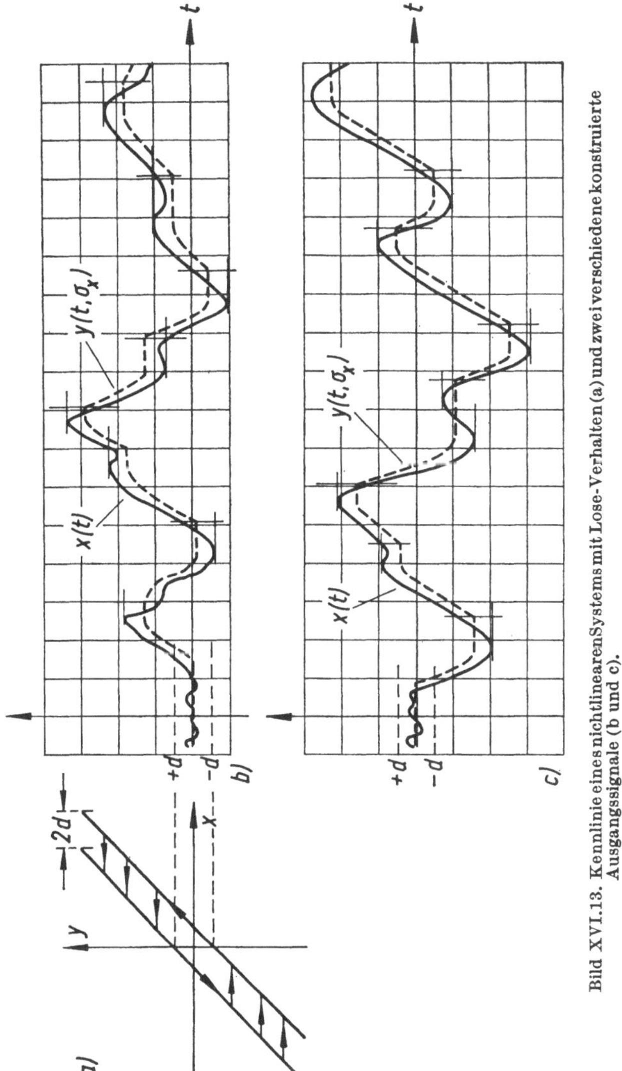

Bild XVI.13. Kennlinie eines nichtlinearen Systems mit Lose-Verhalten (a) und zwei verschiedene konstruierte Ausgangssignale (b und c).

festen Lose-Bereich $2d$ das Ausgangssignal konstruieren kann. Unter anderem sieht man deutlich, daß man den gängigen Begriff „Phasenverschiebung" aus der linearen Theorie nicht ohne weiteres übernehmen kann, um die Verhältnisse zu beschreiben. Je größer die Ausschläge im Vergleich zum Lose-Bereich $2d$ sind, desto weniger kommt dieser zur Auswirkung. Andererseits weicht die Kurvenform des Ausgangssignals um so mehr von derjenigen der Eingangsgröße ab, je kleiner die Amplituden von $x(t)$ sind. Amplitudenschwankungen des Eingangssignals, die kleiner als $2d$ sind, werden überhaupt nicht übertragen. Das „Nachhinken" von $y(t, \sigma_x)$ gegenüber $x(t)$ ist weder als Totzeit noch als Phasenverschiebung im linearen Sinne zu deuten.

XVII. Abhängigkeit der Korrelationsfunktionen und Leistungsspektren von der nichtlinearen Funktion $y=f(x)$, Reihenentwicklungen

1. Der Zusammenhang zwischen $\Phi_{xy}(\tau)$, $S_{xy}(\omega)$ und $f(x)$

In diesem Abschnitt werden wir nicht von der Frage nach der besten linearen Approximation für ein gegebenes nichtlineares System ausgehen, sondern direkt die Korrelationsfunktionen in Abhängigkeit von $f(x)$ für energiespeicherfreie Systeme berechnen. Es werden sich Ergebnisse aus den vorangegangenen Abschnitten einstellen, ohne daß der Approximationsgesichtspunkt explizit formuliert worden ist. Wir berechnen zunächst die Kreuzkorrelationsfunktion aus der Definitionsgleichung über die Ensemble-Mittelwertbildung:

$$\Phi_{xy}(\tau) = \int\limits_{-\infty}^{+\infty} \int\limits_{-\infty}^{+\infty} u \cdot f(v) \cdot p_{\mathrm{II}}(u, v, \tau)\, du\, dv, \qquad \text{(XVII.1)}$$

und für Signale mit einer GAUSSschen Verteilungsdichte ist

$$p_{\mathrm{II}}(u, v, \tau) = \frac{1}{2\pi\sigma^2 \cdot \sqrt{1 - \varrho^2(\tau)}} \cdot e^{-\frac{u^2 - 2\varrho(\tau)\cdot uv + v^2}{2\sigma^2 \cdot [1 - \varrho^2(\tau)]}}.$$

Diese Funktion beschreibt die statistischen Eigenschaften der Vorgänge

$$u = x(t) \quad \text{und} \quad v = x(t + \tau),$$

die wegen der allgemein vorausgesetzten Stationarität die gleiche Streuung besitzen: $\sigma_u = \sigma_v = \sigma$, und die normierte Korrelationsfunktion ist

$$\varrho(\tau) = \frac{1}{\sigma_x{}^2} \cdot \Phi_{xx}(\tau).$$

Setzt man die Verteilungsdichtefunktion in das Doppelintegral (XVII.1) ein, so folgt mit den Variablen-Transformationen

$$\frac{v}{\sigma} = z \quad \text{und} \quad \frac{u - \varrho \cdot v}{\sigma \cdot \sqrt{2} \cdot \sqrt{1 - \varrho^2}} = s$$

zunächst

$$u = \sigma \cdot \sqrt{2} \cdot \sqrt{1 - \varrho^2} \cdot s + \sigma\varrho z$$

$$v = \sigma \cdot z$$

mit der Funktionaldeterminante

$$\frac{\partial(u, v)}{\partial(s, z)} = \sigma^2 \cdot \sqrt{2} \cdot \sqrt{1 - \varrho^2},$$

und für das Doppelintegral ergibt sich nach einer einfachen Zwischenrechnung:

$$\Phi_{xy}(\tau) = \frac{\sigma}{\pi} \cdot \sqrt{1 - \varrho^2} \cdot \int\limits_{-\infty}^{+\infty} f(\sigma \cdot z) \cdot e^{-\frac{z^2}{2}} \cdot$$

$$\cdot \int\limits_{-\infty}^{+\infty} \left\{ s + \frac{\varrho \cdot z}{\sqrt{2 \cdot (1 - \varrho^2)}} \right\} \cdot e^{-s^2}\, ds\, dz.$$

Das Integral über s besteht aus zwei Anteilen, von denen der erste verschwindet, weil der Integrand $s \cdot e^{-s^2}$ eine ungerade Funktion von s ist. Der verbleibende Anteil wird

$$\frac{\varrho \cdot z}{\sqrt{2 \cdot (1 - \varrho^2)}} \cdot \int\limits_{-\infty}^{+\infty} e^{-s^2}\, ds = \sqrt{\frac{\pi}{2}} \cdot \frac{\varrho \cdot z}{\sqrt{1 - \varrho^2}},$$

also ergibt sich:

$$\Phi_{xy}(\tau) = \frac{\sigma}{\sqrt{2\pi}} \cdot \varrho_{xx}(\tau) \cdot \int\limits_{-\infty}^{+\infty} z \cdot f(\sigma \cdot z) \cdot e^{-\frac{z^2}{2}}\, dz \longrightarrow \Phi_{xy}(\tau, \sigma), \qquad \text{(XVII.2)}$$

und die WIENER-KHINTCHINE-Transformation führt sofort auf

$$S_{xy}(\omega) = \frac{1}{\sqrt{2\pi} \cdot \sigma} \cdot S_{xx}(\omega) \cdot \int\limits_{-\infty}^{+\infty} z \cdot f(z \cdot \sigma) \cdot e^{-\frac{z^2}{2}}\, dz \longrightarrow S_{xy}(\omega, \sigma). \quad \text{(XVII.3)}$$

An diesen Ergebnissen erkennt man deutlich, wie die Abhängigkeit der Kreuzkorrelationsfunktion und des Kreuzleistungsspektrums von der Streuung des Eingangssignals zustande kommt. Setzt man $\sigma \cdot z = x$, $\sigma = \sigma_x$, und führt man die GAUSSsche Verteilungsdichtefunktion ein, so wird

$$\Phi_{xy}(\tau, \sigma_x) = \Phi_{xx}(\tau) \cdot \frac{1}{\sigma_x^2} \cdot \int\limits_{-\infty}^{+\infty} x \cdot f(x) \cdot p(x)\, dx$$

$$= \Phi_{xx}(\tau) \cdot K(\sigma_x)$$

und entsprechend

$$S_{xy}(\omega, \sigma_x) = S_{xx}(\omega) \cdot K(\sigma_x).$$

Interpretation der Ergebnisse

a) Die Relationen (XVII. 2 und 3), die man auch in der Form

$$K(\sigma_x) = \frac{\Phi_{xy}(\tau, \sigma_x)}{\Phi_{xx}(\tau)}$$

oder

$$K(\sigma_x) = \frac{S_{xy}(\omega, \sigma_x)}{S_{xx}(\omega)}$$

schreiben kann, gelten nur für energiespeicherfreie Nichtlinearitäten mit statischen Kennfunktionen $y = f(x)$. Auffallend ist, daß sich die beiden obigen Darstellungen für $K(\sigma_x)$ ergeben haben, ohne daß der Gesichtspunkt einer linearen Approximation ausdrücklich formuliert worden ist. Daß sich trotzdem die auf anderen Wegen gefundenen Zusammenhänge (XI.8) und (XVI.4) sowie deren $\mathscr{F}$-Transformierte ergeben, ist darauf zurückzuführen, daß die Definitionsgleichung für $\Phi_{xy}(\tau)$ nur die lineare Kreuzkorrelation der Signale $x(t)$ und $y(t, \sigma_x)$ beschreibt, unabhängig davon, ob y das Ausgangssignal eines linearen oder eines nichtlinearen Systems ist. Aus diesem Grund mußte der Ansatz (XVII.1) zwangsläufig auf die äquivalente Verstärkung $K(\sigma_x)$ führen.

b) Die optimale Approximation für ein nichtlineares System mit Energiespeichern, das streng durch eine nichtlineare Differentialgleichung

$$y = f(x, \dot{x}, \ldots)$$

beschrieben wird, führt durch Anwendung der WIENERschen Theorie auf die verallgemeinerte äquivalente Verstärkung

$$K_{or}(i\omega, \sigma_x) = \frac{1}{\Psi(\omega)} \cdot \left\{ \frac{S_{xy}(\omega, \sigma_x)}{\Psi^*(\omega)} \right\}^+ , \qquad (\text{XVII.4})$$

von der die Form

$$K(\sigma_x) = \frac{S_{xy}(\omega, \sigma_x)}{S_{xx}(\omega)}$$

nur ein Spezialfall ist, der dann eintritt, wenn keine signalverformenden Energiespeicher vorhanden sind. Dann und nur dann wird auch nach der WIENER-HOPFschen Integralgleichung für $G_{or}(t, \sigma_x) = K(\sigma_x) \cdot \delta(t)$

$$\Phi_{xy}(\tau) = \int\limits_{-\infty}^{+\infty} K(\sigma_x) \cdot \delta(v) \cdot \Phi_{xx}(\tau - v) \, dv$$

$$= K(\sigma_x) \cdot \Phi_{xx}(\tau) \quad \text{für alle } \tau.$$

Zur besseren Übersicht sind in der Tafel XVII.1 noch einmal die Zusammenhänge zwischen den verschiedenen Funktionen dargestellt.

2. Der Zusammenhang zwischen $\Phi_{yy}(\tau)$, $S_{yy}(\omega)$ und der äquivalenten Verstärkung

2.1 Darstellung der Autokorrelationsfunktion durch Reihenentwicklung nach HERMITEschen Polynomen

Wenn die Eigenschaften eines nichtlinearen Systems durch eine Funktion $y = f(x)$ gekennzeichnet werden können, dann läßt sich die Autokorrelationsfunktion des Ausgangssignals aus einer Ensemble-Mittelwertbildung berechnen:

$$\Phi_{yy}(\tau) = \int\limits_{-\infty}^{+\infty} \int\limits_{-\infty}^{+\infty} f(u) \cdot f(v) \cdot p_{\text{II}}(u, v, \tau) \, du \, dv. \qquad (\text{XVII.5})$$

Tafel XVII.1

Nichtlineare Systeme mit statischer Kennlinie $y = f[x(t)]$	Nichtlineare Systeme mit dynamischer Kennlinie $y = f[x(t), \dot{x}(t), \ldots]$
Linearisierende Ansätze:	
$y_L(t, \sigma_x) = K(\sigma_x) \cdot x(t)$	$y_L(t, \sigma_x) = \int\limits_0^\infty G(u, \sigma_x) \cdot x(t - u)\, du$
QMW-Kriterium führt auf:	
$\Phi_{xy}(0, \sigma_x) = K(\sigma_x) \cdot \Phi_{xx}(0)$ beziehungsweise $\Phi_{xy}(\tau, \sigma_x) = K(\sigma_x) \cdot \Phi_{xx}(\tau)$	WIENER-HOPFsche Integralgleichung für die Gewichtsfunktion $G_{or}(t, \sigma_x)$ $\Phi_{xy}(\tau, \sigma_x) = \int\limits_0^\infty G_{or}(u, \sigma_x) \cdot \Phi_{xx}(\tau - u)\, du,$ $\tau \geq 0.$
Daraus folgen die „linearen" Ersatzkenngrößen:	
a) im Zeitbereich	
$G_{or}(t, \sigma_x) = K(\sigma_x) \cdot \delta(t)$ mit $K(\sigma_x) = \dfrac{\Phi_{xy}(\tau, \sigma_x)}{\Phi_{xx}(\tau)}$ (äquivalenter Verstärkungsfaktor, dargestellt durch Korrelationsfunktionen)	$G_{or}(t, \sigma_x) = \mathscr{F}^{-1}\{K_{or}(i\omega, \sigma_x)\}$ (streuungsabhängige Gewichtsfunktion des optimalen linearen Ersatzsystems)
b) im Frequenzbereich	
$K(\sigma_x) = \dfrac{S_{xy}(\omega, \sigma_x)}{S_{xx}(\omega)}$ (äquivalenter Verstärkungsfaktor, dargestellt durch Leistungsspektren)	$K_{or}(i\omega, \sigma_x) = \dfrac{1}{\psi(\omega)} \cdot \left\{\dfrac{S_{xy}(\omega, \sigma_x)}{\psi^*(\omega)}\right\}^+$ (frequenz- und streuungsabhängige äquivalente Verstärkung als Verallgemeinerung von $K(\sigma_x)$)

Die Veränderliche τ geht über die normierte Korrelationsfunktion $\varrho(\tau)$ in die Verteilungsdichtefunktion ein, und für stationäre GAUSSsche Prozesse wird (vgl. Abschnitt 1):

$$p_{II}(u, v, \tau) = \frac{1}{2\pi\sigma^2 \cdot \sqrt{1 - \varrho^2}} \cdot e^{-\frac{u^2 - 2\varrho uv + v^2}{2\sigma^2 \cdot (1 - \varrho^2)}}.$$

Wenn man diese Funktion in das Doppelintegral für $\Phi_{yy}(\tau)$ einsetzt, dann entsteht ein Ausdruck, den man durch Reihenentwicklung in eine bequem auswertbare Form bringen kann. Nachdem man sich auf GAUSSsche Verteilungsdichtefunktionen festgelegt hat, bieten sich als Entwicklungsfunktionen offensichtlich die HERMITEschen Polynome

$$H'_n(x) = (-1)^n \cdot e^{x^2} \cdot \frac{d^n}{dx^n}\left\{ e^{-x^2} \right\}$$

an, die für das Intervall $(-\infty, +\infty)$ und die Gewichtsfunktion e^{-x2} ein orthogonales System bilden. Für eine gegebene Funktion $g(x)$ ergibt sich dann die Darstellung

$$g(x) = \sum_{n=0}^{\infty} a_n \cdot H'_n(x)$$

mit den Entwicklungskoeffizienten

$$a_n = \frac{1}{2^n \cdot n! \cdot \sqrt{\pi}} \cdot \int_{-\infty}^{+\infty} g(x) \cdot e^{-x^2} \cdot H'_n(x)\, dx.$$

Für die Anwendung dieses Entwicklungssystems auf das Doppelintegral (XVII.5) geht man von der leicht abgewandelten Form

$$H_n(z) = \frac{(-1)^n}{\sqrt{n!}} \cdot e^{\frac{z^2}{2}} \cdot \frac{d^n}{dz^n}\left\{ e^{-\frac{z^2}{2}} \right\}$$

aus, deren erste fünf Polynome folgendermaßen lauten [45]:

$$H_0(z) = 1,$$

$$H_1(z) = z,$$

$$H_2(z) = \frac{1}{\sqrt{2}} \cdot (z^2 - 1),$$

$$H_3(z) = \frac{1}{\sqrt{6}} \cdot (z^3 - 3z),$$

$$H_4(z) = \frac{1}{\sqrt{24}} \cdot (z^4 - 6z^2 + 3).$$

Mit diesem orthnormalen Funktionensystem erhält man über die Substitutionen $u = \sigma \cdot z_1$, $v = \sigma \cdot z_2$ für die Verteilungsdichtefunktion:

$$p_{II}(z_1, z_2, \tau) = \frac{1}{2\pi\sigma^2 \cdot \sqrt{1 - \varrho^2}} \cdot e^{-\frac{z_1^2 - 2\varrho z_1 z_2 + z_2^2}{2 \cdot (1-\varrho)^2}}$$

$$= \frac{1}{2\pi\sigma^2} \cdot e^{-\frac{z_1^2 + z_2^2}{2}} \cdot \sum_{n=0}^{\infty} \varrho^n \cdot H_n(z_1) \cdot H_n(z_2),$$

und für die Autokorrelationsfunktion folgt mit dieser Darstellung [9]:

$$\Phi_{yy}(\tau) = \frac{1}{2\pi} \cdot \int\limits_{-\infty}^{+\infty} \int\limits_{-\infty}^{+\infty} f(\sigma \cdot z_1) \cdot f(\sigma \cdot z_2) \cdot e^{-\frac{z_1^2 + z_2^2}{2}} \cdot$$

$$\cdot \sum_{n=0}^{\infty} \varrho^n \cdot H_n(z_1) \cdot H_n(z_2) \; dz_1 \, dz_2$$

$$= \frac{1}{2\pi} \cdot \sum_{n=0}^{\infty} \varrho^n \cdot \int\limits_{-\infty}^{+\infty} \int\limits_{-\infty}^{+\infty} f(\sigma \cdot z_1) \cdot f(\sigma \cdot z_2) \cdot e^{-\frac{z_1^2 + z_2^2}{2}} \cdot H_n(z_1) \cdot H_n(z_2) \; dz_1 \, dz_2$$

$$= \sum_{n=0}^{\infty} \varrho^n \cdot a_n^2 \qquad\qquad\qquad\qquad (\text{XVII.6})$$

mit den Koeffizienten

$$a_n = \frac{1}{\sqrt{2\pi}} \cdot \int\limits_{-\infty}^{+\infty} f(\sigma \cdot z) \cdot H_n(z) \cdot e^{-\frac{z^2}{2}} \; dz.$$

Führt man mit der Substitution $z = x/\sigma_x$ die GAUSSsche Verteilungsdichte $p(x)$ ein, so erhält man

$$a_n = 2 \cdot \int\limits_{0}^{\infty} f(x) \cdot H_n\left(\frac{x}{\sigma_x}\right) \cdot p(x) \; dx, \qquad (\text{XVII.7})$$

und für ungerade Funktionen $f(x) = -f(-x)$ werden alle Koeffizienten a_n mit geradzahligen Indizes gleich Null. In der Reihenentwicklung

$$\Phi_{yy}(\tau) = a_1^2 \cdot \varrho(\tau) + a_2^2 \cdot \varrho^2(\tau) + a_3^2 \cdot \varrho^3(\tau) + \dots$$

kommen Potenzen der normierten Autokorrelationsfunktion $\varrho(\tau)$ vor, und diese führen zu einer „Stauchung" der potenzierten Anteile gegenüber $\varrho(\tau)$. Bei einer exponentiell abklingenden Korrelationsfunktion mit der Abklingkonstanten T bedeutet die n-te Potenz, daß der Abfall mit der Zeitkonstanten T/n erfolgt. Diesem Sachverhalt entspricht im Spektralbereich eine „Verbreiterung", in welcher die durch nichtlineare Verzerrung zusätzlich entstehenden spektralen Komponenten zum Ausdruck kommen.

2.2 Lineare Approximation

Bricht man die Reihenentwicklung für die Autokorrelationsfunktion schon nach dem ersten Glied ab, so ergibt sich

$$\Phi_{yy}(\tau) \approx a_1^2 \cdot \varrho(\tau)$$

mit

$$H_1\left(\frac{x}{\sigma_x}\right) = \frac{x}{\sigma_x}$$

und

$$a_1 = \frac{2}{\sigma_x} \cdot \int_0^\infty x \cdot f(x) \cdot p(x)\, \mathrm{d}x.$$

Ein Vergleich mit dem Ausdruck für die äquivalente Verstärkung des nichtlinearen Systems,

$$K(\sigma_x) = \frac{1}{\sigma_x{}^2} \cdot \int_{-\infty}^{+\infty} x \cdot f(x) \cdot p(x)\, \mathrm{d}x,$$

führt auf den einfachen Zusammenhang

$$a_1 = \sigma_x \cdot K(\sigma_x),$$

und man erhält eine weitere Bestätigung der bekannten Relation

$$\Phi_{yy}(\tau, \sigma_x) \approx \sigma_x{}^2 \cdot K^2(\sigma_x) \cdot \varrho(\tau),$$
$$\approx K^2(\sigma_x) \cdot \Phi_{xx}(\tau),$$

wobei das Quadrat der äquivalenten Verstärkung in Analogie zu $|F(i\omega)|^2$ bei linearen Systemen als Wirkleistungsübertragungsfaktor auftritt, denn die gleiche Beziehung gilt auch zwischen den Wirkleistungsspektren, weil K weder von der Zeit noch von der Frequenz abhängig ist. Bei dieser Näherung wird also im Hinblick auf die Gleichung (XIII.2)

$$\Phi_{yy}(\tau, \sigma_x) = K^2(\sigma_x) \cdot \Phi_{xx}(\tau) + \Phi_{vv}(\tau, \sigma_x)$$

offensichtlich gerade die Wirkleistung des Verzerrungsanteils gegen den Grundanteil vernachlässigt. Bei Beschränkung auf das lineare Glied in der Entwicklung (XVII.6) tritt also im τ-Bereich keine „Stauchung" von Φ_{yy} gegenüber Φ_{xx} auf, und daraus folgt, daß der linear mit $x(t)$ korrelierte Signalanteil y_L den gleichen Spektralbereich umfaßt wie das Eingangssignal:

$$S_{y_L y_L}(\omega) = K^2(\sigma_x) \cdot S_{xx}(\omega).$$

Das folgende Beispiel wird die Zusammenhänge noch verdeutlichen.

2.3 Approximation für eine Begrenzerkennlinie

Die statische Kennlinie des Begrenzers nach Bild XVII.1 wird durch eine ungerade Funktion beschrieben, und wir beschränken die Entwicklung für die Autokorrelationsfunktion des Ausgangssignals auf die beiden ersten Glieder der Reihe (XVII.6):

$$\Phi_{yy}(\tau) \approx a_1{}^2 \cdot \varrho(\tau) + a_3{}^2 \cdot \varrho^3(\tau).$$

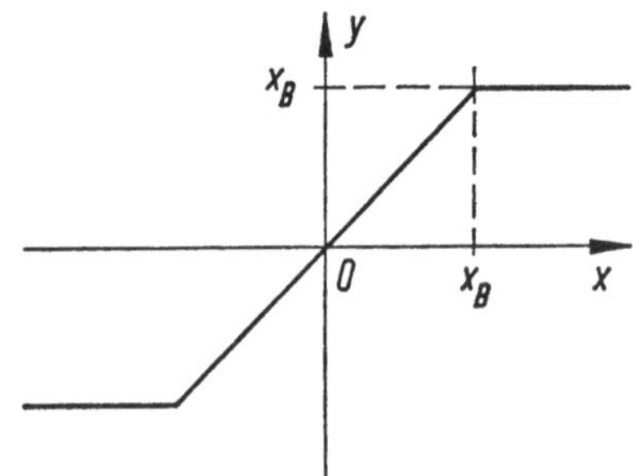

Bild XVII.1. Kennlinie eines symmetrischen Begrenzers (Beispiel zur Reihenentwicklung).

Nach den voranstehenden Erläuterungen bedeutet dies die Ergänzung der linearen Näherung durch die äquivalente Verstärkung mit

$$a_1{}^2 = \sigma_x{}^2 \cdot K^2(\sigma_x)$$

um den Summanden $a_3{}^2 \cdot \varrho^3(\tau)$. Man findet für den Koeffizienten

$$a_3 = \frac{1}{\sqrt{3\pi \cdot \sigma_x{}^2}} \cdot \int\limits_0^\infty f(x) \cdot x \cdot \left(\frac{x^2}{\sigma_x{}^2} - 3\right) \cdot e^{-\frac{x^2}{2\sigma_x{}^2}}\, dx,$$

und nach einer Zwischenrechnung, die ähnlich verläuft wie in den früher behandelten Beispielen, ergibt sich

$$a_3 = - \frac{x_B}{\sqrt{3\pi}} \cdot e^{-\frac{x_B{}^2}{2\sigma_x{}^2}}.$$

Damit lautet die Näherung für die Autokorrelationsfunktion:

$$\Phi_{yy}(\tau, \sigma_x) \approx \sigma_x{}^2 \cdot K^2(\sigma_x) \cdot \varrho(\tau) + \frac{x_B{}^2}{3\pi} \cdot e^{-\frac{x_B{}^2}{\sigma_x{}^2}} \cdot \varrho^3(\tau).$$

Dieses Ergebnis läßt sich etwas umformen. Zu dem Begrenzer gehört die äquivalente Verstärkung

$$K(\sigma_x) = \mathrm{erf}\left(\frac{x_B}{\sqrt{2} \cdot \sigma_x}\right),$$

und für große Eingangsleistungen, die durch die Ungleichung

$$\frac{x_B}{\sqrt{2} \cdot \sigma_x} \ll \frac{1}{4} \quad \text{oder} \quad \sigma_x \gg \frac{x_B}{\sqrt{8}}$$

gekennzeichnet sind, vereinfacht sich $K(\sigma_x)$ zu

$$K(\sigma_x) \approx \frac{2}{\sqrt{\pi}} \cdot \frac{x_B}{\sqrt{2} \cdot \sigma_x},$$

und damit wird der erste Koeffizient der Entwicklung

$$a_1 \approx \sqrt{\frac{2}{\pi}} \cdot x_B.$$

Andererseits wird für große Ausgangsleistungen

$$a_3 \approx - \frac{x_B}{\sqrt{3\pi}},$$

und man findet für die Autokorrelationsfunktion die Näherung

$$\Phi_{yy}(\tau) \approx \frac{2x_B{}^2}{\pi} \cdot \left\{\varrho(\tau) + \frac{1}{6} \cdot \varrho^3(\tau)\right\}.$$

Man beachte, daß für große Eingangsleistungen das Koeffizientenverhältnis $a_3{}^2/a_1{}^2$ nur noch $^1/_6$ ist. Die Glieder höherer Ordnung werden vernachlässigbar klein gegen $a_1{}^2$, das Glied fünfter Ordnung liefert den Beitrag $\dfrac{3}{40} \cdot \varrho^5(\tau)$.

Das Ergebnis zeigt, daß innerhalb der geschweiften Klammern gerade die ersten Glieder der Potenzreihenentwicklung für die Funktion $\arcsin \varrho(\tau)$ stehen, und mit der Darstellung

$$\arcsin \varrho(\tau) = \sum_{n=0}^{\infty} \frac{(2n)!}{2^{2n} \cdot (n!)^2 \cdot (2n+1)} \cdot \varrho(\tau)^{2n+1}$$

$$= \varrho(\tau) + \frac{1}{2 \cdot 3} \cdot \varrho^3(\tau) + \frac{1 \cdot 3}{2 \cdot 4 \cdot 5} \cdot \varrho^5(\tau) + \cdots$$

für $\varrho^2(\tau) < 1$ wird die Autokorrelationsfunktion

$$\Phi_{yy}(\tau) \approx \frac{2x_B{}^2}{\pi} \cdot \arcsin \varrho(\tau).$$

Führt man in diesem Ergebnis das Gleichheitszeichen ein, so erhält man den exakten Ausdruck für die Autokorrelationsfunktion am Ausgang eines verzögerungsfreien Zweipunktschalters, und in diesem Zusammenhang ist das Ergebnis aus der Theorie der Polaritätskorrelation bekannt.

Wir berechnen die Autokorrelationsfunktion des Ausgangssignals für eine Eingangsgröße, die aus weißem Rauschen durch Filterung mit einem RC-Tiefpaß nach Bild XVII.2 entstanden ist. Das Leistungsspektrum der Eingangsgröße lautet dann

$$S_{xx}(\omega) = \frac{S_0}{1 + \omega^2 T^2}.$$

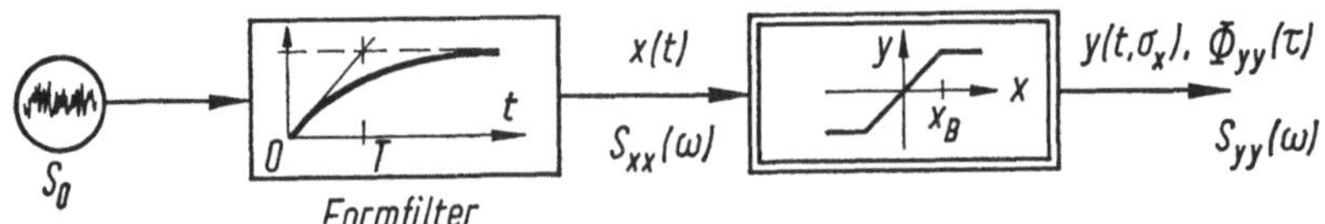

Bild XVII.2. Zur Berechnung eines Reihenansatzes für den Begrenzer mit Tiefpaßrauschen als Eingangssignal.

Mit Hilfe der WIENER-KHINTCHINEschen Relation erhält man die zugehörige Korrelationsfunktion

$$\Phi_{xx}(\tau) = S_0 \cdot \frac{\pi}{2T} \cdot e^{-|\tau|/T}$$

$$= \Phi(0) \cdot e^{-|\tau|/T},$$

und die normierte Korrelationsfunktion wird

$$\varrho_{xx}(\tau) = e^{-|\tau|/T}.$$

Damit erhält man für die Autokorrelierte des Ausgangssignals:

$$\Phi_{yy}(\tau) \approx a_1{}^2 \cdot e^{-|\tau|/T} + a_3{}^2 \cdot e^{-3|\tau|/T} \approx \frac{2x_B{}^2}{\pi} \cdot e^{-|\tau|/T} \cdot \left\{ 1 + \frac{1}{6} \cdot e^{-2|\tau|/T} \right\},$$

vgl. Bild XVII.3, und durch Anwendung der Umkehrrelation

$$S_{yy}(\omega) = \frac{2}{\pi} \cdot \int_0^\infty \Phi_{yy}(\tau) \cdot \cos \omega\tau \, d\tau$$

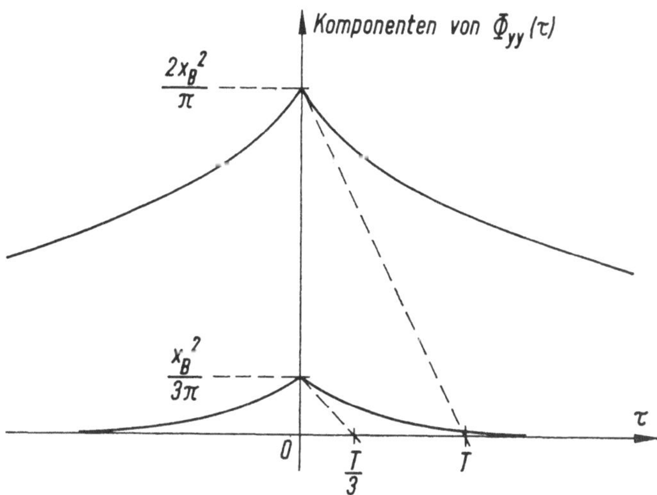

Bild XVII.3. Maßstabsgetreue Darstellung der beiden ersten Glieder der Reihenentwicklung für die Autokorrelationsfunktion.

findet man für das Leistungsspektrum:

$$S_{yy}(\omega) \approx \left(\frac{2x_B}{\pi} \right)^2 \cdot \left\{ \int_0^\infty \varrho(\tau) \cdot \cos \omega\tau \, d\tau + \frac{1}{6} \cdot \int_0^\infty \varrho^3(\tau) \cdot \cos \omega\tau \, d\tau \right\}.$$

Aus der allgemein gültigen Beziehung

$$\int_0^\infty e^{-\alpha\tau} \cdot \cos \omega\tau \, d\tau = \frac{\alpha}{\alpha^2 + \omega^2}$$

ergibt sich schließlich

$$S_{yy}(\omega) \approx \frac{4x_B{}^2}{\pi^2} \cdot \left\{ \frac{T}{1 + \omega^2 T^2} + \frac{\dfrac{T}{18}}{1 + \omega^2 \cdot \left(\dfrac{T}{3} \right)^2} \right\},$$

vgl. Bild XVII.4. Würde man noch Glieder höherer Ordnung berücksichtigen, so erhielte man im Leistungsspektrum weitere Summanden mit den Zeitkonstanten $T/5$, $T/7$, $T/9$ usw. Bei sehr niedrigen Frequenzen ($\omega \ll 1/T$) hat die spektrale Leistungsdichte die Form

$$S_{yy}(\omega) \approx \frac{2T}{\pi} \cdot \left(a_1{}^2 + \frac{a_3{}^2}{3} \right),$$

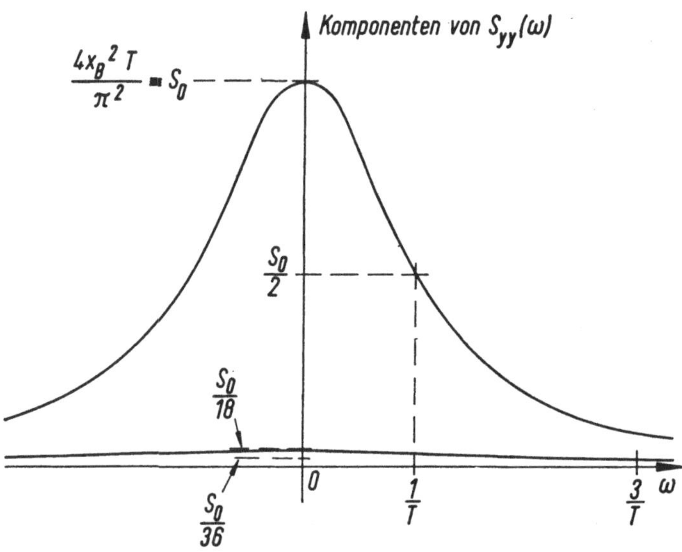

Bild XVII.4. Maßstabsgetreue Darstellung der beiden ersten Glieder der Reihenentwicklung für das Leistungsspektrum $S_{yy}(\omega)$.

wobei der erste Summand zu dem mit $x(t)$ linear korrelierten Anteil des Ausgangssignals gehört, während die folgenden Glieder den Leistungsanteil der Verzerrungskomponenten repräsentieren. In der gleichwertigen Form

$$S_{yy}(\omega) \approx \frac{4x_B{}^2 T}{\pi^2} \cdot \left(1 + \frac{1}{18} \right)$$

kommt zum Ausdruck, daß sich für tiefe Frequenzen $\omega \ll 1/T$ bei großen Eingangsleistungen $\sigma_x \gg x_B/\sqrt{8}$ ein Leistungsverhältnis von $18:1$ für den linearen und den verzerrten Anteil ergibt, so daß man ein Maß für die Güte der Approximation durch die äquivalente Verstärkung in der Hand hat. Durch Superposition der in den Bildern XVII.3 und 4 dargestellten Teilverläufe erkennt man leicht die schon erwähnte „Stauchung" im τ-Bereich und die spektrale „Verbreiterung" im Frequenzbereich, verursacht durch die Verzerrungskomponenten.

3. Allgemeine Reihenentwicklung für die äquivalente Verstärkung

Wir gehen von der Annahme aus, daß die Amplituden des stochastischen Eingangssignals einer GAUSS-Verteilung gehorchen und betrachten ein allgemeines nichtlineares Übertragungssystem, dessen Kennlinie durch ein Polynom n-ten

Grades oder durch eine unendliche Reihe dargestellt werden kann. Zur Berechnung der äquivalenten Verstärkung nach der allgemeinen Vorschrift

$$K(\sigma_x) = \frac{1}{\sigma_x^2} \cdot \int_{-\infty}^{+\infty} x \cdot f(x) \cdot p(x)\, \mathrm{d}x$$

führen wir für $f(x)$ die Form

$$f(x) = a_0 + a_1 x + a_2 x^2 + \dots + a_n x^n + \dots = \sum_{\nu=0}^{\infty} a_\nu \cdot x^\nu$$

ein:

$$K(\sigma_x) = \frac{1}{\sigma_x^2} \cdot \int_{-\infty}^{+\infty} x \cdot \sum_{\nu=0}^{\infty} a_\nu \cdot x^\nu \cdot p(x)\, \mathrm{d}x. \qquad \text{(XVII.9)}$$

Dieses Integral stellt gewisse Nullmomente der GAUSS-Verteilung dar, von welchen alle diejenigen mit ungerader Ordnung verschwinden. Diesen Umstand kann man zur Vereinfachung von Gleichung (XVII.9) benutzen, indem man die Reihenentwicklung für $f(x)$ nach geraden und ungeraden Potenzen von x umordnet:

$$f(x) = a_0 + a_2 x^2 + a_4 x^4 + a_6 x^6 + \dots + a_{2n} x^{2n} + \dots$$
$$+ a_1 x + a_3 x^3 + a_5 x^5 + a_7 x^7 + \dots + a_{2n+1} x^{2n+1} + \dots$$
$$= \sum_{\nu=0}^{\infty} a_{2\nu} x^{2\nu} + \sum_{\nu=0}^{\infty} a_{2\nu+1} \cdot x^{2\nu+1}.$$

Damit wird die äquivalente Verstärkung nach Gleichung (XVII.9):

$$K(\sigma_x) = \frac{1}{\sqrt{2\pi \cdot \sigma_x^3}} \cdot \int_{-\infty}^{+\infty} x \cdot \left\{ \sum_{\nu=0}^{\infty} a_{2\nu} \cdot x^{2\nu} + \sum_{\nu=0}^{\infty} a_{2\nu+1} \cdot x^{2\nu+1} \right\} \cdot \mathrm{e}^{-x^2/2\sigma_x^2}\, \mathrm{d}x$$

$$= \frac{1}{\sqrt{2\pi \cdot \sigma_x^3}} \cdot \int_{-\infty}^{+\infty} \sum_{\nu=0}^{\infty} a_{2\nu} \cdot x^{2\nu+1} \cdot \mathrm{e}^{-x^2/2\sigma_x^2}\, \mathrm{d}x$$

$$+ \frac{1}{\sqrt{2\pi \cdot \sigma_x^3}} \cdot \int_{-\infty}^{+\infty} \sum_{\nu=0}^{\infty} a_{2\nu+1} \cdot x^{2\nu+2} \cdot \mathrm{e}^{-x^2/2\sigma_x^2}\, \mathrm{d}x.$$

Das erste Integral führt auf eine Summe von Momenten ungerader Ordnungen, die sämtlich gleich Null sind; das zweite Integral ist im allgemeinen von Null verschieden und läßt sich weiter vereinfachen:

$$K(\sigma_x) = \frac{1}{\sqrt{2\pi \cdot \sigma_x^3}} \cdot \sum_{\nu=0}^{\infty} a_{2\nu+1} \cdot \int_{-\infty}^{+\infty} x^{2\nu+2} \cdot \mathrm{e}^{-x^2/2\sigma_x^2}\, \mathrm{d}x.$$

Mit Hilfe einer Integraltafel findet man sofort

$$\int\limits_{-\infty}^{+\infty} x^{2\nu+2} \cdot e^{-x^2/2\sigma_x^2}\, dx = \sqrt{2\pi} \cdot (2\nu - 1)!! \cdot \sigma_x^{2\nu+3},$$

und durch Einsetzen ergibt sich für $K(\sigma_x)$:

$$K(\sigma_x) = \sum_{\nu=0}^{\infty} a_{2\nu+1} \cdot \sigma_x^{2\nu} \cdot \prod_{\nu=0}^{\infty} (2\nu + 1). \qquad \text{(XVII.10)}$$

Dies ist die gesuchte allgemeine Darstellung der äquivalenten Verstärkung für ein nichtlineares System, dessen Kennlinie durch die Reihenentwicklung

$$f(x) = \sum_{\nu=0}^{\infty} a_\nu \cdot x^\nu$$

charakterisiert wird, und dessen Eingangssignal einer GAUSSschen Amplitudenverteilung gehorcht. Für die in den Anwendungen interessierenden Glieder erhält man:

$$K(\sigma_x) = a_1 + 3a_3 \cdot \sigma^2 + 15a_5 \cdot \sigma^4 + \cdots$$

Wenn die nichtlineare Kennlinie durch eine endliche Reihe mit n-Gliedern beschrieben wird, dann ist die Darstellung

$$K(\sigma_x) = \sum_{\nu=0}^{n} a_{2\nu+1} \cdot \sigma_x^{2\nu} \cdot \prod_{\nu=0}^{n} (2\nu + 1)$$

keine Näherung mehr für die äquivalente Verstärkung, sondern sie stimmt genau mit dem Ergebnis anderer Berechnungswege für $K(\sigma_x)$ überein. So findet man für die in Beispiel 6 von Teil XIV behandelte kubische Nichtlinearität ohne weitere Rechnung aus

$$y = a \cdot x + b \cdot x^3$$

mit $a_1 = a$ und $a_3 = b$ den Ausdruck

$$K(\sigma_x) = a + 3b \cdot \sigma_x^2,$$

also genau das Ergebnis (XIV.7a).

XVIII. Geschlossene Regelkreise mit einem nichtlinearen Teilsystem

1. Vorbemerkungen zum Übergang von offenen zu geschlossenen Regelkreisen

In den vorhergehenden Abschnitten wurden einige Verfahren zur genäherten Beschreibung von nichtlinearen Systemen behandelt. Dabei kam implizit immer wieder zum Ausdruck, daß nichtlineare Gebilde weniger durch bestimmte Eigenschaften als vielmehr durch das Fehlen von Eigenschaften, die bei linearen Systemen geläufig sind, ausgezeichnet werden. Am schwerwiegendsten ist wohl der Umstand, daß für nichtlineare Systeme das Superpositionsgesetz keine Gültigkeit hat und man demzufolge für verschiedene Eingangssignaltypen immer wieder neue Berechnungen ansetzen muß. Trotz dieser unangenehmen Tatsache bevorzugt man auch bei der Behandlung nichtlinearer Systeme die sog. *Grundsignale:* die harmonischen Vorgänge sinus und cosinus sowie die stochastischen Prozesse mit GAUSSscher Amplitudenverteilung. Die Gründe hierfür gehen schon aus der linearen Theorie hervor, denn die Grundsignale sind die einzigen, deren entscheidende Eigenschaften (Verteilungsdichte und Signalform bei den harmonischen, Verteilungsdichte bei den stochastischen Vorgängen) *durch lineare zeitinvariante Systeme im eingeschwungenen Zustand nicht verändert werden.*

Die exakte bzw. die genäherte Berechnung der Signalverformung durch nichtlineare Systeme erhält gegenüber den vorangegangenen Abschnitten einen neuen Aspekt, wenn die Nichtlinearitäten Bestandteile *geschlossener Regelkreise* sind. Die Kombination nichtlinearer Systeme mit linearen bereitet im allgemeinen noch keine besonderen Schwierigkeiten, solange es sich um *offene* Systeme handelt, denn über die Beschreibungsfunktion und die äquivalente Verstärkung ergibt sich ein direkter Anschluß an die linearen Methoden der Systemtheorie und der Ortskurvengeometrie [26]. Beim Übergang zu geschlossenen Regelkreisen treten jedoch grundsätzliche Schwierigkeiten auf, denn die Bestimmung der Eigenschaften geschlossener Regelkreise aus denjenigen der offenen Systeme nach geläufigen Verfahren der linearen Theorie ist beim Vorhandensein nichtlinearer Teilgebilde nicht so ohne weiteres möglich, wenn überhaupt. Die Gründe hierfür sind in den signalverformenden Eigenschaften der Nichtlinearitäten zu suchen. Diese Systeme erzeugen im allgemeinen Verzerrungsanteile, *die nicht im Eingangssignal enthalten sind*, die aber nach Schließung der Regelkreise selbst wieder als *Eingangssignale* für bestimmte Abschnitte wirken. Hier entsteht also die kuriose Situation, daß man die Reaktion eines nichtlinearen Systems auf ein Eingangssignal berechnen muß, welches eben von diesem Ausgangssignal abhängt, also noch gar nicht bekannt sein kann. Analytisch läuft dieses Problem darauf hinaus, daß man Eingangs- oder Ausgangsgröße der Nichtlinearität auf zweifache Weise darstellt: einmal mit Hilfe der linearen Systemabschnitte, zum andern durch eine linearisierte Kenngröße des nichtlinearen Systems. Beide Darstellungen müssen im geschlossenen Regelkreis *miteinander verträglich* sein, und man kann das gesamte Kreisverhalten oft durch graphisch-analytische Methoden näherungsweise bestimmen. Der erforderliche Aufwand wird allerdings u. U. außerordentlich groß, besonders bei stochastischen Signalen; außerdem treten in Verbindung mit mehrdeutigen Lösungen Erscheinungen auf, die in linearen Regelkreisen nicht vorkommen und eine spezielle Art von Instabilität darstellen.

1.1 Lage der Nichtlinearität im Regelkreis

Eine weitere Schwierigkeit besteht darin, daß der Einfluß eines nichtlinearen
Systems auf den gesamten Regelkreis und auf dessen analytische Behandlung
wesentlich von der Lage der Nichtlinearität im Regelkreis abhängt. Aus all
dem geht hervor, daß bei der Behandlung geschlossener Regelkreise die Frage
nach der Anwendbarkeit linearer Näherungsmethoden erneut gestellt werden
muß. So kann man schon an dieser Stelle ganz allgemein vermuten, daß die
Anwendung der linearen Näherungsmethoden sicher dann zu falschen Ergebnissen führen wird, wenn durch die Schließung des Regelkreises am Eingang
der Nichtlinearität komplizierte Mischsignale zu erwarten sind, die nichts mehr
mit den einfachen Grundsignalen gemeinsam haben, die der Definition äquivalenter Kenngrößen zugrunde gelegt sind.

Eine entscheidende Rolle spielt also die Frage, wie die nichtlinearen Gebilde
in die restlichen linearen Teilsysteme eingebettet sind. Schon in Teil XIII
haben wir erkannt, daß sich trotz der Vielfalt nichtlinearer Systeme sehr all-
gemein gültige Gesichtspunkte ergeben, wenn man die Berechnungen mit den
Grundsignalen durchführt. Dann erhält man mit der Beschreibungsfunktion
und der äquivalenten Verstärkung Kenngrößen, die man formal in die lineare
Blockschaltbildalgebra übernehmen kann. Voraussetzung hierfür ist, daß die
Eingangssignale der Nichtlinearitäten in möglichst guter Näherung auch nach
Schließung der Regelkreise noch harmonisch bzw. GAUSS-verteilt sind. Diese
Forderung wird in der Praxis erfüllt sein, wenn die durch das nichtlineare
System erzeugten höherfrequenten Verzerrungsanteile durch nachgeschaltete
lineare Tiefpaßfilter mit hinreichend niedriger Grenzfrequenz herausgesiebt
werden, so daß an deren Ausgang im wesentlichen nur noch die Grundanteile
erscheinen. Bild XVIII.1 zeigt einen sehr einfachen Regelkreis mit einer Nicht-

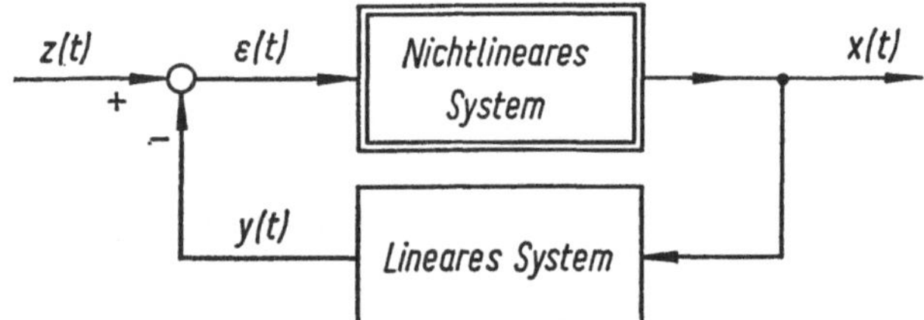

Bild XVIII.1. Einfacher geschlossener Regelkreis mit einem nichtlinearen System.

linearität im Vorwärtskanal. Wenn die Störgröße $z(t)$ ein GAUSSsches Signal
ist, dann ist es die Regelgröße $x(t)$ im zunächst offen gedachten Regelkreis
bestimmt nicht. Wenn jedoch der lineare Systemabschnitt so beschaffen ist,
daß sich nach Schließung des Regelkreises für $x(t)$ näherungsweise eine GAUSS-
Verteilung ergibt, dann kann $\varepsilon(t)$ diese Verteilung nicht besitzen.

Ein anderer Fall sei anhand von Bild XVIII.2 erläutert. Wenn die Führungs-

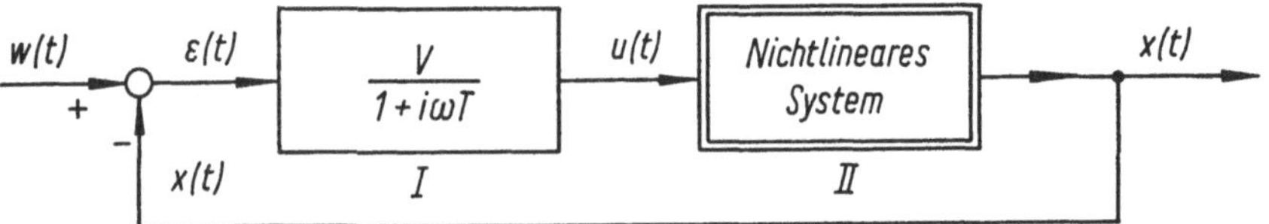

Bild XVIII.2. Folgesystem, bei dem das Eingangssignal $u(t)$ des nichtlinearen Teilsystems kein Grundsignal
ist.

größe $w(t)$ sinusförmig ist, dann gilt dies bei hinreichend großer Verstärkung V
und bei einer monotonen Kennlinie des Systems II, deren erste Ableitung dx/du
nirgends Null ist (also z.B. keine ideale Begrenzerkennlinie), auch für die Regelgröße $x(t)$. Dann kann aber (tu) kein sinusförmiges Signal sein. Wenn andererseits
$w(t)$ ein GAUSSsches Signal ist, dann auch $x(t)$ bei genügend hoher Verstärkung;
nicht aber $u(t)$, und daraus folgt, daß auch das Fehlersignal $\varepsilon(t)$ keine GAUSS-
Verteilung besitzen kann, denn das System I ist linear. Die ganzen Verhältnisse
rühren letzten Endes daher, daß $x(t)$ auch bei geschlossenem Regelkreis streng
genommen immer noch einen nichtlinear verzerrten Anteil enthält, der sich in
dem Fehlersignal $\varepsilon(t)$ niederschlägt und nach entsprechend hoher Verstärkung
in dem linearen Systemabschnitt I als verzerrtes Eingangssignal $u(t)$ für das
nichtlineare System II auftritt. Beachtet man, daß die Beschreibungsfunktion
und die äquivalente Verstärkung als linearisierte Kennfunktionen für nichtlineare Systeme nur dann Sinn haben, wenn die richtigen Eingangssignale
vorhanden sind, dann erkennt man, daß diese Ansätze in den beschriebenen
Beispielen schon von den Voraussetzungen her versagen müssen. In solchen
Fällen ist zu prüfen, ob es überhaupt vernünftige Näherungsverfahren zur
Systembeschreibung gibt, oder ob man besser die Eigenschaften der geschlossenen Regelkreise im Experiment studiert.

Wir werden bei den anschließenden Untersuchungen geschlossener Regelkreise
immer von Anordnungen ausgehen, bei denen die nichtlinearen Teilsysteme
so in lineare Systeme eingebettet sind, daß sich bei Einspeisung der Regelkreise mit den Gundsignalen auch am Eingang der Nichtlinearität in guter
Näherung Signale vom gleichen Charakter ergeben. Die beteiligten linearen
Systeme sollen daher durchweg Tiefpaßcharakter mit hinreichend niedriger
Grenzfrequenz haben. Bei dem in Bild XVIII.3 gezeigten Regelkreis liegt die

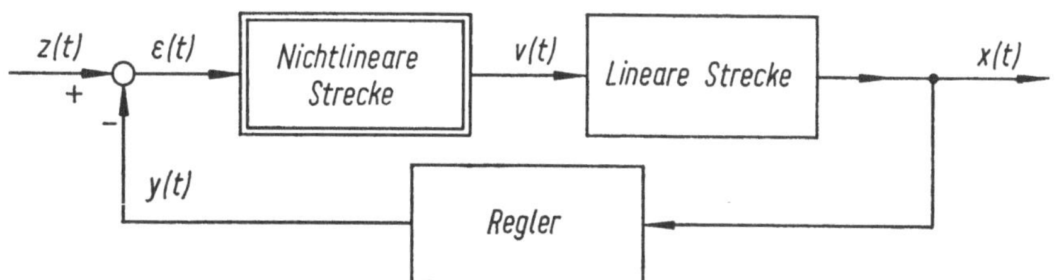

Bild XVIII.3. Regelkreis mit linearer und nichtlinearer Teilstrecke. Wenn der Regler keinen D-Anteil besitzt,
kann das Fehlersignal je nach den Eigenschaften des linearen Teilsystems ein Grundsignal sein.

Nichtlinearität unmittelbar hinter der Mischstelle für die Störgröße $z(t)$ und
die Stellgröße $y(t)$. Die Strecke hat noch einen linearen Teil mit den geforderten
Tiefpaßeigenschaften, der Regler soll keinen differenzierenden Anteil besitzen.
Dann hat die Stellgröße näherungsweise den Charakter der Grundsignale bei
entsprechenden Störsignalen $z(t)$, und das gleiche gilt für das Fehlersignal $\varepsilon(t)$.
Bei dem Folgesystem nach Bild XVIII.4a wird das Fehlersignal $\varepsilon(t)$ noch
einmal einer Tiefpaßfilterung unterworfen, bevor es als Eingangssignal $u(t)$
auf den nichtlinearen Teil einwirkt. Auch bei dieser Anordnung kann man
die Voraussetzungen für die Anwendung der quasilinearen Betrachtungsweise
als gegeben ansehen.

Bei der Betrachtung von einläufigen Regelkreisen mit einer isolierten statischen
Nichtlinearität ist es oft nützlich, eine Blockschaltbildumformung vorzu-

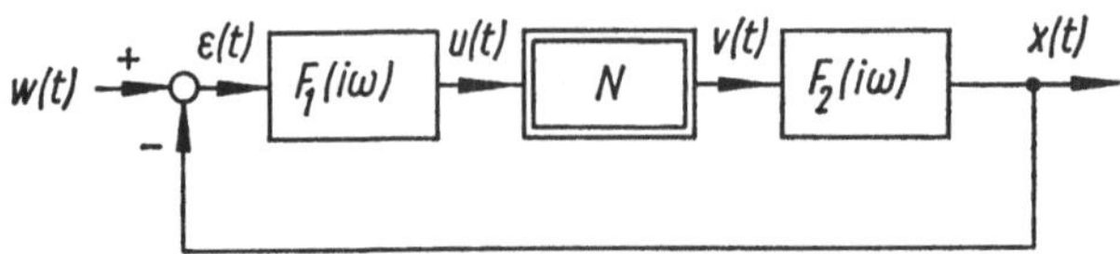

Bild XVIII.4a. Folgesystem, für welches die Anwendung der quasilinearen Verfahren erlaubt ist.

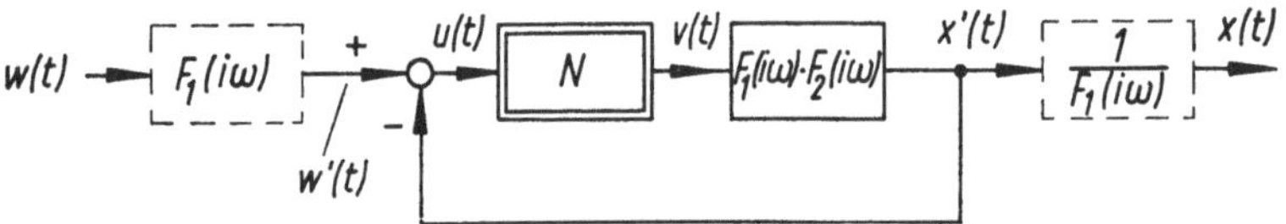

Bild XVIII.4b. Mit Hilfe der Blockschaltbildalgebra abgewandelte Form des Regelkreises von Bild XVIII.4a.
Auf diesen inneren geschlossenen Regelkreis kann man alle einläufigen Regelkreise mit einem
speicherfreien nichtlinearen Teilsystem zurückführen.

nehmen. Das Ziel dieser Umformung besteht darin, den nichtlinearen Regelkreis auf eine einfache „Grundanordnung" zu reduzieren, deren analytische
Behandlung besonders einfach ist. Dies gelingt, wenn sich alle nichtlinearen
Eigenschaften zu einer verzögerungsfreien Nichtlinearität zusammenfassen
lassen, immer durch Umordnung der linearen Systemabschnitte. Es ist lediglich
darauf zu achten, daß Eingangs- und Ausgangssignal der Nichtlinearität
unverändert bleiben. Die Abbildungen XVIII.4a, b sowie XVIII.5a, b zeigen
diese Umordnung für zwei wichtige Fälle [72].

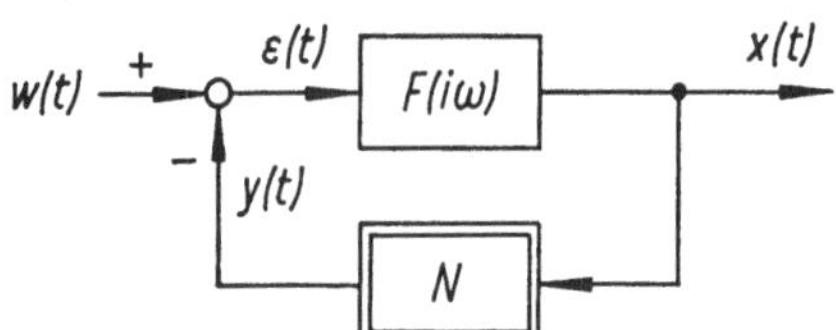

Bild XVIII.5a. Einläufiger Regelkreis mit nichtlinearer Rückführung.

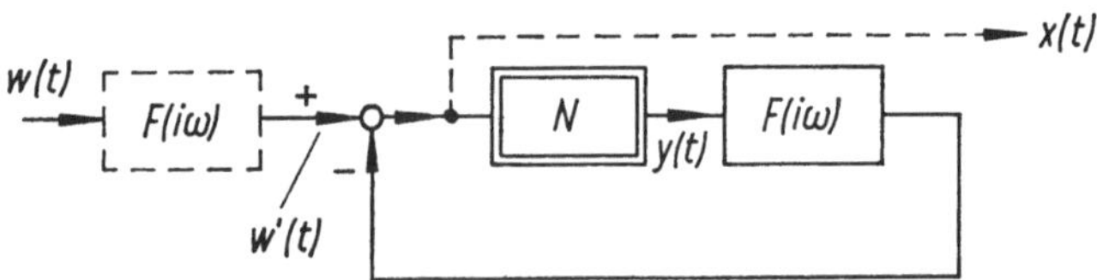

Bild XVIII.5b. Gleichwertige Form des Regelkreises von Bild XVIII.5a. Die Ausgangsgröße $x(t)$ des ursprünglichen Systems ist durch die Umwandlung zum Differenzsignal geworden.

An dem Ergebnis erkennt man, daß diese Blockschaltbildumformungen bei
nichtlinearen Regelkreisen weitergehende Konsequenzen haben als im linearen
Fall. Bei den angeführten Regelkreisen entsteht das Eingangssignal der Grundanordnung durch lineare Filterung des ursprünglichen Eingangssignals. Für
den Fall, daß die spektrale Bandbreite dieses Signals größer ist als der Durchlaßbereich des Filters, kann man unabhängig vom statistischen Charakter des
tatsächlichen Eingangssignals bei der Grundanordnung zumindest in guter
Näherung mit einem GAUSS-verteilten Signal rechnen. Allerdings ist jetzt zu
bedenken, daß dieses Signal unter Umständen nicht mehr als breitbandig
gegenüber dem Führungsfrequenzgang der linearisierten Grundanordnung angesehen werden kann. Das bedeutet, daß man zwar mit einem GAUSS-verteilten

Eingangssignal rechnen darf, auch wenn die Führungsgröße $w(t)$ nicht GAUSS-verteilt war, die GAUSS-Verteilung des Differenzsignals jedoch eventuell in Frage gestellt ist. Darüber hinaus ist bemerkenswert, daß bestimmte Signale im umgeformten Blockschaltbild an anderen Stellen erscheinen als im ursprünglichen Regelkreis. So entspricht das Differenzsignal $x(t)$ in Bild XVIII.5b dem Ausgangssignal $x(t)$ des Regelkreises mit nichtlinearer Rückführung gemäß Bild XVIII.5a, während in den Bildern XVIII.4 das ursprüngliche Zwischensignal $u(t)$ nach der Umformung zum Differenzsignal geworden ist. Entscheidend ist in beiden Fällen, daß die jeweiligen Eingangs- und Ausgangssignale der nichtlinearen Systeme unverändert geblieben sind.

Auf den in den Bildern XVIII.4b und XVIII.5b auftretenden geschlossenen Regelkreis kann man alle einläufigen Regelkreise mit einem speicherfreien nichtlinearen Teilsystem zurückführen; die strichliert gezeichneten Zusatzsysteme sind immer linear.

1.2 Die Verteilungsdichtefunktion des Fehlersignals

Trotz der gelegentlichen Bezugnahme auf sinusförmige Signale stehen bei den folgenden Überlegungen die GAUSS-verteilten stochastischen Vorgänge im Vordergrund, so daß die Frage nach der Verteilungsdichtefunktion des Eingangssignals für die Nichtlinearität eine entscheidende Rolle spielt [6], [47], [56]. Dieses Signal ist im geschlossenen Regelkreis bei den hier behandelten Fällen immer eine Mischung aus dem Eingangssignal (Störgröße oder Führungsgröße) und einem rückgekoppelten Signal, welches nichtlineare und lineare Systemabschnitte durchlaufen hat. Wenn man von der Voraussetzung ausgeht, daß dieses rückgekoppelte Signal durch extrem gute Tiefpaßfilterung wieder eine GAUSSsche Verteilungsdichte erhalten hat, dann ergeben sich die Verhältnisse von Bild XVIII.6, wo die Signale $w(t)$ und $x(t)$ als GAUSS-verteilte Größen

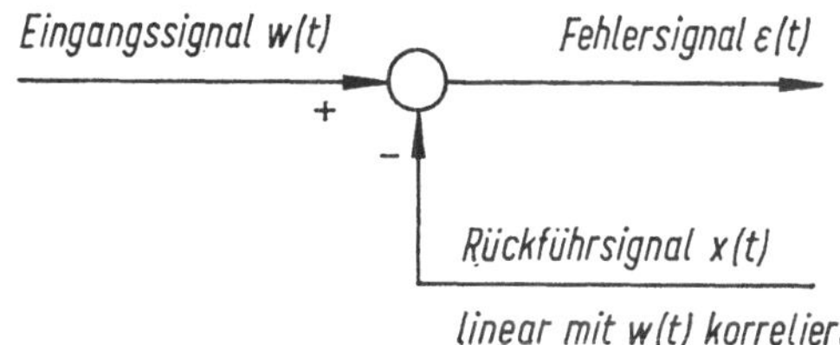

Bild XVIII.6. Zur Berechnung des Fehlersignals $\varepsilon(t)$ für zwei linear miteinander korrelierte Signale $w(t)$ und $x(t)$.

mit verschwindendem linearen Mittelwert vorgegeben sind und die Verteilungsdichte von $\varepsilon(t)$ gesucht ist. Im einschlägigen Schrifttum findet man leicht die Dichtefunktion $p(\varepsilon)$ des Differenzsignals $\varepsilon(t) = w(t) - x(t)$, wenn $w(t)$ und $x(t)$ nicht miteinander korreliert sind. Diese Voraussetzung trifft jedoch für die Signale innerhalb eines geschlossenen Regelkreises sicherlich nicht zu. Wir berechnen daher die Verteilungsdichtefunktion des Fehlersignals für den Fall, daß $w(t)$ und $x(t)$ *linear miteinander korrelierte Größen* sind, deren statistische Eigenschaften durch die Verbundverteilungsdichte

$$p(w, x) = \frac{1}{2\pi\sigma_w\sigma_x \cdot \sqrt{1 - \varrho^2}} \cdot e^{-\frac{1}{2\cdot(1-\varrho^2)} \cdot \left(\frac{w^2}{\sigma_w^2} - \frac{2\varrho wx}{\sigma_w\sigma_x} + \frac{x^2}{\sigma_x^2} \right)}$$

beschrieben werden [10]. Dabei bedeuten σ_w und σ_x die Streuungen der Vorgänge $w(t)$ und $x(t)$, während

$$\varrho = \varrho(\tau) = \frac{1}{\sigma_w \sigma_x} \cdot \Phi_{xy}(\tau)$$

die normierte Kreuzkorrelationsfunktion ist. Aus diesen Angaben läßt sich die Verteilungsdichtefunktion des Fehlersignals $\varepsilon(t)$ berechnen. Dazu setzt man in der Verbund-Verteilungsdichte $w = \varepsilon + x$ und erhält durch Integration über x die Funktion

$$p(\varepsilon) = \frac{1}{2\pi \sigma_w \sigma_x \cdot \sqrt{1 - \varrho^2}} \cdot \int\limits_{-\infty}^{+\infty} \mathrm{e}^{-\frac{1}{2 \cdot (1-\varrho^2)} \cdot \left(\frac{(\varepsilon+x)^2}{\sigma_w^2} - \frac{2\varrho \cdot (\varepsilon+x) \cdot x}{\sigma_w \sigma_x} + \frac{x^2}{\sigma_x^2} \right)} \, \mathrm{d}x.$$

Dieses Integral läßt sich leicht auswerten, wenn man den Exponenten folgendermaßen umformt:

$$(\ldots) = \left(\frac{1}{\sigma_w^2} + \frac{1}{\sigma_x^2} - \frac{2\varrho}{\sigma_w \sigma_x} \right) \cdot x^2 - 2\varepsilon \cdot \left(\frac{\varrho}{\sigma_w \sigma_x} - \frac{1}{\sigma_w^2} \right) \cdot x + \frac{\varepsilon^2}{\sigma_w^2}$$

$$\equiv ax^2 - 2bx + c = a \cdot \left[\underbrace{\left(x - \frac{b}{a} \right)^2}_{v^2} + \underbrace{\frac{c}{a} - \frac{b^2}{a^2}}_{k} \right].$$

Mit diesen Substitutionen ergibt sich die Form

$$p(\varepsilon) = \frac{1}{2\pi \sigma_w \sigma_x \cdot \sqrt{1 - \varrho^2}} \cdot \mathrm{e}^{-\frac{ak}{2 \cdot (1-\varrho^2)}} \cdot \int\limits_{-\infty}^{+\infty} \mathrm{e}^{-\frac{a}{2 \cdot (1-\varrho^2)} \cdot v^2} \, \mathrm{d}v.$$

Da das verbleibende Integral den Wert $\sqrt{\dfrac{2\pi}{a}} \cdot \sqrt{1 - \varrho^2}$ hat, wird schließlich

$$p(\varepsilon) = \frac{1}{\sqrt{2\pi a} \cdot \sigma_w \sigma_x} \cdot \mathrm{e}^{-\frac{ak}{2 \cdot (1-\varrho^2)}},$$

und durch Einsetzen der ursprünglichen Größen für a, insbesondere im Exponenten,

$$a \cdot k = \frac{\varepsilon^2}{\sigma_\varepsilon^2} \cdot (1 - \varrho^2),$$

erhält man die gesuchte Verteilungsdichtefunktion des Fehlersignals:

$$p(\varepsilon) = \frac{1}{\sqrt{2\pi} \cdot \sigma_\varepsilon} \cdot \mathrm{e}^{-\frac{\varepsilon^2}{2\sigma_\varepsilon^2}},$$

also wieder eine GAUSSsche Dichtefunktion mit der Streuung

$$\sigma_\varepsilon = \sqrt{\sigma_w^2 + \sigma_x^2 - 2\varrho \cdot \sigma_w \sigma_x}.$$

1.3 Nicht-Gaußsche Verteilungsdichtefunktionen

Wenn die linearen Systemabschnitte keine ausreichende Tiefpaß-Wirkung besitzen, kann man bei der analytischen Behandlung nicht mehr davon ausgehen, daß die Eingangssignale der nichtlinearen Systeme wenigstens näherungsweise eine Gaußsche Amplitudenverteilung haben. Die Feststellung von Signaleigenschaften ist in solchen Fällen außerordentlich schwierig, und wenn man überhaupt zu erfolgversprechenden Ansätzen kommen will, dann geht man von der Kennzeichnung der stochastischen Prozesse durch mehrdimensionale Verteilungsdichtefunktionen ab und benutzt statt deren die charakteristischen Funktionen [10]. Man kann zeigen, daß bei der Entwicklung des Exponenten der charakteristischen Funktion in eine Maclaurinsche Reihe [10], [48] die Kovarianzfunktion n-ter Ordnung als n-ter Koeffizient vorkommt (diese Koeffizienten werden im eindimensionalen Fall „Halbinvarianten" genannt [49]). Wenn die Reihe gleichmäßig konvergiert, kann die charakteristische Funktion mit Hilfe der Kovarianzfunktionen beliebig genau approximiert werden. Gerade für die Kennzeichnung von Signalen in Regelkreisen ist dieses Verfahren angebracht, weil die Kovarianzfunktionen gegenüber linearen Transformationen der stochastischen Variablen halbinvariant sind; ferner läßt sich eine nichtlineare Transformation fast immer näherungsweise berücksichtigen, und schließlich kann man an Mischstellen im Regelkreis die Kovarianzfunktionen einer Summe von stochastischen Prozessen sofort angeben, unabhängig davon, ob diese in einem statistischen Abhängigkeitsverhältnis stehen oder nicht [72].

So lautet im Falle zweier statistischer Variabler $x(t)$ und $y(t)$ mit der Verbundverteilungsdichte $p(x, y)$ die zugehörige charakteristische Funktion:

$$C(u, v) = \int\limits_{-\infty}^{+\infty} \int\limits_{-\infty}^{+\infty} e^{i(ux + vy)} \cdot p(x, y) \, dx \, dy,$$

und daraus kann man die charakteristischen Funktionen von x und y gemäß

$$C_1(u) = C(u, 0) = \int\limits_{-\infty}^{+\infty} e^{iux} \cdot p_1(x) \, dx$$

und entsprechend

$$C_2(v) = C(0, v)$$

berechnen; wenn $x(t)$ und $y(t)$ voneinander statistisch unabhängig wären, würde sich

$$C(u, v) = C_1(u) \cdot C_2(v)$$

ergeben. Die Kovarianzfunktion zweiter Ordnung wird im Falle zweier Signale $x(t)$ und $y(t)$ gleich dem Erwartungswert des Produktes $[x(t) - \alpha] \cdot [y(t + \tau) - \beta]$, wobei α und β die linearen Mittelwerte der Signale sind:

$$\begin{aligned} E\{[x(t) - \alpha] \cdot [y(t + \tau) - \beta]\} = \sigma_{xy}{}^2 &= \Phi_{xy}(\tau) - \alpha \cdot \beta \\ &= \mu_{11}(\tau) - \mu_{10} \cdot \mu_{01} \end{aligned}$$

mit den Nullmomenten μ. Oft rechnet man auch mit der normierten Kovarianz

$$\varrho(\tau) = \frac{1}{\sigma_x \sigma_y} \cdot \{\Phi_{xy}(\tau) - \alpha \cdot \beta\}.$$

An dieser Form erkennt man, daß die normierte Kovarianz mit der normierten Kreuzkorrelationsfunktion übereinstimmt, wenn einer der beiden linearen Mittelwerte gleich Null ist; im übrigen ist die Kovarianz gleich dem Zentralmoment m_{11}:

$$\sigma_{xy}{}^2 = m_{11}.$$

Für ein Signal $x(t)$ mit der Verteilungsdichte $p(x)$ wird die charakteristische Funktion

$$C(u) = \sum_{\nu=0}^{\infty} \frac{(iu)^\nu}{\nu!} \cdot \mu_\nu$$

mit den Nullmomenten

$$\mu_\nu = \int\limits_{-\infty}^{+\infty} x^\nu \cdot p(x)\,\mathrm{d}x,$$

und mit der aus der Definitionsgleichung für $C(u)$ leicht abzuleitenden Beziehung

$$\frac{\mathrm{d}^\nu}{\mathrm{d}u^\nu} C(u) \bigg|_{u=0} = i^\nu \cdot \mu_\nu$$

ergibt sich die TAYLOR-Darstellung

$$C(u) = \sum_{\nu=0}^{\infty} C^{(\nu)}(0) \cdot \frac{u^\nu}{\nu!}.$$

Mit Hilfe der $\mathscr{F}$-Transformation erhält man die Verteilungsdichtefunktion in der Form

$$p(x) = \frac{1}{2\pi} \cdot \int\limits_{-\infty}^{+\infty} \mathrm{e}^{-iux} \cdot \sum_{\nu=0}^{\infty} \frac{(iu)^\nu}{\nu!} \cdot \mu_\nu\,\mathrm{d}u,$$

und hieran erkennt man sehr deutlich, daß man im allgemeinen sämtliche Nullmomente μ_ν einer Verteilung kennen muß, um diese darstellen zu können. Bei Signalen mit GAUSSscher Amplitudenverteilung vereinfachen sich die Verhältnisse, denn hier hängt die charakteristische Funktion genau wie $p(x)$ nur von der Streuung und dem linearen Mittelwert ab:

$$C(u) = \mathrm{e}^{-\frac{1}{2} \cdot \sigma_x{}^2 \cdot u^2 + i\alpha u},$$

oder in Gestalt einer Potenzreihe für $\alpha = 0$:

$$C(u) = \sum_{\nu = 0}^{\infty} (-1)^{\nu} \cdot (2\nu - 1)!! \cdot \frac{(\sigma_x \cdot u)^{2\nu}}{(2\nu)!} \, .$$

Diese kurze Darstellung der Zusammenhänge für zwei statistische Variable und speziell für GAUSSsche Prozesse [10] mag zur groben Abschätzung des Rechenaufwandes dienen, der im Falle mehrerer Variabler (der seltener vorkommt) bzw. andersartig verteilter Signalamplituden zu erwarten ist.

2. Analytische Behandlung geschlossener Regelkreise mit einem nichtlinearen Teilsystem

Bei der Behandlung geschlossener Regelkreise mit einer Nichtlinearität sollte man bezüglich der Terminologie folgendes beachten: lineare Systeme werden durch *Frequenzgänge* charakterisiert, isolierte nichtlineare Systeme durch *Beschreibungsfunktionen* oder *äquivalente Verstärkungen*. Wenn die rückgekoppelten Systeme nicht dem in der Praxis oft angestrebten Ziel dienen, durch hohe Verstärkungen an geeigneter Stelle im Regelkreis eine Linearisierung des Gesamtverhaltens zu gewährleisten, dann sind die Ausdrücke zur Kennzeichnung der geschlossenen Regelkreise Funktionen von der Frequenz und von der Amplitude bzw. Streuung des Eingangssignals, denn die Gesamtsysteme verhalten sich dann im allgemeinen nichtlinear; es ist eine Frage der Zweckmäßigkeit, ob man diese Systeme durch

a) frequenzabhängige Beschreibungsfunktionen $N(x_0, i\omega)$,

b) frequenzabhängige äquivalente Verstärkungen $K(\sigma, i\omega)$
   oder besser durch

c) amplitudenabhängige Frequenzgänge $F(i\omega, x_0)$,

d) streuungsabhängige Frequenzgänge $F(i\omega, \sigma)$

kennzeichnet, s. Beispiele von Teil XIX. Auf jeden Fall ist es ratsam, an entscheidenden Stellen der Berechnung die unabhängigen Veränderlichen $i\omega$, x_0, σ oder andere explizit mitzuschreiben.

2.1 Einbeziehung der äquivalenten Verstärkung nichtlinearer Systeme in die lineare Blockschaltbildalgebra

Die Einführung von Beschreibungsfunktionen bei harmonischen Signalen und der äquivalenten Verstärkung bei stochastischen Signalen wurde nicht zuletzt mit dem Ziel betrieben, für die Kennzeichnung nichtlinearer Systeme eine quasilineare Darstellung zu finden, die sich in die lineare Blockschaltbildalgebra übernehmen läßt. Bei dem Regelkreis nach Bild XVIII.7 liefert die äquivalente

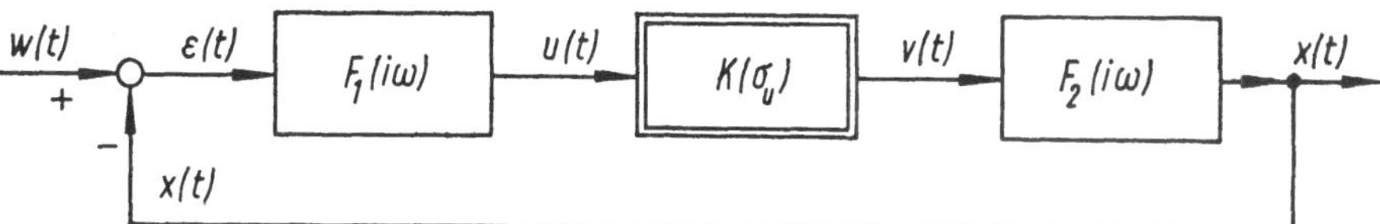

Bild XVIII.7. Folgesystem zur Einführung in die mathematische Behandlung geschlossener nichtlinearer Regelkreise.

Verstärkung einen vereinfachten Zusammenhang zwischen dem als GAUSS-verteilt angenommenen Signal $u(t)$ und der Ausgangsgröße $v(t)$ des nichtlinearen Systemabschnittes. Für die Berechnung nichtlinearer Regelkreise sind diese beiden Signale im allgemeinen die wichtigsten, jedoch verknüpft die Funktion $K(\sigma_u)$ das Signal $v(t)$ mit $u(t)$, und nicht unmittelbar mit der Führungsgröße $w(t)$ des geschlossenen Regelkreises. Diese Tatsache hat für die Berechnung der Eigenschaften des Kreises bestimmte Konsequenzen. Die Behandlung des geschlossenen Regelkreises beginnt mit der Berechnung des Leistungsspektrums von $u(t)$ aus dem vorgegebenen Leistungsspektrum $S_{ww}(\omega)$ der Führungsgröße. Der Führungsfrequenzgang des Systems lautet

$$F(i\omega) = \frac{F_0(i\omega)}{1 + F_0(i\omega)}$$

wobei

$$F_0(i\omega) = F_1(i\omega) \cdot K(\sigma_u) \cdot F_2(i\omega)$$
$$= F_0(i\omega, \sigma_u)$$

den von $i\omega$ und von der Streuung σ_u abhängigen Frequenzgang des aufge-schnittenen Regelkreises bedeutet. Für die Bestimmung der äquivalenten Verstärkung $K(\sigma_u)$ benötigt man die Gesamtleistung $\sigma_u{}^2 = \overline{u^2(t)}$ des zugehö-rigen Eingangssignals. Da man dieses Zwischensignal $u(t)$ über den Frequenz-gang

$$\frac{F_1(i\omega)}{1 + F_0(i\omega, \sigma_u)}$$

aus der Führungsgröße berechnen kann, wird das Leistungsspektrum von $u(t)$:

$$S_{uu}(\omega, \sigma_u) = S_{ww}(\omega) \cdot \left| \frac{F_1(i\omega)}{1 + F_0(i\omega, \sigma_u)} \right|^2,$$

und die Gesamtleistung am Ausgang des nichtlinearen Elementes ergibt sich zu

$$\sigma_u{}^2 = \int_0^\infty S_{ww}(\omega) \cdot \left| \frac{F_1(i\omega)}{1 + F_1(i\omega) \cdot F_2(i\omega) \cdot K(\sigma_u)} \right|^2 d\omega. \qquad \text{(XVIII.1)}$$

Diese Relation macht sofort die typische Schwierigkeit deutlich: zur Berech-nung der Gesamtleistung $\sigma_u{}^2$ muß man die äquivalente Verstärkung K schon kennen, andererseits wird σ_u selbst vom Charakter der Nichtlinearität ab-hängen. Die Beziehung (XVIII.1) ist also gar nicht direkt auswertbar. Erst in Verbindung mit der Gleichung

$$K(\sigma_u) = \frac{1}{\sigma_u{}^2} \cdot \int_{-\infty}^{+\infty} u \cdot f(u) \cdot p(u) \, du \qquad \text{(XVIII.2)}$$

kann man (i. a. unter Zuhilfenahme graphischer Methoden) eine Auswertung vornehmen. Die Funktionen $K(\sigma_u)$ sind für die meisten gängigen Nichtlineari-täten bekannt, und man steht vor der Aufgabe, σ_u aus den beiden obigen Gleichungen zu eliminieren und damit punktweise für verschiedene Werte von σ_u bzw. σ_w das Leistungsspektrum $S_{xx}(\omega)$ der Regelgröße $x(t)$ nach der Beziehung

$$S_{xx}(\omega, \sigma_u) = S_{ww}(\omega) \cdot |F(i\omega, \sigma_u)|^2 \qquad \text{(XVIII.3)}$$

zu berechnen. Da ein nichtlineares System beteiligt ist, hängt S_{xx} nicht nur von der Frequenz, sondern über σ_u auch noch von der Gesamtleistung

$$\sigma_w{}^2 = \int\limits_0^\infty S_{ww}(\omega)\,\mathrm{d}\omega$$

des Führungssignals ab, die als Parameter in die Ergebnisse eingeht. Die Beispiele von Teil XIX werden das Auswerteverfahren noch erläutern.

2.2 Verfahren zur Berechnung der Gesamtleistung

Der größte Teil des Arbeitsaufwandes zur Berechnung der geschlossenen Regelkreise mit einem nichtlinearen Element steckt in der Berechnung von Integralen der Form

$$\sigma_u{}^2 = \frac{1}{2} \cdot \int\limits_{-\infty}^{+\infty} S_{uu}(\omega, \sigma_u)\,\mathrm{d}\omega.$$

Bei der Integration des Leistungsspektrums $S_{uu}(\omega, \sigma_u)$ über ω spielt die über die äquivalente Verstärkung eingehende Streuung σ_u die Rolle eines Parameters, der zur Vereinfachung der Schreibung im folgenden nicht mit angegeben wird. Die interessierenden Wirkleistungsspektren $S_{uu}(\omega)$ sind reelle, nicht negative, gerade und gebrochen rationale Funktionen des reellen Argumentes der Form

$$S_{uu}(\omega) = S_0 \cdot \frac{g_n(\omega)}{h_n(\omega) \cdot h_n(-\omega)} \qquad \text{(XVIII.4\,a)}$$

mit

$$g_n(\omega) = b_0 \cdot \omega^{2n-2} + b_1 \cdot \omega^{2n-4} + \ldots + b_{n-1}$$

(Polynome in n^2 mit reellen Koeffizienten)

und

$$h_n(\omega) = a_0 \cdot \omega^n + a_1 \cdot \omega^{n-1} + \ldots + a_n$$

(Polynome, deren Wurzeln in der oberen ω-Halbebene liegen).

Damit das Integral über $S_{uu}(\omega)$ einen endlichen Wert habe, muß der Grad des Nenners mindestens um 2 größer sein als der Grad des Zählers. Auf die angegebene analytische Form lassen sich alle physikalisch realisierbaren Wirkleistungsspektren bringen, auch wenn sie aus Frequenzgangfunktionen $F(i\omega)$, $F^*(i\omega)$ und komplexen Kreuzleistungsspektren zusammengesetzt sind (vgl. Abschnitt 5.5 in [9]). Damit führt die Berechnung des quadratischen Mittelwertes $\overline{u^2(t)} = \sigma_u{}^2$ bei vorgegebenem Leistungsspektrum $S_{ww}(\omega)$ des Führungssignals auf Integrale des Typs

$$\int\limits_{-\infty}^{+\infty} \frac{g_n(\omega)}{h_n(\omega) \cdot h_n(-\omega)}\, d\omega.$$

Mit Hilfe des Residuensatzes berechnet und in der einschlägigen Literatur tabelliert sind Integrale der Form

$$J_n = \frac{1}{2\pi i} \cdot \int\limits_{-\infty}^{+\infty} \frac{g_n(\omega)}{h_n(\omega) \cdot h_n(-\omega)}\, d\omega, \qquad (\text{XVIII.5a})$$

wobei die reelle Achse gemäß Bild XVIII.8a als Integrationsweg gewählt ist [9], [50]; der quadratische Mittelwert wird dann

$$\sigma_u{}^2 = \pi S_0 \cdot i \cdot J_n.$$

Beachtet man, daß der Integrand wegen der auftretenden Filterfrequenzgänge ursprünglich eine Funktion von $i\omega$ ist,

$$S_{ww}(\omega) = S_0 \cdot \frac{g_n(i\omega)}{h_n(i\omega) \cdot h_n(-i\omega)}, \qquad (\text{XVIII.4b})$$

so erhält man mit der Substitution $i\omega = z$ für den quadratischen Mittelwert

$$\overline{u^2(t)} = \frac{S_0}{2i} \cdot \int\limits_{-i\infty}^{+i\infty} \frac{g_n(z)}{h_n(z) \cdot h_n(-z)}\, dz,$$

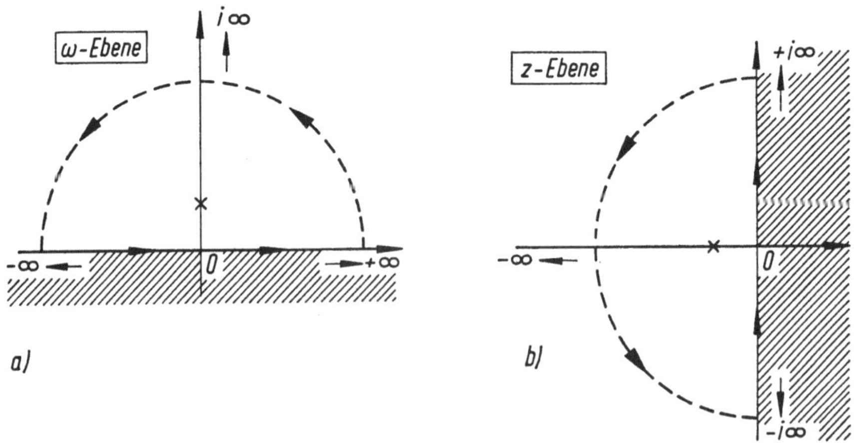

Bild XVIII.8. Zur Erläuterung der Integrationswege für die Integrale (XVIII.5a) und (XVIII.5b).

und neben der Form (XVIII.5a) mit reellem Integrationsweg werden auch die Integrale

$$J_n = \frac{1}{2\pi i} \cdot \int\limits_{-i\infty}^{+i\infty} \frac{g_n(z)}{h_n(z) \cdot h_n(-z)} \, \mathrm{d}z \qquad (\text{XVIII.5 b})$$

den Tabellen zugrunde gelegt, die zu den gleichen Ergebnissen führen. In diesem Fall ist die imaginäre Achse der z-Ebene als Integrationsweg zu nehmen, und die Pole von $h_n(z)$ müssen in der linken z-Halbebene liegen, siehe Bild XVIII. 8 b, [51], [52], [53]. Die Berechnung der quadratischen Mittelwerte führt in diesem Fall auf die Form

$$\sigma_u{}^2 = \pi S_0 \cdot J_n.$$

Um dem Leser das Nachschlagen der tabellierten Integrale J_n im einschlägigen Schrifttum zu ersparen, seien die folgenden Angaben aus [52] hier zusammengestellt:

$$J_1 = \frac{b_0}{2a_0 a_1}$$

$$J_2 = \frac{1}{2a_0 a_1} \cdot \left(\frac{a_0 b_1}{a_2} - b_0 \right)$$

$$J_3 = \frac{-a_2 b_0 + a_0 b_1 - \dfrac{a_0 a_1 b_2}{a_3}}{2a_0 \cdot (a_0 a_3 - a_1 a_2)}$$

$$J_4 = \frac{b_0 \cdot (-a_1 a_4 + a_2 a_3) - a_0 a_3 b_1 + a_0 a_1 b_2 + \dfrac{a_0 b_3}{a_4} \cdot (a_0 a_3 - a_1 a_2)}{2a_0 \cdot (a_0 a_3{}^2 + a_1{}^2 a_4 - a_1 a_2 a_3)}$$

$$J_5 = \frac{M_5}{2a_0 \cdot \Delta_5} \quad \text{mit den Abkürzungen}$$

$$M_5 = b_0 \cdot (-a_0 a_4 a_5 + a_1 a_4{}^2 + a_2{}^2 a_5 - a_2 a_3 a_4) + a_0 b_1 \cdot (-a_2 a_5 + a_3 a_4)$$

$$+ a_0 b_2 \cdot (a_0 a_5 - a_1 a_4) + a_0 b_3 \cdot (-a_0 a_3 + a_1 a_2)$$

$$+ \frac{a_0 b_4}{a_5} \cdot (-a_0 a_1 a_5 + a_0 a_3{}^2 + a_1{}^2 a_4 - a_1 a_2 a_3)$$

$$\Delta_5 = a_0{}^2 a_5{}^2 - 2a_0 a_1 a_4 a_5 - a_0 a_2 a_3 a_5 + a_0 a_3{}^2 a_4$$

$$+ a_1{}^2 a_4{}^2 + a_1 a_2{}^2 a_5 - a_1 a_2 a_3 a_4.$$

Mit den Werten für J_5 kann man Leistungsintegrale mit Nennerpolynomen bis zum zehnten Grad in ω berechnen, was für die meisten praktischen Fälle ausreicht. Beim Umgang mit diesen Integralen treten einige Tücken auf, auf die in Teil XIX.3 besonders hingewiesen wird. Ein in der Originalarbeit [50] enthaltener Druckfehler in dem Ausdruck für J_7 ist in den meisten anderen Literaturstellen korrigiert, so in [51], wo auch eine sehr ausführliche Herleitung der Integrale J_n mit funktionentheoretischen Hilfsmitteln gezeigt wird.

2.3 Berechnung der Leistungsspektren

Den folgenden Überlegungen soll ein Regelkreis nach Bild XVIII.9 zugrunde gelegt werden, der ein nichtlineares und ein lineares Teilsystem enthält. Um den Einfluß des bei der quasi-linearen Approximation vernachlässigten Verzerrungsanteils verfolgen zu können, wird das vollständige Ausgangssignal $y(t)$

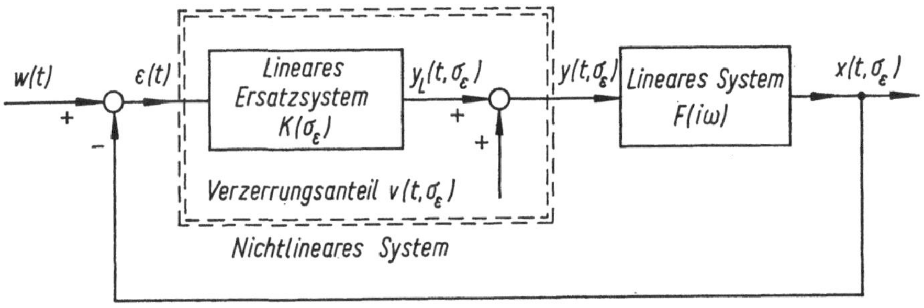

Bild XVIII.9. Folgesystem mit den Ersatzkenngrößen für das nichtlineare System zur Abschätzung des Verzerrungseinflusses. Im Text ist die Abhängigkeit der Signale von σ_ε nicht mitgeschrieben.

des nichtlinearen Systems in die Berechnung einbezogen. Da die zusätzliche Abhängigkeit der verschiedenen Funktionen von der Streuung des Fehlersignals $\varepsilon(t)$ in den vorangegangenen Abschnitten eingehend diskutiert worden ist, kann bei den folgenden Gleichungen auf die Angabe dieses zusätzlichen Argumentes verzichtet werden. Es soll eine verzögerungsfreie Nichtlinearität angenommen werden, so daß die Beziehung

$$y(t) = K(\sigma_\varepsilon) \cdot \varepsilon(t) + v(t)$$

$$= y_L(t) + v(t)$$

gültig ist, in welcher K weder von der Zeit noch von der Frequenz, sondern ausschließlich von der Streuung σ_ε abhängig ist, vgl. Teil XVII.1 a, insbesondere Tafel XVII.1. Vorgegeben sind das Leistungsspektrum $S_{ww}(\omega)$ der Führungsgröße, die äquivalente Verstärkung K sowie der Frequenzgang $F(i\omega)$ des linearen Teilsystems. Mit den üblichen Regeln der linearen Blockschaltbildalgebra findet man zunächst die folgenden Wirkleistungsspektren:

Fehlersignal $\varepsilon(t)$:

$$S_{\varepsilon\varepsilon}(\omega) = \frac{S_{ww}(\omega) + |F(i\omega)|^2 \cdot S_{vv}(\omega)}{|1 + K(\sigma_\varepsilon) \cdot F(i\omega)|^2}$$

$$= S_{ww}(\omega) + |F(i\omega)|^2 \cdot S_{yy}(\omega) - 2 \cdot \mathrm{Re}\{F(i\omega) \cdot S_{wy}(\omega)\}.$$

Vollständiges Ausgangssignal des nichtlinearen Systems $y(t)$:

$$S_{yy}(\omega) = \frac{1}{|1 + F_0(i\omega, \sigma_\varepsilon)|^2} \cdot [K^2(\sigma_\varepsilon) \cdot S_{ww}(\omega) + S_{vv}(\omega)]$$

mit dem streuungsabhängigen Frequenzgang des offenen Regelkreises

$$F_0(i\omega, \sigma_\varepsilon) = K(\sigma_\varepsilon) \cdot F(i\omega).$$

Regelgröße $x(t)$:

$$S_{xx}(\omega) = \frac{1}{|1 + F_0|^2} \cdot \left\{ |K(\sigma_\varepsilon) \cdot F(i\omega)|^2 \cdot S_{ww}(\omega) + |F(i\omega)|^2 \cdot S_{vv}(\omega) \right\}.$$

Durch entsprechende Rechnungen findet man für die verschiedenen Kreuzleistungsspektren in vereinfachter Schreibweise:

$$S_{w\varepsilon}(\omega) = \frac{S_{ww}(\omega)}{1 + F_0},$$

$$S_{wy}(\omega) = \frac{K}{1 + F_0} \cdot S_{ww}(\omega) = K \cdot S_{w\varepsilon}(\omega),$$

$$S_{wx}(\omega) = \frac{F_0}{1 + F_0} \cdot S_{ww}(\omega).$$

Bezüglich des *Fehlersignals* $\varepsilon(t)$ ergibt sich:

$$S_{\varepsilon x}(\omega) = \frac{F_0}{|1 + F_0|^2} \cdot S_{ww}(\omega) - \left| \frac{F}{1 + F_0} \right|^2 \cdot S_{vv}(\omega),$$

$$S_{\varepsilon y}(\omega) = \frac{K}{|1 + F_0|^2} \cdot S_{ww}(\omega) - \frac{F^*}{|1 + F_0|^2} \cdot S_{vv}(\omega).$$

Zur Erläuterung der Rechnungsgänge soll die Bestimmung des Kreuzleistungsspektrums

$$S_{\varepsilon x}(\omega) = \lim_{T \to \infty} \frac{1}{T} \cdot a_\varepsilon{}^*(\omega) \cdot a_x(\omega)$$

ausführlich gezeigt werden. Anhand von Bild XVIII.9 ergibt sich für die komplexen Amplitudenspektren der durch Indizes gekennzeichneten Signale:

a) $a_\varepsilon(\omega) = a_w(\omega) - a_x(\omega)$

$= a_w(\omega) - [K \cdot a_\varepsilon(\omega) + a_v(\omega)] \cdot F$

$= \dfrac{a_w(\omega) - a_v(\omega) \cdot F}{1 + F_0} \cdot$

b) $a_x(\omega) = [K \cdot a_\varepsilon(\omega) + a_v(\omega)] \cdot F$

$= \{K \cdot [a_w(\omega) - a_x(\omega)] + a_v(\omega)\} \cdot F$

$= \dfrac{F_0 \cdot a_w(\omega) + F \cdot a_v(\omega)}{1 + F_0} \cdot$

c) $a_\varepsilon{}^*(\omega) \cdot a_x(\omega) = \dfrac{1}{|1 + F_0|^2} \{[a_w{}^*(\omega) - F^* \cdot a_v{}^*(\omega)] \cdot [F_0 \cdot a_w(\omega) +$

$+ \, F \cdot a_v(\omega)]\}$

$= \dfrac{1}{|1 + F_0|^2} \cdot \{F_0 \cdot |a_w(\omega)|^2 - |F|^2 \cdot |a_v(\omega)|^2 +$

$+ \, F \cdot a_w{}^*(\omega) \cdot a_v(\omega) - K \cdot |F|^2 \cdot a_v{}^*(\omega) \cdot a_w(\omega)\}.$

d) Beim Grenzübergang zur Bildung der spektralen Kreuzleistungsdichte ist zu beachten, daß alle vorkommenden Amplitudenspektren noch von der halben Intervallänge T abhängen. Für $T \to \infty$ entsteht dann der gesuchte Ausdruck

$$S_{\varepsilon x}(\omega) = \frac{1}{|1 + F_0|^2} \cdot [F_0 \cdot S_{ww}(\omega) - |F|^2 \cdot S_{vv}(\omega)],$$

denn die Kreuzspektren $S_{wv}(\omega)$ und $S_{vw}(\omega)$ sind beide gleich Null, weil nach Voraussetzung der Verzerrungsanteil nicht mit dem Führungssignal $w(t)$ linear korreliert ist. Andererseits sind die Signale $w(t)$ und $x(t)$ an der Mischstelle linear miteinander korreliert; den quantitativen Zusammenhang liefert das Kreuzleistungsspektrum

$$S_{wx}(\omega) = \frac{F_0}{1 + F_0} \cdot S_{ww}(\omega)$$

(vgl. die Erläuterungen zu Bild XVIII.6 in Abschnitt 1.2 dieses Teiles). Mit Hilfe der obigen Ergebnisse lassen sich die Systemkenngrößen $K(\sigma_\varepsilon)$ und $F(i\omega)$ durch Verhältnisse von Kreuzleistungsspektren darstellen:

$$K(\sigma_\varepsilon) = \frac{S_{wy}(\omega)}{S_{w\varepsilon}(\omega)} \qquad \text{(XVIII.6a)}$$

und

$$F(i\omega) = \frac{S_{wx}(\omega)}{S_{wy}(\omega)} . \qquad \text{(XVIII.6b)}$$

Diese beiden Formen, die nur Kreuzleistungsspektren enthalten, sind normalerweise nicht geläufig. Man kann sie jedoch leicht interpretieren: wenn man eine Reihenschaltung von rückwirkungsfrei aneinander gekoppelten linearen Systemen vor sich hat, dann kann man die einzelnen Frequenzgänge ausschließlich durch Kreuzleistungsspektren charakterisieren. Mit den Bezeichnungen von Bild XVIII.10 findet man Zusammenhänge der Form

$$F_{n-1,\,n}(i\omega) = \frac{S_{vn}(\omega)}{S_{v,\,n-1}(\omega)} , \qquad v = 1 \dots n - 1, \qquad \text{(XVIII.7)}$$

oder im Zeitbereich für die Kreuzkorrelationsfunktionen:

$$\Phi_{vn}(\tau) = \int_0^\omega G_{n-1,\,n}(u) \cdot \Phi_{v,\,n-1}(\tau - u)\,du. \qquad \text{(XVIII.8)}$$

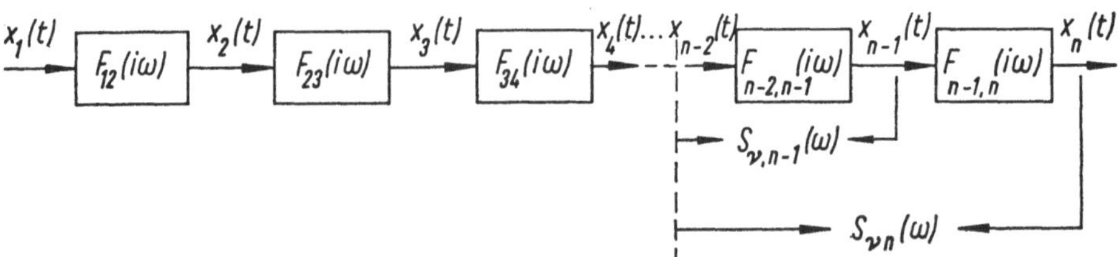

Bild XVIII.10. Kaskadenschaltung von n Systemen zur Erläuterung der Darstellung von Frequenzgängen als Verhältnisse von Kreuzleistungsspektren.

Im Fall $\nu = n - 1$ ergeben sich die geläufigeren Relationen, in denen das Wirkleistungsspektrum des Signals $x_{n-1}(t)$ bzw. dessen Autokorrelationsfunktion vorkommen.

2.4 Zum Einfluß des Verzerrungsanteils

An den verschiedenen Leistungsspektren, die bei der mathematischen Kennzeichnung der im Blockschaltbild XVIII.9 vorkommenden Signale auftreten, erkennt man deutlich den Einfluß des nichtlinearen Verzerrungsanteils $v(t)$. Es ist selbstverständlich, daß die Ergebnisse einer analytischen Behandlung nichtlinearer Systeme mit Hilfe der äquivalenten Verstärkung K um so zuverlässiger sein werden, je geringer dieser Verzerrungsanteil gegenüber dem durch die lineare Approximation erfaßten Signalanteil $y_L(t) = K(\sigma_\varepsilon) \cdot \varepsilon(t)$ sein wird. Um diese Aussage quantitativ zu fassen, berechnet man den Quotienten aus linear korreliertem Anteil des Ausgangssignals $y(t)$ und dem gesamten Ausgangssignals der Nichtlinearität, indem man von der Gleichung für das Wirkleistungsspektrum nach Abschnitt 2.3 ausgeht:

$$S_{yy}(\omega) = \left| \frac{K}{1 + F_0} \right|^2 \cdot S_{ww}(\omega) + \frac{S_{vv}(\omega)}{|1 + F_0|^2} \cdot$$

$$\underset{\text{linearer Anteil}}{\downarrow} \qquad \underset{\text{Verzerrungsanteil}}{\downarrow}$$

im geschlossenen Regelkreis

Man erhält durch eine einfache Umformung

$$|1 + F_0|^2 \cdot S_{yy}(\omega) = K^2 \cdot S_{ww}(\omega) + S_{vv}(\omega),$$

und dieser Zusammenhang entspricht unmittelbar der Relation (XIII.3) von Teil XIII, wo ein isoliertes nichtlineares System behandelt wurde. Aus der Gleichung für $S_{yy}(\omega)$ folgt

$$1 - \frac{1}{|1 + F_0|^2} \cdot \frac{S_{vv}(\omega)}{S_{yy}(\omega)} = \left| \frac{K}{1 + F_0} \right|^2 \cdot \frac{S_{ww}(\omega)}{S_{yy}(\omega)} \equiv \gamma^2.$$

Hieraus läßt sich im Sinne der Nachrichtentechnik ein „Signal/Rausch-Verhältnis" ableiten:

$$\frac{K^2 \cdot S_{ww}(\omega)}{S_{vv}(\omega)} = \frac{\gamma^2}{1 - \gamma^2},$$

und mit Hilfe des Kreuzleistungsspektrums

$$S_{wy}(\omega) = \frac{K}{1 + F_0} \cdot S_{ww}(\omega)$$

ergibt sich

$$\gamma = \frac{|S_{wy}(\omega)|}{\sqrt{S_{ww}(\omega) \cdot S_{yy}(\omega)}}, \quad \gamma \le 1.$$

Wenn der Verzerrungsanteil gegen Null geht, dann strebt γ gegen 1, und es wird

$$S_{yy}(\omega) = \left| \frac{K}{1 + F_0} \right|^2 \cdot S_{ww}(\omega).$$

In Teil XVI.5.2 wurde zur Beurteilung des Verzerrungseinflusses die Kenngröße

$$\varkappa = \sqrt{1 - \frac{S_{vv}(\omega)}{S_{yy}(\omega)}}$$

eingeführt. Für den vorliegenden Fall ergibt sich

$$\frac{S_{vv}(\omega)}{S_{yy}(\omega)} = \frac{|1 + F_0|^2 \cdot S_{vv}(\omega)}{K^2 \cdot S_{ww}(\omega) + S_{vv}(\omega)}$$

$$\to 0 \quad \text{für} \quad v(t) \to 0.$$

XIX. Beispiele zur Berechnung geschlossener Regelkreise

1. Regelkreis mit kubischer Nichtlinearität und verzögerungsfreiem I-Glied

Das Folgesystem von Bild XIX.1 werde mit einem Tiefpaßsignal $w(t)$ beschickt, welches zur Vereinfachung der Rechnung durch eine idealisierte Filterung aus einem weißen Geräusch mit der konstanten Leistungsdichte S_0 erzeugt

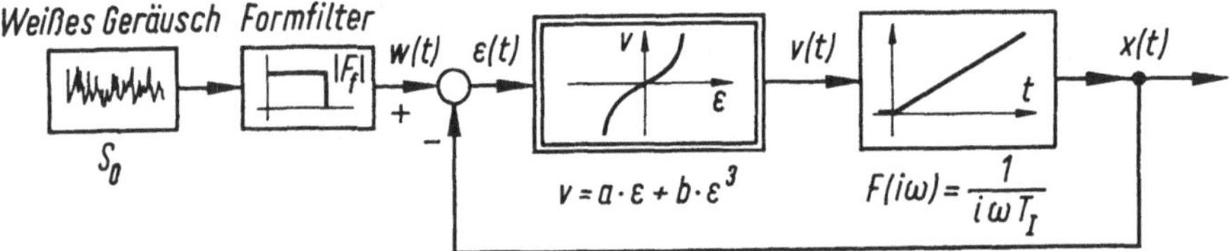

Bild XIX.1. Folgesystem mit verzögerungsfreiem Stellantrieb und kubischer Nichtlinearität.

werden soll. Wegen der unendlich großen Flankensteilheit des Amplitudenganges ergibt sich über die WIENER-KHINTCHINEsche Relation eine oszillierende Autokorrelationsfunktion [23]

$$\Phi_{ww}(\tau) = S_0 \cdot \frac{1}{\tau} \cdot \sin \omega_g \tau.$$

Die Kennlinie des nichtlinearen Systems wird durch die Funktion

$$v = a \cdot \varepsilon + b \cdot \varepsilon^3$$

beschrieben, und die zugehörige äquivalente Verstärkung für ein GAUSSsches Fehlersignal $\varepsilon(t)$ lautet nach den Ergebnissen von Teil XIV.6:

$$K(\sigma_\varepsilon) = a + 3b \cdot \sigma_\varepsilon^2.$$

Das Leistungsspektrum der Führungsgröße erhält die einfache Form

$$S_{ww}(\omega) = S_0 \cdot [1(\omega) - 1(\omega - \omega_g)],$$

und die gesamte Eingangsleistung wird

$$\overline{w^2(t)} = S_0 \cdot \omega_g.$$

Das interessierende Leistungsspektrum am Eingang der Nichtlinearität ergibt
sich zu

$$S_{\varepsilon\varepsilon}(\omega) \;=\; S_{ww}(\omega) \cdot \left| \frac{1}{1 + F_0(i\omega, \sigma_\varepsilon)} \right|^2$$

$$=\; \frac{S_0 \cdot [1(\omega) - 1(\omega - \omega_g)]}{|1 + K(\sigma_\varepsilon)/i\omega T_I|^2} \,,$$

und für die zugehörige Gesamtleistung erhält man:

$$\sigma_\varepsilon{}^2 \;=\; S_0 \cdot \int\limits_0^{\omega_g} \left| \frac{i\omega T_I/K(\sigma_\varepsilon)}{1 + i\omega T_I/K(\sigma_\varepsilon)} \right|^2 d\omega$$

$$\sigma_\varepsilon{}^2 \;=\; S_0 \cdot \int\limits_0^{\omega_g} \frac{\omega^2 T_I{}^2/K^2}{1 + \omega^2 T_I{}^2/K^2} \, d\omega.$$

Für die Auswertung setzt man $\omega T_I/K = z$ und findet

$$\sigma_\varepsilon{}^2 \;=\; S_0 \cdot \frac{K}{T_I} \cdot \int\limits_0^{\omega_g T_I/K} \left(1 - \frac{1}{1 + z^2} \right) dz$$

$$=\; S_0 \cdot \frac{K}{T_I} \cdot (z - \arctan z) \Big|_0^{\omega_g \cdot T_I/K}$$

$$=\; \sigma_w{}^2 \cdot \left\{ 1 - \frac{K(\sigma_\varepsilon)}{\omega_g \cdot T_I} \cdot \arctan \frac{\omega_g \cdot T_I}{K(\sigma_\varepsilon)} \right\} .$$

Dies ist eine implizite Form der gesuchten Abhängigkeit

$$K = f(\sigma_\varepsilon, \sigma_w),$$

die in Bild XIX.2 mit σ_ε als unabhängiger Variabler und $\sigma_w{}^2$ als Parameter
graphisch dargestellt ist [45]. Die Kurven gelten für $\omega_g \cdot T_I = 1$ und die
Werte $\sigma_w{}^2 = 1$, 1,5 und 2. In das gleiche Diagramm ist der Verlauf der äquivalenten Verstärkung des nichtlinearen Systems eingezeichnet, und die Schnitt-
punkte P_1, P_2, P_3 mit den Scharkurven von $f(\sigma_\varepsilon, \sigma_w)$ ergeben diskrete Lösungen
zur Berechnung des letzten Endes gesuchten Führungsfrequenzganges

$$F_w(i\omega, \sigma_\varepsilon) = \frac{K(\sigma_\varepsilon)}{K(\sigma_\varepsilon) + i\omega T_I} \,,$$

woraus man das Leistungsspektrum der Regelgröße $x(t)$ berechnen kann:

$$S_{xx}(\omega, \sigma_\varepsilon) = S_{ww}(\omega) \cdot \frac{K^2(\sigma_\varepsilon)}{K^2(\sigma_\varepsilon) + \omega^2 T_I{}^2} \,.$$

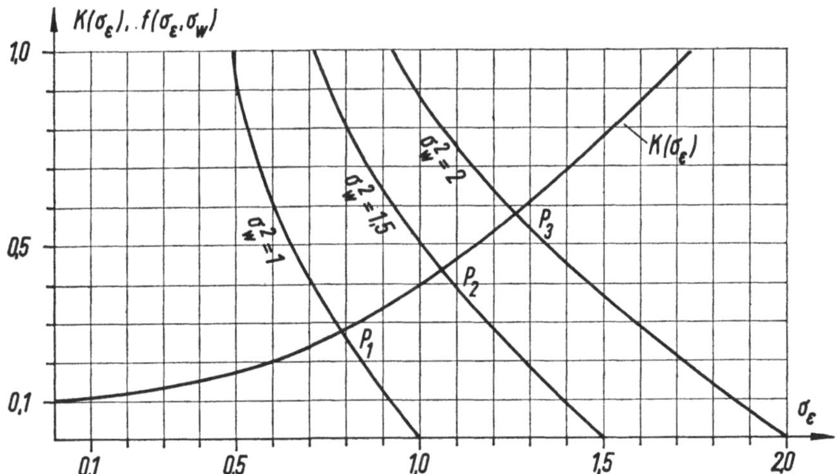

Bild XIX.2. Kurvenschar für die graphische Auswertung des impliziten Zusammenhanges $K(\sigma_\varepsilon) = f(\sigma_\varepsilon, \sigma_w)$.

2. Regelkreis zur Nachbildung eines Systems mit Hystereseverhalten

Aus dem Schrifttum über elektronische Analogrechner ist eine Schaltung zur Nachbildung eines nichtlinearen Systems mit Lose-Charakter bekannt, die nach Bild XIX.3 aufgebaut ist. Im Vorwärtskanal eines geschlossenen Regelkreises liegen ein System mit toter Zone der Breite $2a$, ein Integrator mit dem Frequenzgang

$$F(i\omega) = \frac{1}{i\omega T_I}$$

und ein Verstärker. Das Gesamtsystem zeigt ein nichtlineares Verhalten gemäß Bild XIX.4 und wird durch eine äquivalente Verstärkung beschrieben, die streuungs- und frequenzabhängig ist:

$$K_2(\sigma_\varepsilon, i\omega) = \frac{\dfrac{V}{i\omega T_I} \cdot K_1(\sigma_\varepsilon)}{1 + \dfrac{V}{i\omega T_I} \cdot K_1(\sigma_\varepsilon)}$$

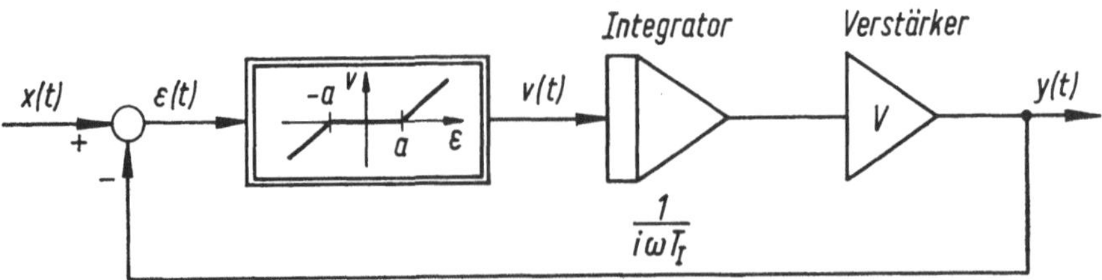

Bild XIX.3. Analogrechenschaltung zur Nachbildung eines Systems mit Hystereseverhalten.

mit der in Teil XIV.3 berechneten Funktion $K_1(\sigma_\varepsilon)$ für ein nichtlineares Element mit toter Zone:

$$K_1(\sigma_\varepsilon) = 1 - \mathrm{erf}\left(\frac{a}{\sigma_\varepsilon \cdot \sqrt{2}}\right).$$

Formt man den Ausdruck für K_2 noch etwas um, so erkennt man, daß das Ergebnis als Frequenzgang eines Systems mit Verzögerung erster Ordnung gedeutet werden kann, dessen Zeitkonstante

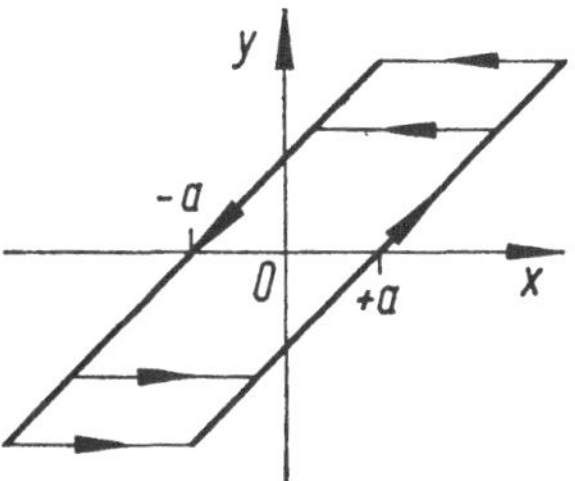

Bild XIX.4. Idealisierte statische Kennlinie des Systems von B. XIX.3.

$$T_0 = \frac{T_I}{V \cdot K_1(\sigma_\varepsilon)}$$

von der Streuung des Differenzsignals $\varepsilon(t)$ und damit von der Streuung des Eingangssignals $x(t)$ abhängt [55]:

$$K_2(\sigma_\varepsilon, i\omega) = \frac{1}{1 + i\omega T_0(\sigma_\varepsilon)}.$$

Die Abhängigkeit zwischen σ_ε und σ_x kann man ebenso bestimmen wie in Beispiel 1, so daß sich K_2 letzten Endes als Funktion von σ_x und $i\omega$ ergibt. In diesem Fall, wo mit Hilfe eines geschlossenen Regelkreises eine beabsichtigte Nichtlinearität erzeugt wird, erscheint es zweckmäßig, die Funktion K_2 mit der Bezeichnung „äquivalente Verstärkung" zu versehen und die von linearen Systemen gewohnte Bezeichnung „Frequenzgang" zu vermeiden.

3. Störverhalten eines Regelkreises bei verschiedenen Eingangssignalen

Der Regelkreis nach Bild XIX.5 werde mit einer stochastischen Störgröße $z(t)$ beaufschlagt, die Führungsgröße sei gleich Null, so daß das Fehlersignal

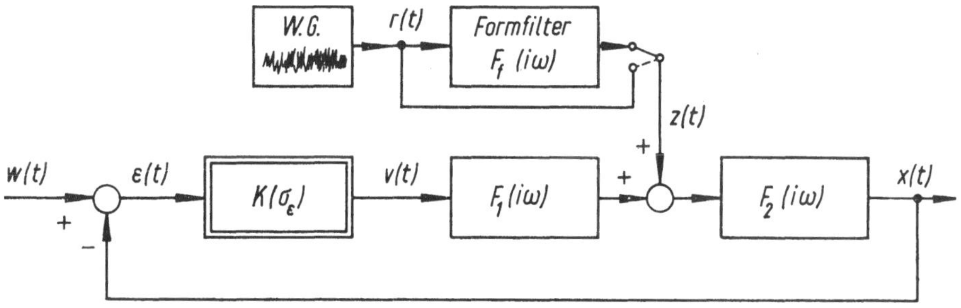

Bild XIX.5. Nichtlineares Folgesystem mit stochastischen Störgrößen $r(t)$ (weißes Geräusch) und $z(t)$ (Tiefpaßrauschen).

$\varepsilon(t) = -x(t)$ wird. In dem Regelkreis seien zwei lineare Teilsysteme mit den Frequenzgängen

$$F_1(i\omega) = \frac{1}{1 + i\omega T_1}, \qquad F_2(i\omega) = \frac{1}{i\omega T_2}$$

und eine Nichtlinearität vorhanden, die durch eine äquivalente Verstärkung $K(\sigma_\varepsilon)$ beschrieben, aber im einzelnen noch nicht näher festgelegt werden soll. Als Eingangssignal wird wahlweise ein sehr breitbandiges Geräusch mit konstantem Leistungsspektrum oder ein Tiefpaß-Rauschen mit der Leistungsdichte

$$S_{zz}(\omega) = \frac{S_0}{1 + \omega^2 T^2}$$

verwendet, dessen Grenzfrequenz durch das Formfilter verändert werden kann.

3.1 Allgemeine Berechnung des Fehlersignals

Für die Berechnung des Störverhaltens des Regelkreises benötigt man zunächst den quadratischen Mittelwert des Fehlersignals $\varepsilon(t)$, der die unabhängige Variable der äquivalenten Verstärkung ergibt. Bei vorgegebener Störgröße $z(t)$ erhält man das Fehlersignal am Eingang der Nichtlinearität über den von σ_ε abhängigen Frequenzgang

$$F(i\omega, \sigma_\varepsilon) = -\frac{F_2(i\omega)}{1 + K(\sigma_\varepsilon) \cdot F_1(i\omega) \cdot F_2(i\omega)},$$

und daraus ergibt sich das Leistungsspektrum

$$S_{\varepsilon\varepsilon}(\omega) = S_{zz}(\omega) \cdot |F(i\omega, \sigma_\varepsilon)|^2. \tag{XIX.1}$$

Der quadratische Mittelwert des Fehlersignals,

$$\sigma_\varepsilon^2 = \int\limits_0^\infty S_{zz}(\omega) \cdot |F(i\omega, \sigma_\varepsilon)|^2 \, d\omega,$$

soll zuerst für das Tiefpaßgeräusch als Störgröße berechnet werden:

$$\sigma_\varepsilon^2 = \frac{S_0}{2} \cdot \int\limits_{-\infty}^{+\infty} \left| \frac{1 + i\omega T_1}{(1 + i\omega T) \cdot [i\omega T_2 \cdot (1 + i\omega T_1) + K(\sigma_\varepsilon)]} \right|^2 d\omega.$$

Mit Hilfe des Verfahrens von Abschnitt 2.2 in Teil XVIII kann man dieses verhältnismäßig komplizierte Integral leicht auswerten; mit der Substitution $i\omega = z$ geht es in die allgemeine Form

$$\sigma_\varepsilon^2 = \frac{S_0}{2i} \cdot \int\limits_{-i\infty}^{+i\infty} \frac{g_3(z)}{h_3(z) \cdot h_3(-z)} \, dz$$

über, wobei die Polynome $g_3(z)$ und $h_3(z)$ folgende Gestalt haben:

$$\begin{aligned}
h_3(z) &= (1 + Tz) \cdot [T_2 z(1 + T_1 z) + K] \\
&= T T_1 T_2 \cdot z^3 + T_2 \cdot (T + T_1) \cdot z^2 + (T_2 + TK) \cdot z + K \\
&= \quad a_0 \cdot z^3 \quad + \quad a_1 \cdot z^2 \quad + \quad a_2 \cdot z \quad + a_3,
\end{aligned}$$

und

$$g_3(z) = -T_1^2 \cdot z^2 + 1$$
$$= b_1 \cdot z^2 + b_0$$

aus der allgemeinen Darstellung

$$g_n(z) = b_{n-2} \cdot z^{2n-4} + b_{n-1} \cdot z^{2n-6}$$

für $n = 3$. *Man beachte, daß sich der Index n der Polynome $g_n(z)$ nicht nach dem Grad von $g_n(z)$ richtet, sondern nach der höchsten Potenz von $h_n(z)$.* Dies bedeutet praktisch, daß sich bei der Berechnung von Integralen, die alle das *gleiche Zählerpolynom* haben können, aber *verschiedene Nennerpolynome* aufweisen, immer wieder *andere Koeffizienten für dasselbe Zählerpolynom* ergeben. Aus der Tafel von Seite 267 entnimmt man für das Integral für $n = 3$:

$$J_3 = \frac{-a_2 b_0 + a_0 b_1 - \dfrac{a_0 a_1 b_2}{a_3}}{2a_0 \cdot (a_0 a_3 - a_1 a_2)},$$

und nach Einsetzen der Koeffizienten ergibt sich für den quadratischen Mittelwert

$$\sigma_\varepsilon^2 = \pi S_0 \cdot J_3$$
$$\sigma_\varepsilon^2 = \frac{\pi S_0}{2T_2} \cdot \frac{1}{K(\sigma_\varepsilon)} \cdot \frac{T_1^2 \cdot K(\sigma_\varepsilon) + T_2 \cdot (T + T_1)}{T^2 \cdot K(\sigma_\varepsilon) + T_2 \cdot (T + T_1)}.$$

Dies ist wiederum eine implizite Darstellung für σ_ε, die man zusammen mit der äquivalenten Verstärkung $K(\sigma_\varepsilon)$ für eine spezielle nichtlineare Kennlinie graphisch auswerten muß, wobei der quadratische Mittelwert der jeweiligen Störgröße als Parameter auftritt.

3.2 Sonderfälle der Störgröße

Das Endergebnis für σ_ε^2 wird besonders einfach, wenn die Grenzfrequenz der Störgröße mit der des linearen Tiefpasses im Regelkreis übereinstimmt. In diesem Fall wird die Zeitkonstante des Formfilters $T = T_1$, und man erhält:

$$\sigma_\varepsilon^2 = \frac{\pi S_0}{2T_2} \cdot \frac{1}{K(\sigma_\varepsilon)}.$$

Man kann nun das Störverhalten des geschlossenen Regelkreises für verschiedene Nichtlinearitäten untersuchen und mit geringem Aufwand den quadratischen Mittelwert der Regelgröße berechnen. Bei dem System nach Bild XIX.5 wird $x(t) = -\varepsilon(t)$, folglich

$$S_{xx}(\omega) = S_{zz}(\omega) \cdot |F(i\omega, \sigma_\varepsilon)|^2$$
$$= S_{\varepsilon\varepsilon}(\omega),$$

so daß man unmittelbar von dem Zusammenhang

$$\sigma_x^2 = \frac{\pi S_0}{2T_2} \cdot \frac{1}{K(\sigma_\varepsilon)}$$

ausgehen kann. Wählt man als nichtlineares System einen verzögerungsfreien Zweipunktschalter mit

$$K(\sigma_x) = \sqrt{\frac{2}{\pi}} \cdot \frac{h}{\sigma_x}$$

(vgl. Beispiel 1 von Teil XIV), so erhält man

$$\sigma_x = \sqrt{\frac{\pi^3}{8} \cdot \frac{S_0}{T_2 \cdot h}},$$

und mit dem quadratischen Mittelwert der Störgröße $\sigma_z{}^2 = \dfrac{\pi S_0}{2T}$ wird

$$\sigma_x = \sqrt{\frac{\pi}{2} \cdot \frac{T}{T_2 \cdot h} \cdot \sigma_z{}^2}.$$

(h hat dieselbe Dimension wie σ_z).

In diesem Fall erhält man also ohne besonderen Aufwand den Zusammenhang zwischen der Streuung der Regelgröße und der Störgröße. Wählt man als Störgröße ein weißes Geräusch, so wird mit $T = 0$ das Störleistungsspektrum

$$S_{zz}(\omega) = S_0,$$

und man findet

$$\sigma_\varepsilon{}^2 = \frac{\pi S_0}{2T_2} \cdot \left\{ \frac{1}{K(\sigma_\varepsilon)} + \frac{T_1}{T_2} \right\}.$$

Der naheliegende Sonderfall $T_1 = 0$ führt zu dem einfacheren Regelkreis nach Bild XIX.6, wo außer dem nichtlinearen Teil nur noch ein integrierendes

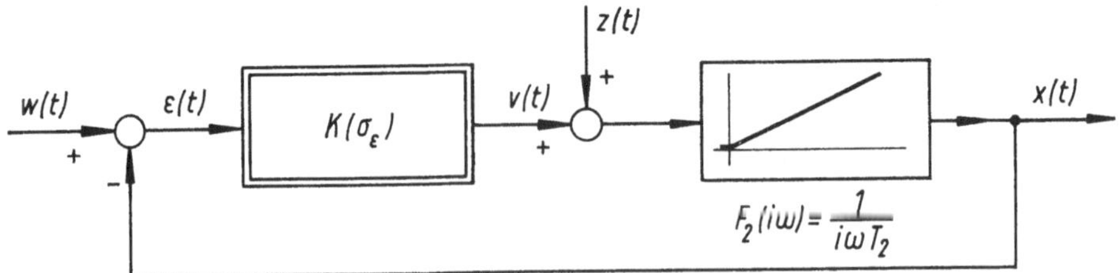

Bild XIX.6. Sonderfall des Folgesystems von Bild XIX.5 für $T_1 = 0$.

lineares System vorkommt. Dieser Regelkreis hat also das gleiche Störverhalten wie derjenige nach Bild XIX.5 mit der Tiefpaß-Störgröße für $T = T_1$. Löst man den obigen impliziten Ausdruck für $\sigma_\varepsilon{}^2 = \sigma_x{}^2$ nach $K(\sigma_x)$ auf, so ergibt sich

$$K(\sigma_x) = \frac{\pi S_0 T_2}{2T_2{}^2 \cdot \sigma_x{}^2 - \pi S_0 T_1}$$

$$= f(\sigma_x, S_0).$$

Wählt man wieder den verzögerungsfreien Schalter als nichtlineares System, so erhält man für $h = \sqrt{\pi/2}$ und $T_1 = T_2 = 1$ die beiden folgenden Gleichungen zur graphischen Auswertung:

$$f(\sigma_x, S_0) = \dfrac{1}{\dfrac{2}{\pi S_0} \cdot \sigma_x{}^2 - 1}$$

und

$$K(\sigma_x) = \dfrac{1}{\sigma_x}\,.$$

Der erste Ausdruck ergibt eine Kurvenschar mit S_0 als Parameter, der zweite stellt die äquivalente Verstärkung des Zweipunktschalters dar. Auch dieses Beispiel ist noch so einfach, daß die graphische Lösung nach Bild XIX.7 nur als Hilfe für das Vorgehen bei komplizierteren Fällen dienen soll. Die sich ergebenden Schnittpunkte sind nichts anderes als die positiven reellen Lösungen der quadratischen Gleichung

$$\sigma_x{}^2 = \frac{\pi S_0}{2 T_2} \cdot \left(\sqrt{\frac{\pi}{2}} \cdot \frac{\sigma_x}{h} + \frac{T_1}{T_2} \right)$$

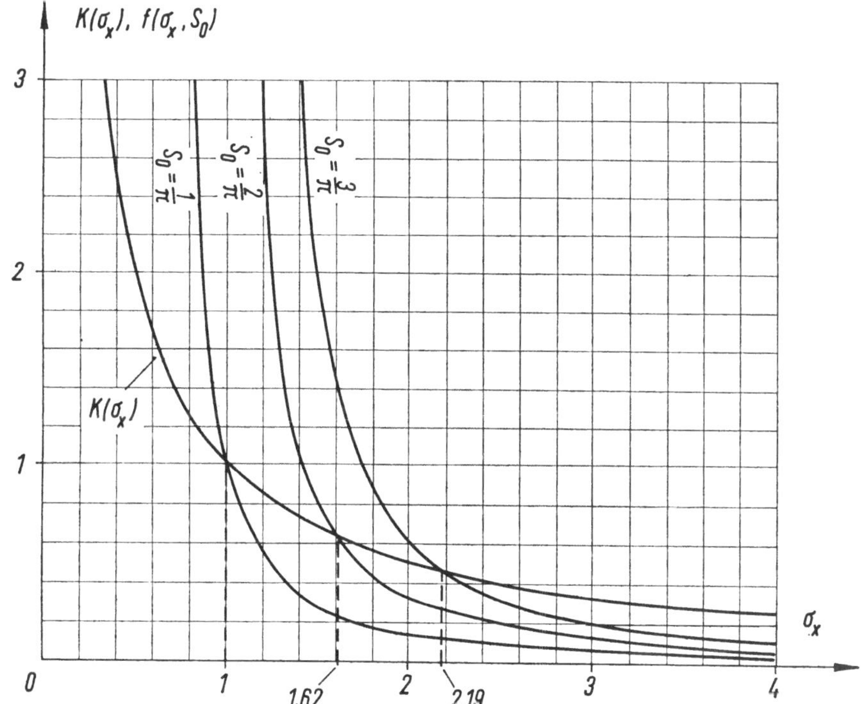

Bild XIX.7. Die Kurvenschar $f(\sigma_x, S_0)$ für drei verschiedene Werte des Parameters S_0. Die Schnittpunkte mit der Kurve für die äquivalente Verstärkung $K(\sigma_x)$ ergeben Lösungen für den geschlossenen Regelkreis.

oder mit den angenommenen Zahlenwerten

$$\sigma_x{}^2 = \frac{\pi S_0}{2} \cdot (\sigma_x + 1).$$

Negative Lösungen dieser Gleichung interessieren nicht, weil es nur auf die Schnittpunkte der Scharkurven mit der Kurve für die beständig positive Funktion $K(\sigma_x)$ ankommt.

3.3 Direkte Berechnung der Sonderfälle

Da die praktische Anwendung der in Teil XVIII.2.2 tabellierten Ergebnisse ihre Tücken in sich birgt, sollen hier zur Übung die unter 3.2 betrachteten Sonderfälle noch einmal über die Auswertung der bei einem direkten Ansatz entstehenden Integrale behandelt werden.

Fall $T = T_1$, spezielle Tiefpaß-Störgröße:

Der quadratische Mittelwert des Fehlersignals wird

$$\sigma_\varepsilon{}^2 = \frac{S_0}{2} \cdot \int\limits_{-\infty}^{+\infty} \frac{\mathrm{d}\omega}{\left| i\omega T_2 \cdot (1 + i\omega T_1) + K \right|^2}$$

$$= \frac{S_0}{2i} \cdot \int\limits_{-i\infty}^{+i\infty} \frac{g_2(z)}{h_2(z) \cdot h_2(-z)} \, \mathrm{d}z$$

mit

$$h_2(z) = T_2 \cdot z \cdot (1 + T_1 z) + K$$
$$= T_1 T_2 \cdot z^2 + T_2 \cdot z + K$$
$$= a_0 \cdot z^2 + a_1 \cdot z + a_2$$

und

$$g_2(z) = 1 = b_1.$$

Das zugehörige Integral wird

$$J_2 = \frac{1}{2a_0 a_1} \cdot \left(\frac{a_0 b_1}{a_2} - b_0 \right)$$

$$= \frac{1}{2T_2 \cdot K},$$

und für den quadratischen Mittelwert von $\varepsilon(t)$ folgt

$$\sigma_\varepsilon{}^2 = \pi S_0 \cdot J_2$$

$$= \frac{\pi S_0}{2T_2} \cdot \frac{1}{K(\sigma_\varepsilon)}.$$

Fall $T = 0$, weißes Störgeräusch:

Hier geht die Berechnung des impliziten Zusammenhangs zwischen σ_ε und $K(\sigma_\varepsilon)$ von dem Integral

$$\sigma_\varepsilon{}^2 = \frac{S_0}{2} \cdot \int\limits_{-\infty}^{+\infty} \left| \frac{1 + i\omega T_1}{i\omega T_2 \cdot (1 + i\omega T_1) + K(\sigma_\varepsilon)} \right|^2 d\omega$$

aus, und man erhält mit der Substitution $i\omega = z$:

$$\sigma_\varepsilon{}^2 = \frac{S_0}{2i} \cdot \int\limits_{-i\infty}^{+i\infty} \frac{g_2(z)}{h_2(z) \cdot h_2(-z)} dz.$$

Dabei gilt für die Polynome

$$h_2(z) = a_0 \cdot z^2 + a_1 \cdot z + a_2$$

wie im Fall $T = T_1$, aber im Gegensatz dazu und zu dem unter 3.1 behandelten allgemeinen Fall wird

$$g_2(z) = - T_1{}^2 \cdot z^2 + 1$$
$$= b_0 \cdot z^2 + b_1$$

aus der Form

$$g_n(z) = b_0 \cdot z^{2n-2} + b_1 \cdot z^{2n-4}$$

für $n = 2$. Hier treten also trotz identischer Ausdrücke im Zähler $(- T_1{}^2 \cdot z^2 + 1)$ bei der Berechnung des Integrals andere Koeffizienten auf, weil ein anderes Nennerpolynom vorhanden ist. Man findet in diesem Fall für

$$J_3 = \frac{1}{2a_0 a_1} \cdot \left(\frac{a_0 b_1}{a_2} - b_0 \right)$$
$$= \frac{1}{2T_2{}^2} \cdot \left(\frac{T_2}{K} + T_1 \right)$$

und schließlich

$$\sigma_\varepsilon{}^2 = \pi S_0 \cdot J_2,$$
$$\sigma_\varepsilon{}^2 = \frac{\pi S_0}{2 T_2} \cdot \left\{ \frac{1}{K(\sigma_\varepsilon)} - \frac{T_1}{T_2} \right\}.$$

Die Berechnung der spektralen Leistungsdichte der Regelgröße erfolgt so wie unter 3.2.

3.4 Führungsverhalten

Wenn der Regelkreis von Bild XIX.5 mit einer stochastischen Führungsgröße beaufschlagt wird, dann ist für die Berechnung des quadratischen Mittelwertes von $\varepsilon(t)$ aus einem gegebenen Leistungsspektrum $S_{ww}(\omega)$ der streuungsabhängige Frequenzgang

$$F(i\omega, \sigma_\varepsilon) = \frac{1}{1 + K(\sigma_\varepsilon) \cdot F_1(i\omega) \cdot F_2(i\omega)} \qquad \text{(XIX.2)}$$

maßgebend, und das Leistungsspektrum der Regelgröße wird mit S_0 als Parameter aus der Beziehung

$$S_{xx}(\omega) = |F_w(i\omega, \sigma_\varepsilon)|^2 \cdot S_{ww}(\omega) \qquad \text{(XIX.3)}$$

mit dem streuungsabhängigen Führungsfrequenzgang

$$F_w(i\omega, \sigma_\varepsilon) = \frac{F_0(i\omega, \sigma_\varepsilon)}{1 + F_0(i\omega, \sigma_\varepsilon)} \qquad \text{(XIX.4)}$$

bestimmt. Die Berechnung führt immer wieder über Integrale der in Teil XVIII.2.2 behandelten Form.

3.5 Die Grundgleichung des geschlossenen Regelkreises

Wenn gleichzeitig eine Führungsgröße und eine Störgröße auf den Regelkreis einwirken, dann werden die Verhältnisse durch die Grundgleichung des geschlossenen Regelkreises bestimmt; man findet leicht den Zusammenhang

$$S_{xx}(\omega) = \frac{1}{|1 + F_0(i\omega, \sigma_\varepsilon)|^2} \cdot \{\underbrace{|F_0(i\omega, \sigma_\varepsilon)|^2 \cdot S_{ww}(\omega)}_{\downarrow} + \underbrace{|F_2(i\omega)|^2 \cdot S_{zz}(\omega)}_{\downarrow}\},$$

$$\qquad\qquad\qquad\qquad\qquad\qquad \text{Führungseinfluß} \qquad\quad \text{Störeinfluß}$$

$$\text{(XIX.5)}$$

wobei vorausgesetzt wurde, daß Führungs- und Störsignal nicht miteinander korreliert sind. Selbstverständlich erhöht sich der Rechenaufwand bei der gleichzeitigen Berücksichtigung von Führungs- und Störgrößen gegenüber den getrennt behandelten Fällen erheblich; am grundsätzlichen Vorgehen ändert sich jedoch nichts. Bei der Berechnung des Führungseinflusses können weitgehend die Ergebnisse der vorangegangenen Abschnitte verwendet werden.

4. Führungsverhalten eines Regelkreises mit Begrenzer

Das im Blockschaltbild XIX.8 dargestellte Folgesystem enthält einen linearen Verstärker, einen Begrenzer für dessen Ausgangssignal $u(t)$ und ein integrierendes Stellglied; dieses ist mit Absicht als verzögerungsfrei angenommen,

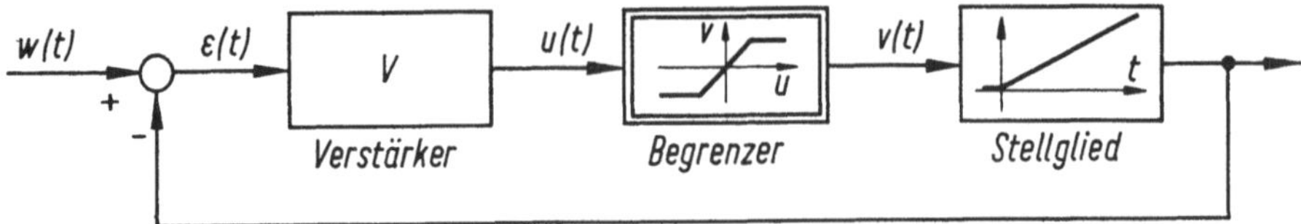

Bild XIX.8. Folgesystem mit Begrenzung des Eingangssignals für das integrierende Stellglied.

denn wenn man in diesem Regelkreis die Ordnung des linearen Teilabschnittes um mindestens eins erhöht, treten besonders verwickelte Erscheinungen auf, die in Teil XX getrennt behandelt werden. Für die Berechnung kann

man die Ergebnisse von Teil XVIII.2.1 verwenden, denn der vorliegende
Regelkreis ist ein Sonderfall des in Bild XVIII.7 gezeigten Beispiels. Vorgegeben sei eine Führungsgröße mit der spektralen Leistungsdichte

$$S_{ww}(\omega) = \frac{S_0}{1 + \omega^2 T^2} \; .$$

Für die Berechnung des quadratischen Mittelwertes $\sigma_u{}^2$ des Eingangssignals
für den Begrenzer benötigt man den streuungsabhängigen Frequenzgang

$$F(i\omega, \sigma_u) = \frac{V}{1 + V \cdot K(\sigma_u) \cdot F_2(i\omega)} \; ,$$

und damit ergibt sich

$$S_{uu}(\omega, \sigma_u) = S_{ww}(\omega) \cdot |F(i\omega, \sigma_u)|^2,$$

folglich ist der quadratische Mittelwert von $u(t)$ mit

$$F(i\omega, \sigma_u) = \frac{V}{1 + \dfrac{V \cdot K(\sigma_u)}{i\omega T_2}}$$

$$= \frac{i\omega T_2 \cdot V}{i\omega T_2 + V \cdot K(\sigma_u)} \; .$$

gegeben durch

$$\sigma_u{}^2 = \frac{S_0}{2} \cdot \int\limits_{-\infty}^{+\infty} \left| \frac{i\omega T_2 \cdot V}{(1 + i\omega T) \cdot (i\omega T_2 + VK)} \right|^2 \mathrm{d}\omega$$

$$= \frac{S_0}{2i} \cdot \int\limits_{-i\infty}^{+i\infty} \frac{g_2(z)}{h_2(z) \cdot h_2(-z)} \, \mathrm{d}z.$$

Die Polynome haben folgende Form:

$$h_2(z) = (1 + zT) \cdot (zT_2 + VK)$$

$$= TT_2 \cdot z^2 + (T_2 + TVK) \cdot z + VK$$

$$= a_0 \cdot z^2 \quad + \quad\quad a_1 \cdot z \quad\quad + \quad a_2$$

und

$$g_2(z) = -\,T_2{}^2 \cdot V^2 \cdot z^2$$

$$= b_0 \cdot z^2$$

aus der allgemeinen Form

$$g_n(z) = b_0 \cdot z^{2n-2} \quad \text{für} \quad n = 2.$$

Damit ergibt sich

$$\sigma_u{}^2 = \pi S_0 \cdot J_2$$

$$= \pi S_0 \cdot \frac{1}{2a_0 a_1} \cdot \left(\frac{a_0 b_1}{a_2} - b_0 \right)$$

und durch Einsetzen der Koeffizienten erhält man:

$$\sigma_u{}^2 = \frac{\pi S_0 \cdot V^2 \cdot T_2}{2T \cdot [T_2 + TV \cdot K(\sigma_u)]} \;.$$

Für die graphische Lösung benutzt man die Form

$$K(\sigma_u) = \underbrace{\frac{\pi S_0}{2T}}_{\sigma_w{}^2} \cdot \frac{VT_2}{T \cdot \sigma_u{}^2} - \frac{T_2}{TV} = f(\sigma_u, S_0)$$

zusammen mit der äquivalenten Verstärkung

$$K(\sigma_u) = \frac{h}{u_B} \cdot \mathrm{erf} \left(\frac{u_B}{\sqrt{2} \cdot \sigma_u} \right) \;.$$

Für die Auswertung werde $V = T_2/T$, $\pi S_0 \cdot T_2{}^2/T^3 \equiv S_0{}'$, $u_B = h = 1$ und $\sqrt{2} \cdot \sigma_u \equiv \sigma$ angenommen; dann erhält man für die graphische Darstellung die Kurvenschar

$$f(\sigma, S_0{}') = \frac{S_0{}'}{\sigma^2} - 1$$

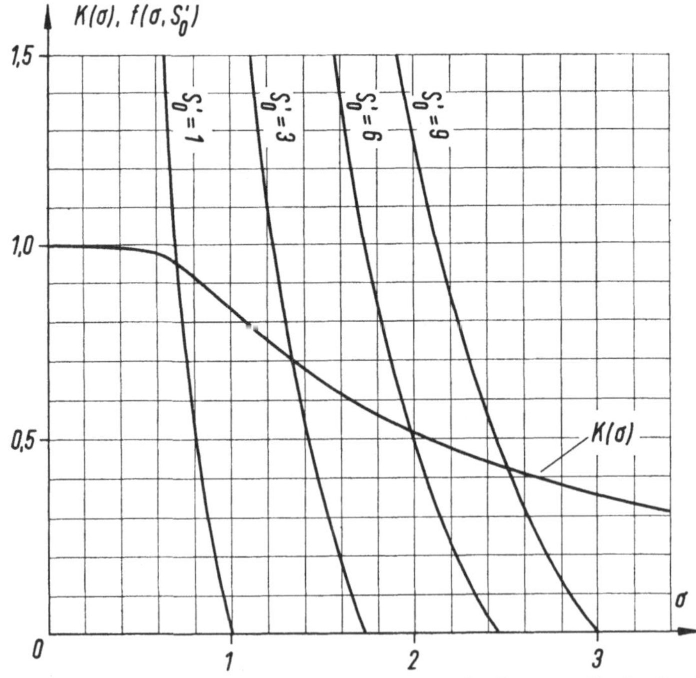

Bild XIX.9. Die Funktionen $f(\sigma, S_0{}')$ und $K(\sigma)$ zur Bestimmung der Lösungen für den Regelkreis nach Bild XIX.8.

mit dem Parameter S_0' und

$$K(\sigma) = \operatorname{erf}\left(\frac{1}{\sigma}\right)$$

als äquivalente Verstärkung für den Begrenzer. Die Schnittpunkte der Scharkurven mit der Kurve für $K(\sigma)$ in Bild XIX.9 ergeben diejenigen σ-Werte, für welche die beiden obigen Gleichungen erfüllt sind.

Mit diesen Werten kann man nach Gleichung (XVIII.3) das Leistungsspektrum der Regelgröße berechnen:

$$S_{xx}(\omega, \sigma_u) = S_{ww}(\omega) \cdot \left| \frac{F_0(i\omega, \sigma_u)}{1 + F_0(i\omega, \sigma_u)} \right|^2$$

$$= \frac{S_0}{1 + \omega^2 T^2} \cdot \frac{V^2 \cdot K^2(\sigma_u)}{\omega^2 T_2{}^2 + V^2 \cdot K^2(\sigma_u)}.$$

5. Folgesystem mit Dreipunktschalter

Wir betrachten ein Folgesystem, bei welchem vor einem Gleichstrom-Stellmotor ein Schalter mit Ansprechgrenzen liegt, Bild XIX.10. Wenn man den

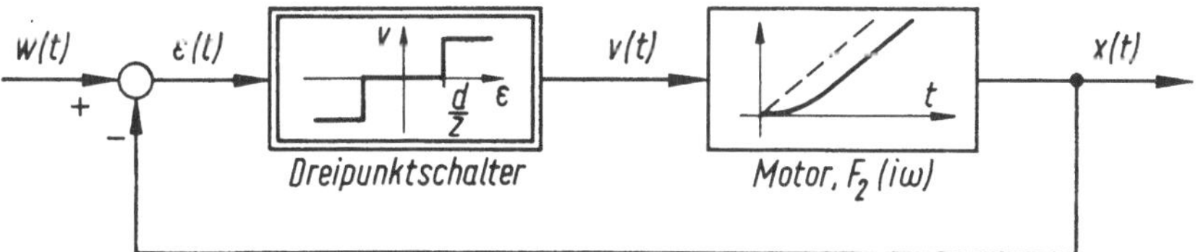

Bild XIX.10. Folgesystem mit Gleichstrom-Stellmotor und Dreipunktschalter.

Einfluß der Ankerinduktivität unberücksichtigt lassen kann, dann wird das Verhalten des Gleichstrommotors durch den Frequenzgang

$$F_2(i\omega) = \frac{\alpha}{i\omega T_I \cdot (1 + i\omega T_2)}$$

beschrieben. Die Führungsgröße sei ein sehr niederfrequentes Tiefpaß-Signal mit dem Leistungsspektrum

$$S_{ww}(\omega) = \frac{S_0}{1 + \omega^2 T^2}, \qquad \sigma_w{}^2 = \frac{\pi S_0}{2T},$$

und daraus berechnet man den quadratischen Mittelwert des Fehlersignals $\varepsilon(t)$ über den Frequenzgang

$$F(i\omega, \sigma_\varepsilon) = S_{ww}(\omega) \cdot \frac{1}{|1 + F_0|^2}$$

mit $F_0(i\omega, \sigma_\varepsilon) = K(\sigma_\varepsilon) \cdot F_2(i\omega)$ zu

$$\sigma_\varepsilon{}^2 = \frac{S_0}{2} \cdot \int_{-\infty}^{+\infty} \left| \frac{i\omega T_I \cdot (1 + i\omega T_2)}{(1 + i\omega T) \cdot [i\omega T_I \cdot (1 + i\omega T_2) + \alpha \cdot K]} \right|^2 d\omega.$$

Mit den in Teil XVIII.2.2 eingeführten Bezeichnungen wird

$$\sigma_\varepsilon{}^2 = \frac{S_0}{2i} \cdot \int\limits_{-i\infty}^{+i\infty} \frac{g_3(z)}{h_3(z) \cdot h_3(-z)}\, dz$$

mit den Polynomen

$$h_3(z) = (1 + Tz) \cdot [T_I z \cdot (1 + T_2 z) + \alpha K]$$
$$= TT_2 T_I \cdot z^3 + T_I(T + T_2) \cdot z^2 + (T_I + T\alpha K) \cdot z + K$$
$$= a_0 \cdot z^3 + a_1 \cdot z^2 + a_2 \cdot z + a_3$$

und

$$g_3(z) = - T_I{}^2 \cdot z^2 \cdot (1 - T_2{}^2 z^2)$$
$$= T_2{}^2 T_I{}^2 \cdot z^4 - T_I{}^2 \cdot z^2$$
$$= b_0 \cdot z^4 + b_1 \cdot z^2$$

aus

$$g_n(z) = b_0 \cdot z^{2n-2} + b_1 \cdot z^{2n-4} \quad \text{für} \quad n = 3.$$

Der Zusammenstellung von Seite 267 entnimmt man für $b_2 = 0$:

$$J_3 = \frac{-a_2 b_0 + a_0 b_1}{2a_0 \cdot (a_0 a_3 - a_1 a_2)}$$
$$= \frac{T_2 \cdot (T_I + T\alpha K) + TT_I}{2T \cdot [T \cdot (T_I + T\alpha K) + T_2 T_I]},$$

und der quadratische Mittelwert des Fehlersignals wird

$$\sigma_\varepsilon{}^2 = \pi S_0 \cdot J_3.$$

Mit den Abkürzungen $T/T_2 \equiv a$ und $T_2/T_I \equiv V$ erhält man nach einer einfachen Umformung

$$\sigma_\varepsilon{}^2 = \sigma_w{}^2 \cdot \frac{1 + a \cdot [1 + VK(\sigma_\varepsilon)]}{1 + a \cdot [1 + aVK(\sigma_\varepsilon)]}$$

als impliziten Zusammenhang zwischen σ_ε und der äquivalenten Verstärkung

$$K(\sigma_\varepsilon) = \sqrt{\frac{2}{\pi}} \cdot \frac{h}{\sigma_\varepsilon} \cdot e^{-d^2/8\sigma_\varepsilon{}^2}$$

für den Dreipunktschalter gemäß Gleichung (XIV.6). Bild XIX.11 zeigt den Verlauf der Kurven für $a = 10$, $V = 5$ und verschiedene Werte von $\sigma_w{}^2 = \overline{w^2(t)}$. Zur graphischen Darstellung der Kurvenschar formt man den impliziten Zusammenhang zwischen σ_ε und K folgendermaßen um:

$$K(\sigma_\varepsilon) = 0{,}22 \cdot \frac{\sigma_w{}^2 - \sigma_\varepsilon{}^2}{10\sigma_\varepsilon{}^2 - \sigma_w{}^2}$$
$$= f(\sigma_\varepsilon, \sigma_w),$$

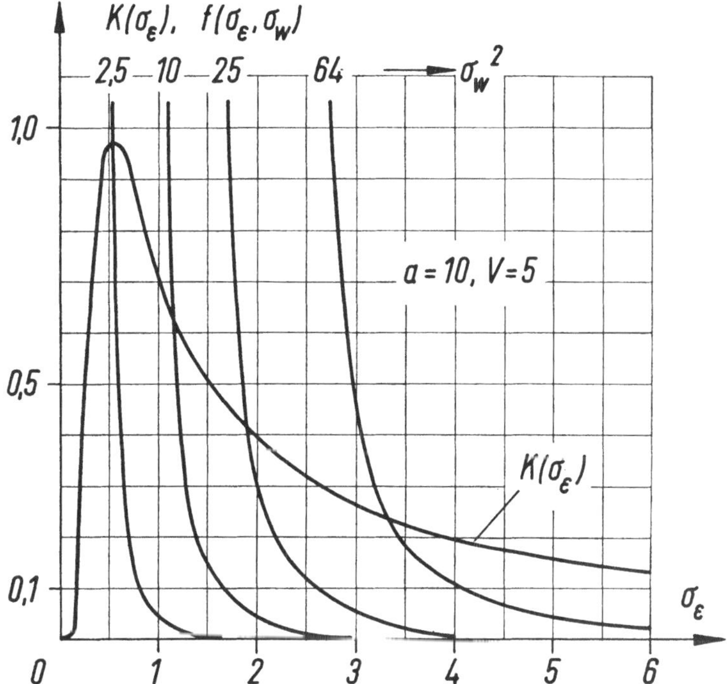

Bild XIX.11. Äquivalente Verstärkung des Dreipunktschalters und Kurvenschar $f(\sigma_\varepsilon, \sigma_w)$ für das graphische Lösungsverfahren.

und die Schnittpunkte kennzeichnen wieder diejenigen Werte von σ_ε, für welche der Zusammenhang

$$K(\sigma_\varepsilon) = f(\sigma_\varepsilon, \sigma_w)$$

erfüllt ist. Zur Interpretation des Systemverhaltens betrachten wir zunächst den Fall, daß für hinreichend kleine Werte der Gesamtverstärkung VK des offenen Regelkreises

$$a \cdot VK \ll 1 + a \quad \text{und} \quad a^2 \cdot VK \ll 1 + a$$

wird. Dann ist $\sigma_\varepsilon^2 \approx \sigma_w^2$, d. h. der quadratische Mittelwert des Fehlersignals ist ebenso groß wie der des Führungssignals, das System arbeitet also relativ schlecht. Mit zunehmender Verstärkung überwiegen die Summanden $a \cdot VK$ und $a^2 \cdot VK$ gegenüber $1 + a$, und für sehr große VK wird

$$\frac{\sigma_\varepsilon^2}{\sigma_w^2} \approx \frac{1}{a} = \frac{T_2}{T_1}.$$

In dem gewählten Zahlenbeispiel würde sich also bei sehr hoher Gesamtverstärkung des offenen Regelkreises der Zusammenhang

$$\sigma_\varepsilon^2 \approx \frac{1}{10}\,\sigma_w^2$$

ergeben, wobei $T = 10\,T_2$ ist. Die Berechnung des quadratischen Mittelwertes der Regelgröße geht von dem Führungsfrequenzgang

$$F_w(i\omega, \sigma_\varepsilon) = \frac{F_0(i\omega, \sigma_\varepsilon)}{1 + F_0(i\omega, \sigma_\varepsilon)}$$

aus, und man findet:

$$\sigma_x{}^2 = \frac{1}{2} \cdot \int\limits_{-\infty}^{+\infty} S_{ww}(\omega) \cdot |F_w(i\omega, \sigma_\varepsilon)|^2 \, d\omega.$$

Die Auswertung dieses Integrals nach dem beschriebenen Verfahren führt auf das Ergebnis

$$\sigma_x{}^2 = \sigma_w{}^2 \cdot \frac{(1 + a) \cdot aVK(\sigma_\varepsilon)}{1 + a \cdot [1 + aVK(\sigma_\varepsilon)]} ,$$

wobei für σ_ε nur diejenigen Werte eingesetzt werden dürfen, die als Lösungen der Gleichung

$$K(\sigma_\varepsilon) = f(\sigma_\varepsilon, \sigma_w)$$

auftreten, vgl. Bild XIX.11.

6. Zur spektralen Leistungsdichte des Fehlersignals

In Teil XVIII.2.3 haben wir das zu dem Regelkreis nach Bild XIX.12 gehörige Fehlersignal $\varepsilon(t)$ durch die spektrale Leistungsdichte

$$S_{\varepsilon\varepsilon}(\omega) = \frac{S_{ww}(\omega) + |F_2(i\omega)|^2 \cdot S_{vv}(\omega)}{|1 + F_0(i\omega, \sigma_\varepsilon)|^2}$$

charakterisiert, und man sieht, daß das Fehlerspektrum

$$S_{\varepsilon\varepsilon}(\omega) \approx \frac{S_{ww}(\omega)}{|1 + F_0|^2}$$

wird, wenn der Verzerrungsanteil genügend klein gegen den linearen Anteil ist. Nicht nur die Amplitudenverteilung, sondern auch dieses Leistungsspektrum des Fehlersignals ermöglicht interessante Rückschlüsse auf das Verhalten des geschlossenen Regelkreises. Wir nehmen an, die Führungsgröße sei ein breitbandiges Signal mit einer frequenzunabhängigen Leistungsdichte bis zu einer

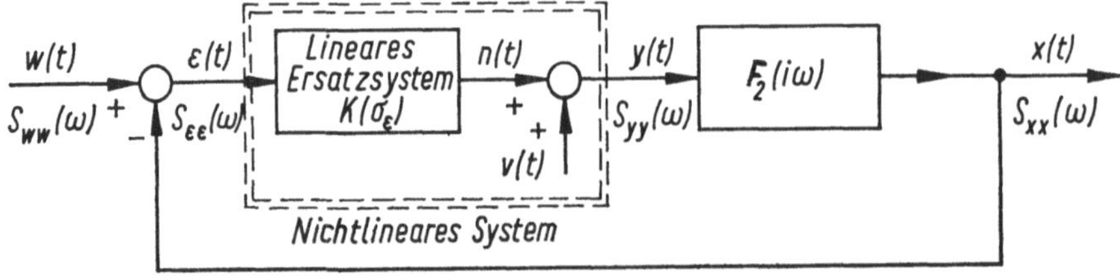

Bild XIX.12. Geschlossener Regelkreis mit nichtlinearem Teilsystem zur ausführlichen Berechnung des Fehlersignalspektrums und zur Diskussion des Einflusses von $v(t)$ auf das Kreisverhalten.

Grenzfrequenz ω_1, vgl. Bild XIX.13. Das gesamte Folgesystem habe die durch den Verlauf von $|F(i\omega)|^2$ gekennzeichneten Tiefpaß-Eigenschaften mit einer

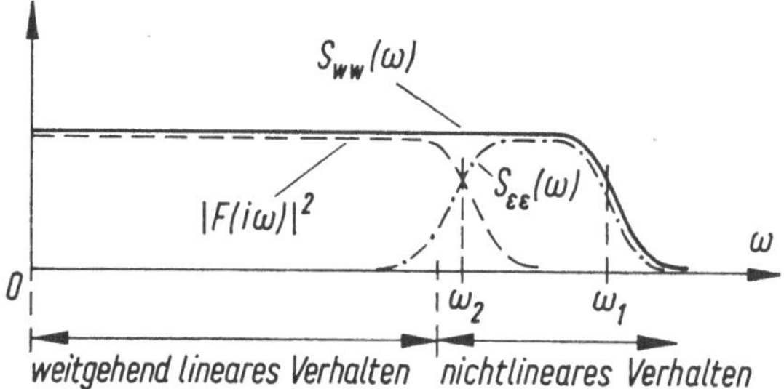

Bild XIX.13. Zur Erklärung des linearen und nichtlinearen Führungsverhaltens eines Regelkreises an Hand der verschiedenen Leistungsspektren.

Grenzfrequenz ω_2, die unterhalb von ω_1 liege, so daß sich das Leistungsspektrum des Fehlersignals leicht konstruieren läßt: im Bereich niedriger Frequenzen wird das System der Führungsgröße mit sehr geringem Fehler folgen. In der Nähe der Grenzfrequenz ω_2 steigt der Übertragungsfehler an, erreicht einen Höchstwert mit flachem Maximum und fällt dann zusammen mit dem Leistungsspektrum der Führungsgröße wieder auf Null. Damit ergibt sich für das Fehlersignal ein typischer bandbegrenzter Vorgang, und wir interessieren uns insbesondere für den Einfluß des Führungssignals in dem Frequenzbereich $\omega_2 \ldots \omega_1$. In diesem Bereich entstehen nämlich durch die dynamischen Verzögerungen des linearen Systemanteils größere Abweichungen zwischen Regelgröße und Führungsgröße, so daß gerade dann das nichtlineare System soweit ausgesteuert wird, daß andere Erscheinungen auftreten als in linearen Regelkreisen.

Wir untersuchen jetzt die Beeinflussung eines derartigen Signals durch ein nichtlineares System, indem wir die Autokorrelationsfunktion der Ausgangsgröße $y(t)$ mit Hilfe der Reihenentwicklung (XVII.6) berechnen [57]. Das nichtlineare Gebilde werde durch eine ungerade Funktion $y = f(\varepsilon)$ vom Begrenzertyp gekennzeichnet, so daß in der Entwicklung nur die Koeffizienten mit ungeraden Indizes auftreten. Bei Beschränkung auf die ersten beiden Glieder wird die Autokorrelationsfunktion

$$\Phi_{yy}(\tau) = a_1{}^2 \cdot \varrho(\tau) + a_3{}^2 \cdot \varrho^3(\tau).$$

Einen bandbegrenzten stochastischen Vorgang der anhand von Bild XIX.13 entwickelten Art kann man mit Hilfe zweier Leistungsspektren erster Ordnung durch eine Differenzbildung darstellen,

$$S_{\varepsilon\varepsilon}(\omega) = S_0 \cdot \left\{ \frac{1}{1 + \omega^2 \left(\dfrac{T}{n}\right)^2} - \frac{1}{1 + \omega^2 T^2} \right\}, \quad n > 1,$$

so daß sich für die Autokorrelationsfunktion

$$\Phi_{\varepsilon\varepsilon}(\tau) = \frac{\pi S_0}{2T} \cdot \left\{ n \cdot e^{-\frac{n \cdot |\tau|}{T}} - e^{-\frac{|\tau|}{T}} \right\}$$

ergibt. Da das Fehlersignal den quadratischen Mittelwert

$$\overline{\varepsilon^2(t)} = \frac{\pi S_0}{2T} \cdot (n-1)$$

hat, wird die normierte Autokorrelationsfunktion

$$\varrho(\tau) = \frac{1}{n-1} \cdot \left\{ n \cdot e^{-\frac{n \cdot |\tau|}{T}} - e^{-\frac{|\tau|}{T}} \right\}.$$

Daraus folgt für die Autokorrelierte des Ausgangssignals:

$$\Phi_{yy}(\tau) = \frac{a_1^2}{n-1} \cdot \left\{ n \cdot e^{-\frac{n \cdot |\tau|}{T}} - e^{-\frac{|\tau|}{T}} \right\} + \frac{a_3^2}{(n-1)^3} \cdot \left\{ n \cdot e^{\frac{n|\tau|}{T}} - e^{-\frac{|\tau|}{T}} \right\}^3.$$

Um den interessierenden Vergleich mit den Eigenschaften der Signale $\varepsilon(t)$ und $w(t)$ zu erleichtern, berechnen wir mit Hilfe der WIENER-KHINTCHINEschen Transformation die spektrale Leistungsdichte von $y(t)$. Dabei ergeben die beiden ersten Summanden den mit $\varepsilon(t)$ linear korrelierten Anteil

$$S_{nn}(\omega) = \frac{2a_1^2}{\pi \cdot (n-1)} \cdot \left\{ n \cdot \int_0^\infty e^{-n \cdot \frac{|\tau|}{T}} \cdot \cos \omega\tau \, d\tau \cdot - \int_0^\infty e^{-\frac{|\tau|}{T}} \cdot \cos \omega\tau \, d\tau \right\}$$

$$S_{nn}(\omega) = \frac{2Ta_1^2}{\pi \cdot (n-1)} \cdot \left\{ \frac{1}{1 + \omega^2 \cdot \left(\frac{T}{n}\right)^2} - \frac{1}{1 + \omega^2 T^2} \right\},$$

und für den auf den Einfluß der dritten Potenz beschränkten Verzerrungsanteil $v(t)$ findet man

$$S_{vv}(\omega) = \frac{2Ta_3^2}{\pi \cdot (n-1)^3} \cdot \left\{ \frac{\frac{n^2}{3}}{1 + \omega^2 \cdot \left(\frac{T}{3n}\right)^2} - \frac{3n^2}{2n+1} \cdot \frac{1}{1 + \left(\frac{\omega T}{2n+1}\right)^2} - \right.$$

$$\left. - \frac{\frac{1}{3}}{1 + \omega^2 \left(\frac{T}{3}\right)^2} + \frac{3n}{n+2} \cdot \frac{1}{1 + \left(\frac{\omega T}{n+2}\right)^2} \right\}.$$

Insgesamt ergibt sich also das Leistungsspektrum

$$S_{yy}(\omega) = S_{nn}(\omega) + S_{vv}(\omega),$$

wobei der lineare Anteil $S_{nn}(\omega)$ erwartungsgemäß die gleiche Frequenzabhängigkeit besitzt wie das Fehler-Leistungsspektrum $S_{\varepsilon\varepsilon}(\omega)$. Bei diesem Beispiel kommt ein typischer Einfluß nichtlinearer Systeme zum Ausdruck: durch die Potenzierung der Autokorrelationsfunktion tritt eine „Stauchung" im τ-Bereich auf, die für die zugehörigen Leistungsspektren eine „spektrale Verbreiterung" zur Folge hat.

Für die Deutung des Ergebnisses berechnen wir noch den Gleichstromanteil bzw. das Verhalten von $S_{yy}(\omega)$ bei sehr niedrigen Frequenzen:

$$S_{yy}(\omega \to 0) \approx 0 + S_{vv}(\omega \to 0)$$

$$\approx \frac{2Ta_3{}^2}{\pi \cdot (n-1)^3} \cdot \left\{ \frac{n^3}{3} - \frac{3n^2}{2n+1} - \frac{1}{3} - \frac{3n}{n+2} \right\}$$

$$\approx \frac{4Ta_3{}^2}{3\pi} \cdot \frac{n+1}{(n+2) \cdot (2n+1)} \approx S_{vv}(\omega \to 0).$$

Im Bereich niedriger Frequenzen ergibt sich also gegenüber $S_{\varepsilon\varepsilon}$ ein zusätzlicher Rauschanteil mit konstanter Leistungsdichte. (Von dieser Tatsache macht man beim Schaltungsentwurf für NF-Rauschgeneratoren Gebrauch, wenn eine möglichst niedrigere untere Grenzfrequenz erwünscht ist.) Der mit dem Fehlersignal linear korrelierte Anteil von $y(t)$ hat ein Maximum bei der Frequenz $\omega_m = \sqrt{n}/T$, und damit ergibt sich

$$S_{nn}(\omega_m) = \frac{2Ta_1{}^2}{\pi \cdot (n-1)} \cdot \left\{ \frac{1}{1 + \dfrac{1}{n}} - \frac{1}{1+n} \right\}$$

$$= \frac{2Ta_1{}^2}{\pi \cdot (n+1)} \, .$$

Bildet man das Verhältnis von NF-Ausgangsrauschen gemäß dem spektralen Anteil $S_{yy}(0)$ zu dem Maximalwert des linearen Anteils $S_{nn}(\omega_m)$, so erhält man den Ausdruck

$$\varkappa = \frac{2}{3} \cdot \left(\frac{a_3}{a_1} \right)^2 \cdot \frac{(n+1)^2}{(n+2) \cdot (2n+1)} \, ,$$

der sich mit dem Verhältnis n der Eckfrequenzen nur sehr schwach ändert und somit praktisch nicht von dem Spektralbereich des Fehlersignals abhängt. Unterscheiden sich die Zeitkonstanten in den beiden Summanden des Fehler-Leistungsspektrums um den Faktor $n = 3$, so ergibt sich

$$S_{nn}(\omega_m) = \frac{T \cdot a_1{}^2}{2\pi} \qquad \text{in der Bandmitte, und}$$

$$S_{vv}(\omega) \approx 0{,}15 \cdot \frac{T \cdot a_3{}^2}{\pi} \qquad \text{bei niedrigen Frequenzen}$$

mit dem Leistungsverhältnis: lin. Bandpaßanteil / NF-Verzerrungsanteil

$$\frac{S_{nn}(\omega_m)}{S_{vv}(\omega)} \approx 3{,}3 \cdot \frac{a_1{}^2}{a_3{}^2} \, .$$

Da der Verzerrungsanteil des Ausgangssignals nicht mit dem Fehlersignal linear korreliert ist, erhält man die Gesamtleistungsdichte $S_{yy}(\omega)$ durch Addi-

19*

tion der Anteile S_{nn} und S_{vv} nach Bild XIX.14, wo die Leistungsspektren des Fehlersignals, des linearen Anteils, ferner das weitgehend frequenzunabhängige NF-Spektrum des Verzerrungsanteils sowie das resultierende Leistungsspektrum S_{yy} des Ausgangssignals in ihrem grundsätzlichen Verlauf eingetragen sind.

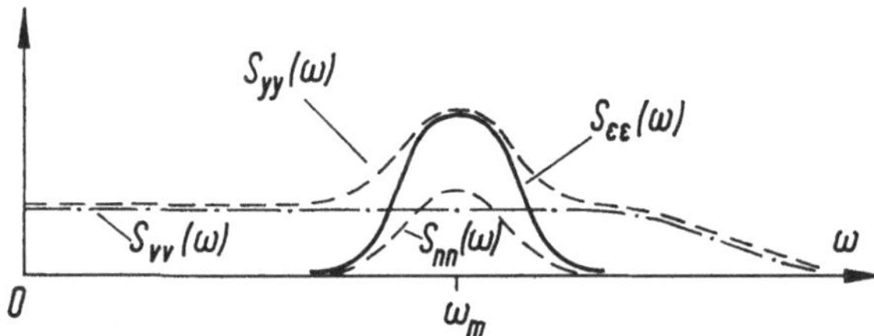

Bild XIX.14. Leistungsspektren der Signale innerhalb des Folgesystems von Bild XIX.12 mit einer begrenzenden Nichtlinearität.

Wenn das Verhältnis n der beiden Zeitkonstanten sehr groß wird, nimmt der lineare Bestandteil $S_{nn}(\omega)$ den Charakter eines Hochpaßgeräuschs mit der unteren Grenzfrequenz $1/T$ an,

$$S_{nn}(\omega) \to \frac{2T \cdot a_1{}^2}{\pi \cdot (n-1)} \cdot \left(1 - \frac{1}{1 + \omega^2 T^2}\right),$$

und die Leistungsdichte hat oberhalb dieser Grenzfrequenz den konstanten Wert

$$S_{nn}(\omega) \underset{\omega \to \infty}{\frown} \frac{2T \cdot a_1{}^2}{\pi \cdot (n-1)},$$

während sich andererseits der niederfrequente Verzerrungsanteil für große n asymptotisch wie

$$S_{vv}(\omega) \underset{\omega \to 0}{\frown} \frac{2T \cdot a_3{}^2}{3\pi \cdot (n-1)}$$

verhält, so daß das Leistungsverhältnis

$$\frac{\text{lin. Hochpaßanteil}}{\text{NF-Verzerrungsanteil}} = 3 \cdot \frac{a_1{}^2}{a_3{}^2}$$

wird. Verwendet man als nichtlineares System einen Begrenzer mit $a_1{}^2 = 1$, $a_3{}^2 = 1/6$, so ergibt sich für sehr große Leistungen des Fehlersignals

$$\frac{a_1{}^2}{a_3{}^2} = 6,$$

und das Leistungsverhältnis wird 18 : 1. Die Ergebnisse zeigen, daß ein Folgesystem u. U. bei niedrigen Frequenzen innere stochastische Störungen enthält, die nicht mit der Führungsgröße korreliert sind und ihren Ursprung in den hochfrequenten Bestandteilen des Führungssignals haben, also gerade in einem Bereich, für welchen ein lineares Folgesystem wegen seiner Eigenverzögerungen sperren würde. Man muß beachten, daß beispielsweise die Verwendung von Folgesystemen als Filter zur Unterdrückung hochfrequenter Komponenten

fraglich werden kann, wenn in dem Regelkreis nichtlineare Elemente vorkommen, welche bei niedrigen Frequenzen die Führungsgenauigkeit stark
herabsetzen. Ein vernünftiges Verhalten des Gesamtsystems muß man eventuell dadurch erkaufen, daß man hochfrequente Anteile in dem Führungssignal
durch ein Filter *vor* dem Folgesystem unterdrückt, weil diese das NF-Rauschen
am Ausgang des nichtlinearen Systemabschnittes innerhalb des geschlossenen
Regelkreises verursachen. Ähnliche Erfahrungen hat man bei der Dimensionierung WIENERscher Optimalfilter gemacht [42].

7. Folgesystem mit Tachogenerator

Um das Führungsverhalten des in Bild XIX.15 gezeigten Folgesystems zu
verbessern, ist ein Tachogenerator vorgesehen, der eine der zeitlichen Änderung

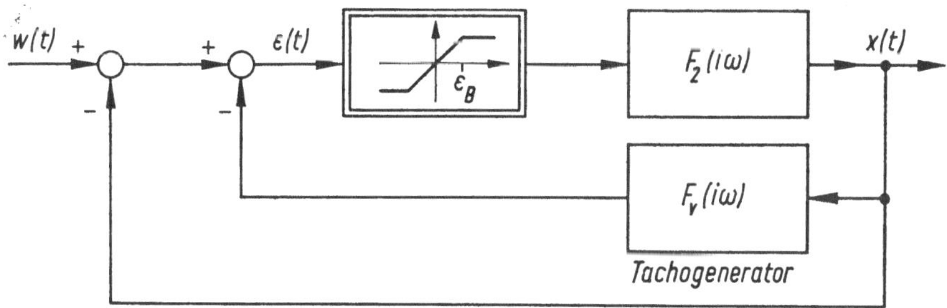

Bild XIX.15. Nichtlineares Folgesystem mit Tachogenerator zur Verbesserung des dynamischen Verhaltens

von $x(t)$ proportionale Spannung abgibt. Diese wird im Blockschaltbild von
dem Differenzsignal $w(t) - x(t)$ abgezogen, so daß der Begrenzer das Eingangssignal

$$\varepsilon(t) = w(t) - x(t) - T_V \cdot \dot{x}(t)$$

erhält. Zur Berechnung dieses Regelkreises sind die beiden Frequenzgänge

$$F_2(i\omega) = \frac{1}{(i\omega T_2)^2} \quad \text{und} \quad F_V(i\omega) = i\omega \cdot T_V \,,$$

die äquivalente Verstärkung

$$K(\sigma_\varepsilon) = \frac{h}{\varepsilon_B} \,\text{erf}\left(\frac{\varepsilon_B}{\sqrt{2} \cdot \sigma_\varepsilon}\right)$$

für den Begrenzer sowie die spektrale Leistungsdichte der Führungsgröße vorgegeben:

$$S_{ww}(\omega) = \frac{S_0}{1 + \omega^2 T^2} \,.$$

Das Leistungsspektrum des Fehlersignals $\varepsilon(t)$ am Eingang des Begrenzers erhält
man aus $S_{ww}(\omega)$ über den Frequenzgang

$$F(i\omega, \sigma_\varepsilon) = \frac{1}{1 + K(\sigma_\varepsilon) \cdot F_2(i\omega) \cdot [1 + F_V(i\omega)]} \,,$$

$$S_{\varepsilon\varepsilon}(\omega, \sigma_\varepsilon) = S_{ww}(\omega) \cdot \left| \frac{(i\omega)^2 \cdot T_2{}^2}{(i\omega)^2 \cdot T_2{}^2 + i\omega T_V \cdot K(\sigma_\varepsilon) + K(\sigma_\varepsilon)} \right|^2 .$$

Daraus erhält man durch Integration den quadratischen Mittelwert des Fehlersignals als Funktion von $K(\sigma_\varepsilon)$ und von

$$\sigma_w{}^2 = \frac{\pi S_0}{2T},$$

dem quadratischen Mittelwert der Führungsgröße als Parameter:

$$\sigma_\varepsilon{}^2 = \frac{S_0}{2} \cdot \int\limits_{-\infty}^{+\infty} \left| \frac{(i\omega)^2 \cdot T_2{}^2}{(1 + i\omega T) \cdot [(i\omega)^2 \cdot T_2{}^2 + i\omega T_V \cdot K + K]} \right|^2 d\omega$$

$$= \frac{S_0}{2i} \cdot \int\limits_{-i\infty}^{+i\infty} \frac{g_3(z)}{h_3(z) \cdot h_3(-z)} dz$$

mit $z = i\omega$ und den Polynomen

$$h_3(z) = TT_2{}^2 \cdot z^3 + (T_2{}^2 + TT_V K) \cdot z^2 + (T + T_V) \cdot K \cdot z + K$$

$$= a_0 \cdot z^3 \quad + \quad a_1 \cdot z^2 \quad + \quad a_2 \cdot z \quad + \quad a_3,$$

$$g_3(z) = T_2{}^4 \cdot z^4 = b_0 \cdot z^4.$$

Die Integraltafel von Teil XVIII.2.2 auf Seite 267 liefert das Ergebnis

$$J_3 = \frac{- a_2 b_0 + a_0 b_1 - \dfrac{a_0 a_1 b_2}{a_3}}{2a_0 \cdot (a_0 a_3 - a_1 a_2)},$$

also wird

$$\sigma_\varepsilon{}^2 = \pi S_0 \cdot J_3$$

$$= \sigma_w{}^2 \cdot \frac{\dfrac{T_2{}^2}{T_V} \cdot (T + T_V)}{T_2{}^2 + T \cdot (T + T_V) \cdot K(\sigma_\varepsilon)} .$$

Für die graphische Auswertung benutzt man die Form

$$K(\sigma_\varepsilon) = \frac{T_2{}^2}{T \cdot T_V} \cdot \left\{ \frac{\sigma_w{}^2}{\sigma_\varepsilon{}^2} - \frac{T_V}{T + T_V} \right\}$$

$$= f(\sigma_\varepsilon, \sigma_w),$$

und für die Zahlenwerte $T = T_V = T_2 = 1$ ergibt sich

$$f(\sigma_\varepsilon, \sigma_w) = \frac{\sigma_w{}^2}{\sigma_\varepsilon{}^2} - 0{,}5.$$

Bild XIX.16 zeigt die Kurvenschar für fünf verschiedene quadratische Mittelwerte $\sigma_w{}^2$ der Führungsgröße und für die äquivalente Verstärkung eines Begrenzers mit $h = \varepsilon_B = \sqrt{2}$,

$$K(\sigma_\varepsilon) = \mathrm{erf}\left(\frac{1}{\sigma_\varepsilon}\right).$$

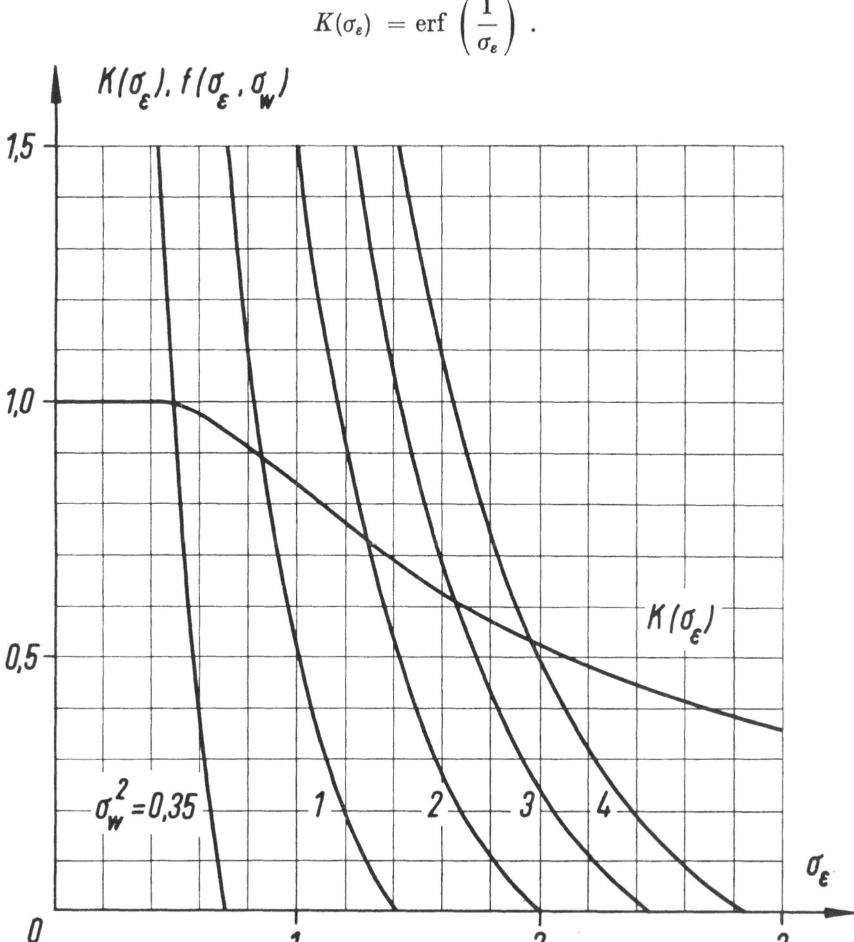

Bild XIX.16. Kurvenscharen zur Bestimmung der Lösungen σ_ε für den geschlossenen Regelkreis. Bis zu dem Wert $\sigma_w{}^2 \approx 0.35$ arbeitet das System aufgrund des Verlaufs von $K(\sigma_\varepsilon)$ praktisch linear.

Man erkennt, daß der Regelkreis praktisch linear arbeitet, solange der quadratische Mittelwert der Führungsgröße unterhalb von 0,35 liegt; dann ist die Streuung des Fehlersignals $\varepsilon(t)$ höchstens gleich 0,5, und die Abweichung vom linearen Verhalten des Kreises ist durch Amplituden der Führungsgröße bedingt, die nach Maßgabe der GAUSS-Verteilung für $w(t)$ mit einer gegebenen Wahrscheinlichkeit oberhalb von $\sigma_w \approx 0,6$ liegen. (Eine entsprechende Abschätzung läßt sich auch für die Verhältnisse von Bild XIX.9 angeben.) Die Berechnung des Führungsverhaltens erfolgt wieder über die Beziehung

$$F_w(i\omega, \sigma_\varepsilon) = \frac{F_0(i\omega, \sigma_\varepsilon)}{1 + F_0(i\omega, \sigma_\varepsilon)}$$

mit

$$F_0(i\omega, \sigma_\varepsilon) = \frac{K(\sigma_\varepsilon) \cdot F_2(i\omega)}{1 + K(\sigma_\varepsilon) \cdot F_2(i\omega) \cdot F_V(i\omega)}$$

für die durch die Schnittpunkte in Bild XIX.16 gekennzeichneten Lösungen σ_ε.

XX. Sprungphänomene in geschlossenen Regelkreisen

1. Das Zustandekommen mehrdeutiger Resonanzkurven

Wenn die Eigenverzögerung eines Regelkreises von mindestens zweiter Ordnung ist, dann können sich in Verbindung mit bestimmten Nichtlinearitäten merkwürdige Erscheinungen zeigen. Wir gehen aus von einem Regelkreis nach Bild XX.1 mit einem linearen Teilsystem zweiter Ordnung, welches Tiefpaß-

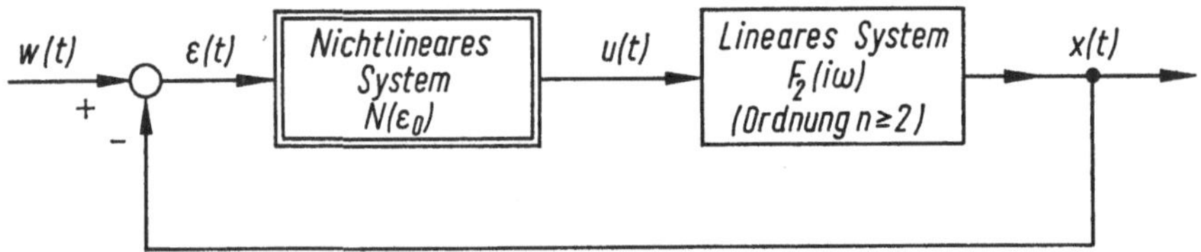

Bild XX.1. Geschlossener Regelkreis mit einem nichtlinearen und einem linearen Teilsystem, welches eine Verzögerung von mindestens 2. Ordnung besitzt.

Charakter und eine hinreichend große Verstärkung besitzen möge. Die Frequenzabhängigkeit des geschlossenen Regelkreises werde durch den Verlauf der Resonanzkurve a von Bild XX.2 beschrieben, solange die Nichtlinearität

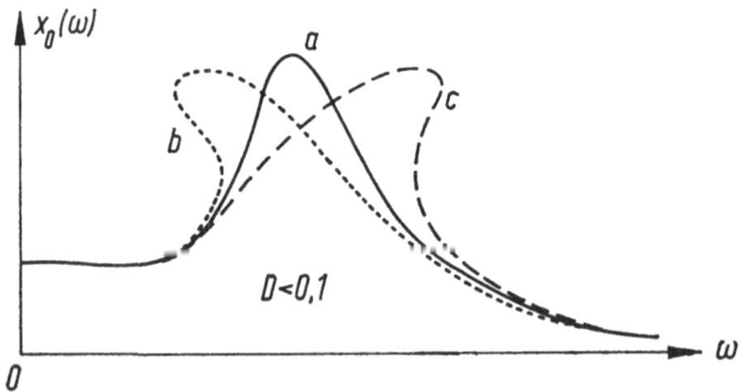

Bild XX.2. Typische Resonanzkurven für ein lineares System (a), ein nichtlineares System mit Sättigungscharakter (b) und ein solches mit einer progressiven Kennlinie (harte Feder), (c).

von dem Fehlersignal $\varepsilon(t)$ so schwach ausgesteuert wird, daß sie praktisch linear arbeitet. Wenn das Fehlersignal vergrößert wird, dann kann sich die Resonanzkurve „verbiegen", so daß sich die Verläufe b und c ergeben. Die Kurve b entsteht bei nichtlinearen Systemen, deren Kennlinie den Charakter einer Sättigung oder einer weichen Feder hat, während die nach rechts gebogene Resonanzkurve bei Charakteristiken nach Art einer harten Feder entstehen kann. Ganz allgemein treten derartige Resonanzkurven auf, wenn bei einer

Verstärkung $|F_0|$ des offenen Regelkreises und einem Phasenrand φ das Produkt

$$|F_0(i\omega, \sigma_\varepsilon)| \cdot \cos\varphi > 1$$

wird [71]; bei Systemen mit Verzögerung zweiter Ordnung muß die Dämpfung $D < 0{,}1$ sein.

Die Resonanzkurven b und c sind offensichtlich keine eindeutigen Funktionen der Frequenz, so daß die Frage entsteht, welche Amplitude x_0 der Regelgröße sich im Bereich der Mehrdeutigkeit einstellt. Wir erläutern diese Frage sowie das Zustandekommen des gesamten Phänomens anhand des Regelkreises von Bild XX.1 mit einem Begrenzer als nichtlinearem Bestandteil. Obwohl die Führungsgröße $w(t)$ das Eingangssignal des gesamten Folgesystems ist, spielt wieder das Fehlersignal $\varepsilon(t)$ zur Beurteilung des Systemverhaltens die entscheidende Rolle. So ist die Amplitude der Führungsgröße uninteressant, solange nur ihre Frequenz hinreichend niedrig ist, denn in diesem Fall funktioniert das Folgesystem fast ideal, d. h. es entsteht nur ein sehr kleines Fehlersignal, welches den Begrenzer nicht über seinen linearen Arbeitsbereich $\pm\ \varepsilon_B$ hinaus aussteuert, vgl. Bild XX.3. Damit ist klargestellt, daß für die Unter-

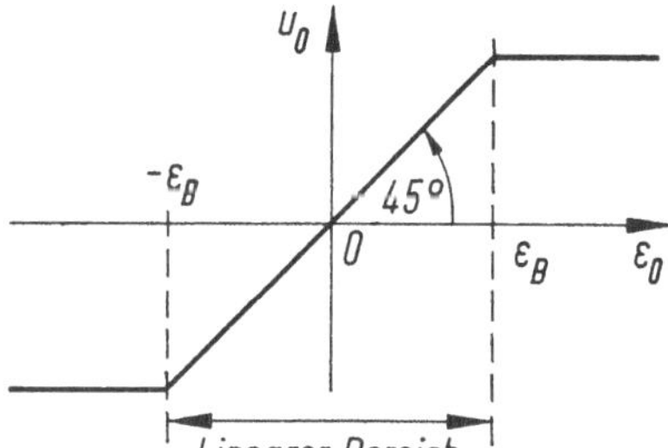

Bild XX.3. Kennlinie des Begrenzers als nichtlineares System für den Regelkreis von Bild XX.1.

suchung des Begrenzereinflusses nicht die Amplitude der Führungsgröße, sondern deren Frequenz (bei sinusförmiger Anregung) ausschlaggebend ist, Hält man also die Amplitude von $w(t)$ auf einem festen Wert, der in Verbindung mit einer genügend hohen Frequenz überhaupt zu einem Fehlersignal führt, das den linearen Arbeitsbereich des Begrenzers voll aussteuert, dann zeigt sich folgendes: mit zunehmender Frequenz der sinusförmigen Führungsgröße nimmt die Ausgangsamplitude des linearen Tiefpaß-Systems ab, die Phasennacheilung von $x(t)$ gegenüber $w(t)$ nimmt zu, d. h. die Gegenkopplung an der Mischstelle ist nicht mehr groß genug, um das Führungssignal zu kompensieren, das Fehlersignal $\varepsilon(t)$ wächst somit an. Die lineare Beschreibung des Regelkreises durch den Führungsfrequenzgang

$$F_w(i\omega) = \frac{F_2(i\omega)}{1 + F_2(i\omega)}$$

gilt aber nur bis zu derjenigen Frequenz ω_1 der Führungsgröße, für die das Fehlersignal den Bereich $\pm\ \varepsilon_B$ gerade voll aussteuert. Von dieser Frequenz an setzt die Begrenzerwirkung ein, der Führungsfrequenzgang wird über die Beschreibungsfunktion *amplitudenabhängig*,

$$F_w(i\omega, \varepsilon_0) = \frac{F_2(i\omega) \cdot N(\varepsilon_0)}{1 + F_2(i\omega) \cdot N(\varepsilon_0)}\ , \qquad \varepsilon_0 > \varepsilon_B,$$

und die Ausgangsgröße $u(t)$ des Begrenzers nimmt nicht mehr zu, obwohl das Fehlersignal immer größer wird. Damit nimmt die effektive Verstärkung des Begrenzers ab, es ergibt sich eine fallende Kennlinie, und die Resonanzspitze des geschlossenen Kreises wird nach niedrigeren Frequenzen verschoben. Bild XX.4 zeigt drei typische Resonanzkurven: für sehr kleine Amplituden w_0 arbeitet das Folgesystem sowieso linear, in einem mittleren Amplitudenbereich ergibt sich eine mehrdeutige Resonanzkurve, und bei extrem großer Führungsamplitude wird die Kurve wieder eindeutig.

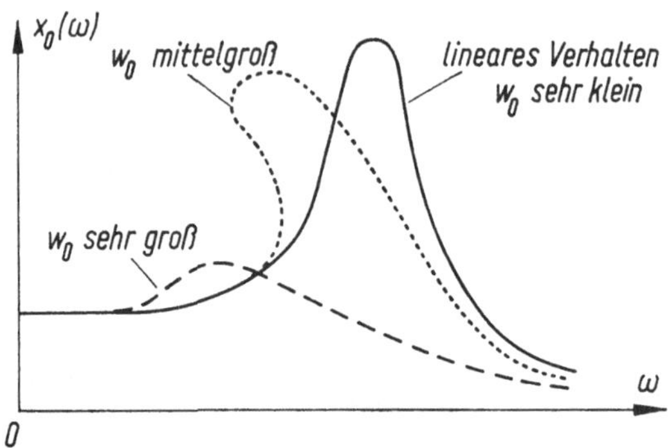

Bild XX.4. Resonanzverhalten des Regelkreises von Bild XX.1 für verschiedene Amplitudenbereiche des sinusförmigen Führungssignals $w(t) = w_0 \cdot \sin \omega t$.

Das „Zurückbiegen" der Resonanzkurve bei einem Folgesystem mit Begrenzer kann man anschaulich durch einen Vergleich mit einem linearen System verstehen: wegen der Begrenzerwirkung bei hinreichend großen Werten des Fehlersignals ist die Rückführgröße im Mittel (bezogen auf das Fehlersignal) kleiner als im entsprechenden linearen Fall. Daher liegt bei höheren Resonanzamplituden die Eigenfrequenz niedriger als im linearen Regelkreis, und die Resonanzspitze wird nach niedrigeren Frequenzen hin „verbogen".

2. Erklärung des Sprungphänomens

Ein im Betrieb befindliches System kann bei einer Frequenzgangmessung eine mehrdeutige Resonanzkurve nicht vollständig durchlaufen; es ergeben sich vielmehr instabile Bereiche, wie sie von bestimmten nichtlinearen schwingungsfähigen Gebilden wie Resonanzkreisen mit Eisenspulen bekannt sind. So kann man die gesamte, bereichsweise mehrdeutige Resonanzkurve zwar berechnen, aber der Abschnitt zwischen den Punkten C und F kann meßtechnisch nicht beobachtet werden, vgl. Bild XX.5. Bei niedrigen Frequenzen (Punkt A) beginnend, arbeitet der Regelkreis noch linear bis zu einer kritischen Frequenz ω_1, bei welcher der lineare Bereich des Begrenzers gerade voll ausgesteuert ist; dies ist die höchste Frequenz, bis zu welcher der geschlossene Regelkreis bei steigender Frequenz *linear* arbeiten kann.

Bei einer differentiellen Erhöhung der Meßfrequenz über ω_1 hinaus tritt bereits eine Begrenzung des Fehlersignals $\varepsilon(t)$ ein, und die Ausgangsamplitude springt von C auf den Punkt D, in dem das System in gesättigtem Zustand arbeitet, wenn es bei fallender Frequenz vermessen wird (Kurvenabschnitt $E \to D$).

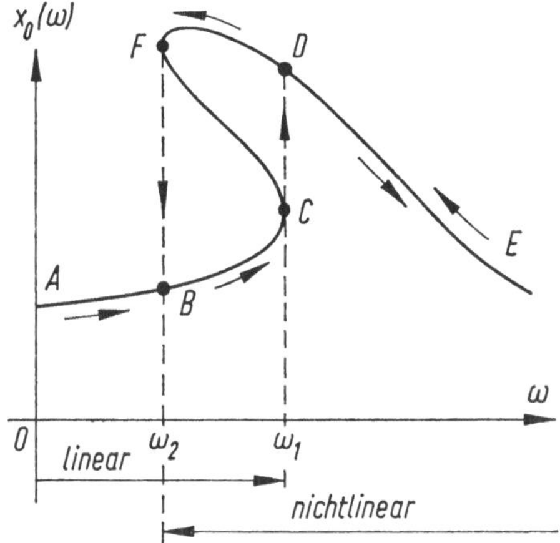

Bild XX.5. Mehrdeutige Resonanzkurve eines Regelkreises mit sättigender Nichtlinearität zur Erklärung des Sprungphänomens, auch „Umspringen" genannt.

Das Zustandekommen dieses Amplitudensprunges kann man folgendermaßen erklären: nach einer differentiellen Überschreitung der Frequenz ω_1 entsteht zunächst ein schwacher Sättigungseffekt, und die Regelgröße folgt dem Stellbefehl nicht mehr ganz so schnell wie im linearen Fall. Durch die Sättigung bleibt das rückgeführte Signal $x(t)$ unter der zur Kompensation von $w(t)$ erforderlichen Größe, und das Fehlersignal $\varepsilon(t)$ steigt weiter an. Dadurch wird der Sättigungseinfluß noch stärker, und es entsteht eine Art „Lawineneffekt", eine *besondere Form der Instabilität*, bei welcher die Amplitude der Regelgröße plötzlich von C auf den größtmöglichen Wert D an der Stelle $\omega_1 + 0$ springt, wo die Gesamtverstärkung des offenen Kreises durch die mit wachsendem ω abnehmende effektive Verstärkung des Begrenzers so klein geworden ist, daß der geschlossene Regelkreis wieder stabil arbeitet. Aus diesem Sachverhalt ergibt sich eine einfache Möglichkeit, die Sprungfrequenz ω_1 zu berechnen. Für den Regelkreis von Bild XX.1 besteht zwischen den Amplitudenspektren $A_\varepsilon(\omega)$ und $A_w(\omega)$ die Beziehung

$$A_\varepsilon(\omega) = \frac{A_w(\omega)}{1 + N(\varepsilon_0) \cdot F_2(i\omega)},$$

und an der Stelle $\omega = \omega_1$ wird

$$\varepsilon_B = \frac{w_0}{\left|1 + N(\varepsilon_B) \cdot F_2(i\omega_1)\right|}, \tag{XX.1}$$

wobei ε_B die lineare Aussteuerungsgrenze des Begrenzers, w_0 die zugehörige Amplitude der sinusförmigen Führungsgröße und $N(\varepsilon_B)$ die lineare Verstärkung des Begrenzers im Bereich $-\varepsilon_B \leq \varepsilon_0 \leq \varepsilon_B$ bedeuten. Die Relation (XX.1) ist somit eine Bestimmungsgleichung für die untere Sprungfrequenz ω_1.

Beginnt man die Aufnahme der Resonanzkurve bei sehr hohen Frequenzen (Bereich E), so arbeitet der Regelkreis weit im nichtlinearen Sättigungsgebiet. Bei fallender Frequenz verhält sich der Kreis nichtlinear bis zu einer zweiten Sprungfrequenz ω_2 bei Punkt F, die niedriger ist als ω_1. Von B ab verhält sich der Kreis wieder linear, und ω_2 ist die niedrigste Frequenz, bis zu welcher der Kreis bei fallender Frequenz *nichtlinear* arbeiten kann. Diese Frequenz läßt sich anhand von Bild XX.6 berechnen [58], wo je eine volle Periode des sinusförmigen Führungssignals und der als praktisch sinusförmig angenom-

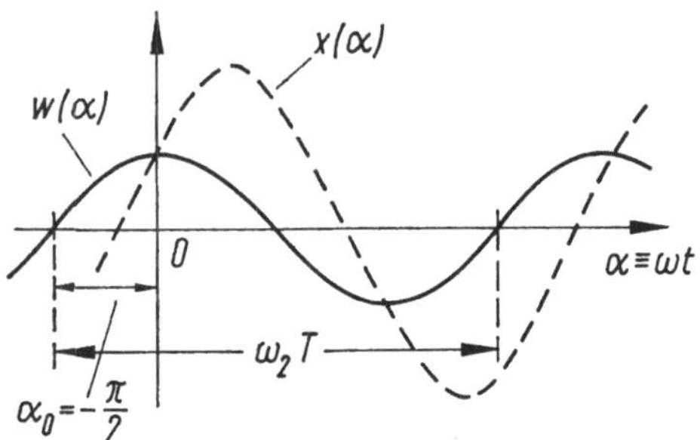

Bild XX.6. Bestimmte Konfiguration von Führungs- und Regelgröße zur Bestimmung der Sprungfrequenz ω_2.

menen Regelgröße eingetragen sind. Bei sehr hohen Meßfrequenzen eilt die Regelgröße der Führungsgröße um $180° \triangleq \pi$ nach. Mit fallender Frequenz wird der Phasenwinkel kleiner, und der Wert

$$x(0) = w(0) = w_0 \cdot \sin \alpha$$

wächst zunächst je nach Dämpfung des Kreises mehr oder weniger schnell an, wie es der Teil $E \to D$ der Resonanzkurve von Bild XX.5 angibt. Bei stabiler Arbeitsweise des Regelkreises ändert sich die Amplitude der Regelgröße bis zu ihrem Maximalwert und fällt dann stetig, bis der Winkel $\alpha = \alpha_0 = -\pi/2$ in Bild XX.6 erreicht ist. Dieser Winkel ist nicht identisch mit dem Phasenwinkel bei linearen Systemen, sondern er kennzeichnet den Zeitpunkt, in welchem Führungssignal und Regelgröße den gleichen Momentanwert haben also $\varepsilon(t) = 0$ ist. Wenn dieser Winkel, der eine Funktion der Meßfrequenz ist, den Wert $\alpha = -\pi/2$ erreicht hat, springt die Amplitude der Regelgröße von F nach B zurück und verläuft dann weiter im linearen Arbeitsbereich. Die zugehörige untere Sprungfrequenz ω_2 erhält man aus einer komplizierten Näherungsformel, die in [56] und [58] ausführlich abgeleitet ist.

Der geschlossene Regelkreis hat also bei fester Amplitude der sinusförmigen Führungsgröße drei verschiedene Arbeitsbereiche in Abhängigkeit von der Frequenz:

$0 \leq \omega \leq \omega_2$ nur linear

$\omega_2 \leq \omega \leq \omega_1$ linear bei steigender und nichtlinear bei fallender Frequenz

$\omega > \omega_1$ nur nichtlinear.

Mit entsprechendem Rechenaufwand kann man auch die zu den Sprungfrequenzen ω_1 und ω_2 gehörigen Amplituden der Regelgröße berechnen; im folgenden wird jedoch ein allgemeineres Verfahren angegeben, welches den Verlauf der vollständigen Resonanzkurve einschließlich des experimentell nicht beobachtbaren instabilen Teiles liefert [59], [60].

3. Analytische Behandlung von Sprungphänomenen bei sinusförmiger Führungsgröße

Zur Berechnung von Sprungerscheinungen in Regelkreisen gibt es ein recht allgemeines Verfahren, mit dessen Hilfe man die verschiedensten Nichtlinearitäten mit linearen Systemen im Regelkreis kombinieren kann. Bei dem Folgesystem von Bild XX.7 besteht zwischen den Amplitudenspektren der Signale $\varepsilon(t)$ und $w(t)$ die Beziehung

$$A_\varepsilon(\omega) = \frac{1}{1 + N(\varepsilon_0) \cdot F_2(i\omega)} \cdot A_w(\omega).$$

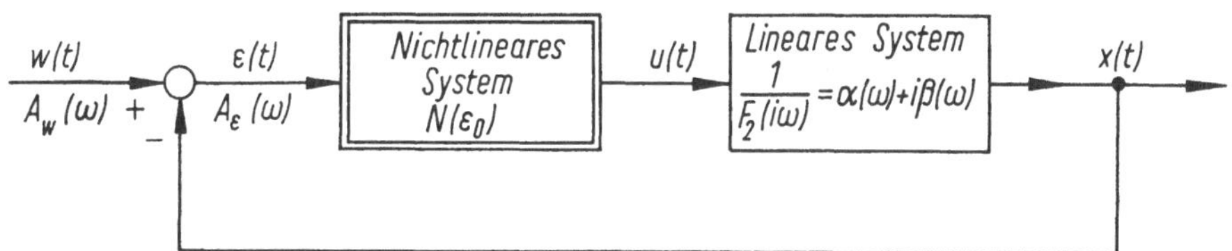

Bild XX.7. Nichtlineares Folgesystem, das Sprungerscheinungen zeigt, wenn die Verzögerung des linearen Teiles von mindestens 2. Ordnung ist.

Wenn die Führungsgröße sinusförmigen Verlauf hat,

$$w(t) = w_0 \cdot \sin \omega t,$$

dann soll das Fehlersignal von der Form

$$\varepsilon(t) \approx \varepsilon_0 \cdot \sin(\omega t + \varphi)$$

sein. Führt man den zu $F_2(i\omega)$ reziproken Frequenzgang

$$\frac{1}{F_2(i\omega)} = \alpha(\omega) + i \cdot \beta(\omega) \tag{XX.2}$$

ein, der die folgende Rechnung besonders übersichtlich macht, dann ergibt sich für die Amplitudenspektren der Zusammenhang

$$A_\varepsilon(\omega) = \frac{\alpha(\omega) + i\beta(\omega)}{\alpha(\omega) + i\beta(\omega) + N(\varepsilon_0)} \cdot A_w(\omega).$$

Für das weitere interessieren nur die Amplitudenquadrate der beteiligten Signale, die in der Beziehung

$$\varepsilon_0{}^2 = \frac{\alpha^2(\omega) + \beta^2(\omega)}{[\alpha(\omega) + N(\varepsilon_0)]^2 + \beta^2(\omega)} \cdot w_0{}^2 \tag{XX.3}$$

zueinander stehen. Bei der Auswertung dieses Ausdrucks steht das Zwischensignal $u(t)$ im Vordergrund, obwohl es nicht explizit in der Gleichung auftritt. Man geht davon aus, daß $u(t)$ erstens das Ausgangssignal des nichtlinearen Systems ist, und daß $u(t)$ außerdem durch die Übertragungseigenschaften des linearen Systems im geschlossenen Regelkreis beeinflußt wird. Man formt nun die Gleichung (XX.3) so um, daß der lineare und der nichtlineare Einfluß voneinander getrennt sind; man findet über das Zwischenergebnis

$$[\alpha + N(\varepsilon_0)]^2 \cdot \varepsilon_0{}^2 = (\alpha^2 + \beta^2) \cdot w_0{}^2 - \beta^2 \cdot \varepsilon_0{}^2$$

den entscheidenden Ausdruck

$$\underbrace{\varepsilon_0 \cdot N(\varepsilon_0)}_{u_0} = -\alpha \cdot \varepsilon_0 \pm \beta \cdot \sqrt{\left(1 + \frac{\alpha^2}{\beta^2}\right) \cdot w_0{}^2 - \varepsilon_0{}^2}. \qquad \text{(XX.4)}$$

Auf der linken Seite dieser Gleichung wird die Amplitude u_0 durch die Beschreibungsfunktion des *nichtlinearen* Systems allein ausgedrückt, auf der rechten Seite steht die gleiche Amplitude, dargestellt durch die *linearen* Bestandteile des Regelkreises. Bringt man beide Seiten dieser Gleichung in eine graphische Darstellung mit der unabhängigen Variablen ε_0, so ergeben die Schnittpunkte der Kurven die Lösungen ε_0 für den geschlossenen Regelkreis.

3.1 Der lineare Teil

Für den linearen rechten Teil der Gleichung erhält man eine Kurvenschar für verschiedene Frequenzen und einen festen Wert w_0 der Führungssignalamplitude. Man kann allgemein zeigen, daß sich für den linearen Teil unabhängig von der speziellen Art des Frequenzganges $F(i\omega)$ eine Schar von Ellipsen ergibt, denn dieser Teil ist von der Form

$$u_0 = a \cdot \varepsilon_0 + b \cdot \sqrt{c^2 - \varepsilon_0{}^2}.$$

Jede Ellipse entsteht durch Superposition einer Geraden

$$u_0 = a \cdot \varepsilon_0$$

mit einer Ellipse der Normalform

$$\frac{u_0{}^2}{b^2 c^2} + \frac{\varepsilon_0{}^2}{c^2} = 1,$$

siehe Bild XX.8. Bevor wir die Auswertung des nichtlinearen Anteils vornehmen, sollen zwei Beispiele zeigen, wie die Ellipsen zur Charakterisierung des linearen Frequenzganges $F(i\omega)$ aussehen können.

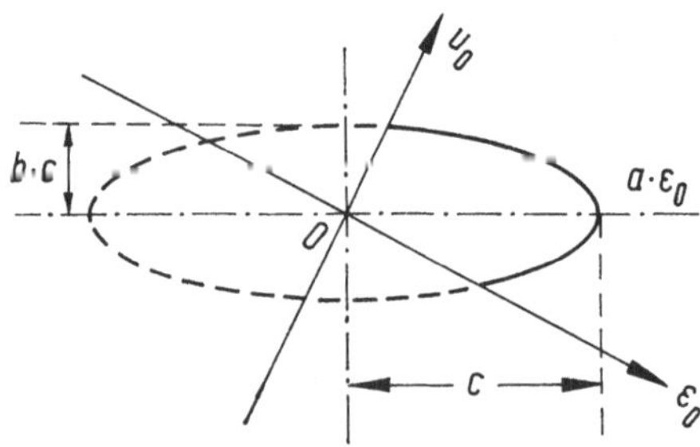

Bild XX.8. Gedrehte Ellipse als graphische Darstellung des linearen Systemabschnittes mit dem reziproken Frequenzgang $\alpha(\omega) + i\beta(\omega)$.

Beispiele

a) *Ideal integrierendes lineares System:*

$$F_2(i\omega) = \frac{1}{i\omega T_I}, \quad \omega > 0.$$

In diesem Fall wird der inverse Frequenzgang

$$F_2^{-1}(i\omega) = i\omega T_I$$

mit

$$\alpha(\omega) = 0, \quad \beta(\omega) = \omega T_I,$$

und man erhält für die Amplitude des Zwischensignals $u(t)$, ausgedrückt durch den linearen Anteil des Regelkreises:

$$u_0 = \pm\ \omega T_I \cdot \sqrt{w_0{}^2 - \varepsilon_0{}^2},$$

oder die Ellipsen-Normalform

$$\frac{u_0{}^2}{\omega^2 T_I{}^2 w_0{}^2} + \frac{\varepsilon_0{}^2}{w_0{}^2} = 1.$$

Bild XX.9 zeigt einige dieser Ellipsen für einen festen Wert von w_0 und verschiedene ω.

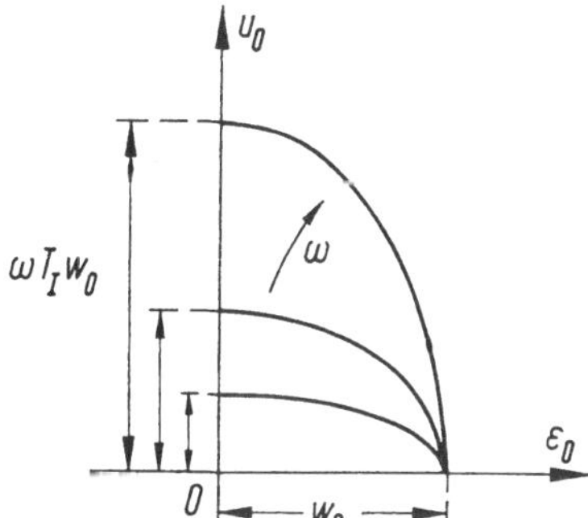

Bild XX.9. Ellipsenschar zur Charakterisierung eines ideal integrierenden linearen Systems.

b) *Integrierendes System mit Verzögerung erster Ordnung:*

$$F_2(i\omega) = \frac{1}{i\omega T_I \cdot (1 + i\omega T_2)}.$$

Man erhält sofort Real- und Imaginärteil der Funktion $F_2^{-1}(i\omega)$:

$$\alpha(\omega) = -\omega^2 \cdot T_I T_2, \quad \beta(\omega) = \omega \cdot T_I,$$

und daraus folgt für die Ellipsenschar:

$$u_0 = \omega^2 \cdot T_I T_2 \cdot \varepsilon_0 \pm \omega T_I \cdot \sqrt{(1 + \omega^2 T_2{}^2) \cdot w_0{}^2 - \varepsilon_0{}^2}.$$

Dieser Ausdruck enthält die Geradenschar

$$u_0 = \omega^2 \cdot T_I T_2 \cdot \varepsilon_0,$$

die Steigung der Geraden hängt nur von der Kreisfrequenz ω ab, und ferner die Ellipsenschar

$$u_0 = \pm\ \omega T_I \cdot \sqrt{(1 + \omega^2 T_2{}^2) \cdot w_0{}^2 - \varepsilon_0{}^2},$$

oder in der Normalform

$$\frac{u_0{}^2}{\omega^2 T_I{}^2 \cdot (1 + \omega^2 T_2{}^2) \cdot w_0{}^2} + \frac{\varepsilon_0{}^2}{(1 + \omega^2 T_2{}^2) \cdot w_0{}^2} = 1.$$

Die Form der Ellipsen hängt sowohl von ω als auch von w_0 ab: für eine feste Frequenz ω_1 ergeben sich Ellipsen nach Bild XX.10 mit festem Winkel der Hauptachsen gegen das Koordinatensystem; bei festgehaltenem Wert der Eingangsamplitude entstehen die Ellipsen von Bild XX.11 mit ω als Parameter.

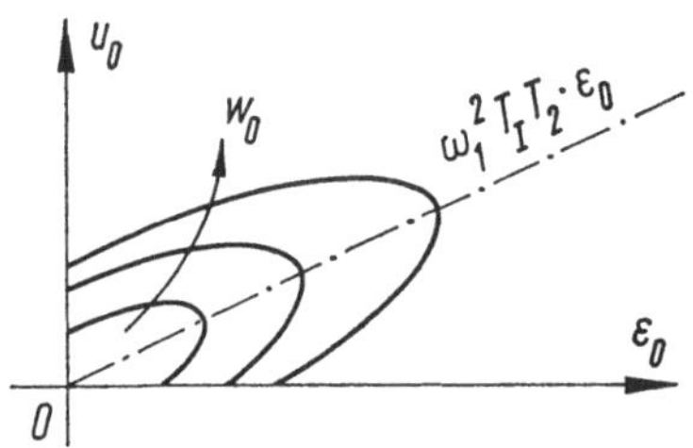

Bild XX.10. Ellipsenschar zur Kennzeichnung eines integrierenden Systems mit Verzögerung 1. Ordnung für eine feste Frequenz ω_1 und verschiedene Eingangsamplituden w_0 als Parameter.

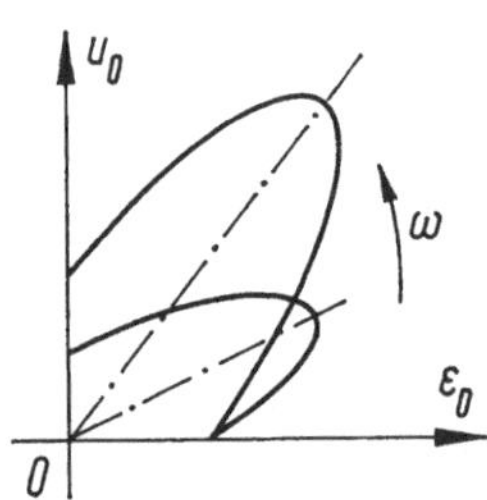

Bild XX.11. Ellipsenschar des integrierenden Systems mit Verzögerung 1. Ordnung für eine feste Eingangsamplitude w_0 und verschiedene Frequenzen ω des Eingangssignals als Parameter.

3.2 Der nichtlineare Teil

Zur Bestimmung der Lösungen für den geschlossenen Regelkreis muß man noch den Verlauf der Funktion $\varepsilon_0 \cdot N(\varepsilon_0)$ für die jeweilige Nichtlinearität kennen. Für einige der in Teil XII behandelten Systeme erhält man die folgenden Ausdrücke:

a) *Zweipunktschalter:* $\qquad \left(h = \dfrac{\pi}{4} \right)$

$$\varepsilon_0 \cdot N(\varepsilon_0) = 1.$$

b) *Begrenzer:* $\qquad \left(h = \dfrac{\pi}{4}, \quad k = \dfrac{\pi}{4}, \quad \varepsilon_B = 1 \right)$

$$\varepsilon_0 \cdot N(\varepsilon_0) = \frac{1}{2} \cdot \left\{ \varepsilon_0 \cdot \arcsin\frac{1}{\varepsilon_0} + \sqrt{1 - \left(\frac{1}{\varepsilon_0}\right)^2} \right\}, \varepsilon_0 > 1$$

$$= \frac{\pi}{4} \cdot \varepsilon_0, \quad \varepsilon_0 \le 1$$

$$\to 1, \quad \varepsilon_0 \gg 1.$$

c) *Vorlast:* $\qquad \left(h = \dfrac{\pi}{4} \right)$

$$\varepsilon_0 \cdot N(\varepsilon_0) = 1 + \varepsilon_0.$$

d) *Dreipunktschalter:* $\qquad \left(h = \dfrac{\pi}{4}, \quad d = 2 \right)$

$$\varepsilon_0 \cdot N(\varepsilon_0) \;=\; \sqrt{1 - \left(\frac{1}{\varepsilon_0}\right)^{2}}\,, \qquad \varepsilon_0 > 1$$

$$= 0, \qquad\qquad \varepsilon_0 \leq 1$$

$$\to 1, \qquad\qquad \varepsilon_0 \gg 1.$$

Diese Funktionen sind in Bild XX.12 graphisch dargestellt. Durch Kombination dieser Kurven mit den Ellipsen des linearen Teiles kann man graphisch zusammengehörige Werte von ε_0 und ω bestimmen.

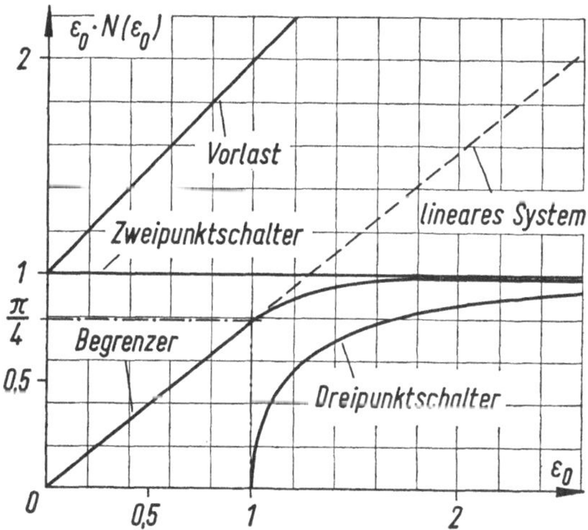

Bild XX.12. Verlauf der Kurven $\varepsilon_0 \cdot N(\varepsilon_0)$ für verschiedene Nichtlinearitäten zur Charakterisierung des nichtlinearen Anteils von Gleichung (XX.4).

3.3 Der geschlossene Regelkreis

Wir betrachten ein lineares System mit dem Frequenzgang

$$F_2(i\omega) \;=\; \frac{1}{i\omega T_I \cdot (1 + i\omega T_2)}$$

im Zusammenwirken mit einem Begrenzer nach Bild XX.13. Man erkennt, daß sich mit der in Bild XX.14 eingezeichneten Ellipse für eine bestimmte Frequenz und eine feste Eingangsamplitude w_0 insgesamt drei Schnittpunkte ergeben, zu denen drei verschiedene Amplituden $\varepsilon_{01}, \varepsilon_{02}$ und ε_{03} gehören. Damit ist der Frequenzgang des geschlossenen Regelkreises eine *mehrwertige Funktion*

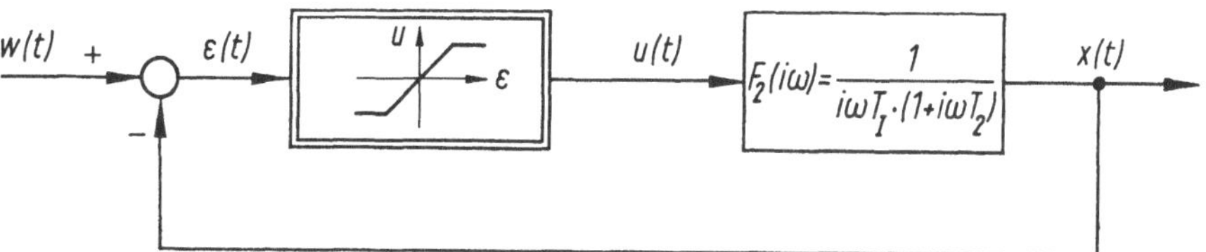

Bild XX.13. Folgesystem mit Begrenzer und linearem, verzögernd integrierendem System.

der Frequenz. Bei dem gewählten Beispiel kann es natürlich auch vorkommen, daß zwischen den beiden Kurven nur ein Schnittpunkt entsteht; zwei Schnittpunkte kommen zustande, wenn sich beide Kurven (links oben) in einem Punkt berühren. Trägt man die Amplitude ε_0 des Fehlersignals als Funktion der Frequenz auf, so erhält man grundsätzlich einen Verlauf nach Bild XX.15, wo auch die drei verschiedenen Werte für ε_0 von Bild XX.14 eingetragen sind. Mit Hilfe dieser Funktion $\varepsilon_0(\omega)$ kann man nun auch Betrag $x_0(\omega)$ und Phasenwinkel $\varphi_x(\omega)$ der Regelgröße angeben, wenn man von den beiden Gleichungen

$$x_0(\omega) \;=\; N(\varepsilon_0) \cdot |F_2(i\omega)| \cdot \varepsilon_0$$

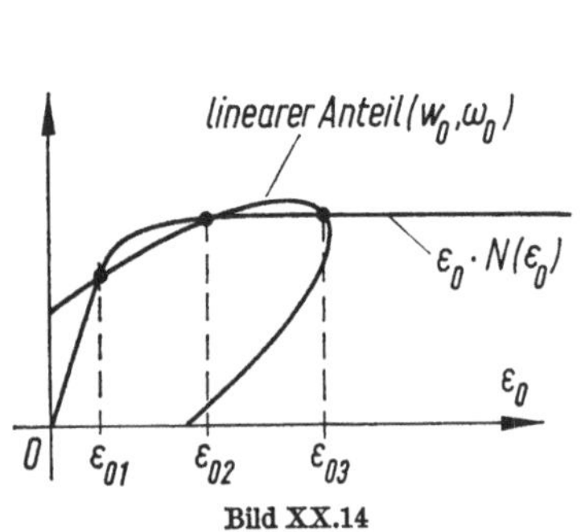

Bild XX.14

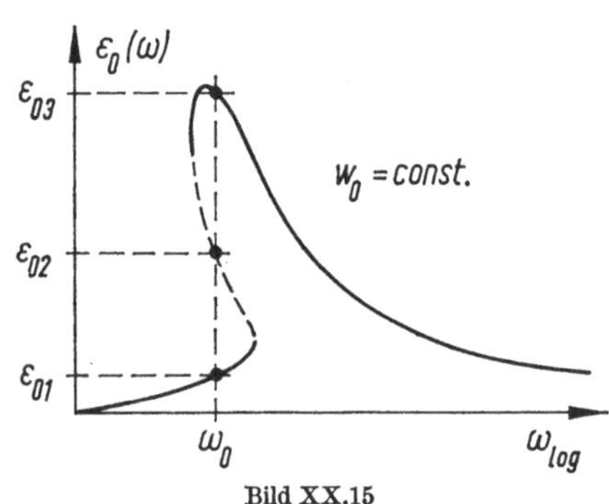

Bild XX.15

Bild XX.14. Graphische Darstellung des linearen und nichtlinearen Anteils von Gleichung (XX.4) für das System von Bild XX.13. Für eine bestimmte Frequenz bei einer festen Amplitude w_0 ergeben sich drei verschiedene Lösungen ε_0.

Bild XX.15. Konstruierte Resonanzkurve für $\varepsilon_0(\omega)$ mit den drei Lösungen aus Bild XX.14.

und

$$\varphi_x(\omega) \;=\; \arctan \frac{\mathrm{Im}\,\{N(\varepsilon_0) \cdot F_2(i\omega)\}}{\mathrm{Re}\,\{N(\varepsilon_0) \cdot F_2(i\omega)\}}$$

ausgeht. Für das behandelte Beispiel wird

$$x_0(\omega) \;=\; \frac{\varepsilon_0 \cdot N(\varepsilon_0)}{\omega T_I \cdot \sqrt{1 + \omega^2 T_2^{\,2}}}$$

$$\varphi_x(\omega) \;=\; -\,\arctan \frac{\omega T_I}{N(\varepsilon_0) - \omega^2 T_I T_2}\,,$$

und es ergeben sich die Kurven von Bild XX.16.

Wenn man den vorliegenden Regelkreis experimentell untersucht, so findet man für zunehmende Frequenzen des Eingangssignals einen langsamen Anstieg der Amplitude x_0 der Regelgröße bis zu dem Punkt C in Bild XX.16. Dann jedoch springt x_0 unter Auslassung der Werte im Bereich $C \to F \to D$ unmittelbar auf D und nimmt dann mit steigender Frequenz wieder monoton in Richtung auf E ab. Mit dem geschilderten Amplitudensprung ist ein Phasensprung von C nach D verbunden (unterer Teil von Bild XX.16).

Beginnt man mit den Messungen bei hohen Frequenzen, so ändert sich x_0 von E über D bis zum Punkt F stetig und fällt dann sprungartig unter Auslassung der Werte $F \to C \to B$ auf B; von dort aus nimmt x_0 mit fallender Frequenz wieder monoton ab. Bei dieser ω-Bewegung verändert sich der

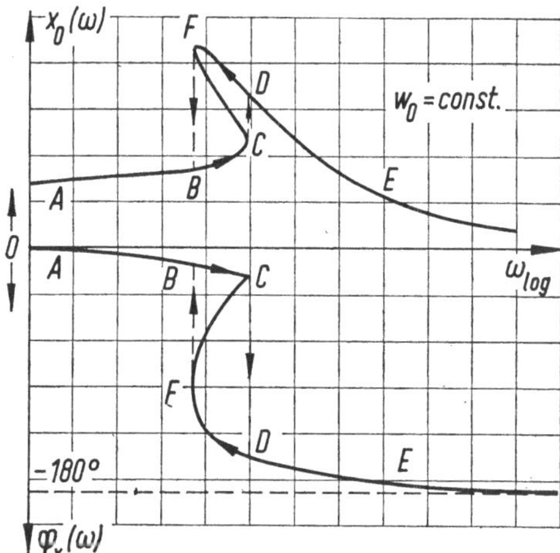

Bild XX.16. Amplituden- und Phasengang des Regelkreises von Bild XX.13 mit Umspringverhalten von $x_0(\omega)$ und $\varphi_x(\omega)$.

Phasenwinkel des Ausgangssignals von E über D nach F, dann tritt wieder ein Sprung von F nach B auf, und der anschließende Verlauf ist wieder monoton.

Damit ergibt sich insgesamt eine Art Hystereseverhalten für die Regelgröße in Abhängigkeit von der Frequenz, wobei die Kurvenabschnitte $C \to F$ und $F \to C$ im Amplituden- und im Phasengang praktisch nicht beobachtet werden können. Das gleiche gilt für den strichlierten Abschnitt der Kurve für $\varepsilon_0(\omega)$ in Bild XX.15, wo die mittlere Amplitude ε_{02}, die aus Bild XX.14 übernommen ist, in Wirklichkeit nicht beobachtet werden kann. Die beschriebene Erscheinung nennt man „Sprungphänomen". (Die etwas unglückliche Bezeichnung „Sprungresonanz" sollte man vermeiden, da sie dem physikalischen Geschehen nicht gerecht wird und irreführt.) Das Sprungphänomen tritt nicht ein, wenn man anstelle der Nichtlinearität ein lineares System einfügt; es tritt vielmehr nur bei bestimmten Nichtlinearitäten ein, und der lineare Systemabschnitt muß eine Verzögerung von mindestens zweiter Ordnung haben. Welche Typen von nichtlinearen Systemen im geschlossenen Regelkreis auf die Sprungerscheinung führen, kann man sofort aus dem Verlauf der Kurven $\varepsilon_0 \cdot N(\varepsilon_0)$ entnehmen, vgl. Bild XX.12. Bei Nichtlinearitäten mit Sättigungscharakter treten im Bereich kleiner Amplituden selbstverständlich keine Sprungerscheinungen auf, weil sich dann lineares Verhalten einstellt. Wenn man andererseits sehr große Amplituden des Eingangssignals zuläßt, dann treten ebenfalls keine Sprungphänomene auf, weil durch den Begrenzer die effektive Verstärkung entsprechend herabgesetzt ist; dadurch ergibt sich eine Verflachung der Resonanzkurve und eine Verschiebung der Resonanzfrequenz nach niedrigeren Werten, das System verhält sich „stabiler" als bei kleineren Amplituden. In einem mittleren Bereich der Eingangsamplituden tritt das geschilderte Sprungphänomen auf, wie Bild XX.4 schon einmal zusammenfassend zeigte.

Es sei noch darauf hingewiesen, daß man das *Umspringen der Amplitude* auch anhand der graphischen Verfahren finden kann, mit deren Hilfe die Regel-

kreise in den vorangegangenen Beispielen von Teil XIX berechnet wurden;
nur geht man dabei u. U. das Risiko ein, daß man bei der numerischen Auswertung gar nicht in den Bereich vordringt, wo das Sprungphänomen auftritt.
Schreibt man Gleichung (XX.4) in der Form

$$N(\varepsilon_0) = -\alpha \pm \frac{\beta}{\varepsilon_0} \cdot \sqrt{\left(1 + \frac{\alpha^2}{\beta^2}\right) \cdot w_0{}^2 - \varepsilon_0{}^2}\,,$$

so ergibt sich für das behandelte Beispiel

$$N(\varepsilon_0) = T_I T_2 \cdot \omega^2 \pm \frac{\omega T_I}{\varepsilon_0} \cdot \sqrt{(1 + \omega^2 T_2{}^2) \cdot w_0{}^2 - \varepsilon_0{}^2}$$

$$= f(\varepsilon_0;\, w_0,\, \omega),$$

und die graphische Auswertung der zugehörigen Kurven, die in Bild XX.17
nur qualitativ richtig eingetragen sind [47], zeigt deutlich, daß im geschlossenen
Regelkreis in einem bestimmten Amplituden- und Frequenzbereich Umspring-
erscheinungen auftreten.

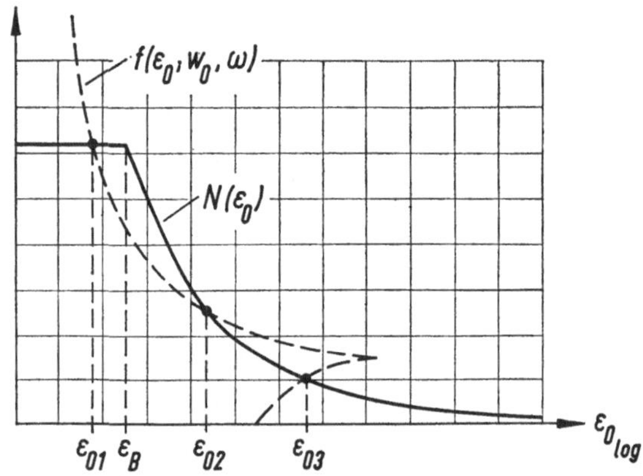

Bild XX.17. Die Verläufe der Funktionen $f(\varepsilon_0;\, w_0,\, \omega)$ und $N(\varepsilon_0)$ zur Bestimmung der Lösungen ε_0 für den geschlossenen Regelkreis. Für das Aufsuchen von Sprungerscheinungen ist dieses Verfahren nicht so zweckmäßig wie das für die Funktionen $\varepsilon_0 \cdot N(\varepsilon_0)$ und die Ellipsenscharen des linearen Teiles.

4. Sprungphänomene bei stochastischen Signalen

Das Auftreten von Sprungerscheinungen in geschlossenen Regelkreisen mit
linearen Systemen von mindestens zweiter Ordnung und bestimmten Nichtlinearitäten ist nicht auf sinusförmige Eingangssignale beschränkt. Auch bei
stochastischer Eingangsgröße kann ein solches unstetiges Verhalten vorkommen, nur stehen jetzt *andere Signalkenngrößen* im Vordergrund, nämlich der
quadratische Mittelwert der Regelgröße in Abhängigkeit vom quadratischen
Mittelwert des Eingangs- bzw. Differenzsignals. Wir untersuchen das Verhalten
des Folgesystems von Bild XX.18. Als Führungsgröße sei ein Tiefpaß-Signal
mit der spektralen Leistungsdichte

$$S_{ww}(\omega) = \frac{S_0}{1 + \omega^2 T^2}$$

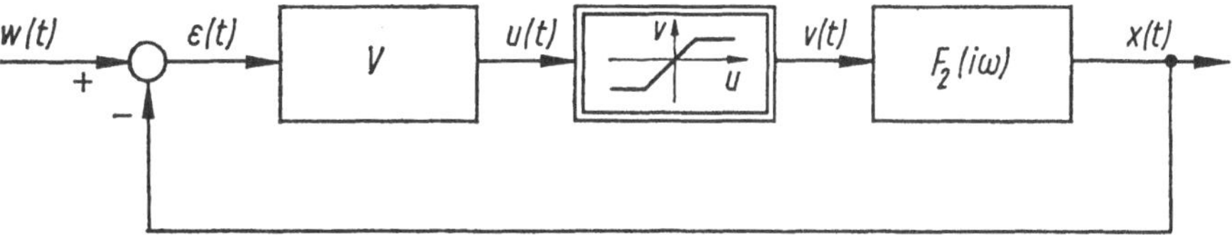

Bild XX.18. Folgesystem mit Begrenzer und stochastischem Führungssignal $w(t)$. Je nach der Bandbreite des Führungssignals und dem Dämpfungsgrad des linearem Teilsystems treten Sprungerscheinungen auf.

vorgegeben; vor dem Begrenzer mit der äquivalenten Verstärkung

$$K(\sigma_u) = \text{erf}\left(\frac{u_B}{\sqrt{2}\cdot\sigma_u}\right)$$

liegt ein linearer Verstärker mit dem frequenzunabhängigen Verstärkungsfaktor V. Das zweite lineare System hinter dem Begrenzer habe den Frequenzgang

$$F_2(i\omega) = \frac{1}{i\omega T_I\cdot(1 + i\omega T_2)}$$

mit dem Kehrwert

$$F_2^{-1}(i\omega) = -\omega^2\cdot T_I T_2 + i\omega T_I$$
$$= \alpha(\omega) + i\cdot\beta(\omega).$$

Die spektrale Leistungsdichte $S_{uu}(\omega)$ des verstärkten Fehlersignals am Eingang des Begrenzers erhält man über den Frequenzgang

$$F(i\omega,\sigma_u) = \frac{V}{1 + V\cdot K(\sigma_u)\cdot F_2(i\omega)}$$
$$= \frac{V\cdot[\alpha(\omega) + i\cdot\beta(\omega)]}{\alpha(\omega) + V\cdot K(\sigma_u) + i\cdot\beta(\omega)}$$

aus dem Leistungsspektrum $S_{ww}(\omega)$ der Führungsgröße:

$$S_{uu}(\omega) = V^2\cdot\frac{\alpha^2(\omega) + \beta^2(\omega)}{[\alpha(\omega) + VK(\sigma_u)]^2 + \beta^2(\omega)}\cdot S_{ww}(\omega). \qquad \text{(XX.5)}$$

Diese Relation entspricht der Gleichung (XX.3) für die Amplitudenquadrate bei sinusförmiger Führungsgröße. Würde man versuchen, die weiteren Rechenschritte des Abschnittes 3 auch für stochastische Signale zu übernehmen, so erhielte man über das Zwischenergebnis

$$[\alpha + V\cdot K(\sigma_u)]^2\cdot S_{uu}(\omega) = V^2\cdot(\alpha^2 + \beta^2)\cdot S_{ww}(\omega) - \beta^2\cdot S_{uu}(\omega)$$

die der Gleichung (XX.4) entsprechende Form

$$V\cdot K(\sigma_u)\cdot\sqrt{S_{uu}(\omega)} - \alpha\cdot\sqrt{S_{uu}(\omega)} \pm \beta\cdot\sqrt{V^2\left(1 + \frac{\alpha^2}{\beta^2}\right)\cdot S_{ww}(\omega) - S_{uu}(\omega)}.$$

Dieses Ergebnis ist jedoch für die weitere Auswertung nicht geeignet, und man verfährt bei der Untersuchung der Sprungphänomene zunächst genauso wie im Teil XIX. Danach bestimmt man zuerst den quadratischen Mittelwert von $u(t)$:

$$\sigma_u{}^2 = \frac{1}{2} \cdot \int\limits_{-\infty}^{+\infty} |F(i\omega, \sigma_u)|^2 \cdot S_{ww}(\omega)\, d\omega.$$

Da der lineare Systemteil der gleiche ist wie in Beispiel XIX.5, kann man die dort gefundenen Ergebnisse unmittelbar auf den vorliegenden Fall übertragen und erhält für $\alpha = 1$, $\sigma_u = V \cdot \sigma_\varepsilon$:

$$\sigma_u{}^2 = V^2 \cdot \frac{\pi S_0}{2T} \cdot \frac{T_2 \cdot (T_I + T \cdot K) + TT_I}{T \cdot (T_I + T \cdot K) + T_2 T_I}.$$

Führt man an dieser Stelle den quadratischen Mittelwert der Führungsgröße,

$$\frac{\pi S_0}{2T} = \sigma_w{}^2,$$

sowie deren Eckfrequenz $\omega_w = 1/T$ ein, so wird

$$\sigma_u{}^2 = \sigma_w{}^2 \cdot V^2 \cdot \frac{K + T_I \cdot \left(\dfrac{1}{T_2} + \omega_w \right)}{\dfrac{K}{\omega_w T_2} + T_I \cdot \left(\dfrac{1}{T_2} + \omega_w \right)}.$$

Solange die Streuung des Fehlersignals hinreichend klein ist, wird der Begrenzer so selten durch gelegentlich auftretende Spitzenwerte von $u(t)$ übersteuert, daß man praktisch lineare Arbeitsweise des Regelkreises annehmen kann. Innerhalb des linearen Aussteuerungsbereiches $-u_B < u(t) < u_B$ wird der Begrenzer durch

$$K(\sigma_u) = 1$$

beschrieben, und der geschlossene Regelkreis besitzt die charakteristische Gleichung

$$1 + F_0(s) = 0$$

oder

$$s^2 + \frac{1}{T_2} \cdot s + \frac{V}{T_I T_2} = 0.$$

Führt man die geläufige Form

$$s^2 + 2D\omega_0 \cdot s + \omega_0{}^2 = 0$$

für schwingungsfähige Systeme mit Verzögerung zweiter Ordnung ein, so wird

$$2D\omega_0 = \frac{1}{T_2}, \qquad \omega_0{}^2 = \frac{V}{T_I T_2}$$

mit der Dämpfung

$$D = \frac{1}{2} \cdot \sqrt{\frac{T_I}{VT_2}} \, .$$

Mit diesen Kenngrößen erhält der quadratische Mittelwert des Signals $u(t)$ die Form

$$\sigma_u{}^2 = c \cdot V^2 \cdot \sigma_w{}^2 \cdot \frac{K(\sigma_u) + 4D^2 \cdot (1 + c)}{K(\sigma_u) + 4cD^2 \cdot (1 + c)} \, ,$$

wobei $\omega_w T_2 \equiv c$ gesetzt wurde.

Grundsätzlich kann man diese Gleichung wieder graphisch lösen und feststellen, ob es für einen vorgegebenen Wert σ_w mehr als einen Schnittpunkt der Kurven für $f(\sigma_u, \sigma_w)$ und $K(\sigma_u)$ gibt. Es läßt sich jedoch noch ein anderer Weg angeben, der auf einem analytischen Verfahren beruht. Das Sprungphänomen tritt auf, wenn die Funktion

$$\sigma_u{}^2 = g(\sigma_w{}^2)$$

mehrdeutig ist, wie dies in Bild XX.19 für einen allgemeinen Fall gezeigt wird, der nicht an das vorliegende Beispiel gebunden ist. Bei der analytischen Untersuchung geht man zweckmäßiger von der Umkehrfunktion

$$\sigma_w{}^2 = h(\sigma_u{}^2)$$

aus, denn wenn $g(\sigma_w{}^2)$ bereichsweise nicht eindeutig ist, dann muß die Umkehrfunktion $h(\sigma_u{}^2)$ mindestens ein Extremum haben, vgl. Bild XX.20. Man kann also, bevor man eine graphische Auswertung beginnt, durch Prüfen der ersten

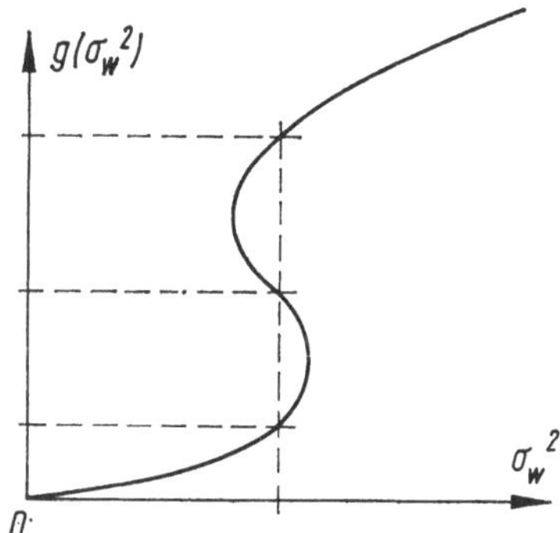

Bild XX.19. Verlauf der Funktion $\sigma_u{}^2 = g(\sigma_w{}^2)$, deren Mehrdeutigkeit auf Sprungerscheinungen für den geschlossenen Regelkreis hinweist.

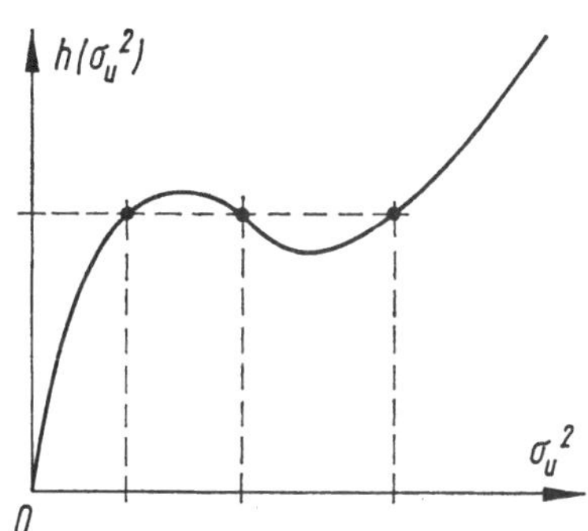

Bild XX.20. Die Umkehrfunktion zu $g(\sigma_w{}^2)$, aus deren erster Ableitung man Schlüsse auf mögliche Sprungerscheinungen des geschlossenen Regelkreises ziehen kann.

Ableitung der Funktion h nach $\sigma_u{}^2$ feststellen, ob überhaupt mit Sprungerscheinungen zu rechnen ist. Mit der Abkürzung

$$4D^2 \cdot (1 + c) \equiv b$$

ergibt sich für das Beispiel der implizite Ausdruck

$$\sigma_u{}^2 = c \cdot V^2 \cdot \sigma_w{}^2 \cdot \frac{K(\sigma_u) + b}{K(\sigma_u) + cb} \, ,$$

und daraus folgt die Umkehrfunktion

$$h(\sigma_u{}^2) = \frac{\sigma_u{}^2}{c \cdot V^2} \cdot \frac{K(\sigma_u) + cb}{K(\sigma_u) + b} \, .$$

Da die äquivalente Verstärkung des Begrenzers die Form

$$K\left(\frac{u_B}{\sigma_u}\right) = \operatorname{erf}\left(\frac{u_B}{\sqrt{2} \cdot \sigma_u}\right)$$

hat, führen wir die neue Veränderliche $u_B/\sigma_u = z$ ein und erhalten

$$h(z) = \frac{u_B{}^2}{c \cdot V^2} \cdot \frac{1}{z^2} \cdot \frac{K(z) + cb}{K(z) + b} \, .$$

Die notwendige Bedingung für das Auftreten eines Extremums dieser Funktion
lautet

$$\frac{\mathrm{d}}{\mathrm{d}z}\left\{\frac{1}{z^2} \cdot \frac{K(z) + cb}{K(z) + b}\right\} = 0.$$

Für den Begrenzer mit

$$K(z) = \operatorname{erf}\left(\frac{z}{\sqrt{2}}\right)$$

wird

$$\frac{\mathrm{d}}{\mathrm{d}z} K(z) = \sqrt{\frac{2}{\pi}} \cdot \mathrm{e}^{-\frac{z^2}{2}} \, ,$$

und nach einer einfachen Zwischenrechnung findet man

$$z - \sqrt{2\pi} \cdot [K(z) + cb] \cdot [K(z) + b] \cdot \frac{\mathrm{e}^{z^2/2}}{b \cdot (1 - c)} = 0$$

oder

$$z - h_0(z) = 0.$$

Diese Gleichung muß nicht unbedingt erfüllt sein; wenn es keine Lösungen
gibt, dann ist für keinen Wert von z

$$\frac{\mathrm{d}}{\mathrm{d}z} h(z) = 0,$$

und die Funktion

$$\sigma_u{}^2 = g(\sigma_w{}^2)$$

ist *eindeutig*, es tritt also *kein Sprungphänomen* auf. Wenn andererseits Lösungen der obigen Gleichung existieren, dann ist die Funktion *g mindestens zwei-*

deutig, und es ergeben sich *Sprungerscheinungen für den geschlossenen Regelkreis.* Die möglichen Lösungen der Gleichung

$$z = h(z)$$

bestimmt man am besten wieder graphisch in einem Koordinatensystem mit der unabhängigen Variablen z, so daß die linke Seite der Gleichung durch eine Gerade mit der Steigung 1 dargestellt wird, siehe Bild XX.21. Die Funktion $h(z)$ ist für zwei Fälle berechnet [60], einmal für $c = 0{,}2$ oder $\omega_w = 0{,}2/T_2$, so daß die Eckfrequenz der Führungsgröße $w(t)$ fünfmal so groß ist wie diejenige des linearen Systemabschnittes. Die untere Kurve gilt für $c = 1{,}8$, also

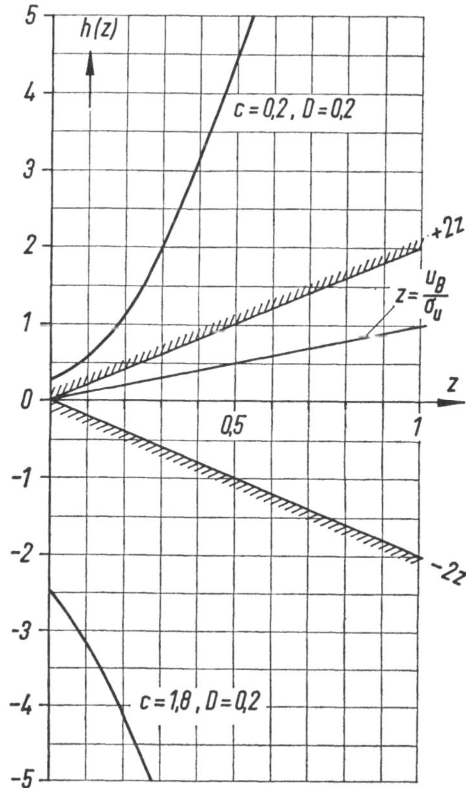

Bild XX.21. Zur graphischen Lösung der Gleichung $z - h(z) = 0$. Da alle Scharkurven von $h(z)$ innerhalb des schraffiert abgegrenzten Bereichs bleiben, ergeben sich keine Schnittpunkte mit der Geraden $z = u_B/\sigma_u$, also keine Lösungen der Gleichung.

$\omega_w = 1{,}8/T_2$, die Bandbreite der Führungsgröße ist nur etwa halb so groß wie die des linearen Systems. Die Dämpfung

$$D = \frac{1}{2} \cdot \sqrt{\frac{T_I}{V \cdot T_2}}$$

kann über den Verstärkungsfaktor V eingestellt werden und wurde zu $D = 0{,}2$ angenommen. Man kann zeigen, daß die entsprechenden Kurven für andere Eckfrequenzen der Führungsgröße und andere Dämpfungswerte die schraffiert abgegrenzten Bereiche, die durch die Ordinatenachse und die beiden Geraden $2z$ und $-2z$ eingeschlossen werden, niemals verlassen, so daß der vorliegende

Regelkreis in Verbindung mit dem Geräusch erster Ordnung als Führungssignal überhaupt kein Sprungverhalten zeigen kann, weil keine Schnittpunkte der Kurven mit der Geraden z existieren. Die Gleichung

$$z - h(z) = 0$$

ist für keinen Wert von z erfüllt, die Ableitung nach z wird nirgends Null. Es ist nicht gesagt, daß das erläuterte allgemeine Verfahren immer am schnellsten zur Lösung führt. Man muß bei einer gestellten Aufgabe prüfen, ob unmittelbar die Untersuchung der Funktionen $g(\sigma_w{}^2)$ oder $h(\sigma_u{}^2)$ mit geringerem Aufwand die gleichen Aussagen liefert.

Rauschen zweiter Ordnung

Beschickt man das Folgesystem mit einem Führungssignal, welches aus einem weißen Geräusch mit Hilfe eines Formfilters nach Bild XX.22 erzeugt worden

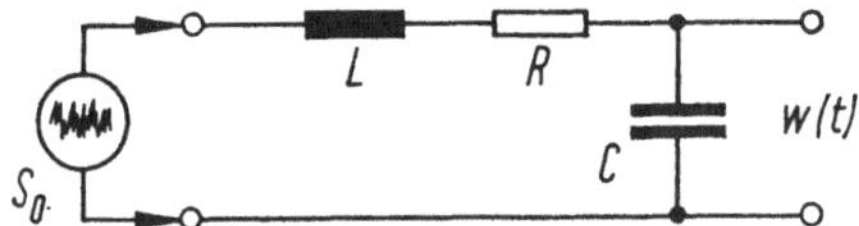

Bild XX.22. Formfilter 2. Ordnung zur Erzeugung eines stochastischen Führungssignals $w(t)$ mit einem Maximum der spektralen Leistungsdichte bei $\omega = \omega_w$.

ist, dann ergeben sich ganz andere Verhältnisse — als eine weitere Bestätigung der Erfahrung, daß das Verhalten nichtlinearer Systeme von den Eigenschaften der Eingangssignale abhängig ist. Die Führungsgröße hat die spektrale Leistungsdichte

$$S_{ww}(\omega) = S_0 \cdot \left| \frac{\omega_w{}^2}{(i\omega)^2 + 2D_w\omega_w \cdot (i\omega) + \omega_w{}^2} \right|^2$$

mit $\omega_w{}^2 = 1/LC$, $2 \cdot D_w \cdot \omega_w = R/L$, siehe Bild XX.23. Nach einer umfangreichen Zwischenrechnung, die im Prinzip ebenso verläuft wie in dem oben

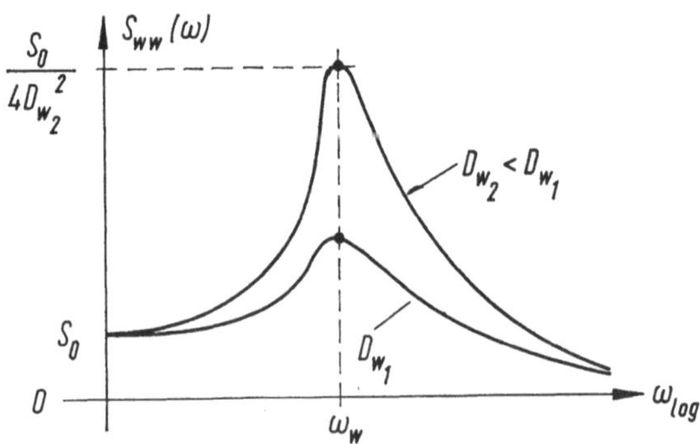

Bild XX.23. Spektrale Leistungsdichte des Führungssignals für verschiedene Dämpfungen des Formfilters.

ausführlich berechneten Beispiel, findet man den Zusammenhang zwischen $\sigma_w{}^2$ und $z = u_B/\sigma_B$ für das Folgesystem von Bild XX.18 für den Fall $T_I = 1$ in der Form

$$\omega_w{}^2 \cdot \sigma_w{}^2 =$$

$$= \frac{\sigma_u{}^2}{V^2} \cdot \frac{(\omega_w{}^2 T_2 - VK)^2 + (1 + 2D_w \cdot \omega_w \cdot T_2) \cdot (\omega_w{}^2 + 2D_w \cdot \omega_w \cdot VK)}{1 + \omega_w{}^2 T_2{}^2 + 2D_w \cdot \omega_w T_2 \cdot (1 + T_2 \cdot VK)}$$

mit $K = K(\sigma_u)$. Bestimmt man K für verschiedene Werte von σ_u, und trägt man $\sigma_u{}^2$ in Abhängigkeit von $\omega_w{}^2 \cdot \sigma_w{}^2$ auf, so ergeben sich für einen festen Wert von $\omega_w \cdot T_2$ verschiedene Kurven für unterschiedliche Dämpfungen D_w [60], siehe Bild XX.24. Dort sind die Fälle

$$D_{w_1} = D = \frac{1}{2 \cdot \sqrt{V \cdot T_2}} = 0{,}1$$

und $$D_{w_2} = 0{,}05, \quad D = 0{,}1$$

für $\omega_w \cdot T_2 = 3{,}5$ dargestellt; die größere Dämpfung ergibt einen eindeutigen Verlauf der Kurve

$$\sigma_u{}^2 = h(\omega_w{}^2 \cdot \sigma_w{}^2).$$

Behält man die Systemdämpfung $D = 0{,}1$ bei, und geht man zu einem Füh-rungssignal mit einer ausgeprägteren Resonanzstelle für $D_{w_2} = 0{,}05$ über (vgl. Bild XX.23), dann erhält man eine mehrwertige Funktion $h(\omega_w{}^2 \cdot \sigma_w{}^2)$, d. h. zu einem gegebenen quadratischen Mittelwert der Führungsgröße gehören zwei bzw. drei Werte von $\sigma_u{}^2$ am Eingang des Begrenzers. Dadurch ergeben sich die durch Pfeile in Bild XX.24 angedeuteten Sprünge von $\sigma_u{}^2$. Dieses Beispiel

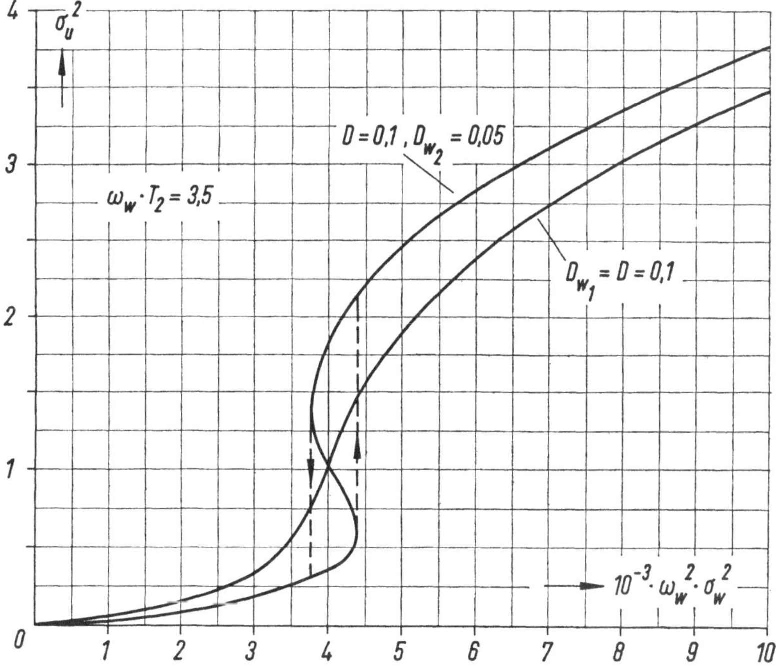

Bild XX.24. Verlauf der Funktionen $\sigma_u{}^2 = h(\omega_w{}^2 \cdot \sigma_w{}^2)$ für zwei verschiedene Führungssignalspektren, charakterisiert durch die Dämpfung des Formfilters.

bestätigt die experimentelle Erfahrung, nach welcher das Umspringen in geschlossenen Regelkreisen mit einer begrenzerartigen Nichtlinearität von der Bandbreite des Eingangs-Wirkleistungsspektrums abhängt. Das Umspringen wird beobachtet, wenn relativ ausgeprägte Resonanzstellen im Spektrum des Eingangssignals vorhanden sind, während mit zunehmender Signalbandbreite keine Sprungerscheinungen mehr wahrgenommen werden. Am Verlauf der Kurve für $D_{w_2} = 0{,}05$ in Bild XX.24 erkennt man deutlich einen Bereich, in welchem $\sigma_u{}^2$ eine dreiwertige Funktion ist, und an dessen Grenzen die Sprungerscheinung auftritt.

Literatur

[1] FRESE, H. H.: Signalanalyse. Dipl.-Arbeit am Inst. f. Regelungstechnik der TH Hannover, 1963.

[2] BAUSCH, H.: Grundsätzliche Möglichkeiten zur Auswertung von statistischen Meß-ergebnissen. Im VDI-Bericht Nr. 69 (1963).

[3] MEYER-BRÖTZ, G.: Die Messung von Kenngrößen stochastischer Prozesse mit dem elektronischen Analogrechner. Elektron. Rechenanlagen 4 (1962).

[4] MORGENSTERN, D.: Einführung in die Wahrscheinlichkeitsrechnung und mathematische Statistik. Springer-Verlag 1964.

[5] SCHMETTERER, L.: Einführung in die mathematische Statistik. Springer Verlag 1966.

[6] MIDDLETON, D.: An Introduction to Statistical Communication Theory. McGraw-Hill, N.Y. 1960.

[7] LEE, Y. W.: Statistical Theory of Communication. J. Wiley & Sons, N.Y. 1960.

[8] DAVENPORT, W. B. und ROOT, W. L.: An Introduction to the Theory of Random Signals and Noise. McGraw-Hill, N.Y. 1958.

[9] LANING, J. H. und BATTIN, R. H.: Random Processes in Automatic Control. McGraw-Hill, N.Y. 1956.

[10] SCHLITT, H.: Systemtheorie für regellose Vorgänge. Verlag Springer, Berlin, Göttingen, Heidelberg, 1960.

[11] BENDAT, J. P.: Principles and Applications of Random Noise Theory. Wiley & Sons, N.Y. 1958.

[12] LANGE, F. H.: Korrelationselektronik. VEB Verlag Technik, Berlin, 1962.

[13] TRUXAL, J. G.: Entwurf automatischer Regelsysteme. Verlag R. Oldenbourg, München, 1960.

[14] SCHLITT, H.: Optimale Dimensionierung eines Folgereglers nach dem Wienerschen Kriterium. Regelungstechnik 1962, Heft 5.

[15] KOCH, L.: Zur Messung von Frequenzgängen mittels der Systemtheorie für regellose Vorgänge. Vortrag auf der Jahrestagung der WGL Braunschweig, 1962.

[16] WIENER, N.: The Fourier Integral and Certain of its Applications. Dover Publ. Wiley & Sons, N.Y. 1932.

[17] DOETSCH, G.: Handbuch der Laplace-Transformation I. Verlag Birkhäuser, Basel, 1950.

[18] MAGNUS, K.: Schwingungen. Verlag Teubner, Stuttgart, 1961.

[19] TITCHMARSH, E. C.: Introduction to the Theory of Fourier-Integral. Oxford at the Clarendon Press, 1962.

[20] PAPOULIS, A.: The Fourier-Integral and its Applications. McGraw-Hill, 1962.

[21] DOOB, J. L.: Stochastic Processes. Wiley & Sons, N.Y., 1960.

[22] ASELTINE, J. A.: Transform Method in Linear System Analysis. McGraw-Hill, 1958.

[23] SCHLITT, H.: Die Beeinflussung breitbandiger Rauschvorgänge durch lineare Über-tragungssysteme. AEÜ 14 (1960).

[24] LAWSON, J. L. und UHLENBECK, G. E.: Threshold Signals. McGraw-Hill, 1950.

[25] KHARKEVICH, A. A.: Spectra and Analysis. Consultants Bureau, N.Y., 1960.

[26] OPPELT, W.: Kleines Handbuch technischer Regelvorgänge. Verlag Chemie, 1964.

[27] Popov, E. P. und Paltov, J. P.: Näherungsmethoden zur Untersuchung nichtlinearer Regelungssysteme. Akad. Verl.-Ges. Geest u. Portig, Leipzig 1963.

[28] Pressler, G.: Regelungstechnik I, Grundelemente. Hochschultaschenbücher Bd. 63/63a, Bibliogr. Inst. Mannheim, 1964.

[29] Siegert, A. J. F.: Passage of stationary process through linear and non-linear devices. Trans. IRE, PGIT-3, 1954.

[30] Booton, R. C.: Nonlinear Control Systems with Random Inputs. I.R.E. Trans. on Circuit Theory, 1954.

[31] Chuang, K. und Kazda, L. F.: A Study of Nonlinear Systems with Random Inputs. Trans. A.I.E.E., Mai 1959.

[32] Middleton, D.: The Response of Biased, Saturated Linear and Quadratic Rectifiers to Random Noise. J. appl. Phys., Oct. 1946.

[33] Papoulis, A.: Probability, Random Variables, and Stochastic Processes. McGraw-Hill 1965.

[34] Smith, O. J. M.: Analysis of Nonlinear Feedback Systems with Random Inputs. Sc. D. Thesis, MIT 1961.

[35] Hancock, J. C.: An Introduction to the Principles of Communication Theory. McGraw-Hill 1961.

[36] Smith, O. J. M.: Spectral Output of Piecewise Linear Nonlinearity. A.I.E.E. Paper 59-264 Februar 1959, N.Y.

[37] Kazakov, I. Y.: An Approximate Statistical Method of Investigating Non-Linear Systems. Trudy V.V.I.A. im. Zhukovskogo 394 (1954).

[38] Axelby, G.: Random Noise with Bias Signals in Nonlinear Devices. I.R.E. Trans. Prof. Group Autom. Contr. AC-4,2 (1959).

[39] Pupkov, K. A.: Method of Investigating the Accuracy of Essentially Nonlinear Automatic Control Systems by Means of equivalent transfer functions. Autom. Telemech. Moskau 21,2 (1960).

[40] Barret, J. F. und Coales, J. F.: An Introduction to the Analysis of Nonlinear Control Systems with Random Inputs. Inst. Electr. Engrs. Monograph 15411, 1955.

[41] Wiener, N.: Extrapolation, Interpolation an Smoothing of Stationary Time Series. Wiley & Sons, N.Y. 1950.

[42] Brockmann, S.: Die Bedeutung der Wienerschen Optimalfiltertheorie für die Regelungstechnik. Diss. TH Hannover (Inst. f. Regelungstechnik) 1965.

[43] Schlitt, H.: Ein Kompensationsverfahren zur Messung von Beschreibungsfunktionen. Regelungstechnik 1966 (Heft 7).

[44] Schlitt, H.: Nichtlineare Systeme mit stochastischen Eingangssignalen. Regelungstechnik 1964 (Heft 3).

[45] West, J. C.: Analytical Techniques for Nonlinear Control Systems. Engl. Univ. Press Ltd., London 1960.

[46] Magnus, K.: Über ein Verfahren zur Untersuchung nichtlinearer Schwingungs- und Regelungssysteme. VDI-Forschungsheft 451 (1955).

[47] Gibson, J. E.: Nonlinear Automatic Control. McGraw-Hill 1963.

[48] Cramér, H.: Mathematical Methods of Statistics. Princeton Univ. Press 1966.

[49] Ackermann, W. G.: Einführung in die Wahrscheinlichkeitsrechnung. Verlag Hirzel, Leipzig 1955.

[50] JAMES, H. M., NICHOLS, N. B., PHILLIPS, R. S.: Theory of Servomechanisms. McGraw-Hill, N.Y., 1947.

[51] NEWTON, G. C., GOULD, L. A., KAISER, J. F.: Analytical Design of Linear Feedback Controls. Wiley & Sons, N.Y., 1957.

[52] CHANG, S. S. L.: Synthesis of Optimum Control Systems. McGraw-Hill, 1961.

[53] SEIFERT, W. W. und STEEG, C. W.: Control Systems Engineering. McGraw-Hill, N.Y., 1960.

[54] WEST, J. C. und NIKIFORUK, P.: The Describing Funktion Analysis of a Non-Linear Servo-Mechanism Subjected to Stochastic Signals and Noise. Proc. I.E.E. Vol. 104, Part C.

[55] LELAND, H. R.: Input Output Cross-Correlation Functions for some Memory-Type Nonlinear Systems with Gaussian Inputs. A.I.E.E. Trans. July 1960.

[56] THALER, G. J. und PASTEL, M. P.: Analysis and Design of Nonlinear Feedback Control Systems. McGraw-Hill, N.Y. 1962.

[57] WEST, J. C., DOUCE, J. L., LEARY, B. G.: Frequency Spectrum Distortion of Random Signals in Nonlinear Feedback Systems. Proc. I.E.E.E. Monograph Nr. 41911 (1960).

[58] OGATA, K.: An Analytic Method for Finding the Closed Loop Frequency Response of Nonlinear Feedback Control Systems. Trans. A.I.E.E. pt. II, 1957.

[59] LEVINSON, E.: Some Saturation Phenomena in Servomechanisms with Emphasis on the Tachometer stabilized System. Trans. A.I.E.E. Vol. 72, pt. II, März 1953.

[60] GRAHAM, D. und McRUER, D.: Analysis of Nonlinear Control Systems. Wiley & Sons, N.Y., 1961.

[61] PURNHAGEN, H.: Vergleich einiger Optimierungsverfahren. Diplomarbeit am Inst. f. Regelungstechnik, TH Hannover, 1965.

[62] WUNSCH, G.: Moderne Systemtheorie. Akad. Verl.-Ges. Geest & Portig, Leipzig 1962.

[63] KUO, F. F.: Network Analysis and Synthesis. Wiley & Sons, N.Y. 1962.

[64] HELSTROM, C. W.: Statistical Theory of Signal Detection. Pergamon Press 1960.

[65] DEUTSCH, R.: Nonlinear Transformations of Random Processes. Prentice-Hall 1962.

[66] STRATONOVICH, R. L.: Topics in the Theory of Random Noise I. Gordon & Breach, N.Y. 1963.

[67] POPOV, E. P.: Dynamik automatischer Regelsysteme. Akademie-Verlag, Berlin, 1958.

[68] FEY, P.: Einfache Korrelationsmeßverfahren. Nachrichtentechnik 8 (1958).

[69] SELTING, G.: Die Erzeugung linear nicht korrelierter Rauschsignale durch einfache nichtlineare Glieder. Diplomarbeit am Inst. f. Regelungstechnik, TH Hannover, 1965.

[70] SMITH, H. W.: The Applicability of Quasi-linear Methods for Non-linear Feedback Systems with Random Inputs. Automatic and Remote Control, IFAC-Kongreß Basel, Butterworth, London 1963.

[71] LOZIER, J. C.: A Steady Mate Approach to the Theory of Saturable Servo Systems. Trans. I.R.E. Autom. Control, Mai 1956.

[72] KORN, N.: Ein Beitrag zur Behandlung von Regelkreisen mit stochastischen Eingangssignalen beliebiger Verteilung. Diss. TH Hannover, Inst. f. Regelungstechnik, 1966.

[73] BOCHNER, S.: Vorlesungen über Fouriersche Integrale. Chelsea Publ. Comp., N.Y., 1948, S. 147.

[74] VALLEY, G. E. und WALLMAN, H.: Vacuum Tube Amplifiers. McGraw-Hill, N.Y., 1948.

Zusammenstellung der wichtigsten Lehrbücher über nichtlineare Regelkreise

1. Cosgriff, R. L.: Nonlinear Control Systems. McGraw-Hill, N.Y. 1958.

2. Gibson, J. E.: Nonlinear Automatic Controll. McGraw-Hill 1963.

3. Graham, D. und McRuer, D.: Analysis of Nonlinear Control Systems. Wiley & Sons, N.Y., 1961.

4. Ku, Y. H.: Analysis and Control of Nonlinear Systems. Ronald Press Company, N.Y. 1958.

5. Macmillan: Nonlinear Control Systems Analysis. Pergamon Press, Oxford, 1962.

6. Popov, E. P. und Paltov, J. P.: Näherungsmethoden zur Untersuchung nichtlinearer Regelungssysteme. Akad. Verl.-Ges. Geest und Portig, Leipzig 1963.

7. Thaler, G. J. und Pastel, M. P.: Analysis and Design of Nonlinear Feedback Control Systems. McGraw-Hill, N.Y. 1962.

8. West, J. C.: Analytical Techniques for Nonlinear Control Systems. Engl. Univ. Press Ltd., London 1960.

9. Kasakow, I. E. und Dostupow, B. G.: Statistische Dynamik nichtlinearer automatischer Systeme. Moskau: Fismatgis 1962 (russ.).

10. Perwoswanski, A. A.: Zufällige Prozesse in nichtlinearen automatischen Systemen. Moskau: Fismatgis 1962 (russ.).

11. Pupkow, K. A.: Statistische Berechnung nichtlinearer Systeme der Regelungstechnik. Moskau: Maschinostrojenije 1965 (russ.).